Starkstrom-Kondensatoren und umlaufende Phasenschieber

Von

Oberingenieur

Dipl.-Ing. E. Bornitz VDE

Mit 195 Abbildungen
und 7 Zahlentafeln

München und Berlin 1942

Verlag von R. Oldenbourg

Druck von R. Oldenbourg, München

Printed in Germany

Vorwort

Bei dem vor mehr als 12 Jahren erfolgten Eintritt in das Berufs-
leben stieß der Verfasser auf zahlreiche, weitverbreitete Unklarheiten
und Fragen, die sich damals bei dem Einbau des verhältnismäßig jungen
Starkstrom-Kondensators in die Industrieanlagen und öffentlichen
Netze ergaben. Der Kondensator weist tatsächlich ein doppeltes Ge-
sicht auf. Einerseits erscheint er bei oberflächlicher Betrachtung im
Aufbau und in seiner Handhabung bestechend einfach und beinahe
primitiv; andererseits ergeben sich für den Wissenden durch das stationäre, quasi- und nicht stationäre Zusammenwirken des Ohmschen, induktiven und kapazitiven Netzwiderstandes sehr interessante und in ihrer
Auswirkung nicht zu übergehende Zusammenhänge und Folgerungen
für den praktischen Betrieb der Netze. So blieb der Verfasser in dem erwähnten Zeitraum mit der Kondensator- und Phaenschiebertechnik stets
eng verbunden, obwohl er das eigentliche Arbeitsgebiet oftmals wechselte.

In der nachstehenden Arbeit sind Ursachen und Folgen der Leistungsfaktorverschlechterung der Anlagen und Netze, die sich daraus
ergebenden Fragen der Tarifpolitik sowie die mannigfachen Mittel zur
Verbesserung dieser technisch, volks- und kriegswirtschaftlich oft un-
tragbaren Zustände ausführlich untersucht. Absichtlich wurden nicht
nur die heute fast allein in Betracht kommenden Starkstrom-Kondensatoren behandelt; erst durch die Gegenüberstellung der Kondensatoren
mit den umlaufenden Phasenschiebern werden die einzelnen Anwen-
dungsbereiche sowie die überragenden Vorzüge der Kondensatoren klar
erkennbar. Das Hauptgewicht wurde naturgemäß auf die nunmehr preiswert und betriebssicher herstellbaren Starkstrom-Kondensatoren, ihre
Eigenschaften und zahlreichen Einsatzmöglichkeiten gelegt. Sie haben
bei dem heutigen und zukünftigen gewaltigen Ringen des deutschen
Volkes um seine wirtschaftliche und politische Unabhängigkeit große
volkswirtschaftliche Aufgaben zu erfüllen; erinnert sei u. a. an die
Anlagen- und Netzverstärkung durch Scheinleistungsverringerung, an
die Einsparung von Übertragungsverlusten, an die Spannungsregelung,
an die Erhöhung der übertragbaren Wirkleistung in den Höchstspannungsnetzen, an die Blindstrom-Tarif-Kompensation sowie
an ihren Einsatz bei zahlreichen technischen und wirtschaftlichen
Lösungen. Zur Kennzeichnung dieser gesamten Problemstellung sei
lediglich die Tatsache angeführt, daß in unseren deutschen Netzen jährlich einige Milliarden kWh oder gewaltige Rohstoffmengen eingespart
werden können, wenn alle Netzglieder auf Grund örtlicher Blindleistungskompensation entlastet und praktisch nur mit Wirkenergie beansprucht werden; verzichtet man dagegen auf die Verlusteinsparungen,
so könnte in den europäischen Netzen die übertragbare Wirkleistung

um einige Millionen kW gesteigert werden. — Auf die Verwendung der Kondensatoren für Glättungszwecke, Kopplungseinrichtungen, Prüfanlagen usw. konnte in diesem Zusammenhange nicht eingegangen werden.

Das vorliegende Buch wendet sich in erster Linie an die Planungs- und Betriebsingenieure von öffentlichen und industriellen Krafterzeugungs- und Kraftübertragungsanlagen und will diese beim Studium des Blindleistungsausgleiches und der damit zusammenhängenden Fragen unterstützen. Mit Rücksicht auf die heutige Überlastung dieser Lesergruppe wurde jedes Kapitel und möglichst auch jeder Abschnitt als geschlossenes Ganzes dargestellt. Es waren daher genauere Hinweise auf frühere und folgende Abschnitte sowie ein ausführliches Sachverzeichnis unumgänglich. Der beigefügte Schrifttumsnachweis gibt Gelegenheit für weitergehende Untersuchungen. Da neben den technischen auch die betriebswirtschaftlichen Gesichtspunkte der Blindleistungskompensation eingehend behandelt werden, sollen die vorliegenden Untersuchungen auch der Förderung des Verständnisses für die heutigen und zukünftigen großen Aufgaben insbesondere des Kondensators in der deutschen und europäischen Elektrizitätswirtschaft dienen.

Weiterhin werden die der Elektrotechnik fernerstehenden Berufskameraden aus der Strom-verbrauchenden Industrie auf die zahlreichen technischen und wirtschaftlichen Einsatzmöglichkeiten des Kondensators hingewiesen; hierbei werden sie auch Aufschlüsse über manche auf den ersten Blick unerklärliche Vorgänge und Rückwirkungen finden.

Die vielseitigen Wirkungen der umlaufenden und ruhenden Phasenschieber auf das Netz sollen an Hand der zahlreichen Beispiele auch den Studierenden nähergebracht werden. Da die Arbeit außer der eigentlichen Blindleistungskompensation auch die Frage der Großkraftübertragung, des Verbundbetriebes, der Spannungs-, Übertragungsverlust- und Scheinleistungsänderung usw. behandelt, dürfte sie den Studierenden eine wertvolle Ergänzung zu den Vorlesungen über verwandte Gebiete sein.

Nicht zuletzt ist das Buch auch für meine engeren und weiteren Fachgenossen gedacht, die hier vieles Bekannte und auch manches Neue unter Berücksichtigung des letzten Standes der Technik und der Erkenntnisse übersichtlich geordnet finden werden.

Bei der Bearbeitung des Stoffes wurde auf eine möglichst klare und einfache Behandlung der Probleme besonderer Wert gelegt, so wie dies der Verfasser von seinen Darmstädter Hochschullehrern Herrn Prof. Dr. Petersen und Herrn Prof. Dr. Hueter in vollendeter Weise — selbst beim Vortrag schwierigsten Stoffes — kennen und schätzen lernte. Aus ähnlichen Gründen wurde versucht, mit möglichst wenig Formeln auszukommen und die gefundenen Ergebnisse sofort anschließend an Hand von einfachen Zahlenbeispielen der Praxis verständlich zu machen. Hierdurch wird der Leser in die Lage versetzt, die in seinen eigenen Anlagen auftretenden Fragen sofort rechnerisch klarzustellen. Zu erwähnen wäre noch, daß die Formelbezeichnungen und technischen Ausdrücke weitgehend den Vorschriften und Vorschlägen des Ausschusses für Einheiten und Formelgrößen (AEF) entsprechen.

Schließlich nehme ich die Gelegenheit gern wahr, um zahlreichen Firmen für die entgegenkommende Überlassung von Bildmaterial auch an dieser Stelle meinen verbindlichsten Dank abzustatten. Insbesondere bin ich der Allgemeinen Elektricitäts-Gesellschaft für ihre wertvolle Unterstützung durch Zurverfügungstellung von Lichtbildern und sonstigen Unterlagen zu großem Dank verpflichtet. Meinem lieben Freunde, Herrn Dr.-Ing. K. Hessenberg, verdanke ich wertvolle Hinweise bei der Durchsicht der Arbeit. Dem Verlag R. Oldenbourg gebührt mein Dank für die schnelle Drucklegung und Berücksichtigung vieler Sonderwünsche.

Bei der Abfassung des Buches habe ich auf eine Reihe eigener Veröffentlichungen sowie auf meine Vorträge insbesondere vor dem VDE in Breslau, Nürnberg, Braunschweig, Bremen, Wuppertal, Mannheim, Stuttgart, Wien, Berlin, Kiel, Stettin, Frankfurt a. M., Karlsruhe, Aachen, Magdeburg, Posen und Berlin zurückgegriffen. Wenn ich es nunmehr der Öffentlichkeit übergebe, widme ich es in großer Dankbarkeit meinem lieben Vater und unserer unvergeßlichen Tochter Bärbel, die beide zu Lebzeiten stets herzlichen Anteil am Fortschritt der vorliegenden Arbeit genommen haben.

Berlin-Reinickendorf, den 14. 3. 1942.

E. Bornitz VDE.

Zum Geleit!

Das Fachgebiet Starkstrom-Kondensatoren ist bisher in der Literatur und auf den technischen Lehranstalten häufig nicht so ausführlich behandelt worden, wie es seiner hohen Bedeutung für die gesamte Elektrotechnik ohne Zweifel entspricht. Der Verfasser hat es unternommen, das Resultat langjähriger Erfahrungen auf diesem Sondergebiet den deutschen Elektrotechnikern in übersichtlicher Form zu übermitteln. Das Buch wird allen Schaffenden in der Elektrizitätswirtschaft, in der öffentlichen- und industriellen Elektrizitätsversorgung sowie in der stromverbrauchenden und in der Elektro-Industrie ein nützliches Nachschlagewerk sein, dem jungen Ingenieur aber die Einführung in dieses wichtige Fachgebiet erleichtern. Es wird vor allem dazu dienen, die der deutschen Elektrotechnik und Elektrizitätsversorgung obliegenden jetzigen und zukünftigen gewaltigen Aufgaben der Lösung näher zu bringen.

Walther M. Leser
Leiter der Fachabteilung „Kondensatoren"
bei der Wirtschaftsgruppe Elektroindustrie.

Berlin, den 10. 4. 1942.

Inhaltsverzeichnis

A. Entstehung und Wirkung der induktiven Blindleistung

Durch die Einführung des Wechselstromes in die Elektrotechnik erhielt die Elektrizitätswirtschaft um die Jahrhundertwende einen ungeahnten Auftrieb. Die großen Energievorkommen der Natur konnten durch die Kraftwerke und vor allem durch die neuentwickelten Umspannwerke in vollem Maße der Volkswirtschaft erschlossen werden. Die örtlich gebundenen Wasser- und Wärmekräfte wurden nunmehr über beliebige Entfernungen elektrisch übertragen sowie am Verbrauchsort in mechanische, chemische, Joulesche oder sonstige Energie umgeformt, so daß von diesem Zeitpunkt an Freizügigkeit in der Errichtung neuer Industrie- und Wirtschaftszentren bestand.

Diese Vorteile des Wechselstromes gegenüber dem Gleichstrom wurden nicht ohne Nachteile erzielt. Die Wechselstromtechnik kennt eine große Anzahl unerwünschter Begleitumstände, die mit dem Auftreten der elektromagnetischen und elektrostatischen Wechselfelder verbunden sind. Hierzu gehören vor allem die induktiven Spannungsfälle und damit die Begrenzung der Größe der auf den Höchstspannungsfernleitungen übertragbaren Leistungen sowie der überbrückbaren Entfernungen infolge des Zusammenwirkens von Leitungsinduktivität und -kapazität, ferner der Skineffekt, die Resonanzerscheinungen, die Kippvorgänge, das geringe Anzugsmoment von Magneten und Motoren usw. Als weitere Folge des Auftretens der induktiven Parallel- und Reihenreaktanz ist auch die Tatsache anzusprechen, daß im stationären Betrieb der Kraftanlagen nicht nur Wirkleistung, sondern auch wattlose Blindleistung zu erzeugen, umzuspannen, fortzuleiten und zu verteilen ist.

Nachstehend sollen zunächst die Entstehungsursachen und anschließend die Folgen des Vorhandenseins dieser induktiven Blindleistung näher behandelt werden.

I. Ursache schlechter Netzleistungsfaktoren

1. Induktive Parallel- und Reihenreaktanzen im Netzbetrieb

Um jeden vom Wechselstrom durchflossenen Leiter bildet sich ein pulsierendes magnetisches Feld (Wechselfeld), welches je nach dem magnetischen Verhalten der Umgebung die Wirkung eines Nutzflusses und gleichzeitig eines geringen Streuflusses oder aber lediglich eines Streuflusses ausübt.

Induktive und Ohmsche Parallelwiderstände. Bei allen nach dem Induktionsprinzip arbeitenden Wechselstrommaschinen und -geräten ist der Hauptfluß Φ die notwendige Voraussetzung für die Induzierung einer Nutzspannung E in einer benachbarten Wicklung (Sekundärwicklung) und damit für den eigentlichen mechanischen oder elektrischen Energieumsatz. Zum Aufbau des Flusses wiederum ist ein Magnetisierungsstrom J_m erforderlich, der entsprechend Bild 1 mit dem Wechselfluß Φ stets in Phase ist. In jeder stromdurchsetzten Spule wird nun bekanntlich eine EMK erzeugt, wenn die Spule infolge zeitlicher oder räumlicher Flußänderung von Kraftlinien geschnitten wird. Dies ist offenbar dann am stärksten der Fall, wenn der Wechselfluß in Bild 1 seine Nullinie durcheilt; hier wird ein Höchstwert an Spannung induziert. Umgekehrt ist die zeitliche Änderung des mit der Spule verketteten Kraftlinienflusses und damit auch die erzeugte EMK dann am geringsten, wenn der Fluß seinen Höchstwert durchläuft. Es besteht also zwischen dem Fluß bzw. dem Magnetisierungsstrom J_m und der durch sie hervorgerufenen EMK E entsprechend Bild 1 eine elektrische Phasenverschiebung

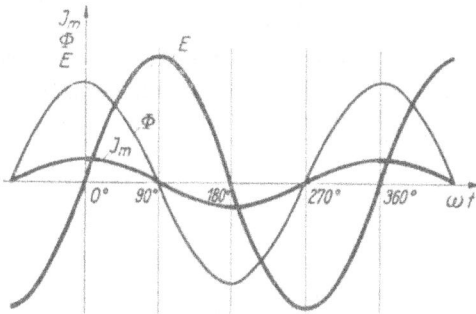

Bild 1. Beziehung zwischen Magnetisierungsstrom, Nutzkraftlinienfluß und EMK bei Geräten mit induktivem Parallelwiderstand.

von 90° in der Art, daß der Fluß bzw. der Magnetisierungsstrom der EMK E um 90° voreilt.

Handelt es sich um Umspanner, Motoren u. dgl., so ist zur Überwindung der vorerwähnten EMK E eine Gegenspannung $-E$ erforderlich, die gegenüber E um 180° verschoben sein muß. Diese Gegenspannung ist aber identisch mit der angelegten Netzspannung U (Bild 2 A). Gegenüber der Klemmenspannung U weist also der Magnetisierungsstrom eine Nacheilung von 90° auf. Da er am Wirkleistungsumsatz nicht direkt beteiligt ist, wird er mit induktiver »Blindstrom« J_b bezeichnet.

Außer dem zum Aufbau des Hauptkraftlinienflusses Φ erforderlichen Blindstrom J_b nimmt jedes Wechselstromgerät noch den der Wirkleistungsumwandlung dienenden Wirkstrom J_w auf; im Ersatzschema kann man daher derartige Verbraucher entsprechend Bild 2A als eine Parallelschaltung von Ohmschen Widerständen R_p und induktiven Blindwiderständen X_{Lp} darstellen. Wirk- und Blindstrom ergeben geometrisch den Scheinstrom J, der gegenüber der Klemmenspannung U einen Phasenverschiebungswinkel φ aufweist. Das für die Höhe des Energieumsatzes wichtige Verhältnis von Wirkstrom zu Scheinstrom wird als elektrischer Leistungsfaktor cos φ des betreffenden Gerätes bezeichnet; man erhält demnach entsprechend Bild 2A:

$$\cos \varphi = J_w/J \quad \dots \dots \dots \dots \quad (1)$$

Unter Einbeziehung der Dreieckspannung U ergeben sich folgende elektrische Größen:

$$N_w = J_w U \sqrt{3} = J \cos \varphi\, U \sqrt{3} \dots \text{Wirkleistung (kW)} \dots (1\,a)$$

$$N_b = J_b U \sqrt{3} = J \sin \varphi\, U \sqrt{3} \dots \text{Blindleistung (kVar)[1]} \dots (1\,b)$$

$$N_s = J\, U \sqrt{3} = \sqrt{N_w{}^2 + N_b{}^2} \dots \text{Scheinleistung (kVA)} \dots (1\,c)$$

Induktive und Ohmsche Reihenwiderstände. Geräte und Maschinen, deren Verhalten lediglich auf die Parallelschaltung von induktiven und Ohmschen Widerständen zurückzuführen ist, gibt es in den Drehstromnetzen praktisch nicht, da Streuflüsse unvermeidlich und zum Teil sogar erwünscht sind. Sämtliche an mechanischer oder elektrischer Wirkleistungsumwandlung beteiligten Maschinen wie Asynchronmotoren, Einankerumformer, Drehstromkollektormotoren, Umspanner, Induk-

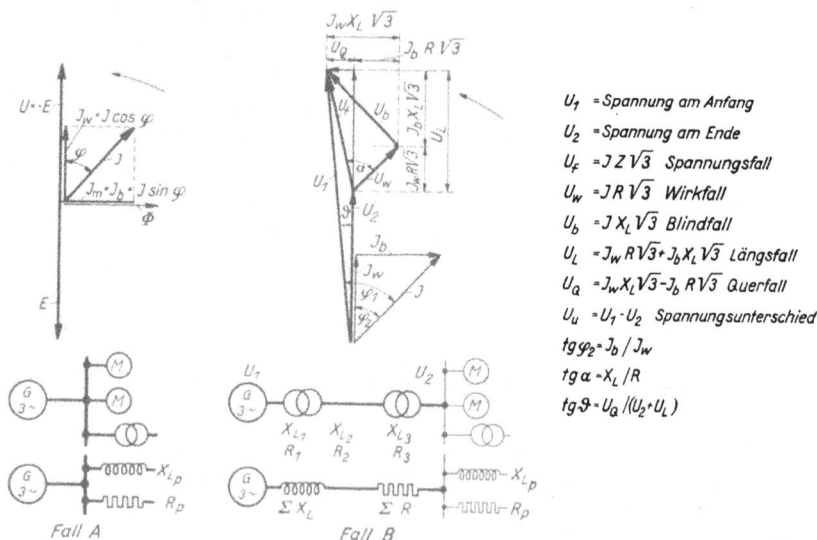

U_1 = Spannung am Anfang
U_2 = Spannung am Ende
U_f = $J\,Z\,\sqrt{3}$ Spannungsfall
U_w = $J\,R\,\sqrt{3}$ Wirkfall
U_b = $J\,X_L\,\sqrt{3}$ Blindfall
U_L = $J_w\,R\,\sqrt{3}$ + $J_b\,X_L\,\sqrt{3}$ Längsfall
U_Q = $J_w\,X_L\,\sqrt{3}$ − $J_b\,R\,\sqrt{3}$ Querfall
U_u = U_1−U_2 Spannungsunterschied
$tg\,\varphi_2$ = J_b / J_w
$tg\,\alpha$ = X_L / R
$tg\,\vartheta$ = $U_Q /(U_2 \cdot U_L)$

Fall A   Fall B

Bild 2. Strom- und Spannungsdiagramme sowie Ersatzschaltbilder von Geräten mit induktivem Parallelblindwiderstand (A) und induktivem Reihenblindwiderstand (B). (Bezeichnungen nach ETZ 56 (1935), S. 951.)

tions-, Hochfrequenz- und Lichtbogenöfen, Stromrichter usw. weisen daher infolge des Vorhandenseins von Streufeldern auch gleichzeitig induktive Reihenblindwiderstände auf.

---

[1]) Die Formelzeichen, Benennungen und Einheitsbezeichnungen der Wechselstromgrößen wurden im wesentlichen den Entwürfen des AEF, ETZ 56 (1935) S. 951, ETZ 58 (1937) S. 257 sowie den DIN VDE 716, 4. Ausg. Febr. 1940 entnommen.

Induktive Reihenreaktenzen kann man dagegen in voller Reinheit bei sämtlichen Einrichtungen zur Energiefortleitung antreffen, d. h. also bei den im Zuge einer Kraftübertragung liegenden Leitungen, Kurzschlußstrom-Begrenzungsdrosseln usw. (vgl. Bild 2 B). Diese Tatsache ist in Form ihrer praktischen Auswirkung insofern bekannt, als lange Fernleitungen sowie Umspanner mit großer Kurzschlußspannung erhebliche Spannungsminderungen zwischen Leerlauf und Vollast verursachen.

Bei den Geräten mit induktivem Reihenblindwiderstand wirkt der Durchgangsstrom J selbst magnetisierend. Er dient zur Aufrechterhaltung des magnetischen Wechselfeldes, welches jedoch dieses Mal die Gestalt eines reinen Streufeldes annimmt. Das Streufeld verläuft ganz, zumindest fast ausschließlich in Luft, ist dem Durchgangsstrom verhältnisgleich, liegt mit ihm in Phase und induziert in der es erzeugenden Wechselstromwicklung eine EMK der Streuinduktion. Die zur Überwindung dieser EMK erforderliche Streuspannung $U_b = J X_L \sqrt{3}$ eilt um 90° gegenüber dem Durchgangsstrom J vor (Bild 2 B). Es liegt also die gleiche Gesetzmäßigkeit wie bei dem um 90° gegenüber der Netzspannung nacheilenden Magnetisierungsstrom J_b vor. Im Ersatzschaltbild kann man die im Leitungszug liegenden Einrichtungen als eine Reihenschaltung von Ohmschen Widerständen R und induktiven Streureaktanzen X_L betrachten. Der Durchgangsstrom J ruft an diesen, entsprechend Bild 2 B, einen mit ihm in Phase liegenden Ohmschen Spannungsfall (Wirkfall) $U_w = J R \sqrt{3}$ und einen gegenüber dem Scheinstrom um 90° voreilenden induktiven Spannungsfall (Blindfall) $U_b = J X_L \sqrt{3}$ hervor. Infolge des Auftretens dieser Spannungsfälle unterscheidet sich die am Anfang der Übertragungseinrichtung herrschende Spannung U_1 der Größe und der Richtung nach gegenüber der am Ende herrschenden Spannung U_2.

Bei den Geräten mit induktiven Parallelblindwiderständen stellt das Produkt aus aufgenommenem Magnetisierungsstrom J_m und angelegter Klemmenspannung U, bei denen mit induktiven Reihenblindwiderständen das Produkt aus induktivem Spannungsfall U_b und Durchgangsstrom J eine Blindleistung dar. Beide Gerätearten sind demnach letzten Endes einheitlich als Blindleistungsverbraucher zu behandeln. Sie sind als solche die Ursache für das Auftreten und die Folgen eines mehr oder weniger schlechten Leistungsfaktors in unseren unkompensierten Netzen.

Trotz dieser höchst unerwünschten Wirkung muß man sich jedoch stets vor Augen halten, daß der zur Bildung der magnetischen Wechselfelder erforderliche Blindstrom die eingangs erwähnten Grundlagen für die Wechselstromtechnik schafft und somit sozusagen unser Entgelt an die Natur darstellt. Auch der nur bei Belastung auftretende Blindfall hat seine große Bedeutung, indem die ihn verursachende Streuinduktivität in einem Kurzschlußfalle die Netze und Anlagen gegen den Stoßkurzschlußstrom und seine dynamischen Wirkungen zu schützen vermag, ferner die Vorbedingung eines elastischen Kuppelns der Netze schafft u. dgl. m.

2. Umspanner, Asynchronmotoren, Drosselspulen, Leitungen usw. als Blindleistungsverbraucher

Umspanner. Der Umspanner nimmt unter dem Einfluß der aufgedrückten Netzspannung im Leerlaufzustand den für die Erzeugung des Nutzflusses erforderlichen Magnetisierungsstrom auf. Die Größe desselben hängt von der Sättigung bzw. vom Widerstand des magnetischen Kreises sowie von der Länge des Kraftlinienweges im Eisen und in den Stoßfugen ab. Da der Hauptkraftlinienfluß fast ausschließlich im Eisen verläuft, ist der Magnetisierungsstrom verhältnismäßig klein. Er bewegt sich entsprechend Bild 3 je nach Umspannerleistung und Höhe der Oberspannung zwischen 8 und 2% des Nennstromes. Magnetisierungsstrom und zugehöriger Eisenwirkverluststrom ergeben geo-

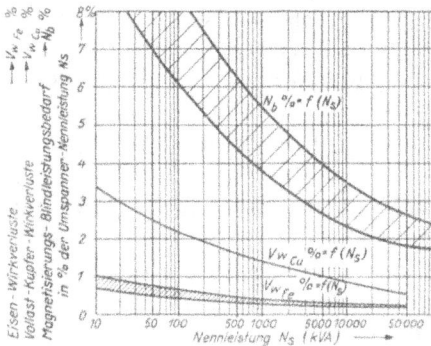

Bild 3. Leerlauf- und Vollast-Eigenbedarf üblicher Drehstrom-Umspanner, Streubereich schraffiert. (Umspanner als induktiver Parallelblindwiderstand.)

metrisch den eigentlichen Leerlaufstrom, welcher um den Winkel φ_0 der Klemmenspannung nacheilt.

Bei Belastung weist der Umspanner gleichzeitig infolge des Auftretens eines Streuflusses und der hierdurch bedingten Streuspannung den Charakter eines induktiven und Ohmschen Reihenwiderstandes auf. Der mit der Belastung wachsende Blindspannungsfall macht ihn ebenfalls zu einem Leistungs-

faktorverschlechterer der Netze, wenigstens im induktiven Lastbereich. Sind aus dem Kurzschlußversuch oder ganz überschlägig aus Bild 3 und 4 die dreiphasige Leistungsaufnahme im Kurzschluß, d. h. also die Vollast-Kupferwirkverluste V_{wCu} (kW), die Kurzschlußspannung $u_k\%$ und somit der Kurzschluß-cos φ_k und -sin φ_k bekannt, so läßt sich für jeden Belastungs- und cos φ_2-Fall der Einfluß der Streuspannung U_b auf die Vergrößerung des Winkels φ_1 gegenüber dem Winkel φ_2 und damit auf die Größe von cos φ_1 von Bild 2B nachweisen. Da in Deutschland bei den Sondertarifabnehmern die Blindstromzählung in der Regel oberspannungsseitig vorgenommen wird, so darf bei der Kompensation bis auf einen bestimmten, tariflich bedingten Leistungsfaktor nicht übersehen werden, daß nicht cos φ_2

sondern $\cos \varphi_1$ auf den jeweiligen Tarifwert gebracht werden muß (s. Bild 2 u. Gl. (2)).

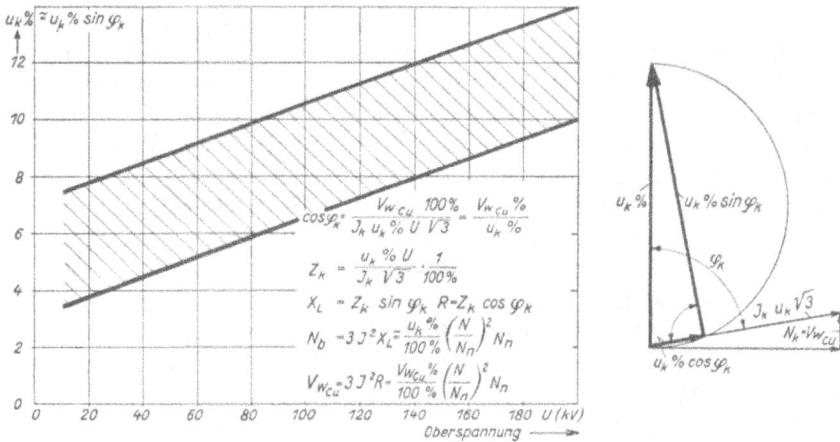

Bild 4. Kurzschlußspannungen und Kurzschlußdiagramm üblicher Drehstromumspanner zur Ermittlung der Streureaktanz X_L. (Umspanner als induktiver Reihenblindwiderstand.)

Asynchronmotoren. Das Betriebsverhalten des Asynchronmotors kann im wesentlichen auf das des Umspanners zurückgeführt werden. Bei Leerlauf ist der Asynchronmotor ähnlich wie der Umspanner zunächst eine mit geringen Verlusten behaftete Parallelinduktivität (Bild 5A). Allerdings ist der von einem Asynchronmotor im Leerlauf aufgenommene Magnetisierungsstrom J_{1m} mit etwa 30% des Motornennstromes bei großen Schnelläufern bzw. mit etwa 45% bei kleinen Langsamläufern wesentlich höher als der der Umspanner. Der magnetische Widerstand ist größer, da vom Hauptfluß vor allem der entsprechend der mechanischen Betriebssicherheit des Läufers zu bemessende

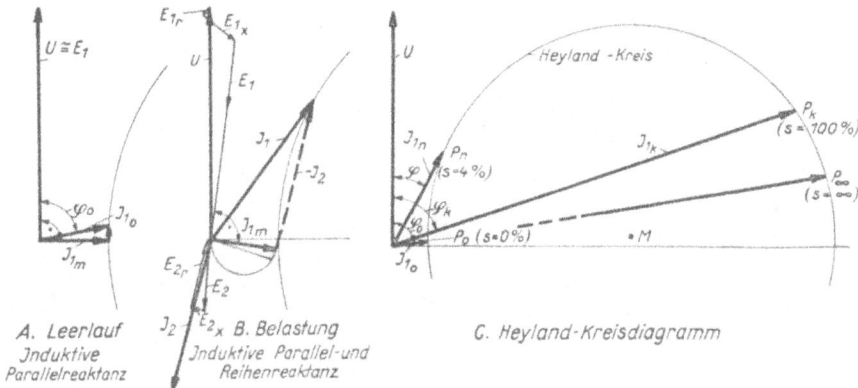

Bild 5. Asynchronmotor als induktiver Parallel- und Reihenblindwiderstand.

Luftspalt zwischen Ständer und Läufer durchsetzt werden muß. Der Leerlaufleistungsfaktor liegt in der Größenordnung von $\cos \varphi_0 = 0,05$ ...0,20.

Mit zunehmender Belastung wirkt sich beim Asynchronmotor infolge des Auftretens der Ständer- und Läuferstreuung (Nuten-, Stirn- und doppeltverkettete Streuung) außerdem das Vorhandensein der induktiven Reihenreaktanz in um so höherem Maße $\cos \varphi$-verschlechternd aus, wie mit dem Anwachsen des Rotorstromes eine Vergrößerung der Gesamtstreuspannung Hand in Hand geht. Im übrigen ist die Streuung der Asynchronmaschinen mit 16...28% wesentlich höher als die der Umspanner, so daß dementsprechend der Kurzschlußstrom J_{1k} kleiner ist (6...3,5facher Motornennstrom) als bei Umspannern.

Aus den Leerlauf- und Kurzschlußdaten kann man in bekannter Weise den in Bild 5 C dargestellten Heyland-Kreis der Asynchronmaschine aufzeichnen. Aus dem Diagramm lassen sich für jeden Lastzustand die Wirk- und Blindleistungsaufnahme des Motors, sowie der zugehörige $\cos \varphi$ abgreifen. Während der Blindleistungsbedarf eines Asynchronmotors bei Vollast nur etwa 40...65% größer ist als bei Leerlauf, nimmt er bei Überlast entsprechend dem Verlauf des Heyland-Kreises sehr stark zu, wodurch sich der Motor-$\cos \varphi$ entsprechend verschlechtert. Treibt man den Asynchronmotor übersynchron an, so liefert er als Asynchrongenerator Wirkleistung ins Netz, bezieht jedoch nach wie vor nacheilende Blindleistung aus dem Netz.

In Bild 6 sind für übliche Drehstrom-Anlaßschleifringläufer die $\cos \varphi$- und Wirkungsgrad-Werte für Vollast bei den gebräuchlichsten Drehzahlen und Leistungen aufgezeichnet. Bei Teillast ergibt sich eine schnelle Verschlechterung des Leistungsfaktors. Man erkennt, daß mit wachsender Polpaarzahl infolge Zunehmens der doppelt verketteten Streuung ebenfalls eine $\cos \varphi$-Verschlechterung eintritt. Bei den Doppel-

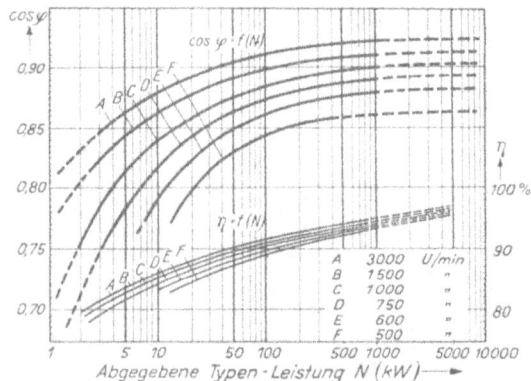

Bild 6. Vollast-Leistungsfaktoren und Wirkungsgrade offener Schleifringläufer für 220...1000 V Ds 50 Hz.

nutmotoren sind die Leistungsfaktoren etwa 2 Einheiten, bei den Hoch-spannungsmotoren 1...3 Einheiten niedriger als in Bild 6. Man wird naturgemäß bereits bei der Berechnung neuzeitlicher Motoren durch die Wahl eines geringen Luftspaltes, einer möglichst geringen — aber trotzdem den Anlaufverhältnissen gerecht werdenden — Streuung, einer nicht zu großen Sättigung, großer Nutenzahl je Pol und Phase usw. auf möglichst guten Vollast- und Teillast-cos φ achten.

Drosselspulen und Leitungen. Die im Kurzschlußfall zur Strom-begrenzung und Spannungsstützung dienenden Kurzschlußdrosseln stellen in noch reinerer Form als die Umspanner induktive Reihen-Blindwiderstände dar, welche bei Belastung eine Änderung der Netz-spannung U_2 hinter der Drossel gegenüber U_1 nach Größe und Richtung hervorrufen (Bild 7). Bei induktivem Durchgangsstrom wirkt die Drossel

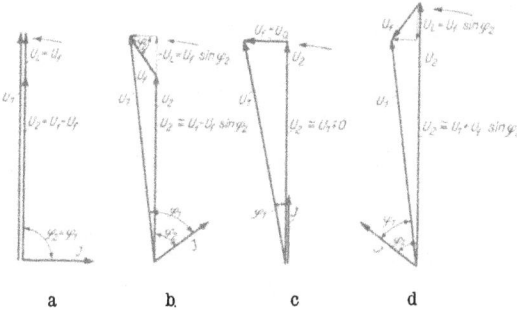

Bild 7. Größe und Phasenlage der Spannung U_2 hinter einer Kurzschluß-Drosselspule (induktiver Reihenblindwiderstand) bei induktivem und kapazitivem Durchgangsstrom (U_1 = gleichbleibend).

Fall a	Fall b	Fall c	Fall d
$\cos \varphi_2 = 0$ ind.	$\cos \varphi_2 =$ ind.	$\cos \varphi_2 = 1$	$\cos \varphi_2 =$ kap.
$\varphi_1 = \varphi_2$	$\varphi_1 > \varphi_2$	$\varphi_1 \gtrless \varphi_2$	$\varphi_1 < \varphi_2$
$U_2 \ll U_1$	$U_2 < U_1$	$U_2 \cong U_1$	$U_2 > U_1$
$U_L =$ max.		$U_Q =$ max.	

stets netzspannungsvermindernd und verschlechternd für cos φ_1, im kapazitiven Bereich steigert sie die Spannung U_2 hinter der Drossel und verbessert den cos φ_1 gegenüber dem cos φ_2 der Durchgangsleistung. Ebenso wie die Drosselspulen entwickeln auch Freileitungen, Kabel, Sammelschienen und jegliche im Zuge einer Übertragungsanlage liegen-den Einrichtungen magnetische Kraftlinienfelder und rufen bei Be-lastung einen induktiven Blindspannungsfall hervor. Das erzeugte magnetische Feld ist ein reines Streufeld und als solches um so größer je beträchtlicher der Mittenabstand der Nachbarleiter und je kleiner der Leiterdurchmesser ist. Den geringsten induktiven Blindwiderstand X_L[1]) weist daher das Kabel auf.

---

[1]) Ermittlung von X_L und X_C s. Bild 136 und 137 sowie Kyser H., Die elek-trische Kraftübertragung Bd. II. ·3. Aufl., J. Springer, Berlin 1932, S. 71 ff.

Weiterhin stellen insbesondere gittergesteuerte Großgleichrichteranlagen, ferner Lichtbogenofenanlagen, Induktionsöfen, Hochfrequenzschmelzöfen, Schweißmaschinen, Drehregler usw. Blindleistungsverbraucher dar, deren Kompensation in den betreffenden Industriezweigen große wirtschaftliche und technische Bedeutung erlangt hat (s. Kap. IX, 5). Auch lange Sammelschienen, insbesondere lange Hochstromzuleitungen z. B. für Elektrolyse- und Ofenanlagen, ferner der ausladende Arm von Schweißmaschinen usw. bilden induktive Reihenblindwiderstände, die den Leistungsfaktor einer Anlage erheblich verschlechtern können.

Aus dem Vektordiagramm Bild 7 kann man in einfacher Weise ableiten, daß zum Ausgleich der durch einen induktiven Reihenblindwiderstand hervorgerufenen Phasenverschiebung zwischen U_1 und U_2 im induktiven Lastbereich gerade soviel Kompensationsleistung erforderlich wird, wie die induktive Eigenleistung des Reihenblindwiderstandes bei bereits kompensiertem Laststrom J beträgt. Bei einem dreiphasigen induktiven Reihenblindwiderstand mit einem induktiven Phasenwiderstand X_L ist also erforderlich:

$$N_C = N_b = 3 \, J U_b \, 10^{-3} = 3 \, J^2 \, X_L \, 10^{-3} \ (\text{kVar}) \ \ldots \ (2)$$

So wies z. B. eine mit 1320 A belastete 350 m lange Leitung mit 300 mm mittlerem Leiterabstand ($X_L = 0{,}046$ Ohm/Ph) einen induktiven Blindleistungsverbrauch von $N_b = 3 \cdot 1320^2 \cdot 0{,}046 \cdot 10^{-3} = 240$ kVar auf. Da die Zuleitung zum Schutz der Anlage eine Kurzschlußdrossel für 5 % Reaktanzspannung bei 5250 V Dreieckspannung und 2200 A erhalten mußte, so war aus Tarifgründen auch deren Blindbedarf bei 1320 A in Höhe von 360 kVar zu kompensieren. Bei der Übertragung von insgesamt 43 000 kW bei cos $\varphi = 0{,}9$ waren vier derartige parallele Zuleitungen und Drosseln und damit eine Drehstromkondensatorleistung von 2400 kVar erforderlich, während bei 43 MW zur eigentlichen Blindstromkompensation von cos $\varphi = 0{,}764$ auf 0,90 eine Batterie von 15 600 kVar und somit eine Gesamtleistung von 18 MVar einzubauen war.

Schließlich ist noch darauf hinzuweisen, daß der induktive Reihenblindwiderstand bei den Höchstspannungsfernleitungen einen entscheidenden Einfluß auf die Höhe der übertragbaren Leistung, überbrückbaren Entfernung und Stabilität der Leitungen ausübt (s. Kap. IX, 4).

3. Natürliche Begrenzung des Blindleistungsbedarfes

Der Kampf gegen den Blindstrom muß bereits bei der Planung der Anlagen einsetzen, so daß nicht erst die Folgen, sondern bereits die Ursachen beseitigt werden. Untersucht man unter diesem Gesichtspunkt die Nieder- und Mittelspannungsnetze, so wird man finden, daß die Asynchronmotoren mit ihrem verhältnismäßig großen Luftspalt, entsprechend untenstehender Zahlentafel 1, den Hauptanteil des Gesamtblindleistungsbedarfes eines Netzes ausmachen. Je größer der Anteil

der Motorbelastung an der Gesamtnetzbelastung ist, desto höher wird
auch der Blindlastanteil der Motoren an der Gesamtblindleistung des
Netzes sein. Dieses trifft im vollen Umfange für reine Industrienetze
bzw. für öffentliche Netze mit vorwiegend Industriebelastung zu. Je
stärker dagegen neben Industrie und Gewerbe auch die Landwirtschaft
zu versorgen ist, um so mehr nimmt der Blindlastanteil der dann vorhandenen vielen Kleinumspanner zu. Die Leitungen verbrauchen —
im Gegensatz zu den im Kap. IX, 4 behandelten Höchstspannungsleitungen — nur einen verschwindend geringen Teil der induktiven
Gesamtblindbelastung. In städtischen oder Industrienetzen mit reiner
Kabelverteilung ist der Anteil der Verteilungsanlagen an der Gesamtblindleistung vernachlässigbar gering bzw. in ausgedehnten Hochspan-
nungskabelnetzen sogar von kapazitiver Wirkung. Außer von dem
Gleichzeitigkeitsfaktor und dem Belastungsgrad der Motoren hängt der
Blindlastanteil der Motoren, Umspanner und Leitungen auch von den
Veränderungen der Belastung tags- und nachtsüber ab (s. a. Kap. VIII, 3)

Zahlentafel 1. Induktiver Blindleistungsbedarf verschiedenartiger Netze.

Blindl.-Bedarf der	Reine Industrienetze	Öffentl. Netze mit		
		vorwiegend Industrie-Belastung	Industrie und Landwirtschaft	vorwiegend Landwirtschaft
Motoren etwa $^0/_0$	90 ... 78	82 ... 73	70	50 ... 60
Umspanner ,, $^0/_0$	10 ... 14	15 ... 19	24	40 ... 30
Leitungen ,, $^0/_0$	0 ... 5	3 ... 5	5	10 ... 10
Restl. Blindl. Verbr. $^0/_0$	0 ... 3	0 ... 3	0 ... 1	0 ... 0
cos φ mittel $^0/_0$	0,60 ... 0,80	0,60 ... 0,80	0,60 ... 0,70	0,50

Da die Asynchronmotoren in erster Linie die cos φ-Verschlechterung
der Netze verursachen, wird man ihnen bei der Planung der Anlagen
besonderes Augenmerk zuwenden. Bei der Neuanschaffung von Motoren
hat man nicht nur auf unbedingte Betriebssicherheit und guten Wirkungsgrad, sondern auch auf guten cos φ über einen großen Belastungsbereich
hin zu achten. Überdimensionierung von Motoren ist ebenso unzweck-
mäßig wie längeres Arbeiten bei Teillast oder bei Leerlauf. Gerade diese
beiden Tatsachen sind häufig die Ursache dafür, daß der mittlere Leistungsfaktor von Industrieanlagen stark herabgedrückt wird. Günstig
ist in solchem Falle auch ein Arbeiten bei starker Last in der Dreieckschaltung, während bei Betrieb unterhalb von Halblast auf die Sternschaltung übergegangen wird. Der Magnetisierungsleistungsbedarf beträgt hierbei nur noch $^1/_3$, der cos φ bleibt jedoch etwa auf der Höhe
des Vollastwertes der Dreieckschaltung. Ferner sind Gruppenantriebe
möglichst durch Einzelantriebe sowie Langsamläufer durch Schnell-
läufer zu ersetzen, womit zugleich verbesserte Wirkungsgrade und ver-
ringerte Anschaffungspreise verbunden sind.

Bei mehreren parallel arbeitenden Umspannern sind in Zeiten der Entlastung die überzähligen Umspanner zwecks Einsparung von Magnetisierungsbedarf und Leerlaufverlusten abzuschalten. Auch sind wenige große Umspanner nicht nur wegen ihrer geringeren Anlagekosten, sondern auch wegen des geringeren Blindleistungsbedarfes günstiger als eine größere Anzahl Umspanner mit gleicher Gesamtleistung.

Während man bei Kabeln wegen ihres geringen Blindleistungsbedarfes keine besonderen Vorschriften für die Lieferart zu erheben braucht, ist bei Freileitungen, Sammelschienen und Hochstromzuleitungen auf möglichst geringen und symmetrischen Abstand der Leiter, notfalls unter Verwendung der Verdrillung, zu achten.

II. Einfluß des cos φ auf die Netze

1. Verringerung der Leistungsfähigkeit, Erhöhung der Anlagekosten und des Kapitaldienstes der Kraft- und Überlandwerke

Ausnutzbarkeit der Anlagen. In den Gl. (1)...(1 c) sind die Beziehungen zwischen Wirkleistung, Blindleistung und Scheinleistung wiedergegeben. In Bild 8 und 9a...c sind diese Beziehungen zur Veranschaulichung der Verhältnisse bei Zugrundelegung einer gleichbleibenden Wirkleistung von $N_w = 100\%$ dargestellt. Man erkennt, daß mit wach-

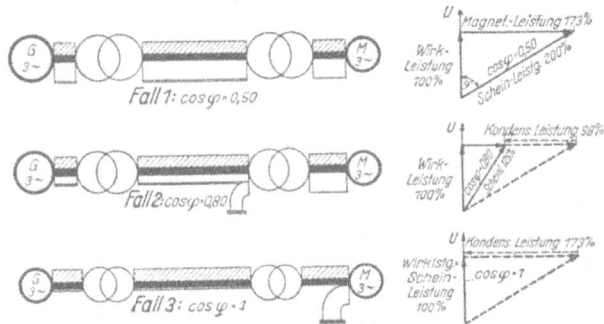

Bild 8. Einfluß des Leistungsfaktors auf die Größe der Stromerzeugungs- und -verteilungsmittel

	Fall 1	Fall 2	Fall 3
cos φ	0,50	0,80	1
Wirkleistung N_w	100 %	100 %	100 %
Blindleistung N_b	173 %	75 %	0 %
Scheinleistung N_s	200 %	125 %	100 %
Übertragungsverl. V_w	400 %	156 %	100 %

sender Verschlechterung des Netz-cos φ die Blindleistung N_b und damit die sich geometrisch aus Wirk- und Blindleistung zusammensetzende Scheinleistung N_s lawinenartig ansteigt. Durch die am Verbraucherort bereitzustellende wattlose Leistung N_b werden die Anlagen nicht nur scheinleistungsmäßig, sondern auch im Wirkleistungsdurchsatz — also in ihrer eigentlichen Hauptaufgabe — stark beeinträchtigt. Die, sowohl im Stromerzeuger- als auch im Dampfteil, meist für cos $\varphi = 0,8$ be-

messenen Kraftwerke bleiben bei einem Betrieb mit cos $\varphi = 0{,}50$ wirkleistungsmäßig im Verhältnis $0{,}5\!:\!0{,}8 = 62{,}5\!:\!100\%$ unausgenutzt, wenn
man gleiche Scheinleistungsabgabe voraussetzt. Dasselbe trifft für die
nachgeordneten Umspanner und Übertragungsmittel zu.

Wie unwirtschaftlich sich ein schlechter Belastungs-cos φ auf die
Ausnutzbarkeit der Hochspannungsanlagen auswirkt, läßt sich aus den
bekannten Versuchen aus dem Jahre 1921 an der 100-kV-Großkraft-
übertragung Zschornowitz—Berlin—Rummelsburg ersehen. Während
diese Leitung bei cos $\varphi = 0{,}80$ nur 27 MW nach Berlin übertragen
konnte, ergab sich bei Betrieb mit cos $\varphi = 1\ldots0{,}97$ voreilend eine Steigerung der Leistungsfähigkeit um etwa 60% auf 43 MW, wobei sich
die Übertragungsverluste prozentual in gleicher Höhe hielten.

Man erkennt bereits hieraus die überragenden technischen und
wirtschaftlichen Vorteile einer richtig angesetzten Blindstromkompensation, die sich restlos in den Rahmen des Vierjahresplanes und der derzeitigen Kriegswirtschaft einfügt. Zunächst erhält man die erforderliche
Entlastung der Anlagen, so daß entweder bei schon eingetretener Überlastung die erheblich kostspieligere Verstärkung der Gesamtanlage vermieden oder einige Stromerzeugersätze und Umspanner für Bereit-
schaftszwecke freigemacht werden können; in jedem dieser Fälle ergibt
sich durch die Scheinleistungsverringerung eine nicht unerhebliche Einsparung an Verlustarbeit und Kohle (s. Kap. IX, 3). Benutzt man
dagegen die freigewordene Scheinleistung zum Anschluß einer zusätzlichen Wirkbelastung, so läßt sich eine erhebliche Steigerung des Wirk-
lastumsatzes und damit die heute so wichtige technisch, wirtschaftlich
und rohstoffmäßig bessere Ausnützung der Kraftwerke und Netze erzielen; außerdem erreicht man bei gleichbleibender Scheinleistung und
somit bei gleich hohen Kupfer- und Eisenverlusten des gesamten Netzes
eine nicht zu unterschätzende Verbesserung des Jahreswirkungsgrades
des Netzes.

Anlagekosten, Kapitaldienst und Rohstoffe. Es sollen nunmehr
die Folgen eines niedrigen Leistungsfaktors und der dadurch bedingten
größeren Scheinleistung N_s entsprechend Bild 9c auf die Anlagekosten
K neu zu errichtender bzw. zu erweiternder Elektrizitäts- und Umspannwerke untersucht werden. Man könnte auf den ersten Blick zu
der Annahme neigen, daß der jährliche Kapitaldienst k für jedes kW
der im Kraftwerk und im Verteilungsnetz eingebauten Leistung bei
einem mittleren Prozentsatz p für Zinsen, Tilgung, Abschreibung und
Erneuerungsrücklagen im gleichen Verhältnis wie die Scheinleistung N_s
zunimmt. Man muß jedoch berücksichtigen, daß die vom Scheinstrom
durchflossenen Anlageteile wie Stromerzeuger, Umspanner, Kabel,
Freileitungen usw., z. B. bei cos $\varphi = 0{,}5$ — also bei einer Scheinleistung
von 200% — nicht doppelt so teuer wie bei cos $\varphi = 1$ sind. Außerdem
sind in den Gesamtanlagekosten K die nicht unbedeutenden Aufwendun-

gen für die Gebäude, das Kesselhaus, den Dampfteil der Turbostrom-
erzeuger einschließlich Zubehör, die Schaltanlagen usw. enthalten, deren
Höhe von einer Leistungsfaktorverschlechterung nicht oder fast nicht
betroffen werden. H. Nissel[1]) untersuchte unter diesem Gesichtspunkt
die Gesamtanlagekosten eines Großstadt- und eines Provinzstadtnetzes
und ermittelte hierbei, daß der in Bild 9d dargestellte Verringerungsfaktor c im Mittel die tatsächlichen Verhältnisse wiedergibt. Der Kapitaldienst k wird also:

$$k = K \frac{p}{100} \frac{N_s}{N_w} c \quad \ldots \ldots \ldots \ldots \quad (3)$$

Diese Gleichung ist in Bild 9e als Verhältnisgleichung wiedergegeben.
Man erkennt, daß das Gesamtanlagekapitel K eines Unternehmens bzw.
der jährliche Kapitaldienst k bei einem Betrieb mit einem mittleren
$\cos \varphi = 0,80$ nicht auf 125%, sondern auf 116%, bei Belastung mit
$\cos \varphi = 0,50$ nicht auf 200%, sondern auf 171% der bei $\cos \varphi = 1$ auf-

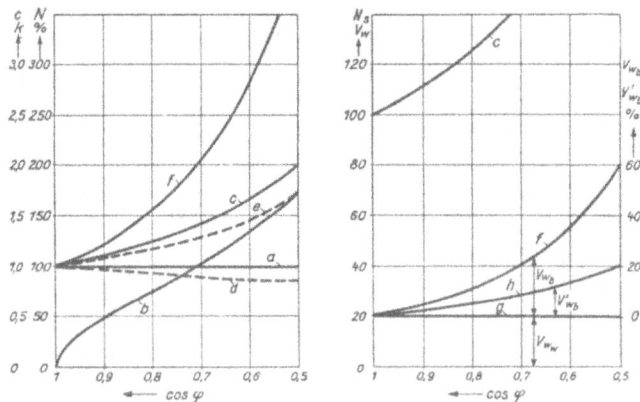

Bild 9. Einfluß des Leistungsfaktors bei gleichbleibender Wirkleistung N_w (a) auf die Blindleistung
N_b (b), die Scheinleistung N_s (c), den Verringerungsfaktor c (d), den Kapitaldienst k (e), die Wirk-
stromverluste V_{w_w} (g), und die Blindstromverluste bei Altanlagen V_{w_b} (f) sowie bei Neuanlagen
V'_{w_b} (h).

zuwendenden Anlagekosten anwächst. Dies bedeutet jedoch nicht mehr
und nicht weniger, als daß bei Betrieb mit einem schlechten Leistungsfaktor von z. B. $\cos \varphi = 0,60$ etwa 45% des Anlagekapitals am Wirk-
lastumsatz gar nicht teilnehmen, also unproduktiv angelegt sind. Auch
vom Standpunkt einer planvollen Bewirtschaftung unserer Rohstoffe
ist ein solcher Betrieb als unerwünscht zu betrachten, selbst wenn man
in Rechnung setzt, daß die erforderlichen Kompensationseinrichtungen
ebenfalls Anlagekapital und Rohstoffe — aber eben in weit geringerem
Umfange — benötigen.

---

[1]) Nissel, H. Der Einfluß des $\cos \varphi$ auf die Tarifgestaltung der Elektrizitätswerke, J. Springer, Berlin 1928.

2. Erhöhung der Erzeugungs- und Übertragungsverluste

Bestehende Anlagen. Mit der Verschlechterung des Netzleistungsfaktors geht nicht nur eine Erhöhung der Scheinleistungslieferung, der Anlagekosten und damit des Rohstoffaufwandes eines Elektrizitätsunternehmens, sondern auch eine nicht mehr zu vernachlässigende Vergrößerung der Stromwärmeverluste Hand in Hand. Wie im Kap. III nachzuweisen ist, verursacht der erhöhte Kapitaldienst eine entsprechende Vergrößerung des Leistungspreises einer kWh, während durch die angestiegenen Kupferverluste ein Anwachsen der Betriebskosten des Kraftwerkes und damit eine Erhöhung des Arbeitspreises je kWh bewirkt wird. Es ergibt sich hier eine zweite wichtige Auswirkung der induktiven Blindleistung auf die Netze.

Die durch den Scheinstrom in den Umspannern, Leitungen usw. hervorgerufenen Wirkverluste V_w sind bekanntlich:

$$V_w = 3\,R\,J^2 = 3\,R\,J_w^2 + 3\,R\,J_b^2 = V_{ww} + V_{wb} \text{ (W)} \quad . \ . \ (4)$$

Der auf den Blindstrom allein entfallende Anteil ist:

$$\left.\begin{array}{l} V_{wb} = 3\,R\,J^2 - 3\,R\,J_w^2 = 3\,R\,J_w^2/\cos^2\varphi - 3\,R\,J_w^2 \\ V_{wb} = 3\,R\,J_w^2\,(1/\cos^2\varphi - 1) = V_{ww}\,(1/\cos^2\varphi - 1) \end{array}\right\} \text{(W)} \ . \ (4a)$$

Nimmt man an, daß der durch den Wirkstrom in allen Übertragungseinrichtungen zwischen Stromerzeuger und -verbraucher hervorgerufene Leistungsverlust $V_{ww} = 20\%$ der Gesamterzeugung beträgt (Bild 9g), so sind die vom Scheinstrom verursachten Kupferverluste V_w entsprechend Gl. (4) und Bild 9f bei $\cos\varphi = 0,80$ bereits auf das 1,57fache, bei $\cos\varphi = 0,50$ sogar auf das 4fache des bei rein Ohmscher Belastung auftretenden Wertes V_{ww} angewachsen. Die Differenz der Kurven f und g ergibt in Bild 9 den besonders interessierenden Verlustanteil V_{wb}, mit dem der Blindstrom entsprechend Gl. (4a) an den Gesamtverlusten V_w beteiligt ist.

Es ist nunmehr zu untersuchen, wie weit sich ein schlechter $\cos\varphi$ auf den Wirkungsgrad der Stromerzeuger, Umspanner und Fernleitungen auswirkt.

Stromerzeugersätze. Bei einer scheinleistungsmäßig voll ausgefahrenen, wirkleistungsmäßig infolge niedrigen Netzleistungsfaktors unterbelasteten Krafterzeugungsanlage weisen die Turbinen bei Teilwirklast zunächst einen spezifisch höheren Dampfverbrauch auf, der in einer kleinen Verringerung des Turbinenwirkungsgrades zum Ausdruck kommt. Andererseits entsteht beim Stromerzeuger durch die erhöhte Blindleistungslieferung ein feldschwächender und damit spannungssenkender Einfluß des Ankerrückwirkungsfeldes (vgl. Bild 32). Soll die Klemmenspannung des Generators auf gleicher Höhe gehalten werden, so muß die Gleichstromerregung verstärkt werden. Dies bedeutet zwar einerseits eine besonders im Netzstörungsfall erwünschte Erhöhung der synchro-

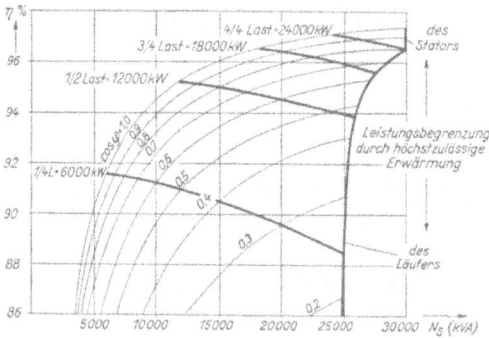

Bild 10. Einfluß des Leistungsfaktors auf den Wirkungsgrad und die Ausnutzbarkeit eines 30000-kVA-Stromerzeugers für 10 kV Ds, 50 Hz.

nisierenden Momente, jedoch andererseits erhöhte Erregerverluste und damit bei Teilwirklast ebenfalls eine Wirkungsgradverschlechterung (s. a. Bild 10):

$$\eta_G = \frac{N_s \cos \varphi}{N_s \cos \varphi + V_w} \quad . \quad . \quad (5)$$

Hierbei bedeuten N_s die Generatorscheinleistungsabgabe und V_w die Gesamtverluste, bestehend aus Ständerkupfer-, Erregerkupfer-, Eisen-, Luftreibungs- und Lagerreibungsverlusten.

Hierzu kommt, daß die Stromerzeuger ihre volle Nennscheinleistung nur im Bereich von $\cos \varphi = 1$ bis zu ihrem Nennleistungsfaktor von z. B. $\cos \varphi = 0{,}80$ oder $0{,}70$ abzugeben vermögen. Bei Unterschreitung dieses Nennwertes könnte zwar der Ständer den vollen Scheinstrom, nicht aber der Läufer den aus dem gleichen Grunde wie oben erhöhten Erregerstrom führen. Um eine Überlastung und Beschädigung des Induktors zu vermeiden, muß man notgedrungen entsprechend Bild 10 eine Verringerung der Scheinleistungsabgabe im unteren $\cos \varphi$-Bereich in Kauf nehmen. Die Ausnutzbarkeit des Erzeugersatzes hängt somit u. a. direkt von der Güte des Netzleistungsfaktors sowie von der Höhe der Ständerstreureaktanz ab.

Umspanner und Fernleitungen. Der Wirkungsgrad der Umspanner wird bei gegebenen Vollast-Kupferwirkverlusten $V_{w\,Cu}$ und Eisenwirkverlusten $V_{w\,Fe}$ ebenfalls in gewissem Maße von der Höhe des Leistungsfaktors der Durchgangsleistung beeinflußt. Es gelten:

$$\eta_U = 100\% - \frac{100\,s}{100 \cos \varphi + s}\%, \text{ wobei } . \quad . \quad . \quad (6)$$

$$s = n\,V_{w\,Fe}\% + V_{w\,Cu}\%/n \text{ ist } . \quad . \quad . \quad . \quad (6a)$$

Hierbei bedeutet n den Lastfaktor des Umspanners, der bei Belastung mit Nennleistung $= {}^4/_4$, bei Halblast ${}^2/_4$ usw. ist. In Bild 11 sind die rechnerisch aus Gl. (6) und (6a) ermittelten Wirkungsgradkurven für einen 100-kVA-Umspanner wiedergegeben, dessen Verluste laut Bild 3 $V_{w\,Fe} = 0{,}6\%$ und $V_{w\,Cu} = 2{,}25\%$ der Umspannernennscheinleistung betragen.

Am bedeutendsten sind schließlich die in den Fernleitungen entstehenden Übertragungsverluste (vgl. Bild 97). Die hierbei durch Kondensatoren erzielbaren Verlusteinsparungen sind in Kap. IX, 3 eingehend behandelt.

Der Gesamtverlust eines mittleren Kraftwerkes einschließlich der Verluste in den Umspannern und Fernleitungen beträgt im allgemeinen 10...20% der Gesamterzeugung in kW, wobei sich diese Verluste bei einer Erzeugung bei $\cos \varphi = 1$ verstehen. Die Wirkungsgradeinbuße wird also um so empfindlicher sein, je niedriger der $\cos \varphi$ ist, je stärker das aktive Kupfer und Eisen ausgenutzt sind, je kleiner die Nennleistung der Stromerzeuger und Umspanner und je kleiner der Querschnitt der Fernleitungen ist.

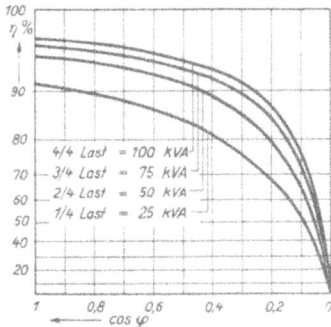

Bild 11. Einfluß des Leistungsfaktors auf den Wirkungsgrad eines 100-kVA-Umspanners ($V_{w_{Fe}} = 0.6\%$, $V_{w_{Cu}} = 2.25\%$).

Neuanlagen. Bei Neuanlagen, die gleich von vornherein für die zukünftige Spitzenleistung ausgelegt werden, ist genau so wie bei der Ermittlung der zugehörigen Anlagekosten (Gl. (3)) mit einer Vergrößerung aller stromführenden Teile der Anlage im Verhältnis $N_s : N_w = 1 : \cos \varphi$ zu rechnen. Dementsprechend verringert sich der bei vergrößerter Scheinleistung auftretende Ohmsche Widerstand R größenordnungsmäßig im Verhältnis von $R_w : R = 1 : \cos \varphi$. Die Gl. (4a) geht daher über in:

$$\left.\begin{array}{l} V'_{wb} = 3\,R\,J^2 - 3\,R_w\,J_w{}^2 = 3\,R_w \cos \varphi \,(J_w{}^2/\cos^2 \varphi) - 3\,R_w\,J_w{}^2 \\ V'_{wb} = 3\,R_w\,J_w{}^2\,(1/\cos \varphi - 1) = V_{ww}\,(1/\cos \varphi - 1) \end{array}\right\} \quad (7)$$

Nimmt man auch hier wieder V_{ww} mit 20% der Gesamterzeugung an, so erhält die Gl. (7) die Gestalt der Kurve h in Bild 9. Es werden also die von der Scheinleistung verursachten Stromwärmeverluste geringer als in Kurve f von Bild 9, in welcher mit gleichbleibendem Querschnitt der Anlageteile gerechnet wurde. Hierauf wird im Kap. III bei der Selbstkostenberechnung der kWh näher einzugehen sein.

3. Erschwerung der Spannungshaltung sowie Vergrößerung des Netzdauerkurzschlußstromes

Die bisher behandelten Folgen der $\cos \varphi$-Verschlechterung waren vorwiegend wirtschaftlicher Art. Es sind nunmehr die ungünstigen Auswirkungen auf betriebstechnischem Gebiet als der dritten Folge niedriger Netzleistungsfaktoren zu untersuchen.

Spannungshaltung. Greift man auf die in Bild 2B dargestellte unkompensierte Krafterzeugungs- und Übertragungsanlage zurück, so möge an der Sammelschiene des Kraftwerkes die Anfangsspannung U_1 herrschen. Der von den Abnehmern am Ende des Übertragungssystems unter $\cos \varphi_2$ beanspruchte Strom J ruft an den Ohmschen und induktiven Phasenreihenwiderständen R und X_L der Aufspanner, Freileitungen, Kabel, Abspanner, Drosselspulen usw. einen Spannungsabfall U_f hervor, so daß am Ende der Übertragungseinrichtung bei induktiver Last nur eine Endspannung $U_2 = U_1 \stackrel{\frown}{-} U_f$ herrscht. Der an der Impedanz Z auftretende Spannungsfall setzt sich entsprechend Bild 2 B aus einer Ohmschen und induktiven Komponente zusammen:

$$U_f = J Z \sqrt{3} = J R \sqrt{3} \stackrel{\frown}{+} J X_L \sqrt{3} = U_w \stackrel{\frown}{+} U_b = \text{Wirkfall} \stackrel{\frown}{+} \text{Blindfall} \quad (8)$$

Zerlegt man dagegen den Spannungsfall entsprechend dem Vektordiagramm Bild 2 in eine Längs- und eine Querkomponente — bezogen auf die Richtung des Vektors U_2 —, so erhält man

$$U_L = J_w R \sqrt{3} + J_b X_L \sqrt{3} \dots \text{Längsfall} \quad \dots \quad (8a)$$

$$U_Q = J_w X_L \sqrt{3} - J_b R \sqrt{3} \dots \text{Querfall} \quad \dots \quad (8b)$$

Die am Ende einer Fernstromversorgung herrschende Spannung U_2 unterscheidet sich demnach von der Spannung U_1 am Anfang nicht nur der Größe sondern auch der Richtung nach. Unter der Voraussetzung, daß es sich um Übertragungsspannungen bis 30 kV mit vernachlässigbar niedrigem Ladestrom handelt und daß der Phasenverdrehungswinkel ϑ zwischen U_1 und U_2 nicht zu groß ist, ergibt sich für U_2 bei induktiver Belastung in erster Annäherung die aus Bild 2 B ableitbare Gleichung:

$$U_2 \cong U_1 - U_L \cong U_1 - J_w R \sqrt{3} - J_b X_L \sqrt{3} \quad \dots \quad (9)$$

Der Gesamtspannungsunterschied zwischen Kraftwerk und Verbraucher besteht demnach in erster Annäherung aus der Summe des durch den Wirkstrom an dem Ohmschen Gesamtwiderstand hervorgerufenen Spannungsfalles und des weiteren Spannungsfallanteiles, der durch den Blindstrom an den induktiven Reaktanzen der Umspanner, Drosselspulen, Leitungen usw. erzeugt wird. Da der letztere bei Hochspannungsübertragungen meist den 1...3fachen Betrag des zugehörigen Ohmschen Spannungsfalles aufweist, so sind der induktive Gesamtwiderstand X_L sowie der durch die magnetischen Felder bedingte Blindstrom J_b die Hauptursache für die stark herabgedrückten Spannungen U_2 am Ende der Übertragungsanlagen. Der Idealfall wäre die Beseitigung des gesamten Verbraucherblindstromes durch Kompensation bis $\cos \varphi_2 \cong 1$, so daß für den Längsfall U_L nur der Wirkfall U_w wirksam bleibt (vgl. a. Bild 7).

Es muß nun zwischen örtlichen Spannungsunterschieden $U_u = U_1 - U_2$, die sich bei gleichbleibender Last längs der Fernleitungen an den einzelnen Stellen derselben ergeben, sowie zwischen Spannungsänderung U_a unterschieden werden, wobei letztere an ein und derselben Stelle der Übertragungsanlage zeitlich verschieden infolge der Lastschwankungen auftreten.

Ein zu großer Spannungsunterschied U_u bzw. auch eine zu große Spannungsänderung U_a ist naturgemäß in sehr vielen Fällen höchst unerwünscht. Einerseits verlangen die Stromabnehmer mit Rücksicht auf die Anfahrdrehmomente der Asynchronmotoren die vertraglich zugesicherte Spannungshaltung, zumal wenn sie spannungsempfindliche Antriebe, wie in der Textil- und Papierindustrie oder spannungsempfindliche Geräte, wie in Glüh- oder Härteanlagen oder im Haushalt (Licht-, Koch-, Heißwasseranlagen usw.) besitzen. Andererseits müssen auch die Netze selbst für den Netzkupplungsfall zur Vermeidung von Blindausgleichströmen das Niveau der Netzspannung U_2 an der Kupplungsstelle regeln oder im Störungsfall eine mehrseitig gespeiste Anlage auch einseitig im Betrieb halten können, ohne daß unzulässig niedrige Spannungen U_2 am Verbraucher auftreten. Es kann durchaus vorkommen, daß bei der Übertragung größerer Leistungen bei schlechtem cos φ in den Stromerzeugern, Auf- und Abspannern sowie in den Fernleitungen eine zeitliche Spannungsänderung von 20...30 % auftritt; die hierdurch entstehende Gesamtspannungsänderung vermag selbst ein Stromerzeuger mit großem Regelbereich nicht mehr wirtschaftlich auszuregeln, so daß zur Unterstützung des Kraftwerkes, abgesehen von Sondermaßnahmen, vor allem auf die in Kap. V, 2 sowie IX, 2 aufgeführten umlaufenden und statischen Phasenschieber zur Beseitigung der Blindstromkomponente zurückgegriffen werden muß.

Dauerkurzschlußstrom. Es ist hinreichend bekannt, daß bei einem Kurzschluß im Netz der Stoßkurzschlußstrom nach 1...3 s auf den wesentlich niedrigeren Dauerkurzschlußstrom abgeklungen ist. Die Höhe des letzteren ist u. a. von der Stärke des vor Eintritt des Kurzschlusses vorhandenen Gleichstromerregerfeldes der Kraftwerkstromerzeuger abhängig. Hatte man bei Ohmscher oder sogar kapazitiver Belastung infolge geringer bzw. sogar spannungserhöhend wirkender Ankerrückwirkung (vgl. Bild 32) nur eine geringe Gleichstromerregung nötig, um die Nennklemmenspannung zu erzeugen, so wird der Dauerkurzschlußstrom entsprechend niedrig sein. War jedoch wegen stark induktiver Belastung eine erhöhte Gleichstromerregung vor Kurzschlußeintritt erforderlich, so hat man mit einem wesentlich höheren Dauerwert zu rechnen. Im übrigen wirkt sich ein schlechter Belastungs-cos φ noch dahin aus, daß der Stoßkurzschlußstrom u. a. um so langsamer auf den Dauerwert abklingt, je größer die stationäre Gleichstromerregung war.

Man erkennt auch hier den rein technischen Vorteil eines Betriebes mit gutem Leistungsfaktor. Allerdings ist später festzustellen, daß durch die zur Blindstromkompensation einzusetzenden Phasenschieber zwangsläufig eine geringe Erhöhung der an der Netzkurzschlußstelle wirksamen Netzkurzschlußleistung herbeigeführt wird.

III. Einfluß des cos φ auf die Tarifgestaltung

1. Zweck der Blindstromtarife

Im letzten Kapitel wurde der ungünstige Einfluß eines niedrigen Leistungsfaktors auf die wirtschaftlichen und technischen Betriebsbedingungen der Netze untersucht. Es ergab sich, daß die Maschinen und Geräte oft nur wegen des schlechten Leistungsfaktors für eine übergroße Scheinleistung ausgelegt werden müssen und daß volkswirtschaftlich wertvollste Anlagekapitalien, Rohstoffe und Kohle unproduktiv festgelegt werden, ohne daß sie sich am Wirkleistungsumsatz direkt beteiligen können. Die Stromerzeugungs- und Verteilungsmittel sind jedoch hauptsächlich bei Fernstromversorgung viel zu wertvoll, als daß sie durch Lieferung und Fortleitung wattloser Energien an ihrer eigentlichen Aufgabe gehindert werden dürfen. Außerdem stellen die Erhöhung der Übertragungsverluste, die Erschwerung der Spannungshaltung und die Vergrößerung der Netzkurzschlußleistung eine höchst unerwünschte Beigabe dar.

Aus allen diesen Gründen ist eine tarifliche Erfassung der durch den Blindstrom verursachten Unkosten eine privat- und volkswirtschaftlich gerechtfertigte, ja sogar zwingende Notwendigkeit. Gleichzeitig soll eine gerechte Preisstellung erzielt werden, so daß der Abnehmer mit gutem $\cos \varphi$ günstigere Einkaufsbedingungen erhält als derjenige, der seine Anlage unkompensiert läßt.

Seit der durch die Vereinigung der Elektrizitätswerke am 11. 11. 21 in der Technischen Hochschule zu Charlottenburg abgehaltenen »$\cos \varphi$-Tagung« ist der Einfluß des $\cos \varphi$ auf die Höhe des Strompreises in den meisten deutschen und in vielen ausländischen Netzen berücksichtigt worden. Die Tarife wurden seit dieser Zeit durch preislich einwandfreie, meßtechnisch leicht durchführbare und psychologisch leicht verständliche Blindstromklauseln erweitert. Durch diese Blindstromtarife kann jeder Sonderabnehmer den Blindstromzuschlag einsparen bzw. sogar eine Vergütung erhalten, wenn er seine Anlage auf einen mittleren $\cos \varphi = 0,80...0,95$ bringt. Im Kap. IX, 1 wird noch ausführlich nachgewiesen werden, daß die nach Abzug aller Unkosten erzielbaren jährlichen Nettoersparnisse meist derartig bedeutend sind, daß sich kein Stromabnehmer diesen tariflichen Vorteil entgehen lassen wird. Durch diesen gesunden tariflichen Anreiz erreicht somit das stromliefernde Werk seinen Zweck, indem durch Kompensation der Blindleistung an ihrem Entstehungsort das Übel und seine früher behandelten Folgen gleich an der Wurzel gepackt werden.

2. Einfluß des $\cos \varphi$ auf den Leistungs- und Arbeitspreis

Im Gestehungspreis der elektrischen Arbeitseinheit (kWh) müssen die dem Elektrizitäts-Versorgungs-Unternehmen (EVU) entstehenden Leistungs- und Arbeitskosten zum Ausdruck kommen, wie dieses beim Grundpreistarif am gerechtesten der Fall ist. Die Leistungskosten stellen bekanntlich diejenigen Kosten dar, die einem EVU daraus erwachsen, daß es zu jeder Jahres- und Tageszeit in der Lage sein muß, die von der Summe der Stromabnehmer geforderte Leistung, ja sogar Spitzenleistung, abzugeben. Die Leistungskosten setzen sich daher vor allem aus den — wie wir sahen — ebenfalls von der Höchstleistung abhängigen Anlagekosten K und einem großen Teil der Betriebskosten zusammen. Letzterer stellt eine Summe F dar, welche einen Teil der Bereitschaftskosten (Unkosten bei Belastung mit 0 kW), ferner die Gehälter, Verwaltungskosten, Steuern, Versicherung sowie einen Teil der Aufwendungen für Instandhaltung und für Löhne enthält.

Die gesamten Leistungskosten werden im wesentlichen die gleiche $\cos \varphi$-Abhängigkeit aufweisen wie der Kapitaldienst k, da dieser die anteiligen Betriebskosten überwiegt. Der auf je 1 kW installierte Leistung entfallende Anteil der Leistungskosten ist in voller Höhe naturgemäß nur bei einer Benutzungsdauer[1]) von 1 h/Jahr einzusetzen. Bei einer Benutzungsdauer von h Stunden/J erniedrigt er sich entsprechend. Die festen, lediglich von der Höchstbeanspruchung abhängigen Kosten des Gestehungspreises einer kWh betragen demnach in Erweiterung der Gl. (3)

$$s_f = \left[\left(K \frac{p}{100} + F\right) \frac{1}{N_{w\,\text{max}}}\right] \frac{c}{\cos \varphi\, h} = a \frac{c}{\cos \varphi\, h} \quad \ldots \ (10)$$

Hierbei wird a als Grundpreis oder Leistungspreis in RM. je kW Höchstleistung und je Jahr bezeichnet.

Andererseits stellen die Arbeitskosten B eines EVU, die meist den kleineren Teil der Gesamtgestehungskosten ausmachen, einen gewissen, durch die abgegebene Arbeitsmenge A_w (kWh) bestimmten Teil der Betriebskosten dar. Sie setzen sich aus einem großen Teil der Betriebsstoffkosten (Kohlen, Öl, Kühl- und Speisewasser), aus dem restlichen Teil der Instandhaltungskosten, der Löhne und sonstigen Betriebskosten zusammen. Da die Betriebsstoffkosten überwiegen, werden die Arbeitskosten etwa die gleiche $\cos \varphi$-Abhängigkeit wie die Stromwärmeverluste V'_{wb} haben. Ermittelt man den auf 1 kWh entfallenden Anteil der Gesamtbetriebskosten $b = B/A_w$, welcher Arbeitspreis in RM./kWh genannt wird, so ergibt sich für die veränderlichen Kosten des Gestehungspreises einer kWh die Summe aus dem Arbeitspreis b und aus einem $\cos \varphi$-abhängigen Zuschlag. Dieser Zuschlag wird der Erhöhung der Stromwärmeverluste V'_{wb} entsprechend Gl. (7) gerecht.

$$s_v = \frac{B}{A_w} + \frac{B}{A_w} \frac{V'_{wb}}{100} = b \left(1 + \frac{V'_{wb}}{100}\right)$$
$$= b \left[1 + \frac{V_{ww}}{100} \left(\frac{1}{\cos \varphi} - 1\right)\right] \Bigg\} \quad \ldots \ldots \ (10a)$$

---

[1]) Die Benutzungsdauer h, die nicht mit der Betriebsstundenzahl h' je Jahr verwechselt werden darf, ergibt sich aus dem Jahres- bzw. Monatsverbrauch (kWh), dividiert durch die im Jahr bzw. im Monat aufgetretene Höchstleistung (kW).

Die Stromselbstkosten s einer kWh sind somit für das EVU

$$s = s_f + s_v = a \frac{c}{\cos \varphi \, h} + b \left[1 + \frac{V_{ww}}{100} \left(\frac{1}{\cos \varphi} - 1 \right) \right] \quad . . (11)$$

Betragen in einem Elektrizitätswerk die Anlagekosten $K =$ RM. 4500000,—, der jährliche Kapitaldienst $p = 12\%$, die Kosten $F =$ RM. 460000,—/J, die Jahresarbeit $A_w = 30 \cdot 10^6$ kWh, die Höchstlast $N_{w\,max} = 10000$ kW und somit die Benutzungsdauer $h = 3000$ h/J, ferner die Arbeitskosten $B = 900000,$—/J, so ergeben sich für $\cos \varphi = 1$ und damit $c = 1$ die Leistungspreis-Selbstkosten je kW zu $a =$ RM. 100,— je kW/J, die festen Kosten je kWh zu $s_f = 0,033$ RM./kWh und die veränderlichen s_v bzw. die Arbeitspreis-Selbstkosten b zu 0,03 RM./kWh. Will man mit Rücksicht auf die Abnehmer einen niedrigen Leistungspreis von z. B. $a = 58,$— RM./kW/J erhalten, so ändert sich an dem Gesamtgestehungspreis nichts, wenn man bei gleicher Benutzungsdauer von $h = 3000$ h/J den Arbeits-Selbstkostenpreis b erhöht in[1]):

$$\left.\begin{array}{l} (a + b\,h)\,N_{w\,max} = (a_1 + b_1 h)\,N_{w\,max} \\ 58 + b\,3000 \quad = 100 + 0,03 \cdot 3000 \\ b \qquad\qquad = 0,043 \text{ RM./kWh} \end{array}\right\} \quad . . . . (11a)$$

Unter Berücksichtigung einer gewissen Nutzenspanne ergeben sich in vorliegendem Falle als Verkaufswerte beispielsweise ein Leistungspreis von $a = 80,$— RM./kW/J und ein Arbeitspreis von $b = 0,06$ RM./ kWh. Setzt man diese Werte sowie für V_{ww} wiederum 20% der Gesamtjahreserzeugung und für c die Werte von Bild 9d in die Gl. (11) ein, so erhält man für den Strompreis s in Rpf./kWh die Zahlentafel 2, deren

Zahlentafel 2. Gesamt-Gestehungskosten einer kWh nach Gl. (11) in Abhängigkeit von der Benutzungsdauer h und vom cos φ.

	1,0	0,9	0,8	0,7	0,6	0,5
cos φ mittel	1,0	0,9	0,8	0,7	0,6	0,5
Verringerungsfaktor c .	1,0	0,961	0,928	0,896	0,868	0,854
$1 + \frac{V'_w}{100} b \%$	1,0	1,02	1,05	1,085	1,133	1,20
s_v . . . . . . (Rpf./kWh)	6,00	6,13	6,30	6,51	6,80	7,20
$h = 1000$ s_f . (Rpf./kWh)	8,00	8,54	9,29	10,25	11,58	13.67
s . (Rpf./kWh)	14,00	14,67	15,59	16,76	18,38	20,87
$h = 3000$ s_f . (Rpf./kWh)	2,67	2,85	3,10	3,42	3,86	4,56
s . (Rpf./kWh)	8,67	8,98	9,40	9,93	10,66	11,76
$h = 5000$ s_f . (Rpf./kWh)	1,60	1,71	1,86	2,05	2,32	2,73
s . (Rpf./kWh)	7,60	7,84	8,16	8,56	9,12	9,93

Ergebnis in Bild 12, Kurve A, dargestellt ist. Man erkennt, daß die cos φ-Verschlechterung eine erhebliche Verteuerung des Bezugspreise je kWh für den Stromabnehmer hervorruft. Gleichzeitig sieht man, daß

---

[1]) Siegel-Nissel, Die Elektrizitätstarife, J. Springer, Berlin 1935, S. 126 u. 134.

eine geringe Jahresbenutzungsdauer h die Strompreise ebenfalls stark erhöht. Sowohl der Stromlieferer als auch der Energieverbraucher werden daher danach streben, mit möglichst gutem cos φ und mit hoher Benutzungsdauer zu arbeiten.

Der Vollständigkeit halber muß darauf hingewiesen werden, daß die Stromselbstkostengleichung (11) noch eine Korrektur erforderlich macht. Es wurde bisher bei der Ermittlung der festen und veränderlichen Kosten einheitlich der gleiche, mittlere cos φ zugrunde gelegt, der sich aus z. B. monatlich gezählter Wirk- und Blindarbeit ergibt. Da jedoch der zur Zeit der Spitzenlast auftretende cos φ_s im allgemeinen besser als der mittlere cos φ ist, so ist es bei genauer Selbstkostenrechnung zweckmäßig, für die festen und veränderlichen Kosten den cos φ_s ein-

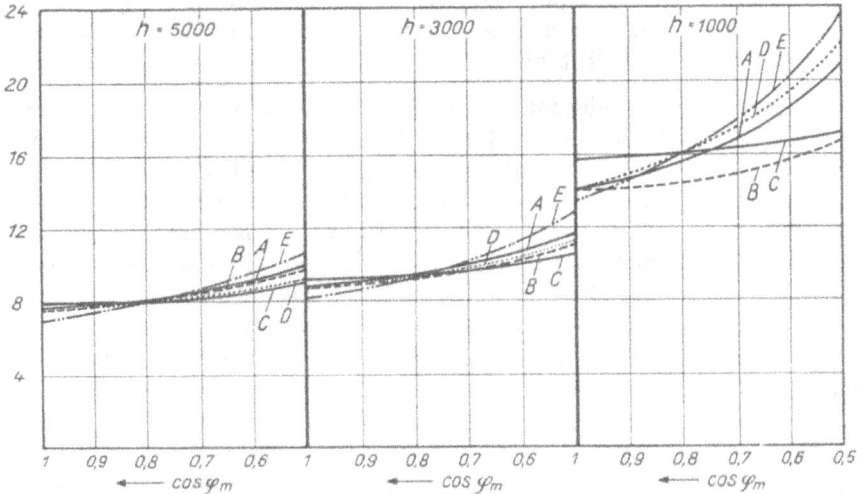

Bild 12. Vergleich der theoretischen (A u. B) und praktischen Stromverkaufspreise (C, D u. E) bei verschieden großer Benutzungsdauer h und steigendem cos φ.

A = Nach Nissel (Zahlentafel 2),   D = Scheinleistungstarif,
B = Nach Marzahl,   E = Gemischter cos φ-Tarif.
C = Blindverbrauchstarif nach Strelow und Bußmann,

zusetzen, wobei die veränderlichen Kosten durch Arbeitsverlustfaktoren die Schwankungen des Leistungsfaktors tagsüber und damit die größeren Stromwärmeverluste berücksichtigen[1]). Man erhält dann etwas niedrigere Stromselbstkosten. Die diesen Selbstkosten entsprechenden Verkaufspreise sind in den Kurven B von Bild 12 wiedergegeben. Bei wachsender Benutzungsdauer verringert sich, wie aus den Kurven A und B ersichtlich ist, der Unterschied zwischen den beiden Berechnungsmethoden.

---

[1]) Näheres siehe Marzahl, ETZ 57 (1936) S. 951 und S. 1007.

3. Gebräuchlichste deutsche Blindstromtarife

Es ist nunmehr die Frage zu prüfen, wie weit die bestehenden bzw. neu einzuführenden Blindstromtarife mit den bisher ermittelten theoretischen Stromverkaufspreisen von Bild 12A und B übereinstimmen. Bei den tatsächlichen Blindstromtarifen können die Faktoren $\cos \varphi$, c und $V_{ww}\%$ der Gl. (11) natürlich aus meßtechnischen Gründen nicht beibehalten werden. Die Wirkung dieser Faktoren muß jedoch bei den einzelnen Tarifen wenigstens angenähert erreicht werden. Hierbei muß man sich stets vor Augen halten, daß die Höhe des Leistungspreises a und des Arbeitspreises b von Fall zu Fall ganz verschieden sein kann und muß. Diese Werte hängen einerseits von der Größe des Kapitaldienstes und der Betriebskosten des Stromlieferers, andererseits von der bereitzustellenden Höchstlast bzw. von der Benutzungsdauer, von dem Jahresverbrauch in kWh, von dem Zeitpunkt und der Zeitdauer der Strombeanspruchung, von eventuellen Benutzungsdauerrabatten usw. des Stromverbrauchers selbst ab.

Blindverbrauch- oder Sinustarif. Bei diesem von Strelow angegebenen und von Bußmann zuerst im RWE eingeführten Blindstromtarif wird zunächst nur ein dem Kapitaldienst sowie den anteiligen Betriebsstoff-, Verwaltungs-, Personal- und Instandhaltungskosten entsprechender Grundpreis a in RM./kW/J erhoben, der vom $\cos \varphi$ unabhängig ist. Diesem Leistungspreis wird hierbei der z. B. während eines Jahres oder Monats aufgetretene Höchstbedarf in kW, zuweilen auch das Mittel aus den drei höchsten Monatsablesungen des Jahres zugrunde gelegt. Die Erhöhung der Stromkosten infolge der $\cos \varphi$-Verschlechterung wird dadurch ausgeglichen, daß zu dem Arbeitspreis b noch ein bestimmter Prozentsatz der verbrauchten Blindkilowattstunden (kVarh) als Zuschlag berechnet wird. Man berücksichtigt demnach bei diesem Tarif lediglich die durch den Blindstrom verursachte Erhöhung der Stromwärmeverluste. In einigen Tariffällen wird dieser Zuschlag über den ganzen $\cos \varphi$-Bereich bis hinauf zu $\cos \varphi = 1$ in Anrechnung gebracht. In den meisten Fällen ist er jedoch nur bei einem Strombezug mit $\cos \varphi \leq 0{,}80$ zu zahlen, während umgekehrt bei Überschreitung dieses Sollwertes eine im allgemeinen nur geringe Vergütung vom Stromlieferer gewährt wird. Der zuschlag- und vergütungsfreie Arbeitspreis liegt zuweilen anstatt bei $\cos \varphi = 0{,}80$ auch bei $\cos \varphi = 0{,}70$ oder $0{,}75$. Es gibt auch Fälle, in denen eine Vergütung überhaupt nicht gewährt wird. Der Zuschlag bewegt sich bei den einzelnen Tarifen zwischen 10 und 20% des Arbeitspreises, die Vergütung zwischen 5 und 10%.

Bezeichnet man den Jahreswirkverbrauch mit A_w, den Jahresblindverbrauch bei $\cos \varphi \leq 0{,}8$ mit $A_{b\ddot{u}}$ (Überschußmenge), den entsprechenden Blindverbrauch bei $\cos \varphi > 0{,}8$ mit A_{bf} (Fehlmenge) und werden für jede kVarh unter $\cos \varphi \leq 0{,}80$ z. B. 20%, für jede über $\cos \varphi$

$\geqq 0{,}80$ bezogene kVarh z. B. 5% des Arbeitspreises erhoben, so beträgt der Strompreis je kWh für den Stromverbraucher:

$$s = \frac{a}{h} + \frac{A_w + 0{,}2\,A_{b\ddot{u}} - 0{,}05\,A_{bf}}{A_w}\,b \quad \ldots \ldots (12)$$

Setzt man den Leistungspreis $a = 100{,}—$ RM./kW/J und den Arbeitspreis $b = 0{,}06$ RM./kWh, so ergeben sich für die einzelnen Benutzungsstundenzahlen und $\cos\varphi$-Werte die Kurven C von Bild 12.

Scheinleistungs- oder kVA-Tarif. Beim Scheinleistungs- oder kVA-Tarif wird die Erhöhung der Stromkosten allein dadurch zum Ausdruck gebracht, daß der Grundpreis a die Erhöhung der Anlagekosten usw. berücksichtigt und somit nicht auf die Wirkleistung, sondern auf die Scheinleistung in RM./kVA/J bezogen wird. Dem Leistungspreis a wird hierbei wiederum die z. B. monatlich bzw. jährlich auftretende Höchstleistung in kVA, zuweilen auch das Mittel aus den drei höchsten Monatsablesungen des Jahres zugrunde gelegt. Bei diesem Tarif wird auf einen vom $\cos\varphi$-abhängigen Zuschlag zum Arbeitspreis verzichtet. Der Strompreis je kWh läßt sich wie folgt berechnen:

$$s = \frac{a}{\cos\varphi\,h} + b \quad \ldots \ldots \ldots (13)$$

Beträgt $a = 80{,}—$ RM./kVA/J und $b = 0{,}06$ RM./kWh, so ergeben sich für die einzelnen Benutzungsstundenzahlen und $\cos\varphi$-Werte die Kurven D von Bild 12.

Gemischter $\cos\varphi$-Tarif. Beim Gemischten $\cos\varphi$-Tarif wird der Leistungspreis genau wie beim Scheinleistungstarif auf Grund der Spitzenscheinleistung festgelegt. Der Blindverbrauch wird ähnlich wie beim Blindverbrauchstarif durch einen Zuschlag zum Arbeitspreis erfaßt, wobei sich der Arbeitspreis wiederum meist auf einen Solleistungsfaktor von $\cos\varphi = 0{,}80$ bezieht. Im Bereich von $\cos\varphi \leqq 0{,}80 \ldots 0{,}70$ tritt z. B. für 2/100 $\cos\varphi$-Verschlechterung ein Zuschlag von 1%, bei $\cos\varphi \leqq 0{,}70$ für 1/100 Verschlechterung ebenfalls ein Zuschlag von 1% zum Arbeitspreis b ein. Im Bereich von $\cos\varphi \geqq 0{,}80 \ldots 1$ wird für 2/100 $\cos\varphi$-Verbesserung eine Vergütung von 1% gewährt. Die Stromkosten je kWh betragen somit

$$s = \frac{a}{h\cos\varphi} + \left(1 + \frac{0{,}8 - \cos\varphi}{2}\right) b \text{ für } \cos\varphi \geqq 0{,}70 \ldots 1 \quad . \quad (14)$$

$$s = \frac{a}{h\cos\varphi} + (1 + 0{,}8 - \cos\varphi)\,b \text{ für } \cos\varphi \leqq 0{,}7 \quad \ldots \ldots (15)$$

Werden der Leistungs- und Arbeitspreis gleich hoch wie beim Scheinleistungstarif gewählt, so ergeben sich die Stromkostenkurven E von Bild 12.

Vergleich der Tarife. Es ist zunächst an Hand von Bild 12 festzustellen, daß der Scheinleistungstarif (Kurve D) bei mittlerer und hoher Benutzungsdauer den Selbstkosten der theoretisch errechneten Tarife (A und B) am nächsten kommt. Der Gemischte cos φ-Tarif (E) und im verringerten Maße auch der Scheinleistungstarif (D) erfüllen die Aufgabe eines Blindstromtarifes am wirksamsten: sie üben auf den Stromabnehmer den größten Anreiz aus, den cos φ seiner Anlage zu verbessern und zwar möglichst bis auf cos $\varphi = 0{,}80...0{,}95$. Der Blindverbrauchtarif (C) ist in dieser Beziehung offenbar für das EVU sowie auch für den Verbraucher am unzweckmäßigsten. Er wird einerseits den tatsächlichen Stromselbstkosten nur in der Nähe von cos $\varphi = 0{,}80$ gerecht, belastet im übrigen den Stromverbraucher bei gutem cos φ viel zu hoch, bei schlechtem cos φ viel zu niedrig. Liegt der resultierende Netz-cos φ im Bereich von $0{,}70...0{,}50$, so ist beim Blindverbrauchtarif die Stromlieferung für das EVU ein Verlustgeschäft, sofern nicht die Nutzenspanne zwischen den errechneten Selbstkosten und dem Verkaufspreis groß genug ist.

Der Unterschied zwischen den einzelnen Tarifen ist um so geringer, je höher die Benutzungsdauer ist. Dies darf aber nicht darüber hinwegtäuschen, daß mit steigender Benutzungsdauer die absoluten Zahlenwerte für die erzielbaren Ersparnisse als das Produkt aus den relativ kleinen Stromkostenunterschieden und großer Benutzungsdauer doch noch erheblich größer sind als die mit der gleichen Kompensationsleistung bei kleiner Benutzungsdauer erzielbaren Ersparnisse. Dies trifft vor allem für den gemischten cos φ-Tarif und für den Blindverbrauchtarif zu. Auf die bei den einzelnen Tarifen erzielbaren bedeutenden Nettoersparnisse wird noch im Kap. IX, 1 ausführlich eingegangen werden.

B. Kompensationsmittel

IV. Umlaufende und ruhende Phasenschieber

In den bisherigen Kapiteln wurden die Ursache sowie die technischen, wirtschaftlichen und tariflichen Auswirkungen niedriger Leistungsfaktoren für die Erzeuger und Abnehmer des elektrischen Stromes eingehend behandelt. Jeder Leiter eines Netz- oder Industriebetriebes wird daher planmäßig an der Herabsetzung des Blindleistungsbedarfes der ihm anvertrauten Anlage arbeiten. Ziel ist hierbei stets die Erreichung eines erhöhten betriebstechnischen und wirtschaftlichen Wirkungsgrades.

Zur Lösung des cos φ-Problems sind sowohl die natürlichen Betriebsverbesserungen entsprechend Kap. I, 3 als auch solche künstlicher Art heranzuziehen. Da die Blindleistungserzeugung an kein Wirkleistungsvorkommen gebunden ist, braucht sie durchaus nicht von den Stromerzeugern der Kraftwerke auszugehen, obwohl dieses naheliegend wäre und auch war. Dies ist auch gar nicht erwünscht, da dann die Umspanner und Fernleitungen nach wie vor Blindleistung führen müßten und die Vorteile der Entlastung der Übertragungsmittel nicht ausgenutzt würden (s. Bild 8 u. 97). Die von den induktiven Parallel- und Reihenreaktanzen benötigten induktiven Blindleistungen können vielmehr auch von jeder anderen geeigneten Stelle des Netzes, in welcher Blindleistungserzeuger eingebaut sind, entnommen werden. Man bezeichnet diesen Vorgang mit »Netzentlastung durch Blindleistungskompensation«.

Als Blindleistungserzeuger stehen außer den Kraftwerksstromerzeugern die im Kap. IX, 4 behandelten Hochspannungsleitungen sowie vor allem die umlaufenden und ruhenden Phasenschieber zur Verfügung. Entsprechend der Art ihrer Erregung gliedern sich die umlaufenden Phasenschieber in synchrone Phasenschieber mit Gleichstromerregung und in asynchrone Phasenschieber mit Drehfelderregung. Bei beiden Gattungen ist quantitativ danach zu unterscheiden, ob sie außer dem von ihrer Welle geforderten Nutzdrehmoment zusätzlich noch Blindleistung zu erzeugen haben, oder ob sie ausschließlich induktive Blindleistung in das Netz liefern. Während die Starkstromkondensatoren und leer umlaufenden Phasenschieber ohne weiteres in vollem Maße und zeitlich unbegrenzt den Gesamtblindleistungsbedarf einer bzw. mehrerer Industrieanlagen und ganzer Netzteile zu kompensieren vermögen, gestatten die belasteten Phasenschieber häufig nur die Erzeugung des eigenen Blindleistungsbedarfes bzw. einer gewissen wirtschaftlich vertretbaren induktiven Blindleistung.

1. Synchrone Phasenschieber mit und ohne Wirklastabgabe.

Wird ein mechanisch belasteter Synchronmotor normal erregt, so daß er bei $\cos \varphi = 1$ arbeitet, so nimmt er ein Minimum von Wirkleistung N_w und von Scheinleistung N_s auf. Wird er bei gleich hoher Wirklast stärker erregt (Bild 13), so steigt seine Scheinleistungsaufnahme trotz annähernd gleichbleibender Wirkleistungsaufnahmen. Bei Untererregung wächst die Scheinleistungsaufnahme ebenfalls stark an. Der Synchronmotor erhält zu seinem Merkmal als Wirklastumwandler noch — wie noch zu erläutern ist — bei Übererregung das Merkmal eines Kondensators bzw. bei Untererregung dasjenige einer Drosselspule. Legt man den Synchronmotor von vornherein übererregt aus, so kann er mit seiner vollen Typenscheinleistung als leerumlaufender Phasenschieber (Bild 13) arbeiten. Die Kurven N_s und N_w sowie N_{s_o} und N_{w_o} nennt man ihres Verlaufes wegen »V-Kurven«.

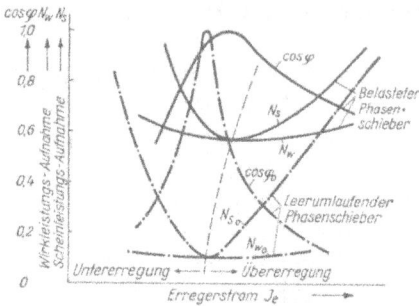

Bild 13. Charakteristische Leistungsaufnahmekurven (»V-Kurven«) belasteter und leerlaufender Synchronphasenschieber bei Unter-, Normal- und Übererregung.

Will man feststellen, welchen Charakter (vor- oder nacheilend) die Stromaufnahme des Synchronmotors bei Über- bzw. Untererregung annimmt, so kann man sich hierüber am einfachsten an Hand der Diagramme Bild 14 und 15 für den Fall des leerlaufenden Phasenschiebers Rechenschaft ablegen. Wird das Gleichstromerregerfeld F_E verstärkt (Bild 14), so bewirkt dies eine Erhöhung der EMK E der Maschine gegenüber der normalen Klemmenspannung U. Das hierdurch gestörte Spannungsgleichgewicht wird durch das Entstehen eines Streuspannungsfalles $U_s = J X_s$ wieder hergestellt, der dann die entgegengesetzte Richtung wie E aufweist. Diese Streuspannung kann aber ihrerseits nur von einem vom Motor aufzunehmenden Ausgleichstrom J_M hervor-

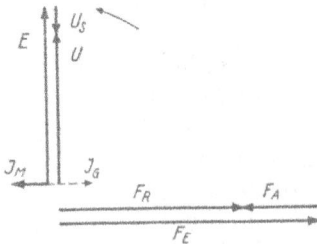

Bild 14. Kondensatorcharakter des übererregten leerlaufenden Synchronphasenschiebers (Aufnahme kapazitiven bzw. Abgabe induktiven Blindstromes).

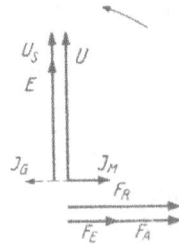

Bild 15. Drosselspulencharakter des untererregten leerlaufenden Synchronphasenschiebers (Aufnahme induktiven bzw. Abgabe kapazitiven Blindstromes).

gerufen werden, der, wie üblich, der von ihm erzeugten Streuspannung U_s um 90° nacheilt. Der Strom J_M hat ein Ankerfeld F_A zur Folge, welches das für die Höhe der EMK maßgebliche Restfeld F_R schwächt. Bezogen auf die Klemmenspannung U nimmt der Synchronmotor jedoch einen um 90° voreilenden Strom auf, d. h. der übererregte Synchronmotor verhält sich wie ein Kondensator (Bild 14); dieserhalb bezeichnen ihn die Amerikaner als »Synchronkondensator«. Die Aufnahme eines kapazitiven Motorstromes ist aber, vom Standpunkt des Netzes betrachtet, gleichbedeutend mit der Abgabe eines induktiven, d. h. um 90° nacheilenden Blindstromes J_G an das Netz, also gleichbedeutend mit der erstrebten Kompensationswirkung. Umgekehrt bewirkt eine Untererregung die Aufnahme induktiver Blindleistung (Bild 15), ähnlich wie dieses bei der Drosselspule der Fall ist. Man erhält somit durch Erhöhung

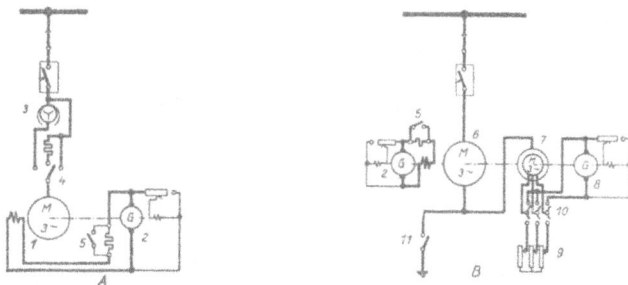

Bild 16. Grundsätzliche Schaltbilder für das Anlassen von Synchronphasenschiebern:

A = Anlauf mittels Sparumspanners (für Leistungen bis 5 MVar),
B = Anlauf mittels in Reihe geschalteten, synchronisierten Anwurfmotors (für Leistungen von 5...30 MVar).

1 = Synchronphasenschieber,	7 = Synchronisierter Anwurfmotor,
2 = Gleichstromerregermaschine,	8 = Gleichstromerreger für 7,
3 = Sparanlaßumspanner,	9 = Läuferanlasser,
4 = Anlaßumschaltvorrichtung,	10 = Anlaßumschalter,
5 = Feldschutzwiderstand,	11 = Kurzschließer für Sternpunktbildung
6 = Synchronphasenschieber mit offener Ständerwicklung,	von 6.

bzw. Herabsetzung der Spannung der Gleichstromerregermaschine eine Regelung der induktiven Blindleistungsabgabe bzw. -aufnahme in weiten Grenzen.

Das Einschalten der Synchronmaschine auf das Netz (Bild 16 und 17) erfolgt bei Leistungen bis etwa 5...10 MVA entweder direkt oder durch Teilwicklungsanlauf, über Sterndreieckschalter, über eine Drosselspule bzw. Anlaßwiderstände oder über Anlaßumspanner (Bild 16A). Das Anlassen geschieht also asynchron, wobei die Dämpferwicklung als Anlaßwicklung dient. Nach erfolgtem Hochlaufen und Einsetzen ausreichender Erregung fällt die Synchronmaschine in Tritt (Bild 17). Bei noch größeren Leistungen[1]) muß das Anlassen durch einen gleichpoligen getrennten oder durch einen in Reihe geschalteten gleichpoligen Anwurf-

---

[1]) Lebrecht, L., AEG-Mitt. (1931), S. 366.

motor, der nach erfolgtem Hochlauf kurzgeschlossen wird, vorgenommen werden; hierdurch wird zugleich ein niedriger Anlaufstrom und guter Anlaßleistungsfaktor erzielt. Wird ein synchronisierter Anwurfmotor (Bild 16 B) verwandt, so erfolgt die Sternpunktbildung nach beendetem Hochlauf durch den Kurzschließer ohne Stromstoß. Große und größte Motor- oder Phasenschiebereinheiten werden zuweilen auch durch hierfür bereitstehende Stromerzeuger hochgefahren. Die belasteten sowie die leerlaufenden Synchronphasenschieber sind von den kleinsten Leistungen bis herauf zu etwa 30 MW bzw. 30...40 MVar gebaut worden (Bild 18); sie sind ausführbar für Leistungen bis etwa 60 MVar, wobei man meist zur Verringerung der Verluste zu Wasserstoffgaskühlung übergeht.

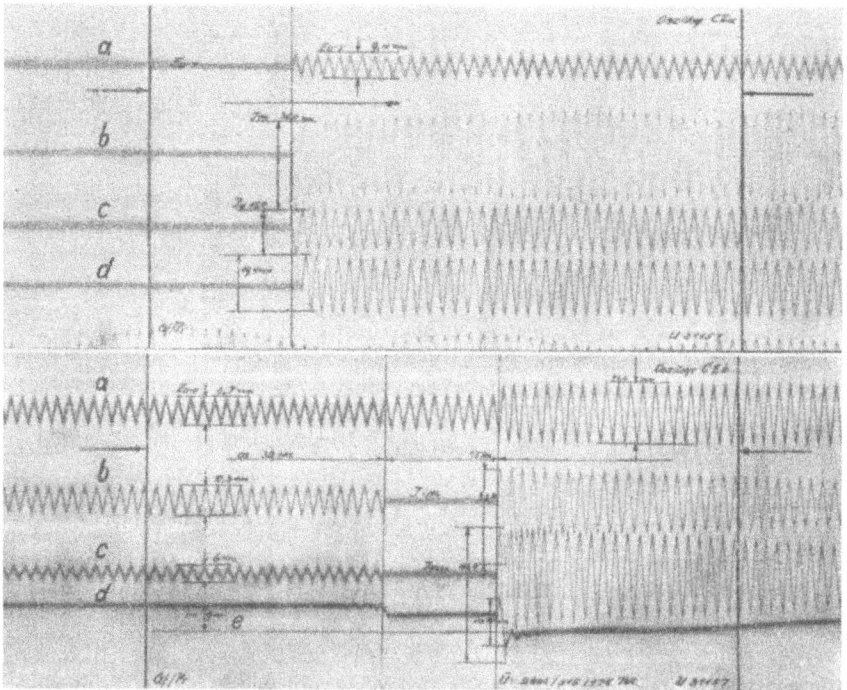

Bild 17. Oszillogramme der Anlaufgrößen eines nach Bild 16 A angeschlossenen 2450-kVar-Synchronphasenschiebers für 500 V Ds, 50 Hz:

Oben = Schaltvorgänge beim Einschalten der Anlaufspannung,
Unten = Schaltvorgänge beim Überschalten auf Nennspannung,

a = Maschinenspannung im Anlauf = 40 % der Nennspannung;
b = Maschinenstrom, höchster Augenblickswert
   beim Einschalten = 1,5 × Nennstrom,
   beim Überschalten = 1,6 × Nennstrom;
c = Netzstrom, höchster Augenblickswert
   beim Einschalten = 0,58 × Nennstrom,
   beim Überschalten = 1,74 × Nennstrom;
d = Läuferstrom.

Zur Gruppe der Synchronphasenschieber gehören auch die Einanker-umformer und die synchronisierten Asynchronmotoren. Letztere laufen zunächst mittels Läuferanlassers wie gewöhnliche Induktionsmotoren an und werden dann durch die einsetzende Gleichstromerregung in Synchronismus und damit in den schlupflosen und blindstromlosen

Bild 18. Synchronphasenschieber für 30000 kVar, 11 kV, 600 UpM, 60 Hz, Schaltung ähnlich Bild 16 *B* (AEG, 1930).

Zustand gezogen. Beide Maschinenarten mit synchronem Charakter können ebenfalls für $\cos \varphi = 1$ oder für voreilenden Leistungsfaktor ausgelegt werden. Bei kapazitivem $\cos \varphi$ wachsen beim Einanker-umformer allerdings die Verluste verhältnismäßig stark an.

2. Asynchrone Phasenschieber mit und ohne Wirklastabgabe

Der Induktionsmotor kann ähnlich wie der Synchronmotor außer zur mechanischen Wirklastabgabe auch zur Erzeugung seines eigenen Magnetisierungsbedarfes und desjenigen benachbarter Anlagen heran-gezogen werden. Hierzu ist es erforderlich, daß dem Läufer des Asyn-chronmotors von außen her, d. h. von einer entsprechend der Schlupf-frequenz und dem Kompensationsgrad bemessenen Erregermaschine, eine zusätzliche EMK $E_{2_{ph}}$ (Bild 19) aufgedrückt wird, die eine gegen-über der Läuferschlupf-EMK E_2 voreilende Lage des Ohmschen Läufer-spannungsfalles $J_2 r_2$ erzwingt. Es wird hierdurch eine Schwenkung des Läuferstromes J_2 in den kapazitiven Bereich bewirkt. Aus dem kapa-zitiven Läuferstrom J_2 und dem nunmehr läuferseitig zugeführten, auf den Ständer bezogenen Magnetisierungsstrom J_{1_m} ergibt sich vektoriell der Ständerstrom J_1. Dieser belastet das Netz je nach Erregerart,

Kompensations- und Belastungsgrad nur noch mit einem Leistungsfaktor von cos φ = etwa 1 oder sogar voreilend. Bei sämtlichen Drehfelderregermaschinen wird demnach eine Entlastung des Ständers von induktiver Blindstromaufnahme aus dem Netz durch die läuferseitige Erzeugung des Magnetisierungsbedarfes der Hauptmaschine erzielt.

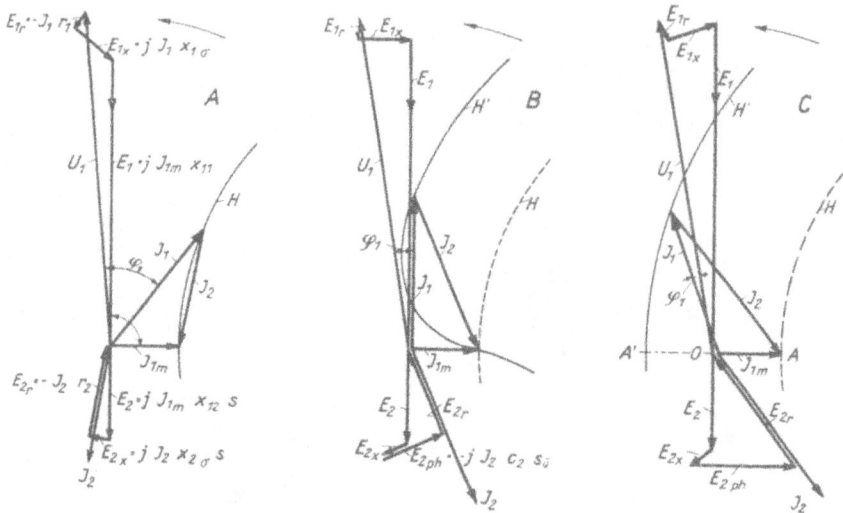

Bild 19. Spannungs-, Strom- und Kreisdiagramme des Asynchronmotors ohne und mit Drehfeld-
Erregermaschine:

A = Ohne Erregermaschine, Läufer kurzgeschlossen,
B = Eigenerregte Drehfeld-Erregermaschine,
C = Fremderregte Drehfeld-Erregermaschine.

U_1 = Netzspannung bzw. Ständerklemmenspannung,
E_{1r} = $-J_1 r_1$ = EMK zur Überwindung des Ohmschen Ständerspannungsfalles,
E_{1x} = $j\,J_1 x_{1\sigma}$ = Vom Ständerstreufeld induzierte Streuspannung,
E_1 = $j\,J_{1m} x_{11}$ = Vom Nutzfeld induzierte Ständer-EMK,
E_2 = $j\,J_{1m} x_{12}\,s$ = Vom Nutzfeld induzierte Läufer-EMK,
E_{2x} = $j\,J_2 x_{2\sigma}\,s$ = Vom Läuferstreufeld induzierte Streuspannung,
E_{2r} = $-J_2 r_2$ = EMK zur Überwindung des Ohmschen Läuferspannungsfalles,
E_{2ph} = $-j\,J_2 c_2 s_{ii}$ = EMK der eigenerregten Drehfeld-Erregermaschine,
E_{2ph} = $-j\,E_2 c_2$ = EMK der fremderregten Drehfeld-Erregermaschine.

Da die läuferseitige Erregung mit Schlupffrequenz, also auch mit niedriger Spannung erfolgt, werden nur geringe Blindleistungen zur Kompensation erforderlich.

Bei der großen Anzahl entwickelter Schaltungsanordnungen der Drehfelderregermaschinen können im wesentlichen zwei Ausführungsarten unterschieden werden. Wird die Kommutatorhintermaschine über ihren Kommutator mit Wechselstrom der Läuferschlupffrequenz gespeist, so handelt es sich, entsprechend Bild 20...22, um eine hauptstromerregte (eigen- oder selbsterregte) bzw. nebenschlußerregte Drehfelderregermaschine. Wird sie dagegen über ihre Schleifringe mit Wechselstrom der Netzfrequenz erregt, so hat man eine fremderregte Drehfelderregermaschine (Bild 23...28) vor sich.

Eigenerregte Asynchronphasenschieber. Der eigenerregte Phasen-schieber (Bild 20) besteht nach einer Schaltung von le Blanc (Bild 21 A) aus einem Gleichstromanker, dessen 3 um je 120° versetzte Bürsten mit den 3 Schleifringen des Vordermotors verbunden sind. Dieser Anker wird von dem Läufer des Hauptmotors mit Drehstrom der Schlupf-frequenz $f_2 = f_1 s$ gespeist. Die im Gleichstromanker fließenden Ströme rufen — wie wir sehen werden — ein mit Schlupffrequenz umlaufendes Drehfeld und damit bereits die kompensierende Phasenschieber-EMK E_{2ph} hervor (vgl. Bild 19 B). Der Ständer bzw. ein über dem Anker ge-schlossener Ring oder Eisenrücken hat daher nur die Aufgabe, dem Ankerfeld einen geschlossenen Eisenweg zu bieten. Die Kommutator-

Bild 20. Eigenerregte Reihenschluß-Drehfeld-Erregermaschine zur Kompensation eines 3300-kW-Schleifermotors (AEG, 1930).

maschine wird somit zur Vereinfachung und Verbilligung bei kleinen Leistungen ständerlos bzw. zu mindestens ohne Ständerwicklung aus-geführt. Der Antriebsmotor fällt klein aus, da er lediglich Reibungs-verluste zu decken hat. Der Erregersatz wird mittels Umschalters auf den Vordermotor geschaltet, sobald letzterer hochgefahren ist.

Steht der Anker still, so stellt der Läuferstrom J_2 den Magneti-sierungsstrom des Ankers dar. Er verhält sich wie eine dreiphasige Drosselspule. Das mit Schlupffrequenz umlaufende Ankerdrehfeld schneidet die ruhenden Ankerleiter und erzeugt dadurch eine um 90° dem Läuferstrom J_2 nacheilende EMK. Diese bewirkt eine nutzlose, sogar unerwünschte Vergrößerung der Läuferstreuspannung $E_{2r} = j J_2 x_{2\sigma} s$ (s. Bild 19 A). Wird die Kommutatormaschine durch den An-triebsmotor in Richtung des Läuferdrehfeldes angetrieben, so wird bei Synchronismus zwischen der Drehzahl der Erregermaschine und der Drehzahl des Läuferdrehfeldes die Phasenschieber-EMK = Null. Bei übersynchroner Drehzahl der Erregermaschine werden die Ankerleiter im entgegengesetzten Sinne geschnitten. Die im Gleichstromanker wieder erzeugte EMK $E_{2_{ph}} = -jJ_2\,c_2\,s_{ii}$ hat daher nunmehr eine um 90^0 gegenüber dem Läuferstrom J_2 voreilende, d. h. die gewünschte kapazitive Richtung (vgl. Bild 19 B). Sie weist dann allerdings auch eine den Schlupf des Vordermotors erhöhende Komponente auf. Dies

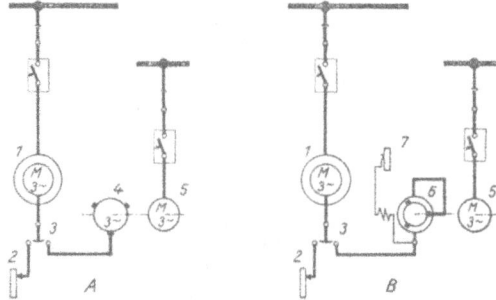

Bild 21. Grundsätzliche Schaltbilder für elektrisch mit dem Asynchronmotor gekuppelte Drehfeld Erregermaschinen:

A = Eigenerregte, ständerlose Drehfeld-Erregermaschine mit Reihenschlußcharakter. (Für Leistungen bis max. 5000 kW als selbsterregte Drehfeld-Erregermaschine mit Ständerwicklung.)
B = Nebenschlußerregte Drehfeld-Erregermaschine. (Für Leistungen bis und weit über 5000 kW).

1 = Hauptmaschine,	5 = Antriebsmotor für 4 bzw. 6,
2 = Läuferanlasser,	6 = Nebenschlußerregte Drehfeld-Erreger-
3 = Anlaßumschalter,	maschine mit Kompensationswicklung,
4 = Ständerlose, eigenerregte Drehfeld-	7 = Dreiphasiger Nebenschlußregler.
erregermaschine,	

ist jedoch dort angenehm, wo bei Belastungsstößen eine bessere Ausnutzung des Schwungmomentes gewünscht wird.

Die Größe der Phasenschieber-EMK und damit der Voreilung von J_2 gegenüber dem unkompensierten Zustand hängt, entsprechend vorstehender Beziehung sowohl von der Höhe der übersynchronen Schlupffrequenz s_{ii} der Erregermaschine als auch von der Höhe von J_2, d. h. von der Belastung des Vordermotors, ab. Infolge des Reihenschlußcharakters vermag die eigenerregte Drehfelderregermaschine selbst bei starker, schon bei niedrigem Läuferstrom J_2 einsetzender Ankereisensättigung den Hauptmotor nur im Bereich von Vollast bis Drittellast bis nahezu auf $\cos \varphi = 1$ oder wenig voreilend zu kompensieren (vgl. Bild 22b). Der Vektor des Ständerstromes J_1, der sich bei unkompensiertem Motor mit kurzgeschlossenem Läufer auf dem Heyland-Kreis H (Bild 19 A) bewegt, verläuft nach Größe und Richtung entsprechend der Kurve H' (Bild 19 B). Man erkennt sowohl das starke Sinken der Kompensationsfähigkeit der eigenerregten Drehfelderregermaschine mit Reihenschlußerregung bei Entlastung als auch zugleich die beträchtliche Erhöhung des Kippmomentes.

Selbsterregte Asynchronphasenschieber. Bei größeren Leistungen der Vordermotoren bis etwa 5000 kW wird zur Behebung der dann auftretenden Kommutierungsschwierigkeit bei der selbsterregten Drehfelderregermaschine im Gegensatz zu der eigenerregten Kommutatormaschine der Ständer mit einer Kompensationswicklung versehen. Ständer und Ankerwicklung werden nach einer Schaltung von Nehlsen in Reihe geschaltet und beide vom Läuferstrom J_2 durchflossen; nach einem Vorschlag von Kozisek werden dagegen beide getrennt angeordnet, wobei der Ständer eine Käfigwicklung oder eine über einen Einstellwiderstand kurzgeschlossene Dreiphasenwicklung aufweist. Die selbsterregte Drehfelderregermaschine besitzt neben der besseren Kommutierung noch den Vorzug, daß sie je nach Kompensationsgrad fast herunter bis Leerlauf eine Kompensation bis cos $\varphi = 1$ und darüber ermöglicht (vgl. Bild 22 c). Hier ergibt eine Veränderung der Drehzahl der Erregermaschine oder der seitlichen Lage des Ständers, wobei die magnetische Verkettung zwischen Läufer und Ständer beeinflußt wird, die Veränderung der Phasenschieber-EMK $E_{2_{ph}}$.

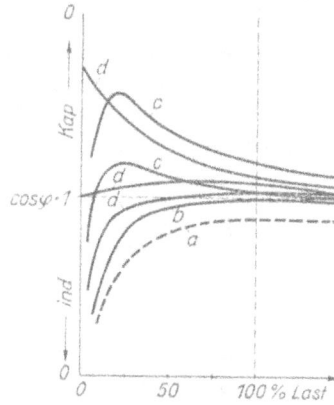

Bild 22. Leistungsfaktor-Kennlinien des unkompensierten (a), eigenerregten (b), selbsterregten (c) und nebenschlußerregten (d) Asynchronmotors.

Nebenschlußerregter Asynchronphasenschieber. Die nebenschlußerregten Phasenschieber, deren von Scherbius angegebene Schaltung in Bild 21 Ḃ wiedergegeben ist, können selbst bei größten Induktionsmotoren von weit über 5000 kW eingesetzt werden, erfordern dann allerdings auch teuere und umständlichere Schaltungen. Auch sie kompensieren den Vordermotor bei Vollast bis auf cos $\varphi = 1$ und geben bei Leerlauf bei besonderer Einstellung des Nebenschlußreglers als besonderen Vorteil sogar noch induktive Blindleistung ins Netz ab (Bild 22 d). Da eine Kompensationswicklung und Wendepole vorgesehen werden können, treten trotz größter Leistungen keine Kommutierungsschwierigkeiten auf. Die Regelung des Kompensationsgrades bzw. der Blindleistungsabgabe erfolgt in der Nebenschlußwicklung durch Veränderung des dreiphasigen Nebenschlußreglers, evtl. auch durch Veränderung der Drehzahl der Erregermaschine (vgl. Kurvenschar Bild 22 d).

Netzerregte Asynchronphasenschieber. (Frequenzwandler). Die bisher behandelten Drehfelderregermaschinen waren mit Ausnahme des nebenschlußerregten Phasenschiebers in ihrer Kompensationsfähigkeit vom Läuferstrom J_2, d. h. von der Belastung abhängig. Will man über die Vollastkompensation hinaus bei Entlastung und Leerlauf Blindleistung in das Netz liefern, so muß zur Erzeugung der kompensierenden Phasenschieber-EMK $E_{2_{ph}}$ die Speisung von seiten des unabhängigen Drehstromnetzes (Fremderregung) anstatt durch den Schlupfstrom des

Vordermotors erfolgen. Man hat dann aber dafür zu sorgen, daß die Netzperiodenzahl in die Läuferschlupfperiodenzahl des Vordermotors umgewandelt wird, eine Bedingung, die bei den bisher behandelten Maschinen selbsttätig bereits durch die Tatsache ihrer Speisung von seiten des Läufers der Hauptmaschine erfüllt war. Zu diesem Zweck erhält der Gleichstromanker noch 3 Schleifringe, die über einen Abspanner an das Drehstromnetz angeschlossen werden. Wenn die Erregermaschine von Netzperiodenzahl auf Schlupfperiodenzahl umformen soll, so muß als weitere Bedingung noch eine direkte starre Kupplung beider Maschinen bzw. bei abweichender Polzahl eine starre Kupplung durch Zahnräder oder eine Gelenkkette vorgesehen werden (Bild 23). Denkt

Bild 23. Fremderregte Drehfeld-Erregermaschine zur Kompensation eines Walzmotors 736 kW 125 UpM, mit Schlupfregler (AEG, 1928).

man sich den Gleichstromanker der Erregermaschine (Bild 24) zunächst wieder stillstehend und schleifringseitig über den Abspanner vom Netz mit der Netzfrequenz f_1 gespeist, so wird in ihm ein Drehfeld entstehen, das mit einer Drehzahl $n_A = 60\, f_1/p$ umläuft, wobei p die Polpaarzahl des Erregers und bei hier vorausgesetzter direkter Kupplung mit der Vordermaschine auch die gleich große Polpaarzahl des Vordermotors bedeutet. Die von diesem Drehfeld im Gleichstromanker erzeugte EMK weist somit die gleiche Frequenz f_1 wie das die Erregermaschine und den asynchronen Hauptmotor speisende Drehstromnetz auf. Die Frequenz f_1 herrscht bei Stillstand auch an den Bürsten des Kommutators.

Wird der Gleichstromanker angetrieben, so ändert sich an der Drehzahl des Ankerdrehfeldes n_A nichts, wohl aber verringert sich die Geschwindigkeitsdifferenz zwischen dem elektrisch mit f_1 beständig umlaufenden Ankerdrehfeld und dem mechanisch mit der Frequenz f_m umlaufenden Gleichstromanker, sofern letzterer in entgegengesetzter

Richtung wie das Ankerdrehfeld angetrieben wird. Diese Frequenz-differenz $f_b = f_1 - f_m$ ist die an den Kommutatorbürsten auftretende Frequenz, die bei direkter Kupplung des Hauptmotors mit dem Anker der Erregermaschine identisch ist mit der für die Erregung des Haupt-motors erforderlichen Schlupffrequenz f_2. Die fremderregte Erreger-maschine arbeitet demnach als Frequenzwandler und drückt als solche genau so wie die eigen- und selbsterregte Erregermaschine dem Asyn-chronvordermotor läuferseitig die Phasenschieber-EMK auf, die nun-mehr aber in ihrer Größe nicht mehr lastabhängig ist (Bild 19C).

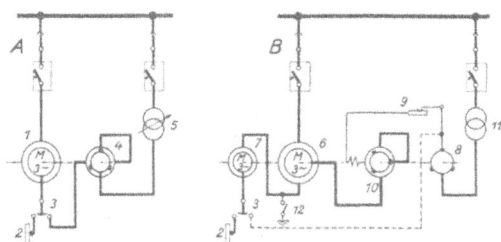

Bild 24. Grundsätzliche Schaltbilder für elektrisch und mechanisch mit dem Asynchronmotor gekuppelte, fremderregte Drehfeld-Erregermaschinen (vgl. auch Bild 33):

A = Fremderregte Drehfeld-Erregermaschine (Frequenzwandler) mit Kompensationswicklung.
B = Ständerlose, fremderregte Drehfeld-Erregermaschine, wirkend auf eine nebenschlußerregte Drehfeld-Erregermaschine, Anwurf durch in Reihe geschalteten, läufererregten, gleich-poligen Anwurfmotor. (Für Blindleistungen bis 40 MVar.)

1 = Hauptmaschine,	7 = Anwurfmotor, in Reihe mit 6,
2 = Läuferanlasser,	8 = Ständerloser Frequenzwandler,
3 = Anlaßumschalter,	9 = Nebenschluß- bzw. Wenderegler,
4 = Fremderregte Drehfeld-Erreger-maschine mit Ständerkompensations-wicklung,	10 = Nebenschlußerregte Drehfeld-Erreger-maschine,
5 = Regelumspanner oder Doppeldreh-regler,	11 = Abspanner,
6 = Hauptmaschine mit offener Ständer-wicklung,	12 = Kurzschließer für Sternpunktbildung von 6.

Die fremderregte Erregermaschine eignet sich daher in Zusammen-arbeit mit dem Asynchronvordermotor ausgezeichnet für den reinen Phasenschieberbetrieb. Zu diesem Zweck wird die erzeugte Phasen-schieber-EMK E_{2ph} so eingestellt, daß sie um 90° gegenüber der Läufer-schlupf-EMK E_2 voreilt und keine drehzahlregelnde Komponente be-sitzt. Diese Einstellung der Phasenlage erfolgt bei normalem ständer-losen oder nur mit unbewickeltem Ständer versehenen Frequenzwandler durch Verschiebung der Kommutatorbürsten oder durch Veränderung der Kupplungslage zwischen Hauptmotor und Frequenzwandler. Bei dem für einen höheren Leistungsbereich in Betracht kommenden kom-pensierten Frequenzwandler dagegen, dessen Ständer zwecks Erzielung günstiger Kommutierungsverhältnisse nach einem Vorschlag von Kozisek noch eine Wicklung zur Kompensation des vom Läuferstrom der Haupt-maschine erzeugten Feldes erhält (Bild 24A), ist die 90°-Lage lediglich durch Änderung der Kupplungseinstellung möglich.

In Bild 19C ist das Vektordiagramm der fremderregten Erregermaschine dargestellt. Die Spitze des Vektors des Ständerstromes J_1 bewegt sich auf einem Heylandkreis H', dessen Mittelpunkt M' um die Hälfte der Strecke AA' gegenüber dem Mittelpunkt M des normalen Heylandkreises H ohne Erregermaschine nach links verschoben ist. Bei Leerlauf wird die induktive Blindleistung OA' ins Netz abgegeben. Die Höhe der erzeugten Phasenschieber-EMK E_{2ph} kann durch Regelung der den Schleifringen zugeführten Spannung verändert werden, z. B. durch einen Doppeldrehregler oder durch einen unter Spannung regelbaren Abspanner. Bei verstärkter Erregung erhält man Vergrösserung der Blindlastabgabe, wobei sich der Vektor J_1 auf einem gegenüber H' erweiterten Heylandkreis bewegt, bei geschwächter Erregung ergibt sich der Betrieb auf einem zwischen H' und H liegenden Heylandkreis. Die entsprechenden Leistungsfaktorkennlinien sind in Bild 25 dargestellt. Der Vordermotor wird im Grenzfalle, d. h. bei Verzicht auf Wirklastabgabe, durch die fremderregte Drehfelderregermaschine zum leerumlaufenden Asynchronphasenschieber, der ohne besondere Schwierigkeiten sowohl über- als auch untererregt betrieben werden kann. Dieses ist für die Spannungsregelung großer Netze von großer Bedeutung (s. Kap. V).

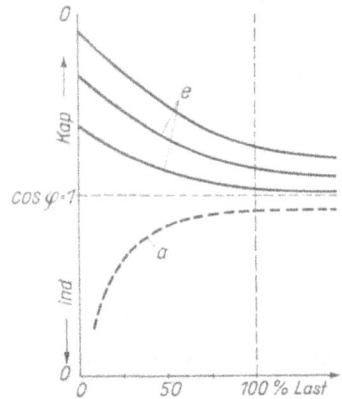

Bild 25. Leistungsfaktor-Kennlinien der unkompensierten (a) und fremderregten (e) Asynchronmaschine nach Bild 24 A und B.

Es soll schließlich noch eine von Lydall-Scherbius bzw. von Milch angegebene Schaltanordnung nach Bild 24 B erwähnt werden, die sich ähnlich wie die nebenschlußerregte Drehfelderregermaschine für reinen

Bild 26. Asynchrone Blindleistungsmaschine für 15 000 kVar, 750 UpM, Schaltung ähnlich Bild 24 B (SSW, 1929).

Phasenschieberbetrieb bis zu den größten Blindleistungen eignet. Diese Schaltung stellt eine kombinierte Nebenschluß- und Fremderregung dar, wobei die als Frequenzwandler arbeitende Hilfserregermaschine auf den Nebenschlußkreis der nebenschlußerregten Drehfelderregermaschine speist und mit der Hauptmaschine starr gekuppelt sein muß. Die Größe der Phasenschieberspannung E_{2ph} bzw. der Blindlastabgabe wird durch den im Nebenschlußkreis liegenden regelbaren Widerstand oder durch den

Bild 27. Zwei Asynchronphasenschieber für 6 kV, mit läufererregtem, gleichpoligen Anwurf-motor, Schaltung nach Bild 24 B (AEG, 1930).

zwischen Netz und Schleifringseite liegenden Stufenabspanner eingestellt. Auch für die Schaltung von Bild 24 B gelten die Leistungsfaktorkennlinien von Bild 25 e. In Bild 26 und 27 sind große Asynchronphasenschieber mit fremderregten Drehfelderregermaschinen dargestellt, wie sie für die Netzkompensation in Betracht kommen.[1]

Kompensierte Asynchronmotoren. Bei sämtlichen bisher betrach-teten Drehfelderregerverfahren wird dem Hauptmotor über seinen Läufer von einer besonderen Kommutatormaschine Magnetisierungs-leistung in Schlupffrequenz zugeführt. Bei den sog. kompensierten Asynchronmotoren wird das gleiche Ziel dadurch erreicht, daß die er-

---

[1] Es handelt sich im Falle von Bild 27 um zwei Phasenschieber, die nur vorwiegend für den Spitzenausgleich eines Stadtnetzes eingesetzt sind; sie weisen also bei geringer Benutzungsdauer niedrigere Gesamtjahreskosten als Kondensa-toren auf (vgl. Kap. V, 1).

forderliche Drehstromkompensationswicklung einschließlich des Kommutators in dem Asynchronhauptmotor gleich mit eingebaut ist. Die Kompensationswicklung erhält dabei ihre Spannung transformatorisch von der in gleichen Nuten liegenden Primärwicklung. Nach dieser von Osnos und Blondel bereits 1902 angegebenen Schaltung wird die Leistungsfaktorcharakteristik der netzerregten Erregermaschine nach Bild 25e erreicht. Die kompensierten Asynchronmotoren wurden seinerzeit hauptsächlich für die Kompensation kleiner und mittlerer Leistungen bis etwa 600 kW entwickelt. Die bei dieser geringen Leistung bereits ins Gewicht fallende Kompliziertheit verursachte jedoch meist einen unwirtschaftlich teuren, bei unsachgemäßer Bedienung mit häufigen Störungen behafteten Betrieb, so daß diese Maschinen heute durch die einfachen normalen Asynchronmotoren und Kondensatoren vom Markt praktisch verdrängt sind.

Allgemeines über Kupplung, Regelung und Anlassen. Bei den mit Läuferschlupffrequenz arbeitenden eigenerregten, selbsterregten und nebenschlußerregten Drehfelderregermaschinen ist eine starre, mechanische Kupplung mit dem Hauptmotor im Gegensatz zu den als Frequenzwandler arbeitenden Erregermaschinen nicht erforderlich; es genügt die elektrische Kupplung. Dies bedeutet bei ungünstigen Raumverhältnissen eine oft geschätzte Erleichterung und bringt bei langsamlaufendem Hauptmotor eine Verbilligung des Erregers, der dann durch einen kleinen Asynchronmotor mit hoher Drehzahl angetrieben werden kann. Es ist allerdings darauf hinzuweisen, daß die elektrische und mechanische Kupplung naturgemäß größere Betriebssicherheit gewährleistet.

Die Regelung der Blindleistung wird durch Regelung der Ankerspannung E_{2ph} der Drehfelderregermaschine erreicht. Bei der eigen-, selbst- und nebenschlußerregten Erregermaschine könnte sie höchstens durch Erhöhung der übersynchronen Drehzahl beeinflußt werden. Bei der nebenschlußerregten Drehfelderregermaschine kann die Regelung auch in der Nebenschlußwicklung erfolgen. Bei Fremderregung wird der Kompensationsgrad bzw. die Blindlastabgabe mittels Regelumspanners oder des feinstufigen Nebenschlußreglers oder des stufenlosen Doppeldrehreglers geregelt bzw. bei Übergang vom kapazitiven zum induktiven Phasenschieberbetrieb mittels eines Wendereglers in der Phase um 180° umgekehrt und außerdem auch ihrer Größe nach geregelt.

Das Anlassen der Asynchronmotoren mit Wirklast und Blindleistungsabgabe erfolgt bis zu den größten Leistungen — wie üblich — asynchron mittels Läuferanlassers, notfalls mit Rücksicht auf das Netz unter Zwischenschaltung eines Anlaßumspanners. Beim reinen Asynchronphasenschieberbetrieb wird man bei Leistungen bis etwa 5...8 MVar Läuferanlasser beibehalten, bei größeren Leistungen dagegen Anlaßumspanner und Läuferanlasser benutzen. Bei Phasenschieberleistungen von etwa 10 MVar an verwendet man zum Anlassen, ähnlich wie beim

Synchronmotor gleichpolige Anwurfmotoren, die nach erfolgtem Hochlauf das Einschalten des Hauptmotors direkt oder über eine Drossel gestatten. Man kann auch ähnlich wie beim Synchronphasenschieber einen gleichpoligen Anwurfmotor in Reihenschaltung mit dem Hauptmotor benutzen, wobei der Anwurfmotor nach erfolgtem Hochfahren kurzgeschlossen werden kann (Bild 24 B). Zur Verringerung der am Anwurfmotor vor dem Kurzschließen herrschenden Restspannung kann man den Läufer des Anwurfmotors vorübergehend von dem Frequenzwandler mit Schlupffrequenz speisen (gestrichelte Verbindungslinie in Bild 24 B). Diese Schaltung wurde bei den beiden Asynchronphasenschiebern zu

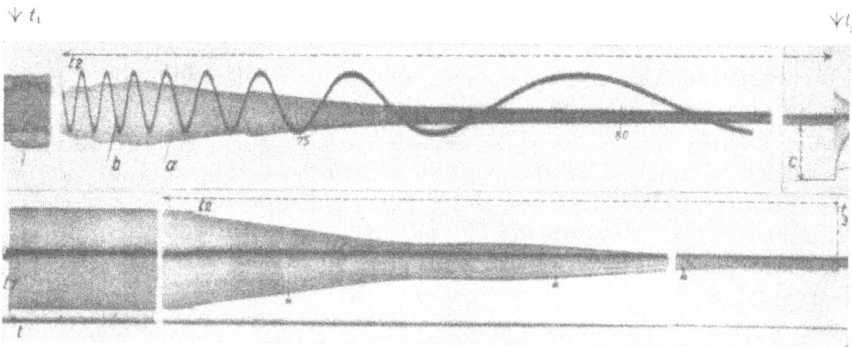

Bild 28. Oszillogramme der Anlaufgrößen eines 21 500-kVar-Asynchronphasenschiebers des Bildes 27

Oben = Anlaufströme,
   a = Anlaufstrom im Ständer des Anwurfmotors;
   b = Anlaufstrom im Läufer des Anwurfmotors;
   c = Spitzenstrom im Phasenschieber beim Kurzschließen des Anwurfmotors höchstens 10...20 % des Phasenschieber-Nennstromes;
Unten = Spannung am Anwurfmotor während des Anlaufes.
   t_1 = Einschaltzeitpunkt des Hauptölschalters;
   $t_2 - t_3$ = Zeit kurz vor Beendigung des Anlaufes;
   t_3 = Zeitpunkt für das Kurzschließen des Anwurfmotors.

je 21,5 MVar von Bild 27 angewandt. Bild 28 zeigt di oszillographische Aufnahme der zugehörigen Anlaufgrößen[1]). Der Anlaufvorgang kann naturgemäß bei Synchron- und auch bei Asynchronphasenschiebern völlig selbsttätig gestaltet werden. Das Ziel aller dieser Anlaßmöglichkeiten ist stets die Heraufsetzung der Läuferstillstandspannung, so daß der Läuferstrom den für die Kommutatoren der Drehfelderregermaschine wirtschaftlich zulässigen Grenzwert von 1000...1500 A nicht zu überschreiten braucht.

Die Asynchronphasenschieber sind in Deutschland bisher in Einheiten bis zu etwa 25 MVar gebaut worden. Sie sind ausführbar bis etwa 40 MVar.

---

[1]) s. a. Lebrecht, L., AEG-Mitt. (1931), S. 366.

3. Starkstromkondensatoren und Stromrichter als ruhende Phasenschieber

Im Zusammenhang mit den bisher behandelten umlaufenden Phasenschiebern soll an dieser Stelle auf die Kondensatoren als ruhende Phasenschieber nur kurz hingewiesen werden, während ihre Bauart, Schaltung, Anwendung, elektrischen Eigenschaften usw. ihrer Bedeutung entsprechend in späteren Kapiteln eingehend zu behandeln sind.

Die Wirkungsweise der Kondensatoren kann man sich physikalisch folgendermaßen vorstellen. Es ist bekannt, daß für den Auf- und Abbau der magnetischen Felder z. B. einer Motorenanlage im unkompensierten Zustand ein dauernd zwischen der Zentrale und den Verbrauchern hin- und herpendelnder Magnetisierungsstrom erforderlich ist. Schaltet man nun einen ausreichend großen Kondensator parallel, so stellt dieser, ähnlich wie ein Akkumulator, einen Speicher dar, der die beim Zusammenbrechen des elektrischen Feldes freiwerdende Energie sammelt und gerade zum Aufbau seines elektrostatischen Feldes benötigt (Aufladung des Dielektrikums). Umgekehrt stellt er sofort anschließend im Rhythmus des Wechselstroms die beim Zusammenbrechen seines elektrostatischen Feldes freiwerdende Energie als Magnetisierungsleistung zum Neuaufbau des elektromagnetischen Feldes praktisch verlustlos zur Verfügung (Entladung des Dielektrikums). Er vermag somit auf Grund dieser wattlosen Energiependelung den induktiven Blindleistungsbedarf parallelliegender Motoren, Umspanner, Spulen usw. bei richtiger Bemessung restlos zu decken. Er entlastet also letzten Endes die Krafterzeugungs- und Übertragungsanlagen durch Blindleistungskompensation genau so wie die umlaufenden Phasenschieber, die als elektrodynamische Kondensatoren anzusprechen sind.

Schließlich sind noch die in neuester Zeit bekannt gewordenen Stromrichterschaltungen[1]) zu erwähnen, die durch stark verfrühte Löschung der Anoden dem Drehstromnetz voreilenden Blindstrom entnehmen bzw. induktiven Blindstrom ins Netz liefern. Diese ebenfalls als ruhende Phasenschieber zu bewertenden Stromrichter gestatten eine stufenlose Blindleistungsregelung durch Beeinflussung besonderer Hilfsanoden. Ihre Entwicklung ist zur Zeit noch nicht so weit fortgeschritten, daß hierüber schon näheres berichtet werden könnte. In Deutschland sind sie bisher übrigens noch nicht eingesetzt worden.

V. Technische und wirtschaftliche Abgrenzung der umlaufenden gegenüber den ruhenden Phasenschiebern

Noch vor etwa 10 Jahren wurde die Frage heftig umstritten, ob die Synchron- oder ob die Asynchronmaschine als Phasenschieber zu be-

---

[1]) ETZ 58 (1937), S. 400 u. S. 1400; ETZ 59 (1938), S. 357 und ETZ 60 (1939) S. 77.

vorzugen sei. Man kam damals[1]) zu dem auch heute noch interessanten Ergebnis, daß beide Maschinengattungen im wesentlichen gleichwertig sind, wenn auch dem Synchronphasenschieber auf Grund seiner Einfachheit im mechanischen Aufbau, in der Regelung usw. eine geringe Überlegenheit zuerkannt werden mußte. Jede Maschine vermag unter Ausnutzung ihrer charakteristischen Eigenschaften auf einem bestimmten Gebiete etwas Besonderes zu leisten. Bei der Planung derartiger Anlagen ist diese Tatsache zweckmäßigst zu berücksichtigen.

Um diese mit großer Leidenschaft erörterten Fragen der Höherwertigkeit leerlaufender oder auch belasteter Synchron- gegenüber Asynchronphasenschiebern ist es in der letzten Zeit sehr ruhig geworden. Der Grund dafür ist vor allem darin zu suchen, daß beiden Phasenschiebergattungen auf fast allen Anwendungsgebieten ein gefährlicher Wettbewerber erwachsen ist: Der Starkstromkondensator als ruhender Phasenschieber. Dieser ist ein verhältnismäßig junges Bauelement unserer Netze und Anlagen, ähnlich wie etwa der gittergesteuerte Stromrichter, der Druckgasschalter, der Expansionsschalter usw. Er kam erst vor 10...15 Jahren auf den Markt, d. h. also zu einer Zeit als für umlaufende Phasenschieber bereits ausgereifte Konstruktionsformen vorlagen.

Wenn der Starkstrom-Kondensator trotzdem in kürzester Zeit einen Siegeslauf ohnegleichen durchführen konnte, so hat er diesen hart errungenen Erfolg seinem unvergleichlich geringen Eigenverbrauch von nur 0,2...0,3%, seiner gesteigerten Preiswürdigkeit, seiner Betriebssicherheit und Lebensdauer, seiner Einfachheit in Bedienung, Wartung, Schaltung und Aufstellung, seiner praktisch beliebigen Unterteilbarkeit sowie Erweiterungsmöglichkeit und damit seiner Einsatzmöglichkeit in den jeweiligen Blindlastschwerpunkten zu verdanken. Er fand überraschend schnell Eingang in die Industrie- und Kraftwerksanlagen und wurde in Deutschland — im Gegensatz zu der amerikanischen Handhabung — seit 1934...1935 immer lebhafter und fast widerspruchslos zur führenden Phasenschieberart, so daß heute Kondensatorenanlagen von 10...30 MVar und darüber in Industrie- und Netzbetrieben durchaus keine Seltenheit mehr darstellen[2]).

Es soll nun untersucht werden, für welche Aufgabenkreise heutzutage lediglich Starkstromkondensatoren in Betracht kommen und welche Arbeitsgebiete den umlaufenden Phasenschiebern noch verbleiben. Es ist hierbei zunächst der reine Phasenschieberbetrieb in Netzen und Industrieanlagen sowie der Fall der Regelung und Stützung der Netzspannung zu behandeln. Anschließend wird die Abgrenzung der Kondensatoren gegenüber mechanisch belasteten Phasenschiebern er-

---

[1]) Sardemann, Fr., ETZ 53 (1932) S. 1029, S. 1083 u. S. 1093; Schenkel, M. u. Sarfert, W. Ges. Ber. 2. Weltkraftkonferenz, Bd. XII (1930) S. 142.

[2]) Bornitz, E., AEG-Mitt. (1936), S. 294 u. Elektrizitätswirtsch. 38 (1939), S. 55.

forderlich werden, da diese für Industriebetriebe in bestimmten Fällen ebenfalls noch von großer Bedeutung sind.

1. Reiner Phasenschieberbetrieb

Ihre Hauptanwendung finden die umlaufenden und ruhenden Phasenschieber im reinen Phasenschieberbetrieb, d. h. in der Blindleistungserzeugung zur Entlastung industrieller oder öffentlicher Stromerzeugungs- und Übertragungsanlagen.

Technische Abgrenzung. In technischer Hinsicht hat naturgemäß jede der Phasenschieberarten ihre Vor- und Nachteile. Der Synchronphasenschieber besitzt in elektrischer Beziehung wegen seines größeren Läuferluftspaltes eine bessere Spannungskurve und geringere Gesamtverluste, zumal bei Verwendung geblätterter anstatt massiver Pole; er weist hierdurch eine etwas bessere Wirtschaftlichkeit auf. Er ist im übrigen hinsichtlich seines geringeren Platzbedarfes und seines einfacheren mechanischen Aufbaues dem Asynchronphasenschieber auch konstruktiv überlegen. In der Handhabung der Spannungs- bzw. Blindleistungsregelung sowie in der Wartung ist er ebenfalls bedeutend einfacher als der letztere; außerdem entfallen die durch die Drehfeld-Erregermaschinen bedingten Kommutierungsschwierigkeiten.

Der Asynchronphasenschieber ist dagegen dort am Platze, wo mit Rücksicht auf die Netzverhältnisse bei kleinen Phasenschieberleistungen[1]) auf geringe Anlaufströme sowie auf niedrige, schnell abklingende Stoß- und Dauerkurzschlußströme des Phasenschiebers zu achten ist. Der Stoßkurzschlußstrom des Asynchronphasenschiebers ist infolge des Mitwirkens der Läuferstreureaktanz meist um 20...30% niedriger als der des Synchronphasenschiebers. Auch der Dauerkurzschlußstrom ist niedriger. Diese Frage spielt jedoch nur in den Anlagen oder Netzen eine Rolle, die den gesteigerten Kurzschlußkräften nicht mehr gewachsen sind und auch auf die Stoßerregung zwecks Stützung der Netzspannung im Kurzschlußfalle verzichten müssen. Gegen starke Spannungsschwankungen und die damit verbundene Möglichkeit des Außertrittfallens ist der nur mit seinem Verlustmoment belastete Synchronphasenschieber praktisch genau so unempfindlich wie der Asynchronphasenschieber, während man Frequenzschwankungen bei dem heutigen Umfang des ausgedehnten Netzkupplungsbetriebes selbst beim Synchronphasenschieber nicht weiter zu fürchten hat.

In den meisten dieser Vergleichsfälle ist der Kondensator den beiden umlaufenden Phasenschieberarten durchaus gleichwertig, in einigen sogar überlegen. In der Ausführung, Bedienung, Wartung und Aufstellung ist der Einzelkondensator ebenso wie die bei großem Blindleistungsbedarf

---

[1]) Bei großen Phasenschieberleistungen verwendet man sowohl bei Synchron- als auch bei Asynchronmaschinen Verfahren mit Anwurfmotoren, die das Netz mit nur geringen Anlaufströmen beanspruchen.

erforderlich werdende Kondensatorbatterie um vieles einfacher als dies bei umlaufenden Maschinen jemals der Fall sein kann. Hierdurch, sowie durch das Entfallen teurer Fundamente, Kühl- oder Belüftungsanlagen wird der zuweilen etwas größere Platzbedarf der Kondensatorenbatterien mehr als wettgemacht. Ferner läßt sich der Kondensator im Gegensatz zum umlaufenden Phasenschieber ohne weiteres für direkten Anschluß an Mittel- und Hochspannungsnetze sowie in Freiluftausführung[1]) bauen. Zur Dämpfung der an sich unvergleichbar schneller abklingenden Ausgleichsströme beim Ein- und Parallelschalten sowie der Entladestromstöße bei Netzkurzschluß sorgen vorgeschaltete natürliche oder künstliche Reaktanzen. Der beim Anlassen großer umlaufender Phasenschieber in schwachen Netzen unangenehm fühlbare Spannungsfall wird beim Kondensator durch die sofort einsetzende spannungerhöhende Wirkung ins Gegenteil umgekehrt.[2]) Spannungs- und Frequenzschwankungen, die die Stabilität des umlaufenden Phasenschiebers u. U. gefährden, können auf den Kondensator nicht den geringsten Einfluß ausüben. Eine unter ungünstigen Voraussetzungen auftretende gewisse Verschärfung des Oberwellengehaltes der Netzspannungskurve kann bei richtigem Kondensatoreinsatz leicht vermieden werden. — Auf die Regelung und Stützung der Netzspannung wird im nächsten Abschnitt dieses Kapitels eingegangen.

Wirtschaftliche Abgrenzung. Ergibt somit bereits die Gegenüberstellung der technischen Qualitäten ein geringes Übergewicht der Starkstromkondensatoren, so wäre die Untersuchung unvollkommen und unrichtig, wenn man nicht auch noch die in vielen Fällen ausschlaggebende Wirtschaftlichkeit der verschiedenen Phasenschieberarten miteinander vergleichen wollte. In jedem unklaren Falle führt eine Wirtschaftlichkeitsrechnung sofort zur Feststellung der zweckentsprechenden Phasenschieberart. Das Ergebnis einer derartigen Rechnung ist naturgemäß in starkem Maße von der Tarifart, den Betriebsverhältnissen, eventuellen Einzelentlastungen von Umspannern und Kabeln, der Anschlußspannung, der Betriebsstundenzahl, von der Größe und den Verlusten der Phasenverbesserungsmittel, der Platz- und Fundamentfrage, Schaltzubehör, Fracht, Verpackung, Aufstellungs-, Bedienungs- und Unterhaltungskosten abhängig.

Bei der folgenden Wirtschaftlichkeitsuntersuchung, die sich auf reinen Phasenschieberbetrieb erstreckt, sollen leerlaufende Synchronphasenschieber mit Starkstromkondensatoren verglichen werden. In Bild 29 sind die Gesamtanlagekosten für ruhende und umlaufende Niederspannungs- und Hochspannungsphasenschieberanlagen gebräuch-

---

[1]) In Amerika sind auch umlaufende Phasenschieber — allerdings nur mit Wasserstoffkühlung — für Aufstellung im Freien gebaut worden.

[2]) Diese Tatsache führte in vielen Netzen zum Austausch der umlaufenden Phasenschieber gegen Starkstromkondensatoren.

licher Leistungen sowie die zugehörigen Eigenverbrauchswerte[1]) die das
Endergebnis entscheidend beeinflussen, kurvenmäßig dargestellt. Hierbei enthalten die Anlagekosten ungefähre, heute gültige Anschaffungspreise von Starkstromkondensatoren bzw. von Synchronphasenschiebern
für 1500...750 UpM einschließlich vollständiger Schaltanlagen und Anlaß-
einrichtung, einschließlich der Kabel, Verbindungsleitungen, Fundamente,
Fracht, Verpackung und Montage für übliche deutsche Verhältnisse.

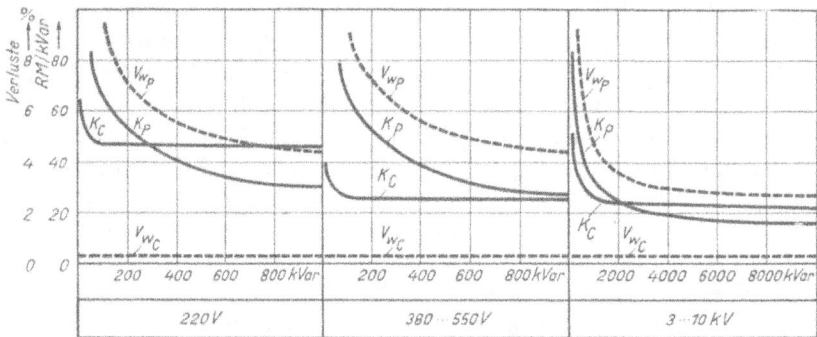

Bild 29. Gesamtanlagekosten und Verluste von Kondensatoren und Synchronphasenschiebern
in Abhängigkeit von der Kompensationsleistung.

K_C = Kondensatoranlagekosten. V_{wC} = Kondensatorverluste.
K_P = Anlagekosten für Synchron-Ph., V_{wP} = Verluste der Synchron-Ph.

Etwaige Gebäudekosten sind absichtlich nicht berücksichtigt. Die Verluste und Preise der umlaufenden Phasenschieber gelten für Ausführung
mit geblätterten Polen. Bei den Asynchronphasenschiebern wird man mit
etwa gleich hohen, zumindest keinesfalls niedrigeren Anlagekosten zu
rechnen haben; die Kurve für den Eigenverbrauch wird jedoch im allgemeinen noch etwas höher liegen.

Die beiden vorerwähnten auf das Phasenschieber-kVar bezogenen
spezifischen Größen, nämlich die Anlagekosten K in RM./kVar sowie
die Verluste V_w in kW/kVar müssen nunmehr miteinander in Beziehung
gebracht werden. Dieses geschieht in Form der spezifischen Jahreskosten
S in RM./kVar. Letztere stellen die Unkosten dar, die je Jahr und je
kVar Phasenschieberleistung zur Bestreitung der festen Kapitalkosten
$K\,p/100$ (Abschreibung, Verzinsung, Erneuerung sowie anteilige Betriebskosten für Bedienung, Wartung und Instandhaltung), ferner der
ebenfalls festen Kosten für den Leistungspreis a des Phasenschieber-
eigenverbrauchs V_w und schließlich eines mit der Betriebsstundenzahl h'
steigenden Betrages für den Arbeitspreis b dieser Verlust-kWh des betreffenden Phasenverbesserers aufzubringen sind. Wir erhalten für die

---

[1]) Eine wesentliche Senkung der Verluste ist in Zukunft nur bei Groß-Phasen-
schiebern (etwa ab 30 MVar und 3000 U/min) durch die Wasserstoffkühlung zu
erwarten (s. a. Kritzler, Elektrizitätswirtsch. 38 (1939), S. 344).

spezifischen Jahreskosten S in RM./kVar

$$S = K\,p/100 + V_w\,a + V_w\,h'\,b \quad\ldots\ldots\ldots (16)$$

Setzt man die spezifischen Jahreskosten der zwei zu vergleichenden Phasenschieberarten gleich, so erhält man diejenige jährliche Betriebsstundenzahl h', von der an aufwärts der umlaufende Phasenschieber den Kondensatoren unterlegen ist:

$$h' = \frac{(K_C - K_P)\,p/100 + a\,(V_{w_C} - V_{w_P})}{b\,(V_{w_P} - V_{w_C})} \quad\ldots\ldots (17)$$

In der nachstehenden Zahlentafel 3 sind auf Grund der Gl. (16) die festen und veränderlichen Jahreskosten von Kondensatoren und Synchronphasenschiebern verschieden großer Kompensationsleistungen zusammengestellt und damit der Aufbau eines derartigen vergleichenden Wirtschaftlichkeitsnachweises gegeben. Es wurden Hochspannungs-

Zahlentafel 3. Ermittelung der Jahreskosten von Kondensatoren und Synchronphasenschiebern für Hochspannungsanschluß von 3 ... 10 kV.

$15\,{}^0/_0$ jährlicher Kapitaldienst $= 6,7\,{}^0/_0$ Abschreibung, $5,5\,{}^0/_0$ Verzinsung, $1,8\,{}^0/_0$ Erneuerungsrücklage, $1\,{}^0/_0$ Bedienung, Wartung und Instandhaltung.

Sonderabnehmertarif: Leistungspreis jährl. 40 RM./kW, Arbeitspreis 0,03 RM./kWh.

	500 kVar		1000 kVar		2500 kVar		10000 kVar	
	Kondens.	Synchr. Ph.	Kondens.	Synchr. Ph.	Kondens.	Synchr. Ph.	Kondens.	Synchr. Ph.
Gesamt-Anlagekosten K RM./kVar	30,00	41,50	25,50	31,50	23,20	22,00	21,50	16,00
Verluste V_w ... kW/kVar	0,0025	0,070	0,0025	0,045	0,0025	0,032	0,0025	0,027
1. Jährlicher Kapitaldienst $p = 15\,{}^0/_0$	4,50	6,22	3,82	4,72	3,47	3,30	3,22	2,40
2. Leistungspreis für die Verlustleistung $a = 40$ RM./kW	0,10	2,80	0,10	1,80	0,10	1,28	0,10	1,08
A. Gesamt-Jahreskosten S bei einer Betriebsstundenzahl von 0 h/Jahr: RM./kVar	4,60	9,02	3,92	6,52	3,57	4,58	3,32	3,48
3. Arbeitspreis für die Verlustarbeit b. 3000 h/Jahr $b = 0,03$ RM./kWh	0,23	6,30	0,23	4,05	0,23	2,88	0,23	2,43
D. Gesamtjahreskosten S b. 3000 h/Jahr: RM./kVar	4,83	15,32	4,15	10,57	3,80	7,46	3,55	5,91

verhältnisse zugrunde gelegt, bei denen die Kondensatoranlagen von etwa 2000 kVar ab aufwärts wegen der höheren Anlagekosten (vgl. Bild 29) den übererregten Synchronmotoren zunächst unterlegen erscheinen. Als jährliche Kapitalbelastung des Betriebes wurden für beide Phasenschieberverbesserungsmittel gleichmäßig $p = 15\,\%$ der Anlagekosten eingesetzt. Hierbei wurde ein Zinsfuß von $5,5\,\%$, eine für Maschinen übliche wirtschaftliche Nutzungsdauer von 15 Jahren (also eine über 15 Abschreibungsjahre gleichmäßig verteilte, auf den ursprünglichen Anschaffungswert bezogene Abschreibungsquote von 6,7%), ferner 1,8% Erneuerungsrücklage[1]) und 1% für Bedienung, Wartung und Instandhaltung angesetzt. Man hätte auch, ohne ungerecht zu sein, für den umlaufenden Phasenschieber 2% für Bedienung, Wartung und Instandhaltung einsetzen können. Der Rechnung wurde ein Sonderabnehmertarif mit einem Leistungspreis von jährlich 40,— RM./kW und ein Arbeitspreis von 0,03 RM./kWh für den Hochspannungsanschluß zugrunde gelegt. Bei Niederspannungsanschluß kann mit höheren Stromkosten (Leistungspreis 50,— RM./kW, Arbeitspreis 0,04 RM./kWh) gerechnet werden, da es sich hierbei meist um entsprechend kleinere Industriebetriebe handelt (vgl. Bild 30 für 220...550 V).

Um zu übersichtlichen Verhältnissen und Abgrenzungen zu gelangen, sind die Ergebnisse der Zahlentafel 3 in der Kurvenschar von Bild 30 für Niederspannungs- und Hochspannungsanschluß für verschiedene Kompensationsleistungen und verschiedene Jahresbetriebsstundenzahlen h' aufgetragen. Aus den Kurven ersieht man, daß die Eigenverbrauchs-

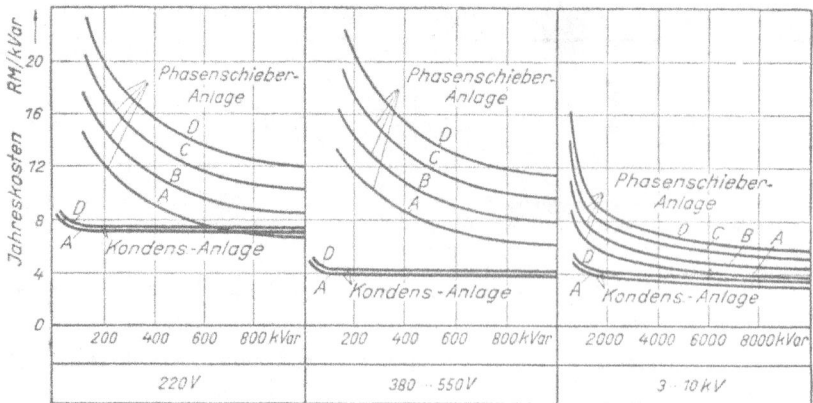

Bild 30. Gesamt-Jahreskosten von Kondensatoren und Synchron-Phasenschieberanlagen in Abhängigkeit von der Kompensationsleistung entsprechend Zahlentafel 3.
A = Betriebsstundenzahl   0 h/Jahr,
B = Betriebsstundenzahl 1000 h/Jahr,
C = Betriebsstundenzahl 2000 h/Jahr,
D = Betriebsstundenzahl 3000 h/Jahr.

zahlen das Ergebnis entscheidend zugunsten der Starkstromkondensatoren beeinflussen. Man kann ferner ohne weiteres ablesen bzw. aus Gl. (17) errechnen, bis zu welcher jährlichen Betriebsstundenzahl h' die Starkstromkondensatoren bei den betrachteten Stromtarifen mit Vorteil verwendet werden können. Im Niederspannungsbereich von

---

[1]) Bei der Festsetzung der Abschreibungsbeträge und der Erneuerungsrückstellung ist es zweckmäßiger und leichter, die Zinsen und Zinses-Zinsen dieser Beträge nicht zu berücksichtigen.

380...550 V arbeiten die leerlaufenden Synchronmotoren stets spezifisch teurer als die Starkstromkondensatoren. Bei 220 V sind sie höchstens bei einem zentralisierten Blindleistungsbedarf von 700...1000 kVar und darüber sowie bei sehr niedriger Betriebsdauer h' den Kondensatoren überlegen. Bei Hochspannung behaupten die Kondensatoren, selbst für sehr große Phasenschieberleistungen von etwa 10000...30000 kVar und darüber das Feld[1]), sofern nicht eine außergewöhnlich niedrige Betriebsstundenzahl und sehr geringe Stromkosten vorliegen.

Ganz allgemein kann auf Grund der Gl. (17) festgestellt werden, daß sowohl ein erhöhter Leistungspreis als auch ein erhöhter Arbeitspreis stets zu einer Herabsetzung der Betriebsstundenzahl h' führt, bis zu welcher der Synchronmotor hinsichtlich seiner Jahreskosten noch billiger als eine gleich große Kondensatorenanlage arbeitet. Eine Erhöhung des jährlichen Kapitaldienstes $p\%$ hat die gleiche Wirkung, aber nur solange die Anlagekosten der Kondensatoren tiefer liegen als die der Synchronphasenschieber (vgl. Bild 29).

Bei einem Endvergleich muß außerdem die Tatsache berücksichtigt werden, daß — wenigstens in Industrieanlagen — auch bei großem Blindleistungsbedarf eine zentrale Kompensation nur selten in Frage kommt, die man bei Synchron- oder Asynchronphasenschiebern schon mit Rücksicht auf die Anschaffungs- und Verlustkosten unbedingt anstreben müßte. Eine dezentralisierte Kompensation bringt dagegen erhebliche Vorteile, da man dann die Gruppen- und Einzelkompensation überlasteter Umspanner, Kabel- und Freileitungen durchführen kann. Hierdurch ergeben sich Einsparungen an Übertragungsverlusten, die in der oben aufgeführten Zahlentafel und Kurvenschar noch nicht berücksichtigt sind, die aber durchaus in der Größenordnung des Eigenverbrauches der Starkstromkondensatoren und weit darüber liegen können. Häufig machen sich verteilt aufgestellte Einzelkondensatoren innerhalb weniger Jahre allein aus den eingesparten Übertragungsverlusten bezahlt. Auch die Möglichkeit des Anschlusses von Zusatzlast sowie der Aufwertung der Anschlußspannung muß bei dem Endvergleich berücksichtigt werden.

Aus der Zahlentafel sowie aus Bild 30 geht die einwandfreie wirtschaftliche Überlegenheit der Kondensatoren deutlich hervor. Die in den letzten Jahren erheblich gesunkenen Preise der Kondensatoren und ihr unvergleichlich niedriger Eigenverbrauch haben die Wettbewerbsgrenze für die umlaufenden Phasenschieber soweit verschoben, daß die Kondensatoren heute bei reinem Phasenschieberbetrieb bis zu dem größten Blindleistungsbedarf praktisch allein noch das Feld behaupten (Bild 30 und 31).

---

[1]) Bornitz, E., AEG-Mitt. (1936) S. 294 u. ETZ 58 (1937) S. 184.

Für Phasenschieberzwecke umgebaute Synchronstromerzeuger, deren Umbaukosten schätzungsweise 10% des Neuwertes (Zahlentafel 3) betragen, arbeiten bei Zugrundelegung des vorerwähnten Hochspannungstarifes sowie bei einer Phasenschieberleistung von 1000 kVar erst von etwa 1100 Betriebsstunden/J, bei 2500 kVar erst bei etwa 2000 Betriebsstunden/J und bei 10000 kVar erst von etwa 2500 Betriebsstunden/J wirtschaftlicher als gleich große Kondensatoranlagen. Demnach ist

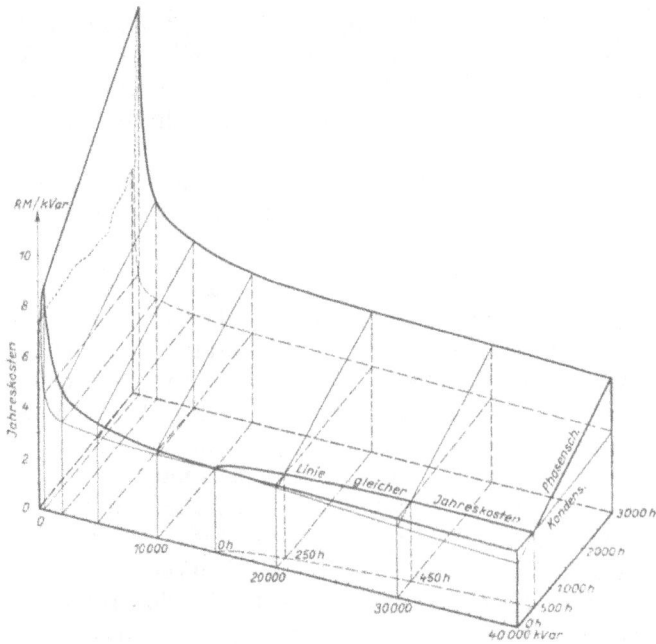

Bild 31. Räumliche Darstellung der Gesamt-Jahreskosten von Kondensatoren und Synchronphasenschiebern bei verschiedengroßer Kompensationsleistung und Betriebsstundenzahl entsprechend Zahlentafel 3.

heute auch der Umbau bereits abgeschriebener Stromerzeuger für Phasenschieberzwecke nur in ganz besonders gelagerten Ausnahmefällen ratsam.

Aus denselben Wirtschaftlichkeitserwägungen heraus ist es ferner außerordentlich lohnend, zu untersuchen, ob das Weiterarbeiten von vor Jahren eingebauten leerlaufenden Phasenschiebern wegen der hohen Verlustkosten überhaupt noch zweckmäßig ist. In den weitaus meisten Fällen wird sich herausstellen, daß ein Ersetzen der leerlaufenden Phasenschieber durch Kondensatoren mit niedrigeren Gesamtjahreskosten nicht nur ratsam, sondern wirtschaftliche Notwendigkeit ist.

Abschließend ist in diesem Zusammenhang noch kurz eine bisher stets unbesehen übernommene, aber irrige Ansicht richtigzustellen. Bestand bei Neuanschaffungen von Stromerzeugern die Möglichkeit, die bei einer Belastung vcn cos $\varphi = 0,7...0,4$ erforderliche Blindleistung durch reichlichere Scheinleistungsbemessung von den betreffenden Stromerzeugern gleich mitliefern zu lassen, so tat man dies. Diese »Lösung« stellt sich jedoch, insbesondere bei kleinen Stromerzeugern, als unwirtschaftlich heraus, wenn man Kondensatoren und Mehraufwendung für die vergrößerten Stromerzeuger entsprechend den vorstehenden Wirtschaftlichkeitsberechnungen miteinander vergleicht. Zudem muß man auf die Vorteile der Einzelentlastung und Spannungsaufwertung von Netzteilen durch Kompensation in den Blindlastschwerpunkten verzichten. Im übrigen weisen die Stromerzeuger bei der cos φ-Verschlechterung nicht nur niedrigere Wirkungsgrade, sondern auch eine Scheinleistungseinbuße auf (vgl. Bild 10). Eine gewisse Einschränkung in der Verwendung von Kondensatoren ist lediglich in der Selbsterregungsmöglichkeit der Stromerzeuger zu erblicken, gegen die die im Kap. X, 1 beschriebenen Schutzmaßnahmen anzuwenden sind.

2. Regelung, Stützung und Oberwellenkompensation der Netzspannung

Wird in den Unterwerken großer Netze die Aufstellung von Blindleistungserzeugungseinrichtungen geplant, die nicht nur den betrachteten reinen Phasenschieberbetrieb zu übernehmen haben, sondern vor allem auch in Mittel- und Höchstspannungsnetzen zur Spannungsregelung und im Störungsfalle zur Stützung der Netzspannung dienen sollen, so sind die beiden umlaufenden Phasenschieberarten dem Kondensator meist trotz geringerer Wirtschaftlichkeit rein technisch überlegen.

Spannungsregelung. Der Synchronphasenschieber ist zwar entsprechend Bild 14 und 32 für den übererregten Betrieb, d. h. für Lieferung induktiver Blindleistung in das Netz geeignet. Bei starker Untererregung ist jedoch mit labilem Verhalten der Erregermaschine und Außertrittfallen des Phasenschiebers zu rechnen, sofern nicht besondere Kunstschaltungen angewendet werden; die Widerstandsgerade kommt

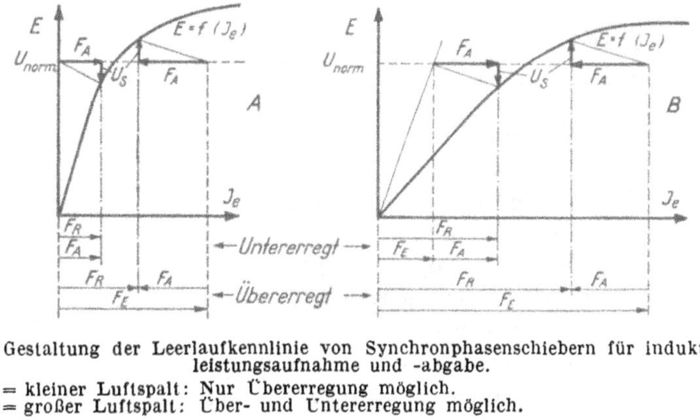

Bild 32. Gestaltung der Leerlaufkennlinie von Synchronphasenschiebern für induktive Blindleistungsaufnahme und -abgabe.
A = kleiner Luftspalt: Nur Übererregung möglich.
B = großer Luftspalt: Über- und Untererregung möglich.

in diesem Falle nicht mehr zum Schnitt mit der Leerlaufcharakteristik. Voraussetzung für induktive Blindleistungsaufnahme entsprechend Bild 15 ist daher die Anwendung von Fremderregung oder zum mindesten von Haupt- und Hilfserregermaschine sowie die Vergrößerung des Luftspaltes, um eine flach ansteigende Leerlaufkurve entsprechend Bild 32 B zu erhalten. Die Folge hiervon ist eine Vergrößerung des Typs der Synchron- und Erregermaschine und daher die notgedrungene Inkaufnahme eines erhöhten Gesamtpreises. Es ist dann aber, selbst bei 100-proz. Blindleistungsaufnahme infolge Vorhandenseins eines noch ausreichenden Erregerfeldes F_E auf keinen Fall mit Unterschreitung der Kippgrenze zu rechnen.

Bei der fremderregten Asynchronblindleistungsmaschine ist dagegen die Über- und Untererregung, ja sogar die Gegenerregung ohne weiteres möglich. Hierzu ist lediglich eine Veränderung der Größe und Richtung der dem Frequenzwandler schleifringseitig zugeführten Netzspannung durch einen Doppeldrehregler entsprechend Bild 24 A bzw. durch einen auf den Nebenschlußkreis der nebenschlußerregten Erregermaschine wirkenden Wenderegler entsprechend Bild 24 B erforderlich.

In Bild 33 A und B sind die Vektordiagramme eines netzerregten Asynchronphasenschiebers im über- und untererregten Zustand dargestellt; hieraus, sowie aus dem zugehörigen Kreisdiagramm Bild 33 C

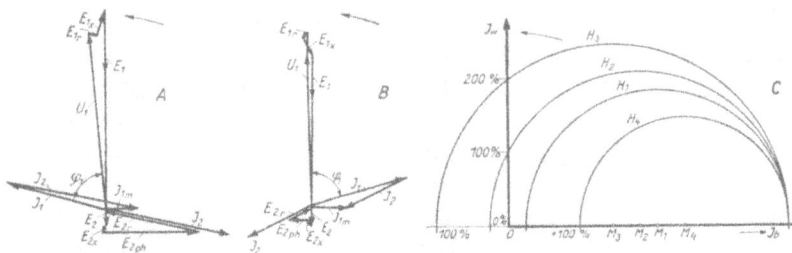

Bild 33. Spannungs-, Strom- und Kreisdiagramme eines fremderregten Asynchronphasenschiebers nach Bild 24 bei verschieden großer Erregung.
A = Übererregt: Induktive Blindleistungsabgabe.
B = Gegenerregt: Induktive Blindleistungsaufnahme.
C = Kreisdiagramme eines fremderregten Phasenschiebers nach Bild 24 für unkompensierten (H_1), für übererregten (H_2 und H_3) sowie für gegenerregten (H_4) Betrieb.

erkennt man, daß zur Erzielung einer induktiven Blindleistungsaufnahme von 100% eine viel geringere Gegenerregung nötig ist als im übererregten Zustand zur Erzeugung einer ebenso großen induktiven Blindleistungsabgabe. Die asynchrone Blindleistungsmaschine kann daher zuweilen preislich gegenüber der — an sich billigen — Synchronmaschine im Vorteil sein, da sie ohne nennenswerte Verteuerung für diesen kombinierten Betrieb ausgelegt werden kann. Ob dieser Vorteil im vollen Umfange ausgenutzt werden kann, hängt allerdings stets von den Spannungs- und Belastungsverhältnissen des jeweiligen Netzes ab.

Zugunsten des Synchronphasenschiebers spricht hier wieder die Einfachheit im Aufbau und in der Bedienung sowie der geringe Raumbedarf der Blindlastregeleinrichtung.

Handelt es sich bei der Regelung der Spannung insbesondere um die Verringerung des in einem Netzausläufer, einer Kuppelstelle, in einem Maschennetz usw. auftretenden Spannungsfalles, so kann auch der — allerdings nur in Stufen regelbare — Kondensator, wie in den Kap. VIII und IX näher ausgeführt werden wird, ein wertvolles und wirtschaftlich überlegenes Hilfsmittel sein. Durch einen Gemeinschaftsbetrieb werden Kondensator und Drosselspule in Mittel- und Höchstspannungsnetzen mit Erfolg auch dort angewandt, wo nicht nur die übliche kapazitive, sondern auch zu Zeiten starker Netzentlastung eine induktive Wirkung zwecks Kompensation des Ladestromes der Fernleitungen gefordert wird[1]).

Netzstützung und Oberwellenkompensation. Wird mit der Spannungsregelung bei kurzschlußfestem Netz auch eine Stützung und Aufrechterhaltung der Netzspannung im Störungsfalle angestrebt, so ist der umlaufende Phasenschieber mit seiner durch das Magnetfeld gewährleisteten großen Energiespeicherung und durch seine Stoßerregungsmöglichkeit dem normalen Kondensator gegenüber überlegen. Tritt im Netzkurzschlußfalle eine starke Absenkung der Netzspannung ein, so entlädt sich der Kondensator stoßartig oszillatorisch auf diese Kurzschlußstelle, vermag aber ohne Anwendung besonderer Schaltmaßnahmen niemals während der erforderlichen Anzahl von Sekunden die bisherige Ladeleistung, geschweige denn die anzustrebende erhöhte Ladeleistung dem gefährdeten Netz zur Verfügung zu stellen. Durch vorübergehende Umschaltung von z. B. Stern- auf Dreieckbetrieb oder von mehrfacher Reihen- auf einfache Parallelschaltung könnte man naturgemäß auch den Kondensator zur Spannungsstützung heranziehen, indem man ihn dazu zwingt, bei abgesunkener Netzspannung eine gegenüber dem nicht geänderten Schaltzustand gesteigerte Blindleistung zu liefern; der hierzu erforderliche Aufwand an Schalt- und Aufbaumaterial sowie die Schaltkomplikationen und die erforderliche Umschaltzeit sind jedoch nicht zu unterschätzen.

Im Gegensatz hierzu steht dem umlaufenden Phasenschieber, insbesondere dem Synchronphasenschieber, im ersten Augenblick ein hoher Ausgleichstrom zur Verfügung, der noch vor seinem Abklingen durch die einsetzende Stoßerregung verstärkt wird und so der eingetretenen Spannungsänderung entgegenwirkt. In der Mehrzahl der Fälle bleiben daher die Synchronstromerzeuger des Netzes im Tritt. Gelingt es nicht, die Netzspannung aufrecht zu erhalten, so muß der umlaufende Phasenschieber nach einiger Zeit abgeschaltet werden.

---

[1]) Siehe Altbürger, P., ETZ 58 (1937), S. 1121 u. 1169 sowie Kap. VIII u. IX, 4.

Da die Synchronmaschine die erforderliche steife Spannungscharakteristik sowie die Stoßerregungsfähigkeit von Haus aus mitbringt, so ist sie im Falle der Netzstützung dem Asynchronphasenschieber sowie dem Kondensator vorzuziehen. Wo es sich darüber hinaus bei Höchstspannungsfernleitungen um Stabilisierung der Übertragungsverhältnisse zur Unterbindung des Außertrittfallens der Kraftwerke handelt (Verringerung des Winkels ϑ in Bild 2 B und 139), ist die Synchronmaschine mit ihrer weitgehend gleichbleibenden Blindleistungsabgabe bei veränderlicher Netzspannung ebenfalls im Vorteil.

Für die Oberwellenkompensation der Netze sind Synchronmaschinen und Kondensatoren etwa gleichwertig (s. S. 234 u. 275).

3. Kondensatoren und belastete Phasenschieber

Die Verwendung belasteter Phasenschieber ist, wenn man von den wenigen Fällen der Netzkupplung, des Speicherpumpen- und des Umformerbetriebes usw. absieht, vorwiegend eine Angelegenheit der Industrieanlagen. Nachstehend soll untersucht werden, wann der ruhende und wann der belastete Phasenschieber einzubauen ist. Man muß sich hierbei darüber im klaren sein, daß sich nur in ganz großen Zügen die Hauptmerkmale der einzelnen Phasenschieber herausstellen lassen. Die endgültige Entscheidung muß auch hier den Betriebs-, Bedienungs-, Netz- und Tarifverhältnissen usw. überlassen bleiben. Es ist also jeder Einzelfall für sich technisch und wirtschaftlich eingehend zu überprüfen.

Synchronmotor. Synchronmotoren sind als belastete Phasenschieber dort mit Vorteil zu verwenden, wo beim Anfahren nur geringe Drehmomente verlangt werden und später im Betrieb keine übermäßig großen Laststöße, die an sich durch eine starke Dämpferwicklung beherrscht werden können, auftreten. Das von dem Synchronmotor je nach dem eingestellten cos φ entwickelte Anfahrdrehmoment beträgt etwa 25% — in Sonderfällen sogar 100...150% — das Kippmoment etwa 150...180% des Nennmomentes. Ein besonderer technischer und wirtschaftlicher Vorteil besteht darin, daß die Blindleistung ohne weiteres feinstufig regelbar ist, während dieses beim Asynchronphasenschieber nur bei Nebenschluß- und Fremderregung möglich ist. Die Erhöhung der Kurzschlußleistung spielt in Industrieanlagen nur in besonders ungünstigen Grenzfällen eine Rolle. Weitere Vorteile sind: geringerer Anschaffungspreis, niedrigere Verluste, größerer Luftspalt und damit erhöhte Betriebssicherheit sowie die Tatsache, daß der Synchronmotor von vornherein im Gegensatz zum normalen Asynchronmotor für cos $\varphi = 1$ oder voreilenden Leistungsfaktor bei Vollast und Teillast geeignet ist. Die Synchronmotoren werden nicht nur mit Vorliebe in Amerika, sondern seit geraumer Zeit auch in Deutschland in immer größerem Maße für Antrieb von einigen 100 kW bis zu 30 000 kW und darüber herangezogen (Bild 34). Diese Entwicklung ist bis zu einem gewissen Grade mit darauf zurückzuführen, daß von seiten der Elektrizitätswerke seit der Einführung der Doppelnutmotoren mit ihren hohen Anlaufströmen auch für die asynchron (über Sterndreieckschalter, Drossel, Anlaßumspanner durch Teilwindungsanlauf usw.) hochlaufenden Synchronmotoren mehr Entgegenkommen gezeigt wurde. Die belasteten Synchronphasenschieber eignen sich außer zum Antrieb von Umformern, Verdichtern, Gebläsen, Speicherpumpen auch für Schleifer, Holländer, Schiffsschrauben usw.

Bild 34. Synchronmotor für 3000 kW bei cos φ = 0.90 kap., 10 kV, 1000 U/min, zum Antrieb eines Kreiselkompressors über Vorgelege (AEG, 1938).

Synchronisierter Asynchronmotor. Der synchronisierte Asynchronmotor ist auf Grund seines asynchronen Charakters, der während des Hochlaufens noch vorhanden ist, auch für erschwerte Anlaufverhältnisse zu verwenden. Im Synchronismus weist er allerdings nur ein Kippmoment von dem etwa 1,3...1,5fachen des Nenndrehmomentes auf, ist also in diesem Punkt noch ungünstiger als der vorbehandelte Synchronmotor. Er ist daher nur für Antrieb mit gleichmäßiger, stoßfreier Belastung geeignet und nur bis zu einigen tausend kW zu gebrauchen. Mit dem Synchronmotor hat er die Eigenschaft einer bequemen feinstufigen Regelung der induktiven Blindleistungsabgabe gemeinsam, da auch hier nur eine einfache Verstellung des Nebenschlußreglers der Gleichstrom-Erregermaschine notwendig ist.

Asynchronmotor mit Drehfeld-Erregermaschine. Vergleicht man den Synchronmotor mit dem drehfelderregten Asynchronmotor, so ergibt sich als Hauptunterschied zugunsten des letzteren, daß er mit einem etwa zweifachen Nennmoment als Anfahrdrehmoment auch für erschwerte Anlaufverhältnisse geeignet ist. Ferner weist er bei Übererregung eine Steigerung der Typenleistung von 5...10% und vor allem ein erheblich, gegenüber dem unkompensierten Zustand, gesteigertes Kippmoment von dem etwa 2½fachen Nenndrehmoment auf (vgl. Bild 19 und Bild 33 C). Die Gefahr des Pendelns und Außertrittfallens bei Laststößen, Überlastungen, Spannungs- und Frequenzschwankungen besteht nicht. Er ist daher für unruhige Betriebe, wie z. B. für Walzenstraßen, Zementmühlen, Stanzen, Brecher, Scheren, aber auch für normale Antriebsverhältnisse, wie z. B. bei Schleifern, Verdichtern, Pumpen, Förderanlagen, Umformern usw. gut geeignet. So zeigt Bild 35 einen Ilgner-Satz, bei dem der Umformermotor für 4000 kW durch einen Frequenz-

Bild 35. Ilgner-Umformer für 4000, max. 8000 kW, 428 U/min, elektrisch und mechanisch gekuppelt mit einer fremderregten Drehfeld-Erregermaschine mit Wendepolen für 130, max. 260 kVA, Schaltung ähnlich Bild 24 A (AEG, 1926).

wandler für 125 kVA von cos φ = 0,925 induktiv bei Vollast bis cos φ = 0,95 voreilend (also etwa 3000 kVar Kompensationsleistung bei 50 Hz.) kompensiert wird; der Hauptmotor vermag bei Leerlauf 1900 kVar induktive Blindleistung ins Netz zu schicken.

Auch bei dem Asynchronmotor mit Drehfeld-Erregermaschine ergeben sich Unterschiede im Verwendungsbereich. Wie die Leistungsfaktor-Kennlinien von Bild 22 sehr deutlich lehren, sind die eigen- und selbsterregten Drehfeld-Erregermaschinen möglichst nur dort zu verwenden, wo man eine Belastung von 30% nicht unterschreitet, da im Leerlauf die Kompensationsfähigkeit aufhört. Dagegen sind die nebenschlußerregten (Bild 21 B) und fremderregten (Bild 24) Drehfeld-Erregermaschinen vor allem für aussetzende oder längere Zeit leerlaufende Betriebe geeignet; hierzu gehören Walzwerkmotoren, Ilgner- oder Leonard-Umformer-Motoren, zumal letztere sogar zeitweise als Stromerzeuger arbeiten müssen.

Technische und wirtschaftliche Abgrenzung. Nach dem soeben angestellten Vergleich der belasteten Phasenschieber untereinander bleibt nunmehr nur noch die Frage offen, wann sind anstatt der letzteren die normalen Asynchronmotoren beizubehalten bzw. neu einzubauen, wobei der auftretende Blindleistungsbedarf durch Kondensatoren zu decken ist.

Sind in einer Industrieanlage große, möglichst durchlaufende Motoren von etwa 500...1000 kW ab aufwärts vorhanden oder neu zu planen, so kann es vorteilhaft sein, diese zur Blindleistungserzeugung mit heranzuziehen. Die Entscheidung darüber, ob dieses Vorhaben wirtschaftlich gerechtfertigt ist, hängt zunächst davon ab, ob je nach dem geforderten Anfahrdrehmoment, Kippmoment, zulässigen Anlaufstrom, Betriebsart, Netzverhältnissen usw. ein belasteter Synchron- oder Asynchron-Phasenschieber in Betracht kommt. Ferner hängt ein positiver Entscheid, wie üblich, von der Höhe der Anlagekosten, der Verluste, der Jahresbetriebsstundenzahl, dem kWh-Preis, der Anschlußspannung, Drehzahl der Hauptmaschine, Platz- und Fundamentfrage, evtl. Blindleistungsregelung, Bedienungs- und Unterhaltungskosten usw. ab. Bei großen und größten Antrieben kann die Blindleistung naturgemäß um so billiger erzeugt werden, je größer die Motornennleistung ist bzw. je größer die erzielbare Kompensationsleistung wird.

Bei der Vielzahl der Phasenschieberarten ist es schlechterdings nicht möglich, überall eine wirtschaftliche Abgrenzung gegenüber den Kondensatoren durchzuführen. Nachstehend sollen daher nur die Drehstrom-Phasenschieber näher untersucht werden und auch hier nur die ständerlosen Drehfeld-Erregermaschinen mit Eigenerregung (Bild 21 A) sowie mit Fremderregung (Bild 24 A, aber ohne Kompensationswicklung). Gerade bei diesen verhältnismäßig gebräuchlichen Phasenschiebern mit asynchronem Charakter ist es wissenswert, wie hoch sich ihre Jahreskosten gegenüber denen der Kondensatoren belaufen. Ein genauer Vergleich ist streng genommen eigentlich nur zwischen Kondensatoren und belasteten Synchron-Phasenschiebern sowie belasteten Asynchron-Phasenschiebern mit Nebenschluß- oder Fremderregung möglich, da nur diese auch bei Leerlauf und Entlastung ihre Kompensationsfähigkeit beibehalten.

In Bild 36 sind zunächst die Anlagekosten und Verluste für die Kondensatoren einschließlich des erforderlichen Zubehörs auf der gleichen Grundlage wie früher (Bild 29) kurvenmäßig aufgetragen. Bei den belasteten Phasenschiebern wurden als Anlagekosten sämtliche Mehrpreise bewertet, die gegenüber den unkompensierten Regulierschleifringläufern entsprechend den Schaltungen von Bild 21 A und 24 A durch das Hinzukommen der ständerlosen Drehfeld-Erregermaschine einschl. Antriebmotors, Schutzschalters, Anlaßumschalters, Kabel- und Verbindungsleitungen auftreten. Bei der netzerregten Erregermaschine sowie bei Hochspannungsanschluß mußten die Beschaffung des Abspanners und dessen Schalt- und Schutzeinrichtung ebenfalls berücksichtigt werden. Auch Fracht, Verpackung und betriebsfertige Aufstellung sowie die Kosten für das erforderliche Fundament wurden eingesetzt, so daß lediglich die Gebäudekosten und die Tatsache einer evtl. Leistungssteigerung des Hauptmotors vernachlässigt sind. Als Abszissenachse brauchte dann bei der Erregermaschine nicht mehr die Wirkleistung der zu kompensierenden Motoren gewählt zu werden, zumal dies wegen

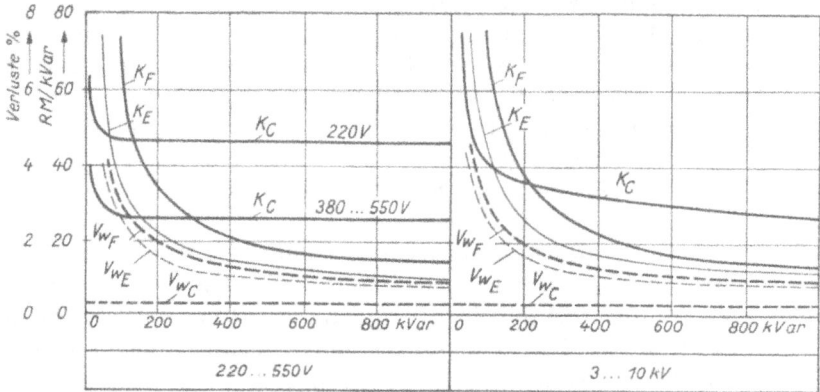

Bild 36. Gesamtanlagekosten und Verluste von Kondensatoren, eigenerregten und fremderregten Drehfeld-Erregermaschinen in Abhängigkeit von der Kompensationsleistung.

K_C = Kondensatoranlagekosten,
K_E = Anlagekosten von eigenerregten Df-Erregermaschinen,
K_F = Anlagekosten von fremderregten Df-Erregermaschinen,
V_{wC} = Kondensatorenverluste,
V_{wE} = Verluste der eigenerregten Df-Erregermaschinen,
V_{wF} = Verluste der fremderregten Df-Erregermaschinen.

der zu großen Verschiedenheit der Kompensationsgrade und Drehzahlen der Hauptmaschine auch praktisch unmöglich ist. Vielmehr konnten bei vorstehendem Verfahren die mit den Erregermaschinen erzielbaren netzseitigen Kompensationsleistungen in kVar zugrunde gelegt werden, die sich bei gegebener Motorleistungsaufnahme sowie zugehörigem cos φ vor und nach dem Einbau des Erregers ergeben. Auch die Verluste der Erregermaschine und zugehörigen Abspanner wurden in Beziehung zu der Kompensationsleistung der Erregermaschine gesetzt. Hierdurch ergibt sich ein übersichtlicher und einheitlicher Vergleich der charakteristischen Preis- und Verlustwerte der Erregermaschinenanlagen und der in ihrer Kompensationswirkung gleich großen Kondensatorenanlagen.

In der Zahlentafel 4 sind die Jahreskosten entsprechend Gl. (16) für die zu vergleichenden Phasenschieberarten für Hochspannungsanschluß unter Zugrundelegung eines jährlichen Kapitaldienstes von 15%, eines Leistungspreises von 40,— RM./kW und eines Arbeitspreises von 0,03 RM./kWh für 0 und 3000 Betriebsstunden je Jahr ermittelt. Das Ergebnis dieser Auswertung wurde in Bild 37 für Nieder- und Hochspannung eingetragen, wobei bei Niederspannung mit einem Leistungs-

Zahlentafel 4. Ermittlung der Jahreskosten von Kondensatoren *(K)*, eigenerregten *(E)* und fremderregten *(F)* Drehfeld-Erregermaschinen für Hochspannunganschluß von 3 ... 10 kV.
(Kapitaldienst und Tarif wie bei Zahlentafel 3).

	100 kVar			500 kVar			1000 kVar		
	K	E	F	K	E	F	K	E	F
Gesamt-Anlagekosten *K* RM./kVar	40	45	73	30	14,2	18,2	25,5	11,2	13
Verluste V_m ... kW/kVar	0,0025	0,025	0,03	0,0025	0,010	0,0123	0,0025	0,008	0,0095
1. Jährlicher Kapitaldienst $p = 15\%$	6,00	6,75	10,95	4,50	2,13	2,72	3,82	1,68	1,95
2. Leistungspreis für die Verlustleistung $a = 40$ RM./kW	0,10	1,0	1,20	0,10	0,40	0,49	0,10	0,32	0,38
A. Gesamt-Jahreskosten *S* bei einer Betriebsstundenzahl von 0 h/Jahr: RM./kVar	6,10	7,75	12,15	4,60	2,53	3,21	3,92	2,00	2,33
3. Arbeitspreis für die Verlustarbeit b. 3000 h/Jahr $b = 0,03$ RM./kWh	0,23	2,25	2,70	0,23	0,90	1,11	0,23	0,72	0,85
D. Gesamt-Jahreskosten *S* b. 3000 h/Jahr: RM./kVar	6,33	10,00	14,85	4,83	3,43	4,32	4,15	2,72	3,18

preis von 50,— RM./kW und einem Arbeitspreis von 0,04 RM./kWh gerechnet wurde.

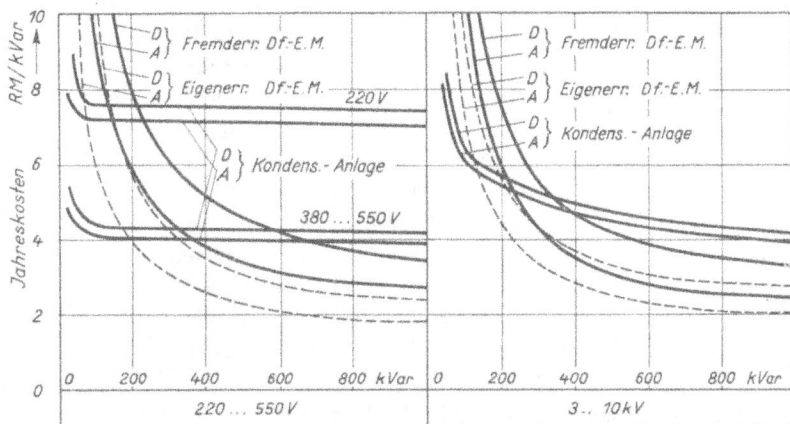

Bild 37. Gesamt-Jahreskosten von Kondensatoren, eigenerregten und fremderregten Drehfeld-Erregermaschinen in Abhängigkeit von der Kompensationsleistung.

A = Betriebsstundenzahl   0 h/Jahr,
D = Betriebsstundenzahl 3000 h/Jahr.

Aus Bild 37 ersieht man, daß die eigen- und fremderregte Drehfeld-Erregermaschine bei 3000 Jahresbetriebsstunden den Kondensatoren nach Überschreitung folgender Kompensationsleistungen, die etwa der in Zahlentafel 5 gleichfalls aufgeführten Motorwirkleistung bei 1000 U/min entsprechen, überlegen sind:

Zahlentafel 5. Gleichheit der Jahreskosten von Kondensatoren und Drehfeld-Erregermaschinen bei 3000 h/Jahr (Kapitaldienst und Tarif wie bei Bild 37).

Anschluß-Spannung (kV)	Eigenerregte Df. E. M. Kompensat.-Lstg. (kVar)	Df. E. M. Motor-Lstg. (kW)	Fremderregte Df. E. M. Kompensations-Lstg. (kVar)	Df. E. M. Motor-Lstg. (kW)
0,22	150	300	200	300 ... 400
0,38 ... 0,55	300	500	600	800 ...1200
3,0 ... 10	200	300 ... 400	350	500 ... 700

Die Wettbewerbsfähigkeit der eigenerregten Drehfelderregermaschine beginnt demnach noch früher als die der netzerregten Erregermaschine. — Hierbei ist allerdings zu berücksichtigen, daß der Kondensator im Gegensatz zur eigenerregten Drehfeld-Erregermaschine auch bei Entlastung und Leerlauf der Hauptmaschine seine volle Kompensationsfähigkeit aufrecht erhält. — Bei den übrigen belasteten Asynchron-Phasenschiebern rückt die Wettbewerbsgrenze je nach den vorliegenden Betriebsverhältnissen, der Betriebsdauer, Tarifart, Anschlußspannung und vor allem je nach der geforderten Regelbarkeit gegenüber der netzerregten Drehfelderregermaschine sehr viel weiter zugunsten der Kondensatoren in Richtung auf große Kompensationsleistungen hinaus. Man kann daher die in Bild 37 ermittelten Schnittpunkte als die praktisch niedrigste Grenze für einen noch wirtschaftlichen Betrieb der Drehfeld-Erregermaschinen in Zusammenarbeit mit schnellaufenden Hauptmaschinen (1500...750 U/min) ansehen.[1] Bei Langsamläufern wählt man dagegen häufig den Zusammenbau mit einer Erregermaschine, um durch die Läuferkompensation noch mit einem kleineren Modell des Hauptmotors auskommen zu können und hierdurch niedrigere Gesamtanlagekosten und vor allem günstigere Wirkungsgrade zu erzielen.

Untersucht man in gleicher Weise auch die belasteten Synchronphasenschieber, so muß man feststellen, daß bei diesen die im Bereich von $\cos \varphi = 1...0,80$ kapazitiv erzeugbare induktive Blindleistung fast kostenlos anfällt. Hier tritt trotz der notwendigen Verstärkung der Erregung und der Vergrößerung des Ständerscheinstromes eine nur geringfügige Steigerung der Typenleistung der Haupt- und Erregermaschine sowie des Gesamteigenverbrauches ein. Die gleiche Sonderstellung nimmt der belastete Asynchron-Phasenschieber nicht ein. Aus vorstehenden Gründen ist der belastete Synchron-Phasenschieber schon bei Motorleistung von 100...300 kW ab aufwärts dem Kondensator überlegen.

Der vorstehende, auf rein wirtschaftlicher Grundlage durchgeführte Vergleich ist noch in technischer Hinsicht zu ergänzen. Trotz evtl. schlechterer Wirtschaftlichkeit wird man in vielen Fällen dem Kon-

---

[1] Bornitz, E., Helios, Lpz. 45 (1939), S. 659.

densator doch den Vorzug geben, da er die technischen Nachteile der belasteten Phasenschieber nicht aufweist und dem Stromverbraucher praktisch nur Vorteile bietet. Die zusätzlichen technischen Vorteile der Kondensatoren sind:

1. Durch elektrische und räumliche Auftrennung des belasteten Phasenschiebers in Arbeitsmaschine und Kondensator wird der Betrieb freizügig in der Wahl der Motorart entsprechend den Antriebsbedingungen der Arbeitsmaschine.

2. Der normale Asynchronmotor stellt in Verbindung mit einem Kondensator zweifelsohne die anspruchsloseste und einfachste Lösung der Kompensationsfrage dar. In kleinen und mittleren Betrieben kann außerdem die für belastete Phasenschieber erforderliche sorgfältigere Wartung und geschultere Bedienung im allgemeinen nicht vorausgesetzt und zur Verfügung gestellt werden.

3. Der Kondensator kann ohne wesentliche Erhöhung seiner Anlagekosten und Verluste im Gegensatz zum belasteten Phasenschieber beliebig unterteilt in den einzelnen Blindlastschwerpunkten eingesetzt werden. Man ist also nicht auf eine einzige Anschlußstelle und Anschlußspannung angewiesen.

4. Der weitgehend unterteilbare Kondensator schreibt sich durch Einzelentlastung von Stromerzeugungs- und Übertragungsmitteln meist schon in 2...10 Jahren allein aus den durch ihn eingesparten Übertragungsverlusten selbst ab und trägt so zur Steigerung des Gesamtwirkungsgrades der Anlage bei. Die durch ihn erzielbare Scheinleistungsverringerung von Stromerzeugern, Umspannern, Kabeln und Freileitungen kann auch zum Anschluß von Zusatzlast sowie zur Aufwertung der Betriebsspannung benutzt werden (vgl. Kap. IX).

5. Die Kondensatoren brauchen — wiederum im Gegensatz zu den belasteten Phasenschiebern — in ihrer Größe und Anzahl nicht von vornherein für den derzeitigen oder späteren Blindleistungsbedarf ausgelegt zu werden. Die Anlage kann vielmehr ohne Schädigung der Wirtschaftlichkeit jederzeit nachträglich erweitert oder verkleinert werden oder einen anderen Aufstellungsort erhalten.

6. Bei getrennter Aufstellung des Kondensators ist dessen Kompensationsfähigkeit weder von der Belastung des Motors — wie z. B. bei den eigen- und selbsterregten Asynchron-Phasenschiebern — noch von der Einschaltdauer des Hauptmotors abhängig. Beides wirkt sich dort günstig aus, wo der Hauptblindleistungsbedarf der Industrieanlagen zeitlich nicht mit dem Lauf der zu kompensierenden Arbeitsmaschinen zusammenfällt.

7. Eine prozentuale Verluststeigerung tritt bei Verringerung der Blindleistungsabgabe der leerumlaufenden Phasenschieber in starkem Maße ein, während der Kondensator nach Abschaltung einiger

Einheiten keinerlei Anwachsen des prozentualen Eigenverbrauchs aufweist.

8. In bestehenden Anlagen mit Motoreinheiten über 500 kW scheitert der nachträgliche Einbau einer Drehfeld-Erregermaschine häufig aus konstruktiven (Umbau zum Regulier-Schleifringläufer) oder aus Platzgründen (Aufstellung des Erregersatzes). Es kommen dann — wie im Fall von Bild 38 — lediglich Kondensatoren in Betracht.

9. Die Kondensatoren benötigen im Gegensatz zu den umlaufenden Phasenschiebern keine besondere Kühleinrichtung und kein teueres Fundament. Sie sind hinsichtlich ihres Aufstellungsortes äußerst anspruchslos und werden häufig im Keller (Bild 38) sowie auch im Freien (Bild 58 usw.) aufgestellt.

10. Die Kondensatoren benötigen zu ihrer Herstellung weniger Devisen-erfordernde Rohstoffe als jeder der leerlaufenden bzw. belasteten Phasenschieber.

Bild 38. Einzelkompensation eines 1480-kW-Walzenstraßenmotors für 63 U/min, 3 kV, durch eine nachträglich eingebaute Kondensatorbatterie für 900 kVar (AEG, 1938).

Aus den vorstehenden Untersuchungen geht hervor, daß die Kondensatoren ein sehr großes Anwendungsgebiet gefunden haben. Der reine Phasenschieberbetrieb in Netz- und Industrieanlagen wird neuerdings im wachsenden Maße bis zu dem größten Blindleistungsbedarf von

den Kondensatoren beherrscht. Nur dort, wo auch induktive Blindleistungsaufnahme bei der Spannungsregelung sowie Netzstützung verlangt wird, kommt vorwiegend der umlaufende Phasenschieber in Betracht. In Industrieanlagen mit vielen kleinen Motoreinheiten ist nur
noch der Kondensator als wirtschaftliches und technisch richtiges Phasenverbesserungsmittel anzutreffen. Sind durchlaufende Antriebsmaschi-
nen in der Größenordnung von 500...1000 kW und darüber einzubauen,
so kann die Verwendung belasteter Synchron- oder Asynchronphasenschieber wirtschaftlich gerechtfertigt sein; man hat sich dann allerdings
auch über die zu erkaufenden technischen Nachteile Rechenschaft ab-
zulegen. Ein sorgfältiges Studium der jeweils vorliegenden Verhältnisse und der erforderlichen Kompensationsart ist in Grenzfällen unerläßlich, damit das richtige Kompensationsmittel an der richtigen
Stelle zum Einsatz kommt.

C. Starkstrom-Kondensatoren und die Vorgänge bei ihrem Schalten

VI. Der Starkstrom-Kondensator

Beim Vergleich mit den umlaufenden Phasenschiebern wurde bereits darauf hingewiesen, daß der Starkstrom-Kondensator in den letzten 10...15 Jahren einen ungeahnten Siegeszug angetreten hat. Er vermochte dieses auf Grund seines erheblich gesunkenen Preises[1]), seiner unvergleichlich niedrigen Verluste und nicht zuletzt wegen seiner gesteigerten hervorragenden Betriebssicherheit. Allerdings ist — wie immer — dieser Erfolg der Kondensatorentechnik nicht kampflos zugefallen. Es war ein weiter, nur dem Fachmann noch erkennbarer Entwicklungsweg von den ersten Niederspannungs-Kleinkondensatoren aus der Vor- und Nach-Weltkriegszeit bis zu den heutigen ausgereiften Kondensatorformen für den gesamten technisch interessierenden Spannungsbereich.

1. Das Dielektrikum

Baustoffe des Dielektrikums. Im Anfang der Entwicklung verwandte man in Deutschland für die Phasenschieber-Kondensatoren die aus dem Schwachstrom-Kondensatorenbau sowie aus der Kabeltechnik bekannten Aufbaumaterialien und Herstellungsverfahren[2]). Das zwischen 2 Metallbelägen befindliche Papier-Dielektrikum, welches als Sitz der elektrostatischen Ladung anzusprechen ist, wurde nach sorgsamer Vorbehandlung mit Paraffin oder ähnlichen wachsartigen Stoffen getränkt. Man mußte jedoch diese festen Tränkungsmittel sehr bald wegen der Lunker- und Haarrißbildung verlassen, da man schon frühzeitig die hierdurch verursachten Glimmentladungen (d. h. die Stoß-Ionisation der in den Hohlräumen vorhandenen Luft mit ihrer chemischen und Wärmewirkung) sowie als Folge hiervon den unvermeidbaren Zusammenbruch des Dielektrikums erkannt hatte[3]) (Bild 39). Weiterhin war sowohl beim Paraffin, als auch bei der später verwendeten Kabelmasse (Öl-Kolophonium-Gemisch) die Abführung der Verlustwärme für den Bau betriebssicherer, großer Kondensatoren völlig unzureichend. Man beschritt bald neue Wege durch die Einführung besonders ausgewählter Papiere und bester flüssiger Tränkmittel (Mineralöle bzw. neuerdings chlorierte Kohlenwasserstoffe).

---

[1]) 1925 bezahlte man bei 380 V noch 70,—...50,— RM./kVar, heute nur noch etwa 19,— RM./kVar.

[2]) Ursprünglich benutzte man sogar noch aufgewickelte Hochspannungskabel für reine Phasenschieberzwecke, bis man raumsparende Kondensatoren bauen konnte.

[3]) Schäfer, F. A., Arch. Elektrotechn. 23 (1929), S. 351.

Als aktive Aufbaustoffe des Starkstromkondensators kommen heute hochwertige Papiere, dünne Aluminiumfolien und zu Imprägnierzwecken beste Mineralöle oder chlorierte Diphenyle in Betracht. An Papieren stehen dem Kondensatorbau drei verschiedene Arten zur Verfügung. Das für Phasenschieberzwecke besonders früher verwendete, aus Flachs, Hanf, Baumwolle oder Lumpen hergestellte Hadernpapier weist niedrigste Verluste auf. Bei dem aus möglichst gleichmäßig gewachsenen Hölzern entstehenden Zellulosepapier unterscheidet man je nach der beim Kochprozeß (Aufschlußverfahren) benützten Lauge zwischen Natron- und Sulfit[1])-Zellulosepapier. Die Papierindustrie hat hierbei in jahrelanger Arbeit die ungeheure Aufgabe gelöst, Papiere bis zu etwa 8...6 tausendstel mm

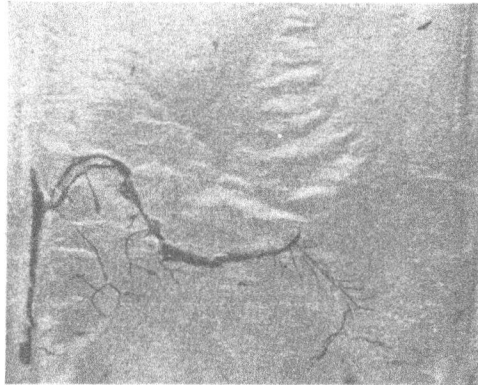

Bild 39. Wirkung der Glimmentladungen im Dielektrikum eines wachsimprägnierten Kondensatorwickels bei 400 V Betriebsspannung, 8,9 kV mm spezifischer Beanspruchung, 50 Hz.

Dicke herzustellen, die trotzdem keine Löcher und Risse aufweisen und bei denen ausreichende Reißfestigkeit, gutes Saugvermögen und hohe chemische Reinheit erreicht werden. Als Kondensatorenbeläge werden Aluminiumfolien bis herab zu 6...8 tausendstel mm Stärke, als Tränkungsmittel die schon erwähnten Mineralöle bzw. nicht brennbaren chlorierten Diphenyle benutzt.

Behandlung des Dielektrikums. Man stellt die Kondensatorenwickel aus abwechselnden Lagen dünnster Aluminiumfolien und mehreren dazwischen liegenden Schichten hochwertigen Papieres her; es muß zunächst dafür gesorgt werden, daß die in

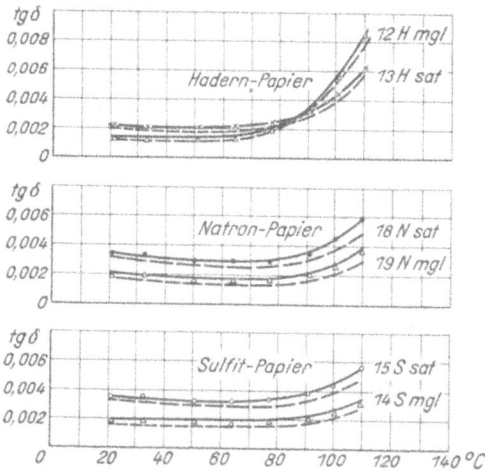

Bild 40. Temperaturabhängigkeit der Verluste von ungetränkten, unter Vakuum vorgetrockneten (- - -) und ölgetränkten (—) Papieren (Charakteristik unverändert).

[1]) Das Sulfit-Zellulose-Papier eignet sich allerdings auf Grund seines sauren Aufschlußverfahrens für Phasenschieberkondensatoren mit ihren hohen dielektrischen Anforderungen nicht.

die Papiere während ihrer Herstellung sowie später aus der Luft hinein-
gelangte Feuchtigkeit wirksam entfernt wird. Dies geschieht durch eine
mehrtägige Vortrocknung bei höheren, die Papierfaser noch nicht an-
greifenden Temperaturen von etwa 100° C. Anschließend trocknet man
unter Vakuum weiter, um auch die in dem Fasergefüge enthaltenen
Feuchtigkeitsspuren und Gaseinschlüsse beseitigen zu können.

Der auf diese Weise behandelte Wickel hat außerordentlich niedrige
Verluste, wie dies die in Bild 40 dargestellten gestrichelten Verlust-
Temperaturkurven für die 3 Papierarten erkennen lassen. Zu erwähnen
ist, daß die sog. »maschinenglatten« sowie die «schwachsatinieren« Papiere, die eine rauhe Oberfläche und besonders große Saugfähigkeit besitzen, niedrigere Verluste aufweisen als die mit fester, glatter Oberfläche versehenen »satinierten« Papiere, die sich allerdings auch durch
höhere Spannungsfestigkeit auszeichnen.

Um die an sich guten dielektrischen Eigenschaften des vorgetrockneten und entgasten Wickels auch für die Zukunft zu erhalten, wird
er mit hochwertigem, säurefreien Mineralöl, einem weiteren wichtigen
Aufbaustoff des aktiven Kondensatordielektrikums, getränkt, wobei das
Öl auch seinerseits vorher gereinigt, gefiltert sowie im Vakuum getrocknet
und restlos entgast sein muß. Die Tränkung der getrockneten Wickelkörper erfolgt in besonderen Kesseln und zwar wiederum unter hohem
Vakuum. Durch diesen, einige Tage dauernden Prozeß soll ein Voll-
saugen der Papierschichten mit Öl sowie ein Absaugen von letzten
Gas- und Feuchtigkeitsteilchen von den aktiven und inaktiven Konden-
satorbauteilen erzielt werden.

Eigenschaften des Öl-Papierdielektrikums. Nicht nur die richtige
Auswahl und Behandlung der Rohstoffe, sondern auch die Vorgänge im
Dielektrikum des Starkstrom-Ölkondensators dürfen heute auf Grund
intensiver Forschungstätigkeit[1]) als geklärt betrachtet werden. Die
Eigenschaften des kombinierten Öl-Papierdielektrikums sind nunmehr
näher zu behandeln.

Besonders aufbereitetes Öl besitzt im Gegensatz zu Paraffin und
Kabelmasse alle von der Kondensatortechnik verlangten Eigenschaften:
Es wirkt vor allem konservierend auf das an sich hygroskopische Papier,
d. h. es unterbindet weitgehend die Möglichkeit einer nachträglichen
Feuchtigkeitsanreicherung und damit einer Verluststeigerung. Als voll-
kommen homogenes Isoliermittel ist es sehr durchschlagsfest und steigert
dadurch die absolute Durchschlagsfestigkeit des nunmehr kombinierten
Dielektrikums um das 3...4fache. Die sich hierbei ergebende Dielektrizi-

---
[1]) Stehelin, J. Bull. schweiz. elektrotechn. Ver. 22 (1931), S. 509; Imhof, A.
u. Stäger, H., Bull. SEV 24 (1933), S. 487; Imhof, A., Bull. SEV 25 (1934), S. 463;
Guthmann, R., ETZ 55 (1934), S. 364; Gönningen, H., ETZ 55 (1934), S. 1021;
Nauk, G., ETZ 56 (1935), S. 371 u. S. 539; Hochhäusler, P., ETZ 59 (1938), S. 459;
Roth, A., Hochspannungstechnik, 2. Aufl., J. Springer, Wien 1938, Beitrag Imhof.

tätskonstante des Öl-Papierdielektrikums beläuft sich auf etwa 3...4,5. Das Öl weist niedrige Verluste auf, zeigt wegen der verhältnismäßig geringen Betriebstemperatur des Kondensators sowie wegen des Fehlens katalytisch wirkender Stoffe keine Alterungserscheinungen und besitzt die insbesondere für den Großkondensatorbau unerläßliche Dünnflüssigkeit und Kühlwirkung.

Andererseits muß heute als feststehend betrachtet werden, daß nicht allein das Tränkungsmittel, sondern auch das Papier das dielektrische Verhalten des Kondensators entscheidend beeinflußt[1]). Aus den stark ausgezogenen Kurven tg $\delta = f$ (Temperatur ^{0} C) des Bildes 40 ist zu erkennen, daß durch die Ölimprägnierung nur eine Parallelverschiebung der Verlustkurve nach oben erfolgt, daß aber der dem trockenen Papier eigentümliche Kurvenverlauf völlig erhalten bleibt.

Da das Papier die dielektrischen Eigenschaften maßgeblich beeinflußt, wird man eine laufende Überwachung der Papiere bei ihrem Eingang in die Fabrik durchführen, und zwar in elektrischer, chemischer, physikalischer und mechanischer Hinsicht. Untersucht man die Papiere bezüglich ihrer Verluste in Abhängigkeit von der Temperatur, so findet man je nach Herkunft einen verschiedenartigen Verlustverlauf (Bild 41). Man wählt ein möglichst temperaturunabhängiges Papier, welches auch bei hohen Temperaturen noch annähernd gleichbleibende Verluste aufweist (z. B. Fabrikat A in Bild 41). Während die normale, betriebsmäßige spezifische Beanspruchung des Dielektrikums bei 50 Hz etwa 10...max. 15 kV eff./mm beträgt, kann man bei guten ölgetränkten Papieren im Grenzfalle dielektrische Feldstärken von etwa 140 kV eff./mm erreichen, ehe der Durchschlag erfolgt. Die Prüf-

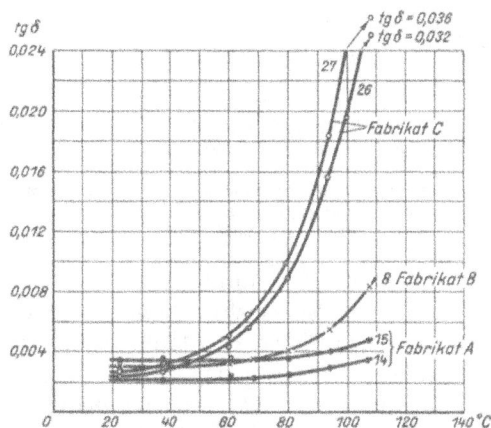

Bild 41. Temperaturabhängigkeit der Verluste ungetränkter Papiere verschiedener Herkunft.

und betriebsmäßige Spannungsbeanspruchung des Dielektrikums darf natürlich nicht auf Kosten der Lebensdauer des Kondensators soweit getrieben werden, daß chemische Veränderungen des Öles, wie z. B. Polymerisations- oder Kondensationserscheinungen (X-Wachsbildung) eintreten.

Neben der Temperaturbeständigkeit der Verluste und der Spannungsfestigkeit ist für die Güte und damit für die Lebensdauer von

---

[1]) Nauk, G., ETZ 56 (1935), S. 371 u. S. 539.

Kondensatoren mit geschichteter Papierisolation vor allem die elektrochemische Stabilität des Zusatzdielektrikums (Imprägnieröl) von Bedeutung, die durch die Wahl aufeinander abgestimmter Papiere und nach besonderen Gesichtspunkten aufbereiteter Öle erreicht werden kann (Bild 42, Kurve 1). Bei der Wahl der Öle muß man sich von den für hochwertige Transformatorenöle geltenden Gesichtspunkten freimachen, da die an Kondensatorenöle zu stellenden Anforderungen wesentlich anders geartet sind. Bei Verwendung ungeeigneter Öle ist mit einer unter dem Einfluß des elektrischen Feldes eintretenden Zerschlagung des Ölmoleküls zu rechnen. Dieser auf Stoßionisation zurückzuführende Vorgang verwandelt das ursprünglich dünnflüssige Öl — unter Wasserstoffabspaltung — in eine dickflüssige, klebrige Masse (sog. X-Wachsbildung). Meßtechnisch läßt sich der Einsatz der Stoßionisation durch eine starke Vergrößerung der Tangente des Verlustwinkels beim Anlegen einer allmählich gesteigerten Spannung feststellen (s. Bild 42, Kurve 2).

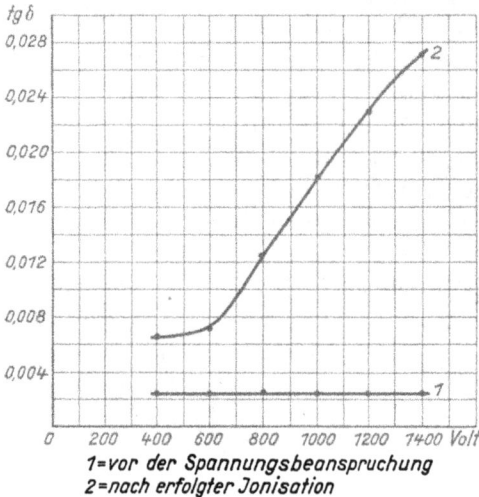

1=vor der Spannungsbeanspruchung
2=nach erfolgter Jonisation

Bild 42. Ionisation im ölgetränkten Dielektrikum.
1 = ohne Eintritt des Glimmzustandes,
2 = nach erfolgter Ionisation.

Clophen-Papierdielektrikum.

Dem Mineralöl ist als Zusatzdielektrikum auch in Deutschland nach Abschluß jahrelanger Versuchsreihen ein ernsthafter Konkurrent in Gestalt von nicht brennbaren chlorierten Diphenylverbindungen[1]) (z. B. Clophen) — einem rein deutschen Rohstoff — erwachsen. Dieses weist bei Raumtemperatur eine Dielektrizitätskonstante von etwa $\varepsilon = 5$ gegenüber $\varepsilon = 2$ von Öl auf[1]). Hierdurch ergibt sich eine erhebliche Steigerung der Kapazität des kombinierten Papier-Clophen- gegenüber dem Papier-Öl-Dielektrikum und damit eine Rohstoff-, Gewicht- und Raumersparnis. Außerdem ist die Angleichung der Dielektrizitätskonstante der Papierfaser an diejenige des Imprägniermittels mit Rücksicht auf ein dielektrisch möglichst einheitliches Gefüge sehr erwünscht[2]). Nachteilig sind der vorläufig in Deutschland noch wesentlich höhere Preis dieses synthetischen Tränkungsmittels, das starke Ansteigen der dielektrischen Verluste sowie das gleichzeitige Fallen der Kapazität bei Temperaturen unterhalb des Stockpunktes (etwa $+ 4^0$ C bei

[1]) DRP. 626 907.
[2]) Kann, H., Elektrotechn. u. Masch.-Bau 59 (1941), S. 491.

Clophen) entsprechend Bild 43. Hierdurch wird die Verwendung zum
mindesten für Freiluftkondensatoren
sowie für Kondensatoren mit möglichst kleinem Temperaturgang der
Kapazität und der dielektrischen
Verluste beeinträchtigt, insbesondere
wenn es sich um die Unveränderlich-
keit bestimmter Kapazitätswerte für
abgestimmte Schwingungskreise wie
z. B. Oberwellenkompensationsan-
lagen, Siebkreise usw. handelt. In
Amerika werden in großem Umfang
derartige Kondensatoren (Pyranol-
bzw. Permitol- bzw Inerten-Konden-
satoren[1]) hergestellt.

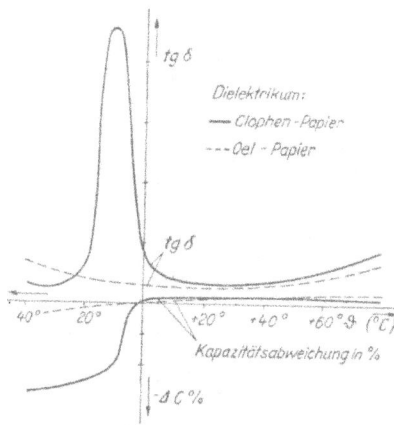

Bild 43. Temperaturabhängigkeit der Verluste und Kapazität von Kondensatoren mit
Öl- bzw. Clophen-Imprägnierung bei 50 Hz

2. Innerer Aufbau und äußere Ausführung

In dem letzten Jahrzehnt haben die Kondensatoren nicht nur hinsichtlich ihrer dielektrischen Eigenschaften, sondern auch bezüglich ihres
inneren und äußeren Aufbaues eine sehr beachtenswerte, fortschrittliche
Entwicklung durchlaufen. Sowohl die Klein- als auch die Großkondensatoren wurden durch planmäßige Forschungs- und Konstruktionsarbeit
so durchgebildet, daß sie durch Güte und zweckentsprechende Beanspruchung der verwendeten Rohmaterialien, durch günstige Wickel-,
Säulen- und Gestellanordnung, durch die äußere Formgebung, Ober-
flächengestaltung und Abschlußart der Kondensatorenbehälter usw. heute
mit einem Mindestmaß an aktivem und inaktivem Werkstoff, Gewicht
und Abmessungen auskommen und trotzdem einen Höchstwert an Betriebssicherheit gewährleisten. In seiner heutigen Ausführung ist der
Kondensator ein durchaus betriebssicheres, nach den Gesichtspunkten
der Starkstromtechnik gebautes Gerät. Hierbei haben die einzelnen
Kondensatorenfirmen auf teilweise sehr verschiedenartige Weise das allen
gemeinsame Ziel zu erreichen getrachtet und sind zu dementsprechend
interessanten, vielfach stark voneinander abweichenden konstruktiven
Lösungen (vgl. Bild 44...67) gelangt.

a. **Innerer Aufbau der Rund- und Flachwickel-Kondensatoren.** Die
bauliche Grundeinheit eines jeden Kondensators ist der Wickelkörper.
Dieser besteht aus zwei sehr dünn ausgewalzten Aluminiumfolien als
Kondensatorbelägen und aus dazwischen liegenden hochwertigen Papieren,
deren Anzahl sich nach der Nennspannung des Wickels und der Papierstärke

---

[1] Bölsterli, A., Bull. schweiz. elektrotechn. Ver. 26 (1935), S. 185; El. Journal
34 (1937), S. 103 u. 36 (1939), S. 75.

richtet. Um gegen etwaige Ungleichmäßigkeiten im Gefüge der Einzelschichten geschützt zu sein, muß man selbst bei 220 V mindestens ein dreifach geschichtetes Dielektrikum verwenden. Die Metall- und Papierbahnen werden sorgfältig unter Vermeidung von Falten durch

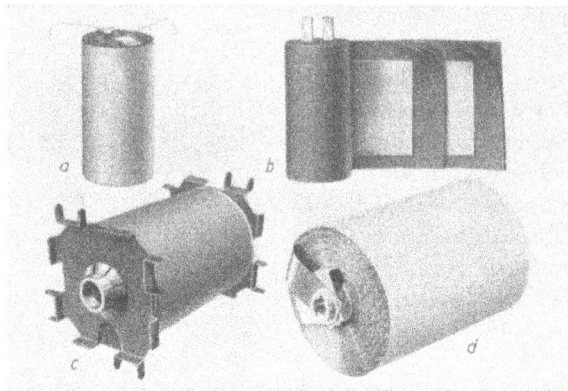

Bild 44. Rundwickel verschiedener Fabrikate.
a = Hydrawerk-AEG (1929),   c = A.C.E.C. (1942),
b = Sieverts (1941),   d = Haefely (1937).

Wickelmaschinen auf runde oder auf flache Isolierkerne aufgewickelt (Bild 44...49). Hierbei werden die beiden aktiven Beläge entweder spiegelbildlich übereinander oder zwecks intensiverer Wärmeableitung an das Kühlöl seitlich gegeneinander versetzt angeordnet. Die Stromzuführung

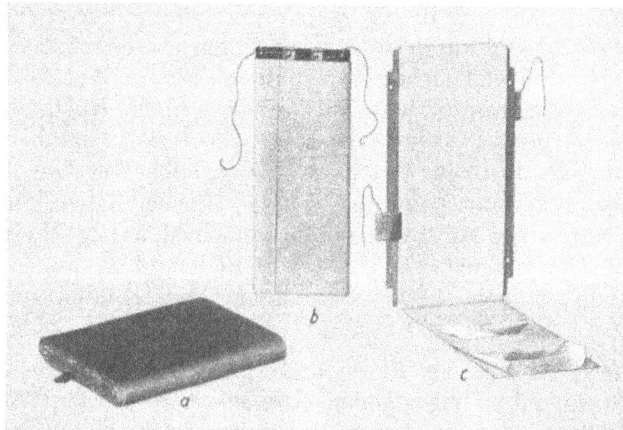

Bild 45. Flachwickel verschiedener Fabrikate.
a = ALS-THOM (1939).   b = SSW (1942),   c = Hydrawerk-AEG (1942).

erfolgt gewöhnlich durch Elektrodenfahnen, die beim Wickeln zwischen Belag und der ersten anliegenden Papierbahn eingelegt werden.

Die in einem Wickel untergebrachte Kapazität ist um so höher, je größer die wirksame Oberfläche (Länge und Breite der sich unmittelbar gegenüberstehenden Belagteile), je höher die Dielektrizitäts-Konstante der kombinierten Ölpapierschicht und je geringer der Abstand der Beläge — unter Berücksichtigung der Spannungsfestigkeit der Isolationsschich — ist. Die kapazitive Leistungsaufnahme des Einzelwickels liegt je nach Fabrikat in der Größenordnung von 100...1000 Var.

Bei Niederspannung wird die vom Kondensator gewünschte Gesamtleistung in einfachster Weise durch Parallelschaltung der erforderlichen Anzahl von Einzelelementen je Phase erzielt, wobei die drei Phasen bei Drehstrom in Dreieck geschaltet werden. Da man die Wickel trotz verstärkten Dielektrikums mit Rücksicht auf die sich u. U. ausbildenden Randentladungen nicht für beliebig hohe Spannungen herstellen kann, kommt man bei höheren Betriebsspannungen zwangsläufig zu einer Reihenschaltung von parallel geschalteten Wickelgruppen. Durch diese inner- oder außerhalb des Kondensatorbehälters durchführbare Reihenschaltung lassen sich die Kondensatoren bzw. die Kondensatorensätze in Verbindung mit der bei höheren Spannungen üblichen Sternschaltung der Phasenkapazitäten für Anschluß an Hochspannung und an Höchstspannung bis 110...220 kV bauen.

Zur Erhöhung der Betriebssicherheit des Gesamtkondensators sehen die meisten Firmen eine ein- bzw. zweipolige Einzelabsicherung der Wickel vor. Sollte in einem Ausnahmefall doch einmal einer der vielen Wickel durch einen Materialfehler dielektrisch zusammenbrechen, so schaltet der entstehende Kurzschlußstrom- sowie der Entladestromstoß einer genügend großen Anzahl parallel liegender Wickel den schadhaften Wickel selbständig ab, ohne daß der Krankheitsherd auf die Nachbarwickel, z. B. durch örtliche Übererwärmung, übergreift; aus diesem Grund sind die Wickel meist voneinander durch Isolierzwischenlagen getrennt (Bild 49). Der Ausfall eines oder sogar mehrerer Wickel ist um so unerheblicher, je kleiner die Leistung je Wickel ist. Tritt bei Hochspannung ein Wickeldefekt auf, so erhöht sich der kapazitive Widerstand der betreffenden Gruppe. Der auf diese Gruppe entfallende Spannungsanteil vergrößert den gegenüber der symmetrischen Spannungsaufteilung im gesunden Betrieb vorhandenen um so weniger, je geringer der Wickelausfall prozentual ins Gewicht fällt, d. h. je mehr Wickel in Reihe liegen. je kleiner die Einzelwickelleistung und je größer die Gesamtkondensatorleistung ist. Im übrigen wird bei Hochspannung bei Defekt eines Wickels der Netzkurzschlußstrom durch die Reaktanz der in Reihe liegenden vorgeschalteten gesunden Wickelgruppen begrenzt, so daß ein richtig konstruierter Kondensator nicht explodieren kann, sondern sogar als das kurzschlußsicherste Gerät anzusehen ist.

Die schweizerischen, italienischen, französischen, belgischen, englischen und schwedischen Kondensatorfirmen stellen auch heute noch vorwiegend den Rundwickel-Kondensator her, bei dem die Wickel entweder horizontal (Bild 46, 47, 51 u. 52) oder vertikal (Bild 50, 53, 61 u. 62) angeordnet werden. Die deutschen, amerikanischen, holländischen und teilweise auch die französischen Hersteller verließen diese Bauweise, da die günstigere Raum- und Materialausnutzung und damit die Preiswürdigkeit zur Herstellung von Flachwickel-Kondensatoren mit entsprechend besserem Füllfaktor führte (Bild 38, 49, 55...60, 63...67 usw).

Der Flachwickel-Kondensator weist darüberhinaus eine ganze Reihe von Vorteilen auf. Beim Flachwickel kann eine eindeutig definierte mechanische Pressung des Dielektrikums zur Erhöhung der Wickelkapazität erzielt

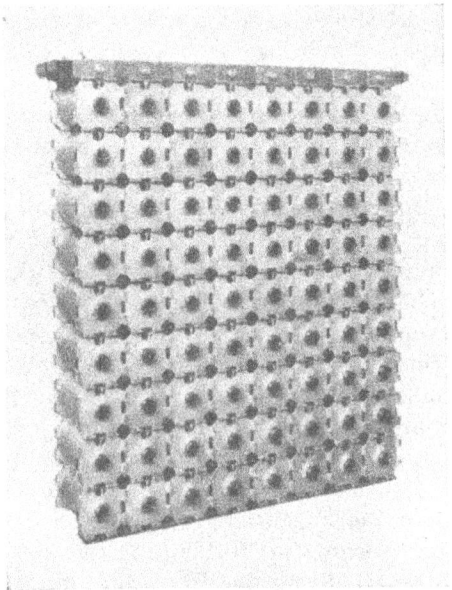

Bild 46. Innenaufbau eines 220 V-Rundwickel-Kondensators unter Verwendung von Kontakt blechen, die gleichzeitig zum mechanischen Zusammenbau der Elemente untereinander dienen- (A. C. E. C., 1942).

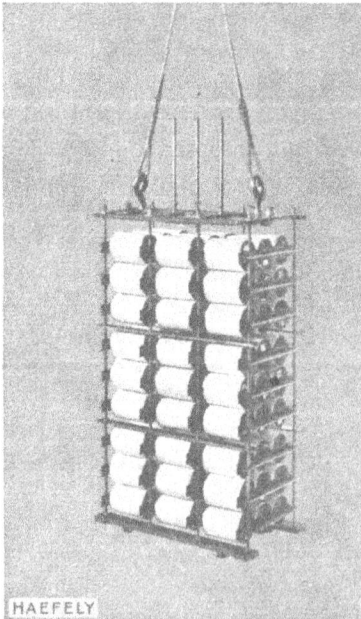

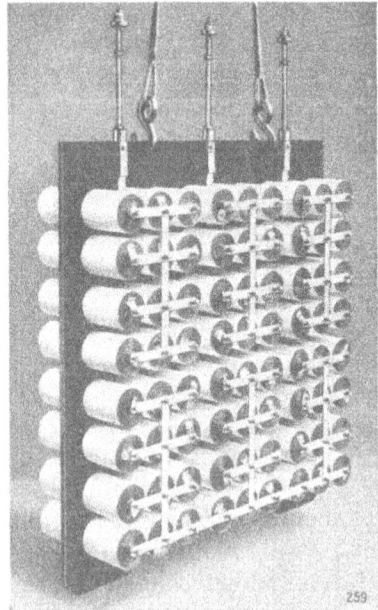

Bild 47. Innenaufbau von Rundwickel-Kondensatoren (Haefely, 1939).
links = Niederspannungs-Gestelltyp,   rechts = Hochspannungs-Plattentyp.

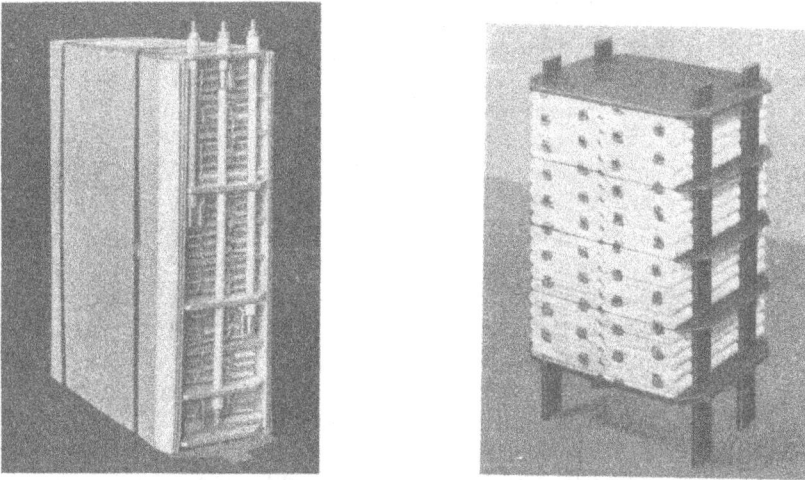

Bild 48. Innenaufbau von Flachwickelkondensatoren.
A = Wickelpaket für 20 kVar, 3 kV, 50 Hz (SSW, 1941),
B = Wickelpaket für 40 kVar, 600 V, 50 Hz (Philips, 1941)

werden, die auch für die gleichmäßige dielektrische Beanspruchung vorteilhaft ist. Außerdem fällt im Störungsfalle die beim unbandagierten Rundwickel bestehende Gefahr des Aufplatzens des Wickels — mit starker Ölverunreinigung durch Ruß und Folienteile — und damit die Möglichkeit des Phasen- und Gehäusekurzschlusses bei den zu Wickelsäulen zusammengefaßten Flachwickeln (ins-

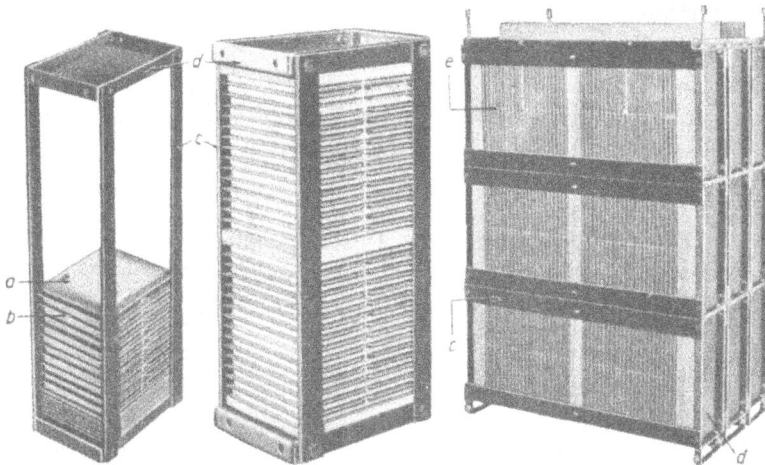

Bild 49. Innenaufbau eines Flachwickel-Großkondensators für 225 kVar, Säulen halb bzw. vollständig mit Wickeln gefüllt (Hydrawerk-AEG, 1941).

a = Flachwickel mit Sicherungen und Kernaussparungen,
b = Isolierzwischenlagen,
c = Führungsleisten,
d = Druckplatten,
e = Sicherungsdrähtchen und Sammelleitungen.

besondere bei hohen Betriebsspannungen) fort. Bei der in Bild 45c und 49 dargestellten Bauweise (Einzel-Wickelabstützung) sind die an beiden Wickelstirnseiten überstehenden Kerne mit Aussparungen versehen, in welche 4 Führungsleisten eingreifen, an deren Enden je 2 Druckplatten befestigt werden. Diese Anordnung weist den zusätzlichen Vorteil auf, daß der mit der Presse einzustellende Druck lediglich nach elektrischen Gesichtspunkten bemessen zu werden braucht und demnach mit Rücksicht auf eine ausreichende Durchtränkung der Wickel gering gehalten werden kann. Die Einzel-Wickelabstützung gewährleistet zugleich bei senkrechter Wickelanordnung (Bild 49) ein dauerndes natürliches Vorbeiströmen des Kühlöles an den Wickelstirnseiten sowie die mechanische Sicherung der Wickelelemente gegen Verschiebung in der Wickelebene beim Auftreten von Erschütterungen (geeignet für Bagger, Krane, Bahnbetriebe usw. (z. B. Bild 129 u. 143). Nicht zuletzt ist durch die Einzel-Wickelabstützung eine Zusammenfassung beliebig vieler Elemente zu Einheits-Kondensatorsäulen und freistehenden Phasengestellen mit eindeutig festgelegten Kühlkanälen möglich, wodurch dem Kühlöl Zutritt zu jedem Wickel verschafft wird und die Verlustwärme ohne Wärmestauung zuverlässig an die Außenwandungen des Gehäuses abgeführt wird; durch diese Maßnahme ist der Bau betriebssicherer Flachwickel-Großkondensatoren beliebig großer Leistung durchführbar geworden[1]).

b. Abschluß des Dielektrikums. Jeder Kondensator wird — nach dem Zusammenbau und Zusammenschalten der noch nicht behandelten Wickel zum Rohkondensator — in der oben beschriebenen Art unter Anwendung von Wärme und Vakuum getrocknet sowie mit vorbehandeltem Öl unter Vakuum imprägniert.

Es kommt nun darauf an, den während der Herstellung[2]) erzielten dielektrisch hochwertigen Zustand des Kondensators auf zweckmäßige Art[3]) für die Dauer aufrecht zu erhalten. Hierzu ist es erforderlich, das Eindringen von Feuchtigkeit, Dämpfen oder sonstigen in der umgebenden Luft vorhandenen Verunreinigungen unter allen Umständen zu verhindern. Aus diesem Grunde werden die Gehäuse, insbesondere von Kondensatoren großer Leistung, unter Inkaufnahme höherer Gestehungskosten mit Ölausdehnungsgefäßen (Bild 50...52, 54, 56...59, 66, 67 usw.) versehen.

---

[1]) S. a. Bornitz, E., AEG-Mitt. (1938), S. 108 und Helios, Lpz., 46 (1940), S. 483.

[2]) Auch bei der Prüfung und beim Kapazitätsabgleich der Wickelgruppen, die sich an die eigentliche Fabrikation und dielektrische Fertigbehandlung anschließen, sollte der aktive Kondensatoreinbau möglichst nicht mehr mit der Außenluft in Berührung kommen (s. z. B. DRP. 701574, DRP. 707993 u. DRP. 714366).

[3]) Imhof, A., Bull. schweiz. elektrotechn. Ver. 25 (1934), S. 464.

Darüber hinaus läuft die heutige Entwicklung eindeutig auf eine völlig hermetische Kapselung der Kondensatoren hinaus, um den aktiven Kondensatoreinbau dem Einfluß der Außenluft ganz zu entziehen. Hierbei gelangten die einzelnen Konstrukteure zu ganz verschiedenartigen Ausführungen. Vom Standpunkt des luft- und gasdichten Abschlusses ist es in diesem Zusammenhang belanglos, ob man für den geschlossenen Kondensator überhaupt keinen inneren Überdruck (Bild 64, 65, 95 und 141) oder nur einen geringen hydrostatischen Überdruck (Bild 38, 66, 67, 94, 99, 105, 130, 142, 148, 150, 153, 172 und 187) oder schließlich einen beträchtlichen pneumatischen (Bild 60) bzw. hydrostatischen (Bild 61 und 62) Überdruck anwendet. Entscheidend ist vielmehr stets die einwandfreie Beherrschung der Dichtungsfrage.

Bei der als Druckkondensator zu bezeichnenden Bauart des Bildes 60 wird die durch die Betriebswärme bedingte Ausdehnung des Öles innerhalb eines druckfesten Stahlbehälters durch eine unter 20 atü stehende Stickstofffüllung aufgenommen, wobei der Druck durch ein Manometer überwacht wird. Der Stahlbehälter ist gasdicht geschweißt. Die Abdichtung der Durchführungen geschieht auf der Ölseite durch einen

Bild 50. Rundwickel-Großkondensatoren für je 450 kVar, 5,3 kV, mit Kühlrippen, runden Ausdehnungsgefäßen und Überdruckmembranen (Trévoux, 1939).

Bild 51. Überspannungsschutz-Kondensator für 50 kV, mit geerdetem Gehäuse, Rundwickeln, Ausdehnungsgefäß und Buchholzschutz (Haefely, 1938).

Bild 52. Rundwickel-Großkondensatoren für je 1000 kVar, 10 kV, mit Ausdehnungsgefäßen, geerdeten Gehäusen und Großflächenkühlern, mit Buchholzschutz (Haefely, 1935).

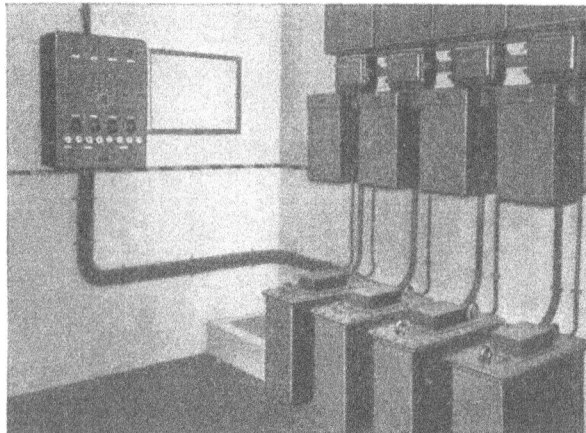

Bild 53. Flachwickel-Kondensator-Regelanlage für 120 kVar, 380 Volt. selbsttätig geregelt, mit Steuertafel und Schützen (Scherb & Schwer, vorm. Jaroslaw, 1940).

Glasüberwurf der mit geeigneten Übergangsstücken verschmolzen ist (Bild 60b)[1]). Damit wird erfahrungsgemäß ein Nachfüllen mit Stickstoff für praktisch unbegrenzte Zeit überflüssig. Neben der hermetischen Kapselung gewinnt hier die betriebsmäßige Ausnützung einer erhöhten dielektrischen Beanspruchung Bedeutung, die u. a. auch durch Entladungs- bzw. Durchschlagserscheinungen in den trotz sorgfältigster Fertigung u. U. verbleibenden Gasresten begrenzt wird. Da die elektrische Festigkeit der Gasreste durch Vergrößerung des Gasdruckes bedeutend erhöht wird, konnte die bei diesen bisher

Bild 54. Groß-Kondensatoren für je 700 kVar, 12 kV, mit geerdeten Gehäusen, in Freiluftausführung, mit Ausdehnungsgefäßen (Passoni & Villa, 1939).

ohne Überdruck arbeitenden Kondensatoren übliche Betriebsfeldstärke neuerdings beinahe verdoppelt werden. Die hierdurch erzielte Werkstofferparnis sowie die schlanke hohe Form der Gefäße, die sich auch aus der Forderung nach hoher mechanischer Festigkeit und Kühlober-

---

[1]) de Lange, C., Philips techn. Rdsch. 4 (1939), S. 266 u. Philips Druckschrift, Jan. 1942; ETZ 61 (1940), S. 660 u. S. 1204.

Bild 55. Flachwickel-Kondensator-Regelanlage für 400 kVar, 380 V, hiervon eine Einheit für Handschaltung, 7 Einheiten für selbsttätige Regelung, mit Steuertafel (Dielektra A.G., früher Meirowsky & Co., 1941).

Bild 56. Flachwickel-Kondensatoren für je 100 kVar, 10 kV, in Freiluftausführung, mit Ölausdehnungsgefäßen (Scherb & Schwer, vorm. Jaroslaw, 1940).

fläche ergab, gestalten die zur Aufstellung erforderliche Grundfläche klein. Bei Umgebungstemperaturen oberhalb von 35⁰ C. erhalten die Gefäße nach Bild 60a Kühlrippen.

Bei den Drucköl-Kondensatoren von Bild 61 wird ein gewisser hydrostatischer Öldruck in einem ebenfalls zylindrischen Gefäß angewandt, wobei dessen federnd ausgebildeten Stirnflächen — ähnlich wie bei den Kondensatoren von Bild 64, 65 und 141 — die Ölausdehnung aufnehmen[1]). Bei den ebenfalls zu den Druckkondensatoren gehörenden Bauarten von Bild 38, 66, 67, 94, 99, 105, 130, 142 usw. wird dieser Druckausgleich durch eingebaute, besonders bemessene federnde Druckkörper bewirkt, ohne daß eine direkte Berührung der in den Druckkörpern enthaltenen Gasfüllung mit aktivem Öl stattfindet.

Ob bei den mit Überdruck arbeitenden Kondensatoren die Anwendung eines besonders hohen Druckes zur betriebsmäßigen Ausnutzung einer erhöhten dielektrischen Beanspruchung (weit über die

---

[1]) Hansson, B., Asea-J. 16 (1939), S. 125 u. S. 155.

Bild 57. Flachwickel-Großkondensatoren für je 500 kVar, 9 kV. mit geerdeten Gehäusen, Ausdehnungsgefäßen und Kontaktthermometern (ALS-THOM, 1938).

bisher üblichen Werte von 10...15 kV/mm hinaus) berechtigt, kann erst nach Ablauf einer Anzahl von Betriebsjahren endgültig entschieden werden.

Bild 58. Teilansicht einer Flachwickel-Kondensatorenanlage für 2000 kVar, zur Gruppenkompensation eines 15-kV-Netzes, in Freiluftausführung, mit Sonnenschutz-Ummantelung, mit isoliert herausgeführten Sternpunkten für Nullpunkt-Vergleichsschutz, mit Überschlagfunkenstrecken, mit prismatischen Ausdehnungsgefäßen und Schwimmern, mit geerdeten Gehäusen (AEG, 1938).

Bild 59. Teilansicht einer Flachwickel-Kondensatorenanlage für 7400 kVar, zur Zentralkompensation eines Mittelspannungsnetzes, für 6 kV, umschaltbar auf 10 bzw. 20 kV durch äußere Reihenschaltung unter Beibehaltung der Gehäuseerdung (AEG, 1936).

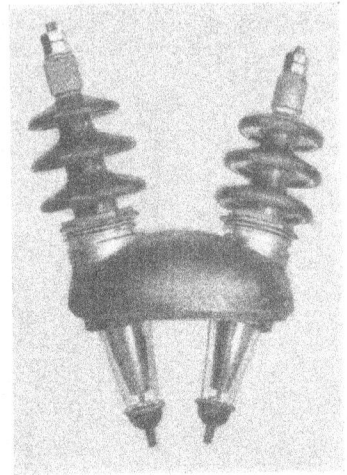

a   b

Bild 60. Flachwickel-Druckkondensatoren (Philips, 1939):

a = Kondensatoren für je 75 kVar, 10 kV,
mit Stickstoffüllung in Stahlbehältern,
mit Kühlrippen, mit Füllstutzen und Manometer,
b = druckfeste Durchführungen.

Bild 61. Rundwickel-Drucköl-Kondensatorbatterie für 1000 kVar, 30 kV, in äußerer Reihenschaltung (ASEA, 1939).

c. Klein- und Großkondensatorbauweise. In den letzten Jahren ist die Frage der äußeren Formgebung und Größe der Starkstrom-Kondensatoren von neuem aufgerollt worden. Es darf daran erinnert

Bild 62. Rundwickel-Kondensatorenbatterie in Stahlbehältern, für 880 kVar, 11 kV Ds, mit Stromwandlern und Relais für Differentialschutz (Sieverts, 1937).

Bild 63. Amerikanische Elementenbauweise mit aufgebauten Widerstandssicherungen, für 1350 kVar, 2,3 kV (GE, 1936).

werden, daß man im Anfang der Entwicklung größere Blindleistungen einfach durch äußere Parallelschaltung vieler kleiner Einheiten zusammensetzte. Dieses Zusammenschalten von Einheiten von etwa 15 kVar ist in Amerika auch heute noch üblich (Bild 63), wobei allerdings zu beachten ist, daß dort Kompensationsleistungen der in Deutschland bekanntgewordenen Größenordnung von 10...30 MVar und darüber nach wie vor den umlaufenden Phasenschiebern, trotz höherer Verluste, vorbehalten sind. Zu dieser Elementenbauweise trat in Deutschland, dem europäischen Ausland, in Japan usw. in den letzten 10 Jahren noch der Bau mittlerer und großer Kondensatoren, da man inzwischen auch Großkondensatoren preiswert und betriebstüchtig zu bauen gelernt hatte. Wenn man neuerdings[1]) auf die vorerwähnte Frage der

Bild 64. Flachwickel-Kondensatoren (SSW, 1941).
A. Niederspannungs-Kleinkondensatoren mit Leistungen für 2...30 kVar

B. Hochspannungs-Kondensator für 1100 kVar, 38 kV, bestehend je Phase aus 6 in Reihe geschalteten Elementen zu je 61 kVar.

äußeren Formgebung und Kondensatorgröße — und zwar unter dem Gesichtspunkt einer weitgetriebenen Vereinheitlichung und Typenbeschränkung — zurückkam, so ist vorweg zu sagen, daß sowohl die Klein- als auch die Großbauweise ihre Eigenheiten und damit ihre unbestreitbaren wirtschaftlichen und betriebstechnischen Vor- und Nachteile besitzen. Die meisten europäischen Firmen bedienen sich übrigens beider Bauarten, die in ihren Grundzügen selbstverständlich allen Konstrukteuren offenstehen.

Kleinkondensator-Bauweise. Eine systematisch betriebene Kleinkondensator-Bauweise gestattet es der Lieferfirma, sich auch bei

Bild 65. Flachwickel-Kondensatoranlage für 10000 kVar, 41 kV, zur Gruppenkompensation eines Mittelspannungsnetzes, in Freiluftausführung mit Sonnenschutz-Ummantelung, mit gegen Phase und gegen Erde isolierten Gehäusen (SSW, 1938).

Großbedarf auf die Erzeugung weniger normalisierter Kondensatoren mit wirtschaftlichen Größen zwischen 10...80 kVar und Spannungen bis etwa 6 kV zu beschränken. Es können noch vollständig mit Öl gefüllte, dicht verschlossene Glatt- oder Rundblechkästen mit verhältnismäßig großer, kühlender Oberfläche und federnden Seitenwänden (Bild 48, 53, 55, 61, 63, 64, 65, 95, 122, 130, 141 u. s. w.) benutzt werden, wobei auf gute Lüftung des Kondensatorraumes im Betrieb zu achten ist. Bei Großleistungsbedarf

---

[1]) Rambold, W., VDE-Fachberichte 9 (1937), S. 14; Schäfer, F. A., Beitrag zu VDE-Fachberichte 9 (1937), S. 19; Baudisch, K. u. Rambold, W., Siemens-Z. 17 (1937), S. 461; Bornitz, E., AEG-Mitt. (1938), S. 108 und Helios, Lpz. 46 (1940), S. 483; Kann, H., Elektrotech. u. Masch.-Bau 59 (1941), S. 491.

kann man beispielsweise mehrere parallel geschaltete und mechanisch verspannte Einheiten auf einen gemeinsamen Rahmen setzen, den man allerdings bei Spannungen von z. B. 10 kV ab gegen Erde isolieren muß, wenn das Gehäuse zwecks Verbilligung der inneren Gehäuse-Isolation Spannung führt[1]). Man kann diese Kondensatoranordnung mit einem Schutzmantel umgeben, so daß der Eindruck des Vorhandenseins eines Großkondensators entsteht. Bei Anschluß der Kondensatoren an Mittel- und Höchstspannungsnetze kann man sich der äußeren Kaskadenschaltung bedienen; die Isolation von Phase gegen Phase und Phase gegen Erde wird hierbei von entsprechend abgestuften, keramischen Stützern übernommen, wie dieses z. B. bei Stoßprüfanlagen seit vielen Jahren üblich ist (s. a. Bild 61, 65, 66 u. 141).

Zweifellos ergibt diese Kleinkondensator-Bauweise für die Lieferfirmen eine sehr einfache Fertigung und Lagerhaltung sowie für den Betrieb eine leichte Auswechselbarkeit bei einer etwaigen Störung an einer der Einheiten, wobei jedoch, vor allem bei Anwendung der äußeren Reihenschaltung, zur Vermeidung von Spannungsverwerfungen auf Ersatz durch eine gleich große Kapazität zu achten ist. Die bei Änderung der Belastungsverhältnisse notwendig werdende Ergänzung, Austauschbarkeit, Spannungsumschaltbarkeit und Beförderungsmöglichkeit der Kondensatoren ist bei den hier zum Vergleich stehenden mittleren und Großanlagen bei beiden Bauarten gleich gut. In kleinen Anlagen ist dagegen der freizügigere Kleinkondensator im Vorteil. Während der Kleinkondensator entsprechend der Grundidee seiner Bauart mit einem Minimum von aktivem Baustoff — insbesondere von Öl oder Clophen — auskommt, muß beim Großkondensator zur Abführung der Wärme aus dem Innern des Kondensators an die Gehäusewandungen auf guten Ölumlauf geachtet werden. Dem Geringstwert von aktiven Teilen bei der Elementenbauweise steht jedoch ein vermehrter Aufwand an Durchführungen und äußeren Schaltverbindungen sowie bei Spannungen von 10 kV ab von Isoliermitteln in Form von Erd- und Phasenstützern gegenüber. Außerdem ist bei hohen Spannungen und kleiner Leistung des Kleinkondensators eine Einzelwickelabsicherung praktisch unwirksam, da der Entladestromstoß der wenigen gesunden Parallelwickel zu gering ist, um die Sicherung eines defekten Wickels zum Durchschmelzen zu bringen.

Großkondensator-Bauweise. Der Großkondensator (Bild 38, 47, 49...52, 54, 56...59, 66 u. 67 usw.), der in Einheiten bis 400 kVar und darüber hergestellt werden kann, stellt demgegenüber einen übersichtlichen, vollständigen Baustein insbesondere der Hochspannungsanlagen dar. Gegenüber der Kleinbauweise benötigt er wenig Durchführungen und äußere Schaltverbindungen und weist so weniger äußere Gefahrenquellen

---

[1]) S. a. DRGM. Nr. 1 380 275 u. 1 380 276.

auf, wie sie durch Schaltfehler, Verstaubung, Gehäuseschluß, Undichtwerden, unvollkommene Entladung usw. entstehen können. Wie früher erwähnt, ist er auf Grund seiner inneren Parallel- und Reihenschaltung um so sicherer, je größer die Gesamtleistung, je kleiner die Einzelwickelleistung und je höher die Nennspannung ist. Unter Anwendung der inneren Reihenschaltung lassen sich die Großkondensatoren für Betriebsspannungen bis etwa 50 kV in einem einzigen geerdeten Gehäuse herstellen (Bild 51, 52, 54, 56...59, 66, 67 u. 142). Hierdurch vermeidet man die sonst erforderliche isolierte Aufstellung des Gehäuses, zumal das Betriebspersonal unter Spannung stehende Gehäuse bisher weder von

Bild 66. Kondensatoranlage für 10 000 kVar, 66 kV, 50 Hz, ausgebildet als Oberwellenkurz-schlußkreis in isolierter Kaskadenschaltung, in einem japanischen Netz, mit Druckausgleich-gefäßen, Freiluftausführung (Sumitomo, Osaka, 1940).

Umspannern noch von sonstigen Hochspannungsgeräten her kannte. Verriegelt man bei nicht geerdeten Kondensatoren die Kondensatorkammern elektrisch, so ist ein Betreten derselben nach Abschaltung der Kondensatoren auch erst dann zulässig, wenn die gleichfalls auf dem Gehäuse verbleibende Ladung hinreichend vernichtet ist. Bei Anschluß an Höchstspannung kann es zweckmäßig und unter Umständen billiger sein, die mit Rücksicht auf die hohen Prüfspannungen erforderliche Isolation zwischen dem aktiven Kondensatorkörper und Gehäuse auf außerhalb vorzusehende Stützisolatoren zu verlegen und hierbei eine isolierte Kaskadenschaltung mit abgestufter Außenisolation anzuwenden (Bild 66, 142 u. zugeh. Text). Hierbei muß vorher untersucht werden, ob ein galvanischer Anschluß der Höchstspannungskondensatoren mit Rücksicht auf die Möglichkeit einer Spannungsresonanz überhaupt durchführbar ist (s. a. Kap. X, 4).

Voraussetzung für den Bau betriebssicherer Großkondensatoren ist allerdings, daß die dielektrischen[1]), wärmetechnischen, baulichen und isoliertechnischen Fragen durch eingehende wissenschaftliche Versuche und wertvolle Betriebserfahrungen einwandfrei gelöst sind. Diese Probleme werden jedoch heute bereits von den meisten Firmen so beherrscht, daß der mit dem zweifellos bedeutend schwierigeren Bau betriebstüchtiger Großkondensatoren verbundene große technische Fortschritt unbedingt ausgenutzt werden kann und muß. Außerdem entspricht es

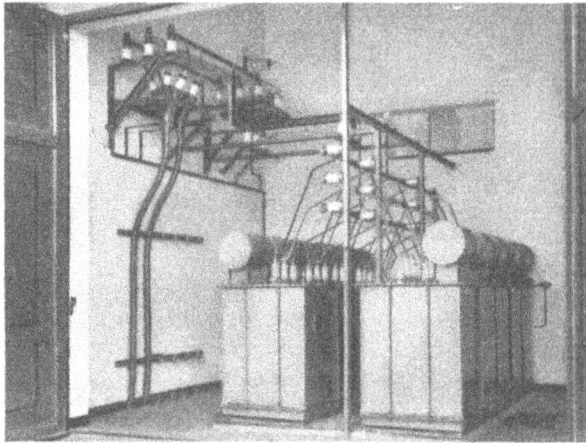

Bild 67. Teilansicht einer Flachwickel-Kondensatorbatterie für 6000 kVar, 15 kV, mit Druckausgleichgefäßen und Druckrelais, zur Netzentlastung (AEG, 1941).

dem Zuge der technischen Entwicklung auf allen Gebieten des Gerätebaues und dem Großbedarf der Kraftwerke und Industrieanlagen, bei Kompensationsleistungen von 5...50 MVar und darüber[2]) auf einige wenige übersichtliche Großbausteine in den Hochspannungsanlagen zurückzugreifen. Hierbei ist die Tatsache zu berücksichtigen, daß manche Kondensatorhersteller seit einer ganzen Reihe von Jahren keine Störungen an ihren Hochspannungs-Großkondensatoren mit einwandfrei bemessenen Ölkonservatoren erhalten haben. Dies ist ein Zeichen für die unbedingte Zuverlässigkeit der Großkondensatoren, so daß die Kleinbauweise in dieser Hinsicht keine Vorteile gegenüber dem Großkondensator in sich schließt. Ob die zukünftige Entwicklung die eine oder andere Bau-

---

[1]) S. u. a. auch Kostka, Fr., DRP. 701574, Schulze, W., DRP. 707993 und Nauk, G., DRP. 714366.

[2]) In Japan baute man in den Jahren 1939...1942 Großkondensator-Anlagen mit Leistungen von 50...100 MVar (näheres s. S. 184, 196...198 u. 281).

art endgültig bevorzugen wird, läßt sich heute noch nicht abschließend übersehen, da — wie bemerkt — beide ihre Vor- und Nachteile besitzen.

Weitere Merkmale des Außenaufbaues. Zur intensiven Abführung der Verlustwärme werden die Kondensatoren häufig bei größeren Einheiten mit Rippengehäuse oder Großflächenkühler bzw. bei Hochfrequenz sogar mit Wasserkühlung ausgeführt. Bei Freiluftaufstellung wird zweckmäßig eine mit heller Farbe versehene Sonnenschutzummantelung (Bild 58, 65, 141 usw.) verwendet. Zur Vornahme von Temperaturmessungen erhalten die größeren Kondensatoren meist Thermometertaschen im Deckel, ferner ist der Einbau von Kontaktthermometern (z. B. Bild 57, 145) sowie von Buchholzrelais bei Kondensatoren mit Ölkonservatoren (Bild 52) zweckmäßig, bei Kondensatoren ohne Einzelwickelabsicherung sogar unerläßlich[1]). Die Niederspannungskondensatoren erhalten zwischen den Klemmen hochohmige Entladewiderstände und einen Klemmenschutzkasten; bei Hochspannung muß für getrennte Entladevorrichtungen gesorgt werden (s. Kap. VII). Zum Schutze gegen äußere Einflüsse werden die Klemmen häufig mit vergießbaren Kabelendverschlüssen ausgeführt (Bild 130). Die Kondensatoren werden in Zukunft in Deutschland auch explosions- oder schlagwettergeschützt gebaut werden, sobald entsprechende VDE-Vorschriften oder -Leitsätze vorliegen. Bei deutschen Untertage-Anlagen sind besondere Vorschriften der Bergbehörden zu beachten.

3. Prüfung und Gewährleistung

Wie bereits erwähnt, ist es unbedingt erforderlich, sowohl die Papiere als auch die Imprägniermittel usw. laufend bei ihrem Eingang in die Fabrik sowie vor und während ihrer Verarbeitung zu prüfen, so daß nur tatsächlich einwandfreie Rohstoffe verwendet werden. Meist werden die Einzelwickel vor bzw. nach der Imprägnierung einer Spannungsvorprüfung sowie einer Kapazitäts- und Verlustmessung unterzogen, um die nicht allen Ansprüchen gerecht werdenden Wickel ausmerzen zu können.

Nach der Vakuumbehandlung und Fertigmontage wird in Deutschland jeder Kondensator nach den »VDE-Leitsätzen für ruhende, elektrische Kondensatoren in Starkstromanlagen« (VDE 0560/1932)[2]) auf seine Spannungsfestigkeit geprüft. Für Leitungsfaktor-Kondensatoren beträgt die sinusförmige Prüfwechselspannung (Belag gegen Belag) $U_{p1} = 3\,U'$ während einer Minute bei Spannungswerten U' bis 10 kV, bzw. bei höheren Spannungen $U_{p1} = 2\,U' + 10$ kV. Die erforderliche Spannungsprüfung der miteinander verbundenen Beläge gegen Gehäuse bzw. gegen Erde wird bei Spannungen U'' bis 0,5 kV mit $U_{p2} = 2,5$ kV,

---

[1]) Weitere Sicherheitsmaßnahmen s. Kap. X, 5.
[2]) Neue Leitsätze werden in absehbarer Zeit herausgebracht werden.

bei $U'' = 0,5...1$ kV mit $U_{p2} = 5\,U''$, bei $U'' = 1...10$ kV mit $U_{p2} = 3\,U'' + 2$ kV und bei U'' über 10 kV mit $U_{p2} = 2,2\,U'' + 20$ kV durchgeführt. Hierbei ist $U' = U'' = $ Nennspannung U des Kondensators bei Dreieckschaltung sowie $U' = U/\sqrt{3}$ und $U'' = U$ bei Sternschaltung des Kondensators ohne Sternpunkterdung. Nähere Einzelheiten sind in den »Leitsätzen« enthalten. Anstatt der Prüfung mit Wechselspannung ist auch eine solche mit Gleichspannung, unter Verdoppelung der vorgenannten Effektivwerte, zulässig. Die Prüfung mit Gleichspannung wird im übrigen — im Sinne einer zerstörungsfreien Werkstoffprüfung — als die technisch richtigere Prüfungsart betrachtet.

Eine zu scharfe und lange Prüfung ist, besonders im Kondensatorenbau, wie übrigens auch sonst in der Hochspannungs-Isoliertechnik, wegen der meist erst später sich auswirkenden Ermüdung der Isolation (Vorbeanspruchung) oft viel gefährlicher als man annimmt; sie kann auch nur selten über die wirkliche Bewährung im Betrieb Aufschluß geben. Für die Beurteilung der Güte eines Kondensators ist z. B. eine von den »Leitsätzen« nicht vorgeschriebene, aber von vielen Firmen für Kontrollzwecke durchgeführte Dauerprobe eines jeden Kondensators mit 10...20% Überspannung wesentlich ausschlaggebender als eine Isolationsprüfung mit Werten, die über die Prüfspannungen der »Leitsätze« hinausgehen. So lassen sich auch aus der für das betreffende Papier-Öl-Dielektrikum bekannten Temperaturabhängigkeit (Bild 40 und 41) und der Durchschlagfestigkeit (Bild 42) sehr gute Rückschlüsse auf das spätere Verhalten des Kondensators ziehen. Ferner sind die richtige Wahl der Papiere und Öle, die richtige Formgebung der Wickel, die Innen- und Außenkonstruktion, Abkühlungsverhältnisse sowie vor allem die eigentliche Fabrikationsmethode und deren genaue Überwachung von ausschlaggebender Bedeutung.

Bei der Prüfung des Kondensators wird die Kapazität nach einem Verfahren bestimmt, das den Einfluß von Oberwellen ausschließt. Der Nennwert der Kapazität gilt mit einer Toleranz von $\pm 10\%$. Bei bestimmter Nennspannung und Nennfrequenz darf die der Kapazität proportionale Nennblindleistung (kVar) das gleiche Spiel aufweisen. Die Kapazität wird in der Starkstromtechnik in Farad: (1 F $= 9 \cdot 10^{11}$ cm) bzw. in Mikrofarad: (1 μF $= 10^{-6}$ F $= 9 \cdot 10^5$ cm) gemessen. Beispielsweise besitzt ein im Dreieck geschalteter 220 V Kondensator mit 5 kVar Drehstromleistung bei 50 Hz je Dreieckseite eine Kapazität von:

$$C = \frac{N}{3\,U^2 \cdot 2\,\pi f} = \frac{5 \cdot 10^3}{3 \cdot 220^2 \cdot 2 \cdot 3,14 \cdot 50} = 110 \cdot 10^{-6}\,\text{F} \quad . \quad . \quad (18)$$

Über die Höhe der Verluste enthalten die »Leitsätze« keine Vorschrift. Sie betragen (in kW gemessen) bei Raumtemperatur, Nennspannung, Nennfrequenz und Nennleistung im Größtwert 0,5% der kVar-Leistung des Kondensators. Der Hauptanteil der Verluste entfällt

auf die durch Nachwirkungserscheinungen bedingten Verluste (Um-
elektrisierungsarbeit), während der Rest auf Stromwärme-, Vibrations-
und Isolationsverluste zurückzuführen ist.

Starkstrom-Kondensatoren in Normalausführung sind für Innen-
raumaufstellung bei einer maximalen Umgebungstemperatur (in un-
mittelbarer Nähe der in Betrieb befindlichen Kondensatoren gemessen)
von 35° C und bei einem Aufstellungsort des Kondensators, der nicht
höher als 1000 m über N. N. liegt, geeignet. Bei Freiluftaufstellung,
höheren Umgebungstemperaturen und höheren Aufstellungsorten kommen Sonderausführungen in Frage.

VII. Das Schalten von Kondensatoren

1. Ein- und Parallelschalten

Beim Ein- und Parallelschalten eines Kondensators auf das Netz
stellt der zuzuschaltende Kondensator im ersten Augenblick einen
Kurzschluß dar. Es ist zu untersuchen, wie stark die Überströme
und Überspannungen im Kondensator bei diesem Lade-Ausgleichvor-
gang durch die Netzkonstanten und notfalls durch künstliche Hilfsmittel gedämpft werden.

Allgemeines. Beim Schalten eines Kondensators auf ein Wechsel-
stromnetz handelt es sich stets um das Einschalten eines mehr oder weniger gedämpften Schwingungskreises, da die zwischen dem Kraftwerk
und dem Kondensator C liegenden Ohmschen und induktiven Reihenwiderstände R und X_L der Leitungen, Umspanner usw. mit berück-

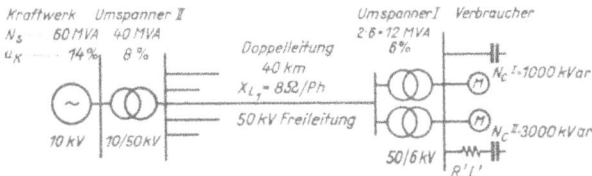

Bild 68. Einschalten und Parallelschalten von Kondensatoren in einem Hochspannungsnetz.

sichtigt werden müssen (Bild 68). Wird der Kondensator an eine sinusförmige Grundwellennennspannung $u_1 = U_1 \sin(\omega_1 t + \varphi)$ gelegt, so
nimmt er im ersten Augenblick sowohl seinen stationären Nennstrom
$i_1 = J_1 \cos(\omega_1 t + \varphi)$, als auch gleichzeitig einen Ausgleichstrom
$i_e = J_e \, \varepsilon^{-\frac{t}{2T}} \cos(\omega_e t + \gamma)$ auf. Letzterer muß den Ausgleich zwischen
dem bisher stromlosen und dem neuen Dauerzustand herstellen; er setzt
demnach meist mit großer Amplitude J_e ein und klingt exponentiell
nach Durchlaufen einer Reihe harmonischer Schwingungen mit der
Kreis-Eigenfrequenz $\omega_e = 2\pi f_e$ des Schwingungskreises auf 0 ab. Der

Gesamtstrom i und die Gesamtspannung u am Kondensator sind[1]):

$$i = i_1 + i_e = J_1 \cos(\omega_1 t + \varphi) + J_e \varepsilon^{-\frac{t}{2T}} \cos(\omega_e t + \gamma) \quad . \quad . \quad . \quad (19)$$

$$u = u_1 + u_e = \frac{J_1}{\omega_1 C} \sin(\omega_1 t + \varphi) + J_e \sqrt{\frac{L}{C}}\, \varepsilon^{-\frac{t}{2T}} \sin(\omega_e t + \gamma - \delta)$$
$$\quad . \quad . \quad . \quad (20)$$

Von Interesse sind vor allem die Amplituden des Ausgleichstromes $J_e = U_1 \sqrt{C/L}$ und der Ausgleichspannung $U_e = J_e \sqrt{L/C}$, die sich bei Vernachlässigung des Ohmschen Reihenwiderstandes ($\delta = 0$) für die Zeit des ersten Schaltaugenblickes ($t = 0$) errechnen zu:

$$J_e = -J_1 \sqrt{\cos^2 \varphi + (\omega_e/\omega_1)^2 \sin^2 \varphi} \quad . \quad . \quad . \quad . \quad . \quad (21)$$

$$U_{C_e} = -U_{C_1} \sqrt{(\omega_1/\omega_e)^2 \cos^2 \varphi + \sin^2 \varphi} \quad . \quad . \quad . \quad . \quad . \quad (22)$$

Die Amplituden der Ausgleichschwingungen hängen entsprechend Gl. (21) und (22) zunächst von den Amplituden des Kondensator-Nennstromes J_1 und der Nennspannung U_{C1} sowie ferner davon ab, mit welcher Phase φ der stationäre Strom i_1 eingeschaltet wird. Vor allem ist aber für die Höhe des Ausgleichstromes das Verhältnis der Eigenfrequenz ω_e des zu schaltenden Schwingungskreises zu der aufgezwungenen Grundfrequenz ω_1 des Netzes entscheidend. Die Eigenfrequenz beträgt hierbei in 2π-Sekunden:

$$\omega_e = 2\pi f_e = \sqrt{\frac{1}{LC} - \left(\frac{R}{2L}\right)^2} = \omega_1 \sqrt{\frac{1}{\omega_1 L \cdot \omega_1 C} - \left(\frac{R}{2\omega_1 L}\right)^2}$$
$$= \omega_1 \sqrt{X_{C_1}/X_{L_1} - (R/2\,X_{L_1})^2} \quad . \quad . \quad . \quad (23)$$

$$\omega_e/\omega_1 = f_e/f_1 \cong \frac{1}{\omega_1} \sqrt{\frac{1}{LC}} \cong \sqrt{X_{C_1}/X_{L_1}} \quad . \quad . \quad . \quad . \quad (24)$$

Sofern der Ohmsche Reihenwiderstand R gegenüber dem Schwingungs- oder Wellenwiderstand

$$Z = \sqrt{L/C} = \sqrt{X_{L1} X_{C1}} \quad . \quad . \quad . \quad . \quad . \quad . \quad (25)$$

vernachlässigbar klein ist, kann das Verhältnis der Eigenfrequenz f_e zur aufgedrückten Netzfrequenz f_1 auch durch das Verhältnis der Grundwellen-Blindwiderstände (Gl. (24)) ausgedrückt werden (vgl. auch Gl. (75) u. (77)).

Einschalten bei Resonanz bzw. in Resonanznähe. Für Resonanz bzw. Resonanznähe zwischen der Nennfrequenz der Zentrale und der Eigenfrequenz des Schwingungskreises ist in unseren Netzen die Voraussetzung praktisch nie — höchstens in Hochfrequenz-Ofenanlagen — gegeben, da der induktive Grundwellen-Reihenwiderstand X_{L1} von

---

[1]) Vgl. Rüdenberg, R., Elektrische Schaltvorgänge. 3. Aufl., J. Springer, Berlin 1933. Ferner Bauer, Fr. Der Kondensator in der Starkstromtechnik. J. Springer, Berlin 1934.

Stromerzeuger, Leitung und Umspanner usw. stets wesentlich kleiner ist als der Grundwellen-Blindwiderstand X_{C1} des zuzuschaltenden Kondensators. Es soll daher lediglich erwähnt werden, daß bei Resonanz ($\omega_e = \omega_1$) im ersten Schaltaugenblick nach Gl. (21) $J_e = -J_1$ und somit in Gl. (19) der Gesamtstrom $i = 0$ wird. Gesamtstrom und Gesamtspannung des Kondensators wachsen exponentiell ohne Überstrom und Überspannung auf ihre stationären — allerdings resonanzbedingt beträchtlichen — Normalwerte an. Beim Schalten eines in Resonanznähe befindlichen Schwingungskreises steigen Gesamtstrom und Gesamtspannung bald nach dem Einschalten auf fast das Doppelte ihrer resonanzbedingten Normalwerte an, um anschließend schwebungsartig abwechselnd abzusinken und wieder anzusteigen und endlich in stationäre Werte überzugehen.

Einschalten im Spannungsnulldurchgang. Wird ein Kondensator bzw. ein Schwingungskreis bei Spannungsnulldurchgang ($\varphi = 0$ und $\gamma = 0$) und damit im Scheitelwert des Kondensatordauerstromes ans Netz gelegt, so wird die Amplitude des Ausgleichstromes nach Gl. (21) $J_e = -J_1$ und die Amplitude der Ausgleichspannung nach Gl. (22) $U_{Ce} = -U_{C1}\,\omega_1/\omega_e$. Der Gesamteinschaltstrom i kann nur bei hohen Eigenfrequenzen eine halbe Eigenperiode nach dem Schaltaugenblick annähernd den doppelten Wert des Kondensatordauerstromes J_1 erreichen (Bild 69); er klingt exponentiell nach einer cos-Funktion ab. Die Gesamtkondensatorspannung u_C liegt bei den praktisch allein in Betracht kommenden Eigenfrequenzen von $\omega_e \gg \omega_1$ nur wenige Prozent über der Normalspannung U_{C1} und klingt exponentiell nach einer sin-Funktion ab.

Einschalten im Spannungshöchstwert. Der wichtigste und am häufigsten vorkommende Fall ist der

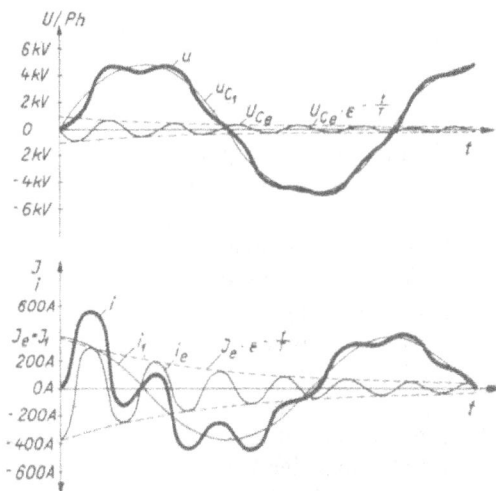

Bild 69. Spannungs- und Stromkurven eines 3000-kVar-Kondensators für 6 kV beim Einschalten im Spannungsnulldurchgang auf das Netz des Bildes 68 ($f_e = 260$ Hz).

des Einschaltens des Kondensators beim Durchlaufen des Höchstwertes[1] der Netzspannung U_N bzw. Kondensatornennspannung U_{C1} ($\varphi = 90^0$

---

[1] Überschlag bei Annäherung der Schaltkontakte und höchster Spannungsdifferenz.

und $\gamma = 90^0$) und somit bei Nulldurchgang des stationären Kondensatorstromes J_1. Die Gl. (21) für die Anfangsamplitude J_e und damit für die maximal mögliche Höhe des Ausgleichstromes wird unter Verwendung der Gl. (24):

$$J_e = -J_1 \omega_e/\omega_1 = -J_1 \sqrt{X_{C_1}/X_{L_1}} \quad \ldots \ldots \quad (26)$$

d. h. der Ausgleichstrom ist — im Verhältnis der Eigenfrequenz zur Netzfrequenz — größer als der Kondensatordauerstrom J_1. Da Erhöhung der Kondensatorleistung bei konstanter Netzreaktanz X_{L1} eine Herabsetzung der Eigenfrequenz bewirkt, so bedeutet dieses zwar absolut eine Vergrößerung, relativ jedoch eine Verringerung des auf das Netz wirkenden Einschaltstromstoßes.

Will man sich auf möglichst einfache Weise Übersicht über die Höhe des Einschaltstromes verschaffen, so ersetzt man das Frequenz- bzw. Reaktanzverhältnis der Gl. (26) durch das entsprechende Leistungsverhältnis von Kondensator und vorgeschaltetem Umspanner (N_C/N_L). Beträgt die Grundwellenreaktanz des zuzuschaltenden Kondensators

$$X_{C_1} = \frac{U}{J_{C_1}} = \frac{U}{J_{C_1}} \cdot \frac{J_L}{J_L} = \frac{U}{J_L} \cdot \frac{N_L}{N_C} \quad \ldots \ldots \quad (27)$$

sowie diejenige eines direkt vorgeschalteten Umspanners $X_{L1} = \dfrac{u_k\% \sin\varphi_k U}{100\% J_L}$, so wird Gl. (26) für Schalten im Spannungshöchstwert:

$$J_e = -J_1 \sqrt{\frac{X_{C_1}}{X_{L_1}}} = -J_1 \sqrt{\frac{100\% N_L}{u_k\% \sin\varphi_k N_C}} \quad \ldots \ldots \quad (28)$$

Durch diese Beziehung wird man unabhängig von der Errechnung der Kapazitäten und Induktivitäten und kann nun mit den bekannten und geläufigen Leistungswerten rechnen (vgl. auch Gl. (78)). Beträgt in Bild 68 die Leistung des allein aufs Netz zu schaltenden Drehstrom-Kondensators $N_{C}I = 1000$ kVar, die Durchgangsleistung der beiden direkt vorgeschalteten Umspanner I $N_{L}I = 12$ MVA bei einer Kurzschlußspannung $u_k\% \sin\varphi_k = 6 \cdot 0,99 \cong 6,0\%$, so ist beim Schalten im Spannungsmaximum nach Gl. (28) mit dem 14,2fachen Dauerstrom als Amplitude des Ausgleichstromes zu rechnen. Außer den Umspannern müssen auch die übrigen Reiheninduktivitäten bis zur Zentrale berücksichtigt werden, falls ihre Blindwiderstände nicht vernachlässigbar klein sind. Am einfachsten rechnet man sich hierzu im Beispiel des Bildes 68 alle Streuspannungen des Netzes auf die Leistung des Umspanners 1 als Bezugsleistung ($N_{L}I = N_B = 12$ MVA) um, so daß sich für die 14proz. Ständerstreuspannung der 60 MVA-Turbozentrale eine wirksame Streuspannung von $14\% \cdot 12/60 = 2,8\%$, für die 8proz. Kurzschlußstreuspannung des Umspanners II eine solche von $8\% \cdot 12/40 = 2,4\%$ und für die Freileitung eine Reaktanzspannung von X_{L1} (Ohm) $\dfrac{N_B \text{ (VA)}}{U^2 \text{ (V)}^2} 100\% = 8 \dfrac{12\,000 \cdot 10^3}{50\,000^2}$

100% = 3,85% ergibt. Es wird daher, in Gl. (28) eingesetzt:

$$J_e = - J_1 \sqrt{\frac{100}{2,8 + 2,4 + 3,85 + 6} \cdot \frac{12\,000}{1\,000}} = - 9\,J_1.$$

Der Höchstwert des Ausgleichstromes des 1000 kVar-Kondensators beträgt somit 1220 A bei einem Dauerstrom von 96 A eff. bzw. bei $J_1 = 136$ A Scheitelwert. Untersucht man verschiedene Netz- und Kondensator-Einsatzmöglichkeiten, so findet man, daß man bei Spannungen von 220...550 V mit dem 3...10fachen, bei Spannungen von 1...20 kV mit dem 6...15fachen Kondensatornennstrom als Ausgleichstrom rechnen muß.

Wendet man nunmehr die Gl. (19) für das Schalten im Spannungsmaximum ($\varphi = 90^0$, $\gamma = 90^0$) an, so ergibt sich für den **Gesamtkondensatorstrom**

$$i = J_1 \left(- \sin \omega_1 t + \frac{\omega_e}{\omega_1} \varepsilon^{-\frac{t}{2T}} \sin \omega_e t \right) \quad \cdot \quad \cdot \quad \cdot \quad \cdot \quad \cdot \quad (29)$$

Diese Gleichung besagt, daß sich der Gesamtladestrom aus dem Kondensatordauerstrom i_1, der mit der Netzfrequenz ω_1 nach einer sin-Funktion verläuft, und einem darüber gelagerten Ausgleichstrom mit hoher Anfangsamplitude zusammensetzt, wobei letzterer mit der Eigenfrequenz ω_e des Schwingungskreises ebenfalls nach einer sin-Funktion, aber exponentiell ausklingt (Bild 70). Bei hoher Eigenschwingungszahl addiert sich dieser Ausgleichstrom zu dem Kondensatornennstrom, so daß die Amplitude des Gesamtstromes $i = J_1(1 + \omega_e/\omega_1)$ betragen könnte, sofern eine praktisch nie anzutreffende, außerordentlich geringe Dämpfung anzusetzen wäre.

Außer dem Höchstwert des Gesamtladestromes des Kondensators interessiert naturgemäß noch die Dämpfung bzw. die Zeitdauer, während der das Netz mit dem zusätzlichen Ausgleichstrom beansprucht wird. Es ergab sich, daß der Ausgleichstrom entsprechend Gl. (29) nach einem Exponentialgesetz $\varepsilon^{-\frac{t}{2T}}$ in harmonischer Sinus-Schwingung mit der Eigenfrequenz des Schwingungskreises auf Null abklingt. Hierbei bedeuten $\varepsilon = 2,718$ die Basis der natürlichen Logarith-

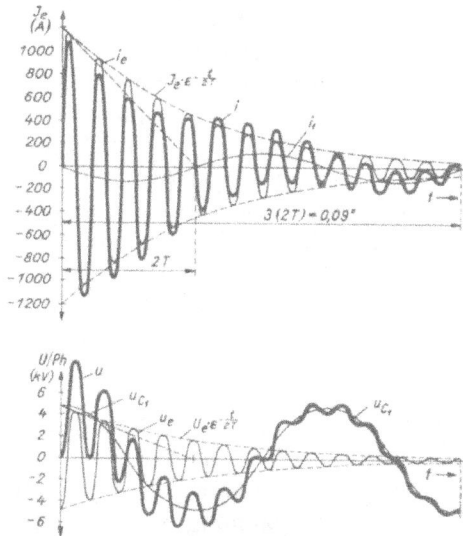

Bild 70. Spannungs- und Stromkurven eines 1000-kVar-Kondensators für 6 kV beim Einschalten im Spannungshöchstwert auf das Netz des Bildes 68 ($f_e = 450$).

7*

men, t die Zeitdauer der Schwingungen in Sekunden und T die elektro-magnetische Zeitkonstante des Stromkreises:

$$T = L/R \text{ (s)} \ldots \ldots \ldots \ldots \ldots \text{ (30)}$$

Für das Einschalten des 1000-kVar-Drehstromkondensators auf das 6-kV-Netz des Bildes 68 wurde bereits auf Grund der Gl. (28) und (26) $\omega_e = 9\,\omega_1$ bzw. die Eigenfrequenz $f_e = 9\,f_1 = 9 \cdot 50 = 450$ Hz ermittelt. Berücksichtigt man, daß der kapazitive Widerstand dieses 6-kV-Kondensators

$$X_{C_1} = \frac{U^2}{N_C} \frac{\text{(V)}^2}{\text{(Var)}} = \frac{6000^2}{1000 \cdot 10^3} = 36 \text{ Ohm/Ph} \ldots \text{ (27a)}$$

beträgt, so kann man jetzt umgekehrt aus Gl. (26) die wirksame Induktivität des Schwingungskreises ermitteln:

$$X_{L_1} = X_{C_1}\,(\omega_1/\omega_e)^2 = 36\,(1/9)^2 = 0{,}45 \text{ Ohm/Ph} \ldots \text{ (31)}$$

Es wird somit $L = X_{L1}/(2\,\pi\,f_1) = 0{,}45/314 = 1{,}43 \cdot 10^{-3}$ H. Andererseits kann man den Ohmschen Reihenwiderstand in Hochspannungs-Freileitungsnetzen mit $R = (0{,}2\ldots1)\,X_{L1}$, also im Falle des Bildes 68 mit etwa $0{,}095\ \Omega/\text{Ph}$ ansetzen. Demnach ergibt sich die Zeitkonstante der Gl. (30) zu $T = 15 \cdot 10^{-3}$ s. Für $t = T$ wird $\varepsilon^{-\frac{t}{2T}} = 1/\sqrt{2{,}718} = 0{,}60$. Dies bedeutet, daß in der Zeit $t = T = 15 \cdot 10^{-3}$ s die Amplitude des Ausgleichstromes nur noch 60% des früher errechneten Scheitelwertes von 1220 A beträgt. Nach $t = 2\,T = 0{,}03$ s ist die Amplitude auf 36,8%, nach $t = 4\,T$ auf 13,5% und nach $t = 6\,T \approx 0{,}09$ s auf 5% des Anfangs-wertes, d. h. praktisch völlig abgeklungen. Dies ist in Bild 70 wieder-gegeben. Man erkennt, daß das Netz nur einige Netzhalbwellen lang von dem Überstrom beansprucht wird. Je kleiner die Induktivität und je größer der Ohmsche Reihenwiderstand ist, um so schneller klingt der gesamte Ausgleichvorgang auf Null ab, d. h. um so größer ist die Dämpfung im Schwingungskreis.

Das Einschalten des Kondensators auf das Netz bewirkt außer der Störung des Stromgleichgewichtes auch noch eine solche des Spannungs-gleichgewichtes am Kondensator bzw. im Netz. Die Kondensator-gesamtspannung beträgt für Schalten im Höchstwert der Netzspannung entsprechend Gl. (20)

$$u = \overset{\cdot}{U}_{C_1}\,(\cos\omega_1 t - \varepsilon^{-\frac{t}{2T}} \cos\omega_e t) \ldots \ldots \text{ (32)}$$

Die Gesamtspannung am Kondensator kann demnach bei hoher Eigen-schwingungszahl und geringer Dämpfung höchstens annähernd den doppelten Scheitelwert der Nennspannung $u = 2\,U_{C1}$ erreichen, wobei die Ausgleichspannung wiederum exponentiell in einer harmonischen cos-Schwingung auf Null abklingt (Bild 70). Eine Einschaltüberspan-nung von höchstens doppelter Netzspannungshöhe gefährdet die mit über dreifacher Nennspannung geprüften Kondensatoren naturgemäß keineswegs. Im übrigen erkennt man aus dem aus Gl. (32) ableitbaren Bild 70 sowie aus den Oszillogrammen Bild 71 und 72, daß die Netzspannung u_N zwar während des ersten Schaltaugenblickes steil zusammenbricht, daß sie sich aber andererseits schnell erholt; das Netz wird also durch den kurzschlußartigen Ladevorgang praktisch nicht gestört.

Zur Bestätigung der vorstehend abgeleiteten Gesetzmäßigkeiten und Kurven sind in Bild 71 einige oszillographische Aufnahmen[1]) von vorstufenlosem Einschalten von Einphasenkondensatoren im Nulldurchgang sowie im Höchstwert der Netzspannung wiedergegeben. Die

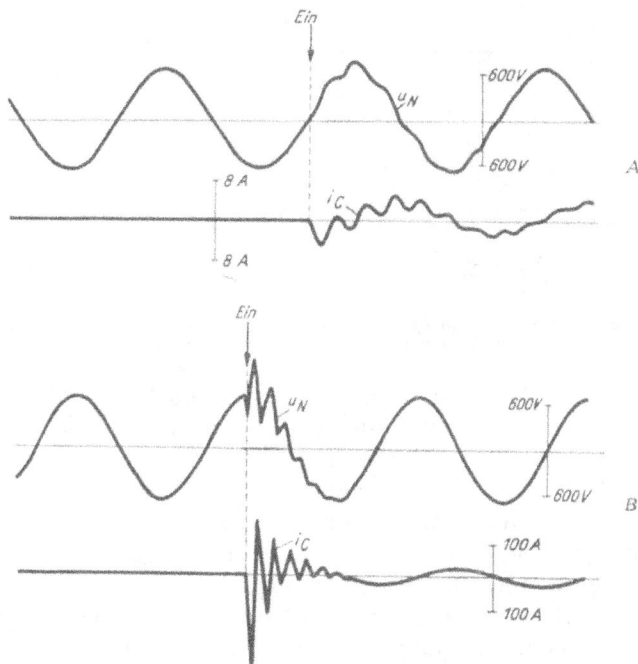

Bild 71. Netzspannung und Kondensatorstrom beim Einschalten von 500-V-Es-Kondensatoren.
A = Einschalten von 1 kVar im Spannungsnulldurchgang (f_e = 350 Hz).
B = Einschalten von 6,5 kVar im Spannungshöchstwert (f_e = 650 Hz).

Oszillogramme stimmen praktisch genau mit den rechnerisch ermittelten Kurven der Bilder 69 und 70 überein. Die Ausgleichvorgänge klingen stets schnell oszillatorisch auf stationäre Werte ab.

Beim Einschalten eines Drehstromkondensators ist im übrigen stets damit zu rechnen, daß die einzelnen Phasen zu verschiedenen, zwischen Spannungsnulldurchgang und Spannungsscheitelwert liegenden Augenblicken Stromschluß erhalten. Dies zeigt auch die oszillographische Aufnahme Bild 72[2]) des vorstufenlosen Einschaltens einer 2000-kVar-

---

[1]) Hürbin, M., Bull. schweiz. elektrotechn. Ver. 20 (1929), S. 652.
[2]) Grünewald, H., VDE-Fachberichte 7 (1935), S. 25.

Batterie auf 10 kV Netzspannung. Die Spannung U_R durchläuft bei P_1 etwa ihren Höchstwert; der in diesem Augenblick einsetzende Gesamtstrom J_R erreicht entsprechend Bild 70 eine hohe Amplitude und klingt exponentiell mit einer Eigenfrequenz $f_e \cong 750$ Hz auf den stationären Wert ab. An gleicher Stelle P_1 zündet auch der Strom J_T, wobei die zugehörige Spannung U_T kurz vor ihrem negativen Scheitelwert steht.

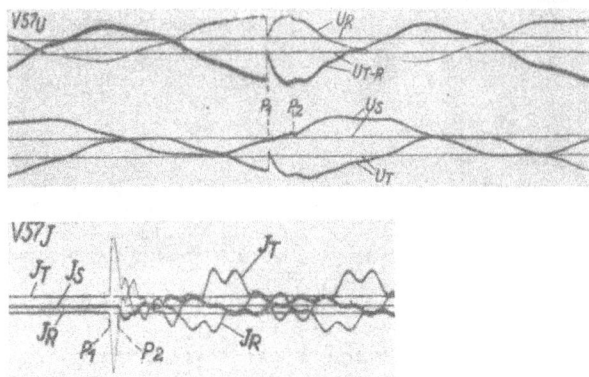

Bild 72. Netzspannung und Kondensatorstrom beim nicht künstlich gedämpften Einschalten eines 2000-kVar-Kondensators für 10 kV Netzspannung.

Der Leiter S zündet dagegen erst bei P_2, d. h. kurz nach Nulldurchgang der Kurve U_S, und zwar mit ähnlichem Verlauf wie in Bild 69. Der beim ersten Stromschluß (P_1) eintretende steile Zusammenbruch der Netzspannungen U_R, U_T und U_{TR} bis auf Null mit nachfolgendem langsamem Wiederanstieg wird von dem Netz wegen der Kurzzeitigkeit (etwa 0,001 s) ebensowenig bemerkt wie die beim anschließenden Wiederanstieg der Netzspannung auftretende Überspannung, die praktisch etwa zwischen dem 1,2...1,7fachen Scheitelwert der Netzspannung liegen kann. Man erkennt im übrigen, daß durch den hohen stationären Gehalt an Oberwellen und die Sättigungsänderung ein etwas anderer Kurvenverlauf auftritt als bei den theoretischen Kurven der Bilder 69 und 70.

Von besonderem Interesse dürften in diesem Zusammenhang noch die Schaltvorgänge einzelkompensierter, größerer induktiver Stromverbraucher wie Umspanner, Schweißmaschinen sowie insbesondere von Asynchronmotoren sein. In Bild 73 ist das entsprechende Oszillogramm vom Einschalten eines Kurzschlußläufermotors und Parallelkondensators mittels gemeinsamen Schalters wiedergegeben. Hiernach überlagert sich dem nur langsam ausklingenden Anlaufstrom und dem feldaufbauenden »rush«-Strom des Motors der etwa 50...200fach so schnell und mit hoher Netzeigenfrequenz ausklingende Kondensatoreinschaltstrom. Der resultierende Motorkondensatorstrom läßt daher nur 1...2 Netzhalbwellen lang den Einfluß des Kondensatorausgleichstromes erkennen, ohne daß

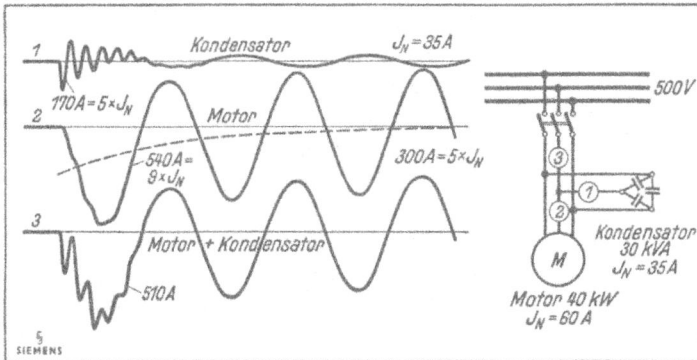

Bild 73. Anlaufstrom, Kondensatorstrom und Gesamtstrom eines kondensatorkompensierten Kurzschlußläufers.

hierdurch der Effektivwert merklich beeinflußt wird. Sobald der Kondensatoreinschaltvorgang auf stationäre Werte abgeklungen ist, wirkt der Kondensatorstrom während des folgenden Motoranlauf- und Betriebszustandes kompensierend und damit gesamtstromverringernd. — Bei der Bemessung der Größe der Parallelkondensatoren ist auf die in Kap. X, 1 näher erwähnte Selbsterregungsmöglichkeit beim Abschalten Rücksicht zu nehmen.

Ähnliche Einschaltoszillogramme ergeben sich auch beim gemeinsamen Schalten von kondensatorkompensierten, ruhenden induktiven Stromverbrauchern wie Umspannern, Schweißmaschinen, Öfen, Drosselspulen usw., jedoch mit dem Unterschied, daß hier der Einschaltvorgang für Verbraucher und Kondensator innerhalb weniger Halbwellen ausgeklungen ist. Besondere Anforderungen werden durch das Hinzukommen der Kondensatoren an die gemeinsamen Schalter in keinem der Fälle gestellt, wobei selbstverständlich die Verwendung technisch einwandfreier Leistungsschalter vorausgesetzt werden muß (vgl. a. Kap. VII, 3).

Künstliche Dämpfung. Aus den von Grünewald durchgeführten Versuchen (Bild 72) ging als Bestätigung der vorstehenden Überlegungen hervor, daß man für Spannungen bis etwa 30 kV auch beim Einschalten eines einzigen großen Kondensators auf eine Sammelschiene eine künstliche Dämpfung nicht benötigt, da einerseits die Reaktanz des vorgeschalteten Netzes den Ausgleichschwingungen voraus berechenbare Grenzen auferlegt und andererseits die Ladeleistung des Netzes noch vernachlässigbar klein ist.

Sieht man trotzdem mit Rücksicht auf die Leistungsschalter, Stromwandler oder sonstige Anlageteile oder auf spätere Erweiterung der Kondensatoranlage Dämpfungsorgane vor, so sind induktive Netz- oder Vorschaltwiderstände — ähnlich wie bei den später zu behandelnden Oberwellen-Dämpfungsschaltungen — wesentlich wirksamer als prozentual gleichgroße Ohmsche Widerstände. Rüstet man beispielsweise den Kondensatorleistungsschalter mit einem Vorstufenwiderstand von dem doppelten Schwingungswiderstand, also $R \geqslant 2\sqrt{L/C}$ aus, so wird die Eigenfrequenz ω_e der durch das Einschalten bedingten Ausgleichschwingung lt. Gl. (23) gleich Null, d. h. der Ausgleichvorgang verliert für die Zeitdauer der ersten Schaltstufe infolge starker künstlicher Dämpfung seinen Schwingungscharakter und verläuft aperiodisch. So zeigt Bild 74a den noch oszillatorischen Einschaltvorgang eines 500-V-Kondensators für ca. 10 kVar bei Verwendung eines Vorwiderstandes von $R = 1\,\Omega$, während durch Verdopplung des Ohmwertes (Bild 74b) bereits Aperiodizität erreicht wird.

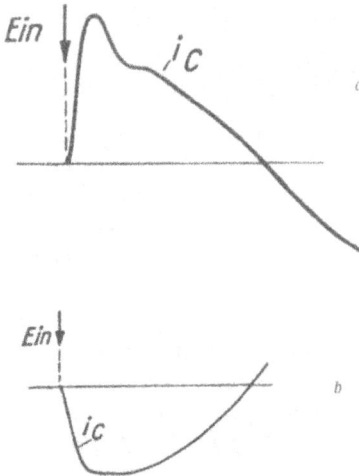

Zugleich mit der Höhe der Eigenschwingungszahl wird durch den vorübergehend in den Stromkreis eingeschalteten Widerstand auch die Höhe des Ausgleichstromes (vgl. Gl. (26)) sowie der Ausgleichspannung wirksam herabgesetzt. Beträgt der Höchstwert des Ausgleichstromes $J_e = 100\%$, so ergibt sich nach Ablauf einer halben Eigenperiode für einen Vorstufenwiderstand $R = 0{,}5\sqrt{L/C}$ eine Verringerung des Ausgleichstromes auf

$$\varepsilon^{-\frac{\pi}{2}\cdot\frac{R}{\sqrt{L/C}}} = \varepsilon^{-\frac{\pi}{2}\cdot\frac{0{,}5\sqrt{L/C}}{\sqrt{L/C}}} = \varepsilon^{-\frac{\pi}{4}} = 0{,}45, \text{ also auf } 45\%,$$

während für $R = \sqrt{L/C}$ eine Herabsetzung auf 20% erzielt wird.

Man muß allerdings beachten, daß die Vorkontakte beim Einschalten nicht flattern können, und daß die Vorstufenwiderstände je nach Schalterbauart und zu schaltender Kondensatorgröße mindestens 1...3 volle Netzhalbperioden im Eingriff bleiben, ehe auf die Hauptstufe übergeschaltet wird. Aus der Gl. (30) ergibt sich zwar, daß der Ausgleichvorgang sehr schnell abgeklungen ist, zumal bei Anwendung künstlich erhöhten Ohmschen Reihenwiderstandes. Es muß aber bei Drehstrom u. a. mit dem bereits erwähnten, nicht gleichzeitigen Einsetzen des Lichtbogens der einzelnen Phasen gerechnet werden.

Weiterhin ist zu berücksichtigen, daß ein zu hoher Vorstufenwiderstand zwar eine starke Dämpfung auf der ersten Schaltstufe bewirkt, dagegen einen hohen Ausgleichstrom beim — ungedämpften — Überschalten auf die Hauptstufe erwarten läßt. Man wird daher den

Bild 74. Einschalten eines Einphasenkondensators für 10 kVar, 500 V über Ohmschen Vorwiderstand:
a = oszillierend bei $R = 1\,\Omega$,
b = aperiodisch bei $R = 2\,\Omega$.

Vorwiderstand nie größer als $R = 2\sqrt{X_{L1} \cdot X_{C1}}$ wählen. Es genügt meistens ein Wert $R = (0,5...1)\sqrt{X_{L1} \cdot X_{C1}}$. Dies bedeutet, daß beim Einschalten des 1000 kVar-Kondensators C^I auf das Netz des Bildes 68 ($X_{L1} = 0,45\ \Omega/\text{Ph}$; $X_{C1} = 36\ \Omega/\text{Ph}$; $Z = \sqrt{X_{L1} \cdot X_{C1}} = 4\ \Omega/\text{Ph}$) ein Vorwiderstand in der Größenordnung von 2...4 Ω/Ph ausreicht. Ist für die Ermittlung von X_{L1} das Gesamtnetz nicht bekannt, so kann man ähnlich wie bei überschläglichen Kurzschlußberechnungen die Reaktanz des dem Kondensator unmittelbar vorgeschalteten Umspanners allein — evtl. mit einem Schätzzuschlag — in die Rechnung einsetzen.

Da im allgemeinen der Schwingungs- oder Wellenwiderstand $Z = \sqrt{X_{L1} \cdot X_{C1}}$ nicht ohne weiteres zu berechnen ist, geht man bei der Bemessung der Vorstufenwiderstände auch von der obigen Überlegung aus, daß die beim Überschalten auf die Hauptstufe noch zu überbrückende Spannungsdifferenz möglichst nur wenige Prozent der Netzspannung betragen soll. Eine einfache Rechnung an Hand der Impedanz- und Spannungsfalldreiecke ergibt, daß die Vorstufenwiderstände für 10% bis höchstens 30% des Grundwellenblindwiderstandes X_{C1} des zu schaltenden Kondensators zu wählen sind, also für $R = (0,1...0,3)\ U_1^2/N_{C1}$. Für das Einschalten des 1000-kVar-Kondensators C^I auf das Netz des Bildes 68 würde man einen Wert von $R = 3,6...10,8\ \Omega/\text{Ph}$ erhalten; dieses stimmt einigermaßen mit dem oben ermittelten Betrag von $R = 2...4$ Ω/Ph überein. Die Auslegung nach $R = (0,1...0,3)\ X_{C1}$ ist im übrigen auch mit Rücksicht auf ein evtl. Parallelschalten mit anderen Kondensatoren gerade angemessen, wie dieses zahlreiche Versuche bestätigten (vgl. Bild 75 und 76).

Eine künstliche Dämpfung wird auch durch dauernd vorgeschaltete Ohmsche (S. 107) bzw. induktive Vorwiderstände erzielt (vgl. a. Bild 93 u. 188 A...C).

Parallelschalten. Schaltet man einen Kondensator auf ein Netz und zugleich parallel zu einem bereits an der gleichen Sammelschiene unter Spannung befindlichen Kondensator (Bild 68), so nimmt er sowohl seinen Normalstrom i_1 und den mit der Eigenfrequenz ω_e ausschwingenden Ausgleichstrom i_e entsprechend Gl. (19) als auch gleichzeitig noch einen durch die Anwesenheit des Parallelkondensators bedingten weiteren Ausgleichstrom i_e' auf. Für letzteren gelten sinngemäß die früheren Beziehungen wie für i_e, wobei der Parallelkondensator hinsichtlich seiner Speicherfähigkeit und spannunghaltenden Eigenschaft als Parallelgenerator wirkt. Die Eigenfrequenz ω_e' errechnet sich nach Gl. (23) und (24) aus der natürlichen, meist verhältnismäßig geringen Induktivität der Leiterschleife zwischen den beiden Kondensatoren sowie aus dem kapazitiven Reihenwiderstand $X_C = X_C^I + X_C^{II}$ der beiden Kondensatoren I und II. Da die Eigenfrequenz ω_e' meist sehr viel größer als ω_e ist, so kann man in erster Annäherung für den ersten Augenblick des ungedämpften Parallelschaltens die Werte für i_1 und i_e gegenüber i_e' vernachlässigen. Nachstehende Untersuchung braucht sich daher lediglich auf den Parallelschaltstrom i_e' zu erstrecken. Für den ungünstigsten Fall des Schaltens im Spannungshöchstwert ergibt sich aus Gl. (19 und 29) als Annäherung:

$$i \cong i_e' \cong - J_1' \frac{\omega_e'}{\omega_1} \varepsilon^{-\frac{t}{2T}} \sin \omega_e' t \quad \ldots \ldots \ldots \text{(33)}$$

Die Gl. (26) gibt auch hier wieder den max. Scheitelwert J_e' des Ausgleichstromes an, wobei $J_1' = \dfrac{U}{\sqrt{3}\,(X_C^{\mathrm{I}} + X_C^{\mathrm{II}})}$ den Nennstrom der Kondensatorreihenschaltung darstellt. Es wird:

$$J_e' = - J_1' \frac{\omega_e'}{\omega_1} = - J_1' \sqrt{\frac{X_{C_1}^{\mathrm{I}} + X_{C_1}^{\mathrm{II}}}{X_{L_1}'}} = - J_1' \frac{1}{\omega_1} \sqrt{\frac{C^{\mathrm{I}} + C^{\mathrm{II}}}{L' \cdot C^{\mathrm{I}} \cdot C^{\mathrm{II}}}} \quad \text{(34)}$$

Man kann nun zur Ermittlung von X_{L1}' (Bild 68) annehmen, daß zwischen zwei parallel zu schaltenden Hochspannungskondensatoren mindestens 10 m Verbindungsleitung liegen. Bei 1...20 kV Drehstrombetriebsspannung ist bei blanken Leitungen und Sammelschienen mit einer Induktivität $L' \cong 7{,}5 \cdot 10^{-6}$ H/Ph/10 m und bei entsprechenden Drehstromkabeln mit $L' \cong 4{,}5 \cdot 10^{-6}$ H/Ph/10 m zu rechnen (s. a. Bild 136 u. 137). Ferner liegt praktisch stets vor jedem Kondensator entweder ein Primärauslöser- oder ein Stromwandlersatz. Die Leiterinduktivität eines Primärauslösers bzw. eines Schleifenstromwandlers liegt bei Reihe 10 und 100 A Nennstrom in der Größenordnung von $40 \cdot 10^{-6}$ H/Ph; sie ist bei abweichendem Nennstrom umgekehrt proportional dem Quadrat der Nennströme. Bei Schienenstromwandlern kann man höchstens 10% dieses Wertes ansetzen.

Wenn man nunmehr den 1000-kVar-Drehstromkondensator C^{I} für 6 kV ($X_{C_1}^{\mathrm{I}} = 36\ \Omega$/Ph) über einen zugehörigen 150-A-Schleifenstromwandler ($L = 18 \cdot 10^{-6}$ H/Ph) sowie 20 m blanke Verbindungsleitungen ($L' = 15 \cdot 10^{-6}$ H/Ph) mit dem 3000-kVar-Kondensator C^{II}($X_{C_1}^{\mathrm{II}} = 12\ \Omega$/Ph) und dessen zugehörigen Stromwandler für 400/5 A ($L' = 2{,}5 \cdot 10^{-6}$ H/Ph) parallel schaltet, so ergibt sich eine wirksame induktive Gesamtreaktanz von $X_{L1}' = 35 \cdot 10^{-6} \cdot 314 = 0{,}011\ \Omega$/Ph. Somit tritt nach Gl. (34) ein maximal möglicher Parallelschaltstromstoß vom 66fachen Grundwellennennstrom J_1' des Reihenkondensatorstromes ($J_1' = 6000/[\sqrt{3} \cdot (36 + 12)] = 72$ A), also von 4750 A_{eff} bzw. 6800 A Scheitelwert auf. Dies bedeutet für den 1000-kVar-Kondensator den 50fachen, für den 3000-kVar-Kondensator den 16,5fachen Nennstrom. Unter ähnlichen Verhältnissen würde bei einem 100-kVar-Kondensator der 21fache, bei einem parallelgeschalteten 300-kVar-Kondensator der 7fache Nennstrom auftreten. Man erhält also das interessante Ergebnis, daß der kleinere Kondensator stets verhältnismäßig stärker beansprucht ist als der große. Hierbei ist es unerheblich, welcher von beiden ungleich großen Kondensatoren zu dem anderen parallel geschaltet wird.

Der Ausgleichvorgang klingt hochfrequent im ersteren Fall mit $f_e = 66 \cdot 50 = 3300$ Schwingungen je Sekunde in $3\,T = 3\,L/R \cong 0,01...$ 0,03 s auf Null ab, wobei er sich dem stationären Kondensatorstrom sowie dem netzseitigen Ausgleichstrom i_e überlagert. Durch den Einfluß der Sättigungsänderung in den eisenbehafteten Reiheninduktivitäten ergeben sich naturgemäß gewisse Änderungen der vorstehenden Rechnungswerte. Auf ausreichende Windungsisolation der Geräte ist zu achten, da die Ausgleichströme entsprechende Spannungsfälle hervorrufen. Parallelschaltung spannungabhängiger Widerstände zu den Stromwandlern und Primärauslösern ist unbedingt zu empfehlen.

Da die vorstehend ermittelten dynamischen und thermischen Beanspruchungen zwar weniger für die Leistungsschalter und Wandler, wohl aber für die den Kondensatorwickeln vorgeschalteten Sicherungsdrähte meist immer noch zu hoch sind, so muß man zu künstlichen Dämpfungsmitteln greifen. Da entsprechend den vorstehenden Untersuchungen schon geringste Induktivitäten den Parallelschaltvorgang sehr wirksam dämpfen, so wurde bereits vorgeschlagen, eisenlose Drosselspulen für etwa 0,3...1% induktiven Eigenverbrauch — bezogen auf 100% Kondensatornennleistung — in das Gehäuse des Kondensators einzubauen[1]); hierdurch erhält man ein stets schaltbereites Gerät. Im Beispiel des Bildes 68 würde schon eine Kleindrossel von 0,5% je Kondensator nach Gl. (34) eine Herabsetzung des oben ermittelten Parallelschaltstromstoßes vom 66fachen auf den 13,8fachen Wert von $J_1{}'$ ergeben:

$$J_e{}' = J_1{}' \sqrt{\frac{36 + 12}{0,011 + 0,005\,(36 + 12)}} = 13,8\,J_1{}' = 980\ \mathrm{A_{eff}}.$$

Die Vorschaltinduktivität ist zwar teurer, aber wegen geringerer Dauerverluste wirtschaftlicher und — wie noch festzustellen ist — auch wirksamer als gleichgroße Ohmsche Widerstände. Die Kleindrossel muß für die volle Betriebsspannung isoliert werden; sie könnte auch als Dämpfungsglied in einem Vorstufenleistungsschalter angewandt werden.

Als Dämpfungsorgane sind weiterhin auch Kurzschlußstrom-Begrenzungsdrosselspulen[2]), Umspannerreaktanzen, spannungsabhängige Kurzschlußstrom-Begrenzungswiderstände nach Dr. Küppers usw. anzusprechen.

Von Interesse ist noch die Wirkung dauernd vorgeschalteter Ohmscher Dämpfungswiderstände beim Parallelschalten. Eine einfache Rechnung zeigt, daß gerade die beim Parallelschalten besonders beanspruchten kleinen Kondensatoreinheiten durch einen dauernd vorgeschalteten Dämpfungswiderstand (Bild 94) für 0,3...0,5% Leistungsverlust — bezogen auf 100% Nennleistung des kleinen Kondensators —

---

[1]) Bornitz, E., Österr. Pat. 149616; s. a. Bild 93 C.

[2]) Rüdenberg, R., DRP. 422040; s. a. Bild 93 D und Oszillogramm Bild 188 D.

einen so großen Ohmschen Widerstand erhalten, daß dieser schon bald die Größenordnung des Schwingungswiderstandes der Kondensatorreihenschaltung

$$Z' = \sqrt{L' \, (C^{\mathrm{I}} + C^{\mathrm{II}})/(C^{\mathrm{I}} \, C^{\mathrm{II}})} = \sqrt{X'_{L_1} \cdot (X^{\mathrm{I}}_{C_1} + X^{\mathrm{II}}_{C_1})} \quad \ldots \quad (36)$$

erreichen kann. Es wird also schon durch vernachlässigbar kleine Dämpfungswiderstände ein nahezu aperiodischer Verlauf des Parallelschaltvorganges erzielt. Die Widerstände verkürzen weiterhin die Zeitdauer des Ausgleichvorganges und gestatten die Umwandlung der elektrostatischen Energie des bereits unter Spannung stehenden Kondensators in Joulesche Wärme; sie entlasten also die Wickelsicherungen in dieser Beziehung wirksam. Auf die Herabsetzung des Ausgleichstromes J_e' können sie jedoch kaum eine erhebliche Wirkung ausüben, sofern man nicht Widerstände mit großem negativen Temperaturkoeffizient verwendet.

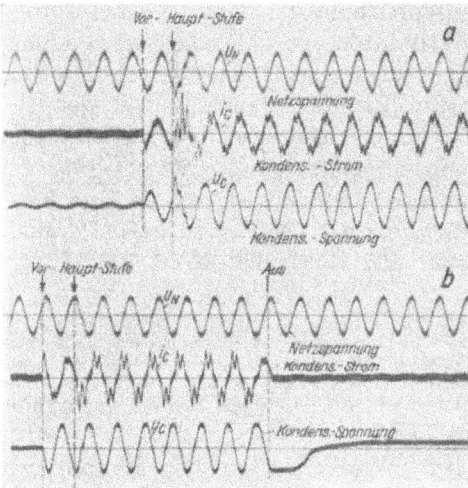

Bild 75. Netzspannung, Kondensatorstrom und Kondensatorspannung beim künstlich gedämpften Parallelschalten zweier Einphasenkondensatoren für je 65 kVar, 10 kV, mittels Vorstufen-Hartgas-Leistungstrennschalters:

a = Ohmscher Vorwiderstand 1000 Ω/Ph.,
b = Ohmscher Vorwiderstand 500 Ω/Ph.

Im Zweifelsfalle wird man Leistungsschalter mit Vorstufenwiderständen vorsehen (vgl. Bild 75...77, 88 und 89), wobei man wieder auf richtige Bemessung der Vorstufenwiderstände zu achten hat. So zeigt Bild 75a, daß beim Parallelschalten zweier 10 kV-Einphasenkondensatoren für je 65 kVar die Stromdämpfung auf der ersten Schaltstufe durch $R = 1000 \ \Omega$/Ph zu stark ist, während bei Verwendung von $R = 500 \ \Omega$/Ph beide Schaltstufen annähernd gleichmäßig beansprucht werden. Der Sollwert für den Widerstand würde im vorliegenden Falle ähnlich Seite 105:

$$R = (0,1 \ldots 0,3) \, U_1^2/(N_{C_1}^{\mathrm{I}} + N_{C_1}^{\mathrm{II}}) = (0,1 \ldots 0,3) \, 10000^2/(2 \cdot 65000) = 77 \ldots 230 \ \mathrm{Ohm/Ph}$$

betragen. Im übrigen ist der Ausgleichvorgang auf jeder Stufe schnell abgeklungen. Die Netzspannung u_N wird — von geringen Spannungseinbrüchen abgesehen — praktisch gar nicht beeinflußt. Die Kondensatorspannung schwingt bei zu starker Dämpfung (Bild 75a) langsam, bei verringerter Dämpfung (Bild 75b) schnell auf ihren Normalwert ein. Bei ungedämpftem Parallelschalten kann ähnlich wie beim Einschaltvorgang keine ungewöhnlich hohe Überspannung am Kondensator auftreten;

sie kann höchstens den Betrag der doppelten Scheitelwertnennspannung annehmen.

In Bild 76 ist das Parallelschalten einer 1000-kVar-Kondensatorbatterie für 10 kV zu einer bereits am Netz liegenden Batterie von 2000 kVar oszillographisch wiedergegeben. Die Vorstufen der einzelnen Phasen zünden bei P_1 bzw. P_2 — also wiederum nicht gleichzeitig —, während die Hauptstufen erst nach mehreren Halbwellen bei P_3 zum Eingriff kommen. Die Vorstufenwiderstände waren hierbei $R = 30 \; \Omega/\text{Ph}$, während der Sollwert etwa $R = (0{,}1...0{,}3) \; U_1{}^2/(N_{C_1}{}^{\mathrm{I}} + N_{C_1}{}^{\mathrm{II}}) = (0{,}1...$

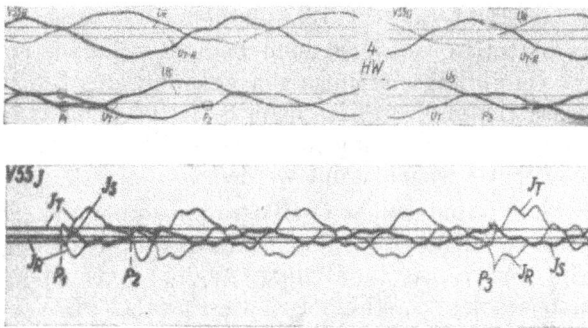

Bild 76. Netzspannung und Kondensatorströme beim Parallelschalten eines 1000-kVar- zu einem 2000-kVar-Kondensator bei 10 kV mittels Vorstufen-Ölschalters ($R = 30 \; \Omega/\text{Ph}$.).

$0{,}3) \; 10\,000^2/(1000 \cdot 10^3 + 2000 \cdot 10^3) = 3{,}3...10 \; \Omega/\text{Ph}$ betragen müßte. Aus Bild 76 erkennt man, daß die Netzspannung von dem Parallelschaltvorgang kaum berührt wird, was offenbar auf die spannunghaltende Wirkung der bereits unter Spannung stehenden Batterie für 2000 kVar zurückzuführen ist. Die Stromkurven geben die hohe Frequenz der Ausgleichschwingung nur unvollkommen wieder.

Nieder-, Mittel- und Höchstspannungsanlagen. In Niederspannungsnetzen benötigt man weder beim Zu- noch beim Parallelschalten getrennte Ohmsche oder induktive Dämpfungseinrichtungen. Voraussetzung ist allerdings der Verzicht auf Hebelschalter sowie die Anwendung neuzeitlicher Schutzschalter mit Sprungschaltung, mit Blasspulen und möglichst mit magnetischen Schnellauslösern. Beim Parallelschalten von Niederspannungskondensatoren findet man günstigere Schaltbedingungen als in Mittelspannungsanlagen vor. Hierbei sind die in Gl. (34) einzusetzenden Werte für $X_L{}'$ schon so beachtlich, daß sich z. B. für das Parallelschalten eines 100-kVar-Kondensators zu einem solchen von 300 kVar bei 500 V Ds, 50 Hz über eine 5 m lange Leitung ($L = 4 \cdot 10^{-6} \; \text{H/Ph}$) ein gerechneter Höchstwert für $J_e{}'$ von etwa dem 50fachen Reihenkondensatorstrom $J_1{}'$ ergibt, der aber unter Berücksichtigung der Induktivität der Schnellauslöser und Blasspulen der beiden Schaltautomaten ($L \cong 30 \cdot 10^{-6} \; \text{H/Ph}$

je Schalter) auf das rd. 18...13 fache des Reihenkondensatorstromes zurückgeht. Man kommt also stets ohne Vorstufenwiderstände od. dgl. aus, was auch durch die Erfahrung bestätigt wird.

Über das ungedämpfte Ein- und gedämpfte Parallelschalten von Mittelspannungskondensatoren wurde in den vorstehenden Abschnitten eingehend berichtet.

Von Interesse sind dagegen die Schaltnotwendigkeiten für Mittelspannungsnetze großer Ausdehnung sowie für Höchstspannungsnetze. Sofern das galvanisch mit dem zuzuschaltenden Kondensator verbundene Freileitungs- oder vor allem Kabelnetz eine Drehstromladeleistung von mehr als 50...100 kVar (vgl. Bild 136 u. 137) aufweist, so sind nicht nur bei Regelbatterien, sondern auch beim Zuschalten eines einzigen Kondensators Dämpfungseinrichtungen erforderlich. Die Wirkung der Betriebskapazität eines Netzes ist beim Schaltvorgang zwar wegen der nicht konzentrischen Anordnung harmloser als beim Kondensator, darf aber trotzdem nicht vernachlässigt werden.

In Bild 77...79 sind einige Oszillogramme über das Schalten und Parallelschalten von Höchstspannungskondensatoren wiedergegeben. So zeigt Bild 77[1]) das Einschalten einer 2500-kVar-Kondensatorbatterie für 66 kV mittels eines Vorstufenölschalters, wobei die Vorstufenwiderstände für 200 Ω/Ph ausgelegt sind und laut Oszillogramm etwa zwei Netzperioden lang im Eingriff bleiben. Man erkennt einen geringen Einbruch der Netzspannungskurve u_N und oszillierenden Verlauf des

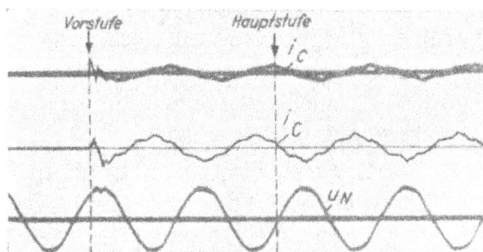

Bild 77. Kondensatorstrom und -spannung sowie Netzspannung beim Einschalten einer Kondensatorbatterie von 2500 kVar, 66 kV, mittels Vorstufen-Ölschalters.

Kondensatoreinschaltstromes i_C, ähnlich wie in den früher behandelten Oszillogrammen der Mittelspannungsanlagen. Die erwähnte Batterie gehört zu der in Bild 66 gezeigten Kondensatoranlage für 10000 kVar, 66 kV, welche über einen Umspanner auf ein ausgedehntes japanisches 110-kV-Netz arbeitet und dort zur Blindleistungs- und Oberwellenkompensation dient. (Die für den Oberwellenkurzschluß erforderlichen Reihendrosselspulen waren bei der Aufnahme des Oszillogrammes Bild 77 überbrückt. Es sei auch auf Bild 189 verwiesen.)

---

[1]) Bekku, S., Cigre Paris 1939, Bericht 123, S. 7.

Schließlich zeigen die Oszillogramme der Bilder 78 und 79[1]) das Ein- und Parallelschalten von Kondensatorbatterien für je 3000 kVar, 105 kV über einen vorgeschalteten Wasserwiderstand unter Benutzung einer unter Bild 93 K näher bezeichneten Schaltungsart. Die Schaltvorgänge sind stets innerhalb einer halben Netzperiode abgeklungen. Beim Zuschalten (Bild 78) erreicht der Kondensatorstrom mit 135 A etwa den 8fachen Betrag des Nennstromes von 16,5 A; beim Parallelschalten mit einer zweiten 3000-kVar-Batterie (Bild 79) tritt ein Höchstwert von 73 A auf, d. h. es ergibt sich der etwa 4,5fache Wert des Nennstromes einer 3000-kVar-Einheit bzw. der etwa 9fache Betrag des Reihenkondensatorstromes entspr. Gl. (34). Das Überschalten der jeweils neu ans Netz gelegten Kondensatorgruppe von

Bild 78. Einschalten einer 100-kV-Kondensatorbatterie für 3000 kVar über einen Wasserwiderstand.

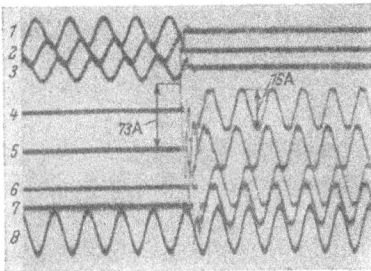

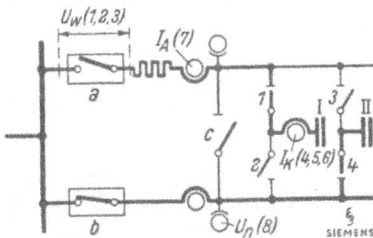

3 MVar von der Hilfs- auf die Hauptschiene mittels der Trennschalter erfolgt ohne jeden Ausgleichvorgang und funkenfrei. Da auch die Netzspannung beim Ein- und Parallelschalten nur kurzzeitig zusammenbricht, treten infolge der Vorschaltung des Dämpfungswiderstandes weder für das Netz noch für die Kondensatoren oder Schalter ungünstigere Beanspruchungen als in Mittelspannungsanlagen auf. Die Kondensatorgruppen gehören zu einer Anlage von 24000 kVar, welche zur Erhöhung der übertragbaren Wirkleistung eines süddeutschen Höchstspannungsnetzes erstellt wurde (vgl. Bild 141).

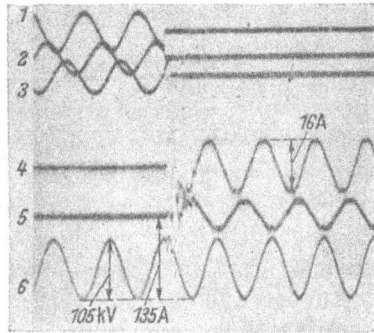

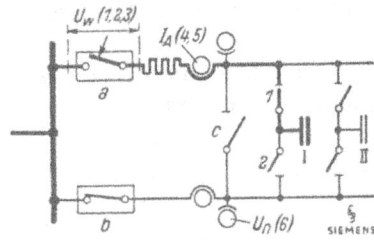

Bild 79. Parallelschalten zweier 100-kV-Kondensatorbatterien für je 3000 kVar über einen Wasserwiderstand.

[1]) Baudisch u. Rambold, Siemens-Z. 17 (1937), S. 467. Vgl. auch S. 124, Schaltbild 93 k.

2. Ausschalten und Entladen

Ausschalten. Beim Ausschalten von Wechselströmen ist es im Gegensatz zum Abschalten von Gleichströmen nicht so schwer, den periodisch durch Null hindurchgehenden Wechselstrom zu unterbrechen, als vielmehr ein Wiederzünden des Lichtbogens zu verhüten. Ein Neuzünden tritt ein, wenn zwischen den Schalterkontakten — also zwischen dem abzuschaltenden Motor, Umspanner oder Kondensator und der weiterschwingenden Netzspannung — eine derartig hohe Spannungsdifferenz entsteht, daß diese zum Durchschlagen der während des Stromflusses durch den Lichtbogen ionisierten und nach Lichtbogenlöschung noch nicht auf genügend hohe dielektrische Festigkeit gebrachten Schaltstrecke ausreicht und demnach größer als die Zündspannung des Lichtbogens ist.

Während beim Abschalten von Stromkreisen mit vorwiegend induktivem Stromcharakter (Stromerzeuger, Motoren, Umspanner usw.) bei

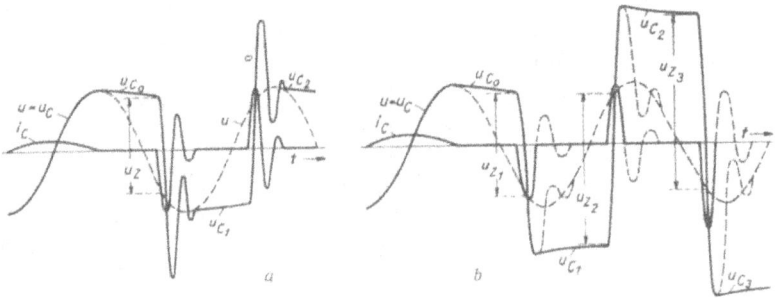

Bild 80. Rückzündungsüberspannungen beim fehlerhaften Abschalten von Kondensatoren bei hoher (a) bzw. bei niedriger (b) Netzeigenfrequenz.

jedem natürlichen Nulldurchgang des Stromes ein Löschen des Lichtbogens mit sofort anschließender Neuzündung — mit nicht allzu hohen Spannungs- und Stromstößen — auftreten kann, sind beim Abschalten von Kapazitäten die Bedingungen für ein sofortiges Wiederzünden nicht gegeben. Der stationäre Kondensatorstrom i_C wird zunächst nach Bild 80 bei Stromnulldurchgang unterbrochen, wobei gleichzeitig die Netzspannung u und damit die Kondensatorspannung u_C ihren Scheitelwert u_{C_0} durchläuft. Dieser Ladewert bleibt als annähernd gleich hohe Gleichspannung auf den Kondensatorbelägen solange liegen, bis zwischen u_{C_0} und der inzwischen sinusförmig weiter arbeitenden Netzspannung u eine Spannungsdifferenz (Zündspannung u_z) herrscht, die den Schaltweg der sich inzwischen weiter entfernenden Kontakte zu durchschlagen vermag. Erst jetzt ergibt sich nach stromloser Pause die erste Rückzündung.

Jede neue Zündung stellt natürlich eine Neueinschaltung des Kondensators über einen Lichtbogen dar. Der Ladevorgang verläuft oszillierend mit der Eigenschwingung ω_e des Schwingungskreises und klingt im allgemeinen in Bruchteilen einer Netzhalbperiode ab. Bei dem in Bild 80a wiedergegebenen Fall sehr hoher Eigenfrequenz ω_e kann dem Kondensator kurzzeitig durch die Rückzündungsschwingung fast die doppelte Netzspannung aufgedrückt werden. Handelt es sich dagegen um den hinsichtlich der Beanspruchung ungünstigeren, niedrigen Eigenfrequenzbereich von 1000...100 Hz, so wird bei der ersten Rückzündung die Ladeschwingung, entsprechend Bild 80b, nur insgesamt eine halbe Schwingung ausführen können. Da die Schwingung verhältnismäßig langsamer als im Falle von Bild 80a verläuft und eine kräftige Kühlung der Lichtbogenfußpunkte und des Lichtbogens als gegeben angenommen werden soll, da ferner der zugehörige, stoßartig auftretende Ladestrom i_e am Ende der Halbschwingung bereits durch Null geht, die Schaltstrecke bei guter Kühlung stark entionisiert ist und die zum Neuzünden des Ausgleichstromes i_e erforderliche Spannung nicht zur Verfügung steht, so bricht die inzwischen schwingend von u_{C0} auf u_{C1} gesprungene Kondensatorspannung ab und hinterläßt auf den Kondensatorbelägen eine

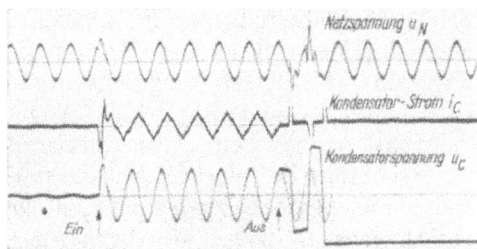

Bild 81. Rückzündungen beim — gewollt — fehlerhaften Abschalten eines 10-kV-Kondensators.

Gleichladung u_{C1}. Diese kann bei geringer Dämpfung im ungünstigsten Fall nahezu das Dreifache des Scheitelwertes der Netzspannung u erreichen. Die Kondensatorspannungen werden bei jeder neuen Zündung größer und größer, da auch die inzwischen sich weiter auseinanderbewegenden Kontakte eine entsprechend höhere, zu überwindende Zündspannung u_z aufweisen. An welcher Stelle der Sinuskurve der Netzspannung und wie häufig die Rückzündungen einsetzen können, hängt ganz von der zum Durchschlagen der Schaltstrecke erforderlichen Spannungsdifferenz und damit von der Schaltgeschwindigkeit ab.

Die Kondensatorspannung u_C könnte also entsprechend Bild 80b und 81 bei dem uns technisch besonders interessierenden Eigenfrequenzbereich in scharfen Sprüngen auf den 2...3fachen Wert der Netzspannung und noch weiter höher getrieben werden, wenn nicht einerseits durch den Ohmschen Reihenwiderstand des Schwingungskreises (Vorstufenwiderstand usw.) eine Dämpfung der Amplitude der Ladeschwingung hervorgerufen würde und andererseits eine möglichst hohe Schaltgeschwindigkeit gewählt und vor allem eine künstliche Kühlung[1]) des Lichtbogens durchgeführt werden könnte. Beide letztgenannten Mittel

---

[1]) Vgl. Biermanns, J., ETZ 59 (1938), S. 165 u. 194.

bewirken in Zusammenarbeit mit der Tatsache, daß die für die Regenerierung der Schaltstrecke zur Verfügung stehende Zeit bedeutend länger ist als bei Kurzschlußabschaltung, wo die Einsatzzeit der Wiederkehrspannung zwischen eintausendstel und einmillionstel Sekunde schwankt, daß die Entionisierung der Schaltstrecke und damit ihre dielektrische Spannungsfestigkeit schneller wächst als die Spannungsdifferenz zwischen der Kapazitätsspannung u_C und der treibenden Wechselspannung u des Netzes. Somit löscht der Lichtbogen bei guten Schaltern meist schon nach 1 bis längstens 2 Halbperioden der stationären Wechselspannung, so daß die harten Strom- und Spannungsbeanspruchungen der Kondensatoren und des Netzes vermieden werden.

Entladen. Auf den Belägen der Kondensatoren bleibt nach der Abschaltung vom Netz eine Restladung zurück. Diese muß sowohl zum Schutz des Bedienungspersonals, welches Restspannungen an den Klemmen abgeschalteter elektrischer Geräte nicht kennt, als auch zur Vermeidung unerwünscht heftiger Ausgleichsvorgänge beim Zuschalten nicht restlos entladener Kondensatoren im Augenblick der Phasenopposition in möglichst kurzer Zeit vernichtet werden.

Die Höhe der Restladung, die nach der Abschaltung vom Netz auf dem Kondensatorbelag herrscht, ist vom Augenblick der Löschung des Lichtbogens i_C bzw. der zugehörigen Kondensatorspannung u_C und davon abhängig, ob bei der Abschaltung Rückzündungen auftreten konnten. Bei rückzündungsfreiem Abschaltvorgang und gleichzeitiger Unterbrechung der drei Schalterkontakte kann entsprechend Bild 82 im ungünstigsten Falle nur eine elektrostatische Restladung von dem $\sqrt{2}$fachen Wert der effektiven Betriebswechselspannung auf den Belägen zurückbleiben. Die dieser Restspannung entsprechende Restladung klingt erst nach vielen Tagen exponentiell nach den Beziehungen

$$u_C = U\varepsilon^{-\frac{t}{T}} \text{ und } i_C = \frac{U}{R}\varepsilon^{-\frac{t}{T}} \quad \ldots \ldots \quad (36)$$

auf geringe Werte ab, wenn die Entladung nur über den außerordentlich hohen Isolationswiderstand des Kondensator-Dielektrikums erfolgen kann. Hierbei bedeutet $T = RC$ die elektrostatische Zeitkonstante des Stromkreises; nach einer Zeit $t = 3\,T$ sinkt die Ladung $\cdot \varepsilon^{-3} = 1/2{,}718^3 = 0{,}05$, also auf 5% des Anfangswertes, nach $t = 6\,T$ auf 0,25% des Anfangswertes (s. Bild 82) ab.

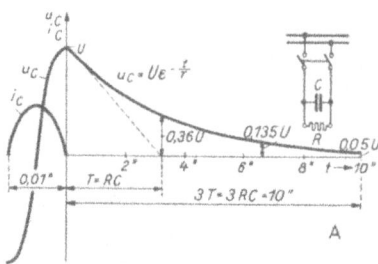

Bild 82. Exponentielle Entladung eines Kondensators für 100 kVar, 500 V Ds, 50 Hz, über einen Ohmschen Widerstand von $R = 7800\,\Omega/\text{Ph}$.

Da auf Grund von Versuchen festgestellt wurde, daß man z. B. beim Auswechseln von Sicherungen bereits etwa 10 s nach erfolgter

Abschaltung mit spannungführenden Teilen der Kondensatoranlage in Berührung kommen kann, so muß innerhalb dieser Zeit zur Vermeidung von Unfällen für eine selbsttätige Beseitigung der Restladung gesorgt werden[1]). Bei Zugrundelegung Ohmscher Widerstände für Entladezwecke sowie einer Entladung bis zu einer zulässigen Berührungsspannung von $u_C = 36$ V herab ermittelt man Widerstandswerte R, die in Bild 83 für gebräuchliche Kondensatorleistungen und Nennspannungen eingetragen sind; hierauf ist unten noch näher einzugehen.

Bei Niederspannung werden von den Kondensatorfirmen für Entladezwecke meist hochohmige, an den Klemmen dauernd angeschlossene Silitwiderstände vorgesehen. Wird ein in Dreieckschaltung gelieferter 100 kVar-Drehstromkondensator für 500 V, 50 Hz mit einer Kapazität von $C = 425 \cdot 10^{-6}$ F je Dreieckseite im Scheitelwert der Spannung

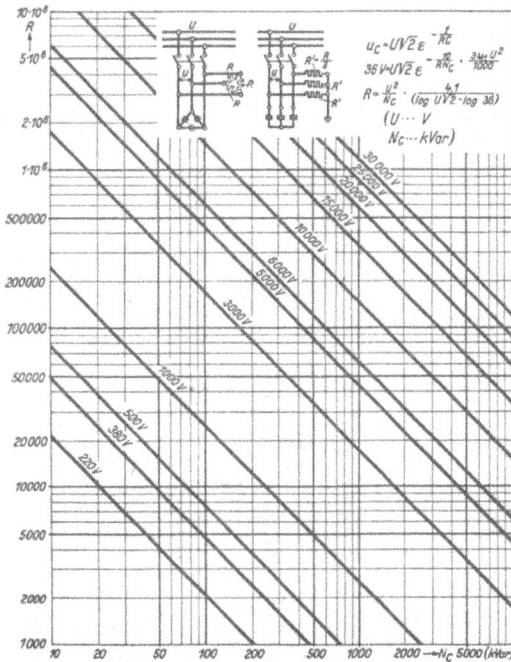

Bild 83. Ohmsche Widerstandswerte für die Entladung von Drehstromkondensatoren innerhalb von 10 s bis herab auf 36 V.

vom Netz abgetrennt und über einen Ohmschen Widerstand von $R = 7800\ \Omega$ je Dreieckseite entladen, so klingt die Restladung innerhalb von $t = 3\,RC = 3 \cdot 7800 \cdot 425 \cdot 10^{-6} = 10$ s auf 5 % des Anfangswertes von 710 V, also auf den verlangten Wert von 36 V ab (Bild 82

---

[1]) Näheres s. Werdenberg, W., Bull. schweiz. elektrotechn. Ver. 25 (1934), S. 12.

und 83). Andererseits interessiert beim Entladestrom i_C weniger der zeitliche Verlauf als der Anfangswert $J = U/R$ und der dauernde Watt-verlust $V_w = J^2 R = U^2/R$. Letzterer beträgt für die drei Widerstände des 100 kVar-Kondensators $V_w = 3 \cdot 500^2/7800 \cong 100\ \mathrm{W} = 0,1\%$ der Kondensatorleistung. Will man diese im Vergleich zum Eigenverbrauch der Kondensatoren hohen Dauerverluste vermeiden, so kommt man entweder zu höheren Ohmwerten und damit längeren Entladezeiten von z. B. $t = 3\ T = 60...100$ s, oder man benutzt Entladedrosseln.

Bei Hochspannung werden sehr häufig Kondensator-Sonderschalter benutzt, welche die Entladung erst in der Ausschaltstellung des Schalters über angebaute, im Stern geschaltete, geerdete Widerstände herbei-führen (Bild 88 und 89). Die hierbei zu wählenden Widerstandswerte $R' = R/3$ können aus den Schaulinien von Bild 83 abgegriffen werden.

In der Mehrzahl der Fälle wird die Entladung von Hochspannungs-Kondensatoren über Geräte mit vorwiegend induktivem Stromcharakter wie Spannungswandler-, Umspanner-, Motorwicklungen usw. vorgenom-men. Die Entladung über umlaufende Maschinen soll im Zusammenhang mit den Selbsterregungserscheinungen später behandelt werden. Für die verbleibenden Fälle der Entladung über induktive Widerstände sind die Merkmale eines Schwingungskreises gegeben, da nach dem Abschalten des Kondensators eine aufgeladene Kapazität C, eine Induktivität L'' und ein Ohmscher Widerstand R'' in Reihe liegen. Die Entladung wird also wieder in einer exponentiell abklingenden Schwingung mit der Eigen-frequenz ω_e'' vor sich gehen, wobei die Verzehrung des Energieinhaltes des Kondensators

$$A = 0,5\ C U^2 = 0,5\ N_C/\omega_1 \quad (\text{da } N_C = \omega_1 C U^2 \text{ ist}) \quad . \ . \ . \ (37)$$

naturgemäß nur von dem Ohmschen Widerstand R'' übernommen werden kann. Da somit ähnliche Ausgleichverhältnisse wie beim Zu- und Parallelschalten von Kondensatoren vorliegen, ergeben sich unter Benutzung der Gl. (26), (29), (32) und (33) für den Fall des Abschaltens im Spannungshöchstwert U die Beziehungen:

$$u_C'' = U \varepsilon^{-\frac{t}{2T}} \cos \omega_e'' t \ . \ . \ . \ . \ . \ . \ . \ . \ . \ . \ (38)$$

$$i_C'' = \frac{U}{\sqrt{L''/C''}} \cdot \varepsilon^{-\frac{t}{2T}} \cdot \sin \omega_e'' t = J_1 \cdot \frac{\omega_e''}{\omega_1} \cdot \varepsilon^{-\frac{t}{2T}} \cdot \sin \omega_e'' t$$

$$= J_1 \sqrt{X_{C_1}''/X_{L_1}''} \cdot \varepsilon^{-\frac{t}{2T}} \cdot \sin \omega_e'' t \ . \ . \ (38a)$$

Es möge nun parallel zu dem in Bild 68 erwähnten 1000-kVar-Drehstrom-Kondensator für 6 kV ($X_{C_1}^{\mathrm{I}} = 36\ \Omega/\mathrm{Ph}$) ein Dreiphasen-Spannungswandler gelegt werden. Bei der Behandlung der Einschalt-vorgänge ergab sich, daß die elektromagnetische Zeitkonstante nach Gl. (30) $T = L_r''/R_r'' = X_{L_r}''/\omega_1 R_r''$ ist. Bei einem leerlaufenden Spannungs-wandler kann man den Reihenwiderstand R_r'' der Wicklung bei der

Grundfrequenz größenordnungsmäßig gleich 0,001...0,01 X_{L_r}'' setzen. Der Ausgleichsvorgang ist also in diesem Sonderfall (Leerlauf) unabhängig von Kondensator- und Wandlergröße in $t = 6\ T = 6\ X_{L_r}''/\omega_1\ 0{,}01\ X_{L_r}'' = 600/\omega_1 = 1{,}92\ \text{s}$ auf 5% bzw. in $t = 12\ T = 3{,}82\ \text{s}$ auf 0,25% von $6000\sqrt{2}$, also auf 26 V abgeklungen, sofern Sättigungsänderungen vernachlässigt werden. Die Eigenfrequenz der Entladeschwingung ist beim Entladen über Spannungswandler im allgemeinen sehr niedrig (im vorliegenden Fall nur

$$f_e = f_1 \sqrt{X_{C_1}/X_{L_1}''} = 50\sqrt{36/1\,500\,000} = 0{,}25\ \text{Hz},$$
$$\text{da } X_{L_1}'' = U^2/N_b{}^1) = 6000^2/22{,}5 = 1{,}5 \cdot 10^6\ \Omega/\text{Ph ist}).$$

Die durch den Wandler verursachten Dauerverluste sind vernachlässigbar gering.

Werden dagegen ein 250-kVar-Drehstromkondensator für 5,5 kV und ein leerlaufender Umspanner für 1250 kVA und 40 kVA Leerlaufaufnahme bei $\cos \varphi_0 = 0{,}078$ (also Leerlaufimpedanz $Z_0 = U/(\sqrt{3}\,J_0)$ $= 750\ \Omega/\text{Ph}$, ferner $X_L{}''_r = Z_0 \sin$ $\varphi_0 \cong 750\ \Omega/\text{Ph}$ und $R_r'' = Z_0 \cos$ $\varphi_0 = 58{,}5\ \Omega/\text{Ph}$) bei der Einzelkompensation gemeinsam im Spannungshöchstwert abgeschaltet (Bild 84), so erhält man eine Entladestromspitze von

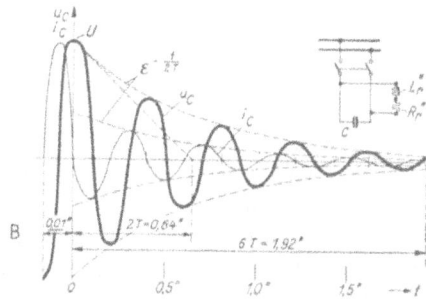

Bild 84. Oszillatorische Entladung eines Drehstromkondensators für 250 kVar, 5500 V. über die Wicklung eines leerlaufenden Umspanners für 1000 kVA ($f_e'' = 20$ Hz),

$$J_C'' = J_1 \sqrt{X_{C_1}/X_{L_1}''} = J_1 \sqrt{120/750} = 0{,}4\ J_1,$$

d. h. von 40% des Scheitelwertes des Kondensatornennstromes. Da der Ohmsche Leerlauf-Reihenwiderstand der 5,5 kV-Wicklung $R_r'' = 58{,}5\ \Omega/\text{Ph}$ beträgt, so ist die Restladung nach $t = 6\ T = 6\ X_{Lr}''/\omega_1 \cdot R_r'' = 6 \cdot 750/314 \cdot 58{,}5 = 0{,}24\ \text{s}$ auf 5% bzw. in $t = 12\ T = 0{,}48\ \text{s}$ auf 0,25% = 21 V des Anfangswertes von $5500\sqrt{2}$ gesunken. Beim leerlaufenden Umspanner bleibt die Größe des zu entladenden Kondensators wie beim leerlaufenden Spannungswandler ohne Einfluß. Die Eigenfrequenz des Entladekreises wird

$$f_e'' = f_1 \sqrt{X_{C_1}/X_{L_1}''} = 50\sqrt{120/750} = 20\ \text{Hz},$$

da der Ohmsche Widerstand der Wicklung gegenüber dem Schwingungswiderstand vernachlässigt werden kann.

Die Oszillogramme 75, 85...87 bestätigen dieses; sie geben die Entladung von Hochspannungskondensatoren über Induktivitäten wieder. Bei der

---

^{1}) Die induktive Drehstrom-Leerlaufleistungsaufnahme beträgt bei dem betrachteten Wandler etwa $N_b = 22{,}5$ Var.

stark gedämpften Entladung des 450-kVar-Kondensators für 15 kV über die Wicklung eines belasteten Spannungswandlers (Bild 85) ergibt sich eine Eigenfrequenz von $f_e'' \cong 2$ Hz und eine Gesamtentladezeit von einigen Sekunden. Bild 86 zeigt die wesentlich kürzere Entladung eines 300-kVar-Kondensators für 15 kV über die Wicklung eines leerlaufenden 1000-kVA-Umspanners. Hier schwingt der Entladevorgang mit etwa 40...15 Hz in insgesamt etwa 0,3 s aus. Aus Bild 87 geht schließlich

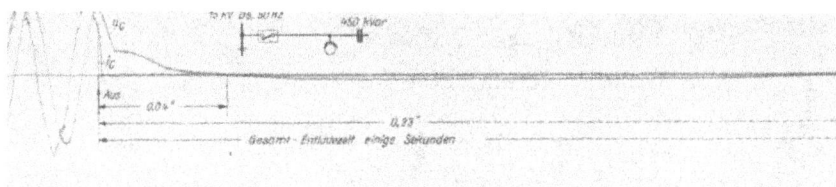

Bild 85. Entladung eines 450-kVar-Kondensators für 15 kV über einen Spannungswandler ($f_e'' \cong 2$ Hz).

hervor, daß die Entladung über den mit einem Lichtbogenofen belasteten 1000-kVA-Umspanner bei sonst gleichen Daten wie in Bild 86 unter etwa denselben Begleitumständen vor sich geht, wie wenn man den Kondensator nach seiner Trennung vom Netz über einen niederohmigen Widerstand kurzschließt. Die Restladung schwingt mit einer Eigenfrequenz von $f_e = 200...40$ Hz in insgesamt 0,022 s bis auf 0 V aus. In

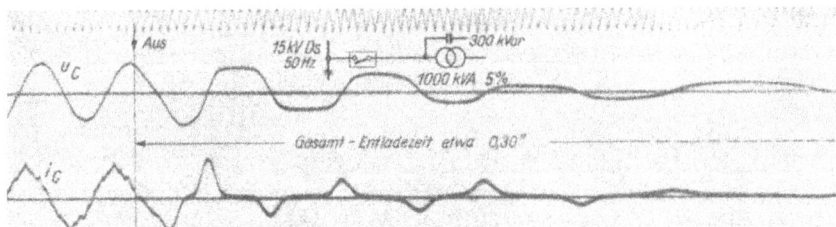

Bild 86. Entladung eines 300-kVar-Kondensators für 15 kV über einen leerlaufenden Umspanner für 1000 kVA ($f_e'' = 40...15$ Hz).

allen Fällen stimmt übrigens auch die Rechnung mit den Meßwerten größenordnungsmäßig überein.

Beim Vergleich der Oszillogramme Bild 75, 85...87 kann man also feststellen, daß sich eine Verringerung des induktiven Reihenwiderstandes der jeweiligen Entladeeinrichtung sowie eine Vergrößerung der evtl. parallel liegenden Ohmschen Last auf die Verkürzung der Entladezeit ähnlich auswirkt wie die Herabsetzung des Ohmschen Widerstandes im induktionsfreien Kreis. Die Entladung über einen leer-

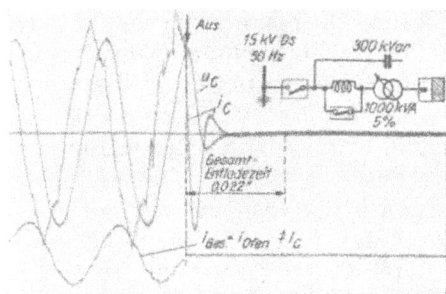

Bild 87. Entladung eines 300-kVar-Kondensators für 15 kV über einen belasteten Umspanner für 1000 kVA ($f_e'' \cong 250...40$ Hz).

laufenden Spannungswandler benötigt viele Sekunden, diejenige über einen belasteten Umspanner nur wenige hundertstel Sekunden. Hierbei beträgt die Eigenfrequenz im ersten Fall nur wenige Schwingungen je Sekunde, während sie im letzten Fall oberhalb der Netzfrequenz liegt. Die Ausschwingkurven verlaufen nicht sinusförmig, sondern verzerrt, da sich die Sättigung mit kleiner werdendem Strom verringert bzw. die Induktivität sich erhöht; die Eigenfrequenzen nehmen deshalb mit sinkendem Strom ab.

Es ist schließlich noch darauf hinzuweisen, daß sämtliche Entladevorrichtungen unlösbar, d. h. ohne Zwischenschaltung von Schmelzsicherungen oder Schaltern, mit den Kondensatorklemmen verbunden sein müssen. Läßt sich die Vorschaltung von Einzelschmelzsicherungen zur Vermeidung von Betriebsunterbrechungen an einzelkompensierten Motoren oder Umspannern nicht vermeiden, so empfiehlt sich die Verwendung einer tragbaren Entladungs-, Kurzschließungs- und Erdungsvorrichtung[1]). Man kann sich so vor dem Berühren der Klemmen eines Kondensators oder der leitend mit ihm verbundenen Teile von der erfolgten Entladung überzeugen. Vor Berühren der Klemmen müssen diese bekanntlich stets geerdet werden.

Die Spannungswandler dürfen lt. VDE-Vorschriften primärseitig nicht starr geerdet werden. Sie müssen thermisch ausreichend bemessen sein, da sie den Arbeitsinhalt der Kondensatorenanlage, s. Gl. (37), in Wärme umzuwandeln haben. Bezüglich der möglichen Entladeschaltungen sei auf Bild 92 und 93 verwiesen. An die Spannungswandler können sekundärseitig ohne weiteres Spannungsmesser, Zähler u. dgl. angeschlossen werden.

3. Schalter und Schaltungen

Niederspannungsschalter. Oszillographische Aufnahmen und praktische Versuche in Niederspannungsanlagen ergaben, daß man bei Kondensatornennströmen bis etwa 800 A und Nennspannung bis 550 V Ds noch ohne weiteres mit automatischen Motorschutzschaltern mit neuzeitlichen, richtig bemessenen Klotzkontakten, notfalls auch mit Bürstenkontakten, sowie vorgeschalteten Abreißkontakten auskommt. Hierbei braucht man trotz der hohen, mit der Netzeigenfrequenz abklingenden, phasenverschobenen Ein- und Parallelschaltströme noch nicht mit

---

[1]) Bornitz, E., DRP. 607 221 u. DRP. 606 153.

ungewöhnlich hohem Kontaktabbrand zu rechnen. Diese Schalter weisen die zur Dämpfung der Parallelschaltstromstöße unentbehrlichen dreiphasigen, magnetischen Kurzschlußschnellauslöser auf, die auf den 10...5 fachen Kondensatornennstrom als Ansprechstrom eingestellt werden; sie lösen dann bei dem außerordentlich kurzzeitigen Einschaltausgleichstrom nicht aus. Die als ausgezeichneter Kondensatorüberlastungsschutz dienenden drei- oder auch nur zweiphasigen Wärmeauslöser sollen sich mindestens im Bereich des 1,2...1,4 fachen Kondensatornennstromes einstellen lassen, da unter Umständen damit zu rechnen ist, daß der Kondensator auf Grund einer Kapazitätsplustoleranz, einer erhöhten Netzspannung und stärkeren Oberwellengehaltes der Netzspannungskurve einen entsprechend hohen Strom aufnimmt. Derartige Schalter sind z. B. in Bild 115 dargestellt.

Auf alle diese Vorteile eines schnell und sicher arbeitenden Schutzschalters mit niedriger Lichtbogenbrenndauer und geringem Kontaktabbrand müßte man verzichten, wenn man Hebelschalter mit Messerkontakten oder normale Schalter[1]) verwenden wollte. Sind Hebelschalter und Sicherungen aus Preisgründen nicht zu vermeiden, so müssen sie bei guter Kontaktwartung und möglichst seltenem, schnellem[1]) Schalten mindestens für den doppelten Kondensatornennstrom bemessen werden; die Sicherungen können bei kurz- und langverzögerter Charakteristik für einen 1,8...1,4 fachen Kondensatornennstrom gewählt werden. Für häufiges Schalten sowie für Parallelschalten unter Spannung sind Hebelschalter von vornherein infolge des Fehlens dämpfend wirkender Blasspulen, Schnellauslöser u. dgl. ungeeignet und haben bereits häufig Unglücksfälle bei dem Bedienungspersonal und Störungen in den Schaltanlagen verursacht. Wie weit man Motorschutz-Fernschalter oder Schütze mit Blasspulen bzw. mit Vorstufenwiderständen mit Rücksicht auf die Prellsicherheit der Kontakte kapazitiv belasten darf, hängt von der Bauart dieser Geräte, insbesondere ihrer Kontakte, ab. (Vgl. Bild 53, 55, 103, 113, 115, 117 und 122.)

Hochspannungsschalter. In Hochspannungsanlagen können beim Schalten von nur einer einzigen Kondensatorbatterie ohne weiteres neuzeitliche, vorstufenlose Leistungsschalter oder Leistungstrennschalter entsprechend Bild 88...93, 99 benutzt werden. Bei diesen muß naturgemäß ebenso wie bei den Niederspannungsschaltern gleichzeitiges und schnelles Einschalten aller 3 Schalterpole gewährleistet sein. Da nicht nur das Zuschalten (hohe Ausgleichströme), sondern auch das Ausschalten besondere Anforderungen an jeden Kondensatorschalter stellen, wird man zur Wahrung schneller Schaltzeiten und damit geringen Kontaktabbrandes entweder Handbetrieb unter Verwendung von Schnellschaltwerken oder aber Kraftantriebe wählen. Andererseits sorgen die Schalter-

---

[1]) Vgl. Werdenberg, W., Bull. schweiz. elektrotechn. Ver. 25 (1934), S. 14.

Bild 88. Ölarme Leistungstrennschalter mit Vorstufen- und Entladewiderständen, in einer vierstufigen Kondensatorregelanlage für 960 kVar, 10 kV (Dielektra A.G., früher Meirowsky, 1938).

firmen von sich aus selbstverständlich dafür, daß die früher behandelten Bedingungen für mehrmaliges Rückzünden nicht eintreten können. Es werden daher zweckentsprechende Maßnahmen zur Erhöhung der Lichtbogenkühlung als Vorbedingung für die Lichtbogenlöschung, zur Entionisierung der Schaltstrecke und zur Wiederherstellung der di-

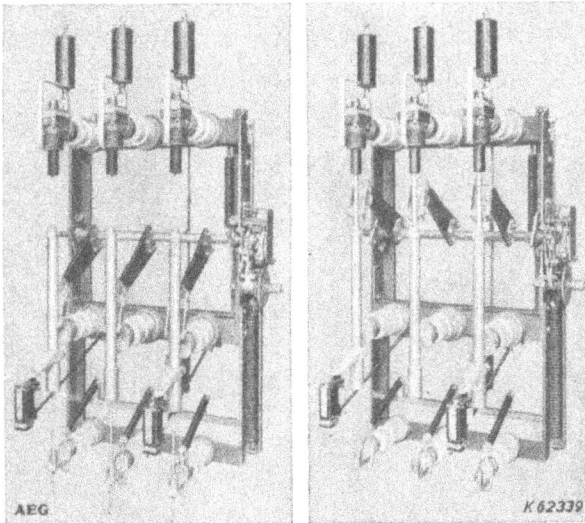

Bild 89. Hartgasleistungstrennschalter Reihe 10, 200 A, mit Vorstufen- und Entladewiderständen, mit Schnellschaltwerk, mit zweiphasiger Überstromzeit-Auslösung (AEG, 1939).

elektrischen Festigkeit dieser Schaltstrecke nach erfolgter Löschung getroffen.

Hier sind die in die Ölschalter (Bild 54 und 100) bzw. ölarmen Schalter neuerdings eingebauten Löschkammern, Differentialdruckkolben, die Lichtbogenkammern der kompressorlosen Druckgasschaltei (Bild 89) sowie die im Expansionsschalter (Bild 90 und 141) vorhandene starre oder elastische Expansionskammer zu erwähnen, bei welcher stets die Lichtbogenenergie selbst zu der beabsichtigten Strömung des gasförmig werdenden Löschmittels und damit zur Lichtbogenkühlung usw. herangezogen wird (selbsterzwungene Löschung). Bei dem fremdbeblasenen Druckgasschalter (Bild 91 und 172) steht das Löschmittel unabhängig von der Höhe der zu unterbrechenden Stromstärke immer mit dem gleichen Druck zur Verfügung. Bei dieser Schalterbauart wird die Lichtbogensäule sofort nach Kontakttrennung durch einen kräftigen Luftstrom eingehüllt, gekühlt und durch Widerstandszunahme der Schaltstrecke gelöscht (fremderzwungene Löschung). Der Druckgasschalter ist daher bei seiner kurzen

Bild 90. Expansionsschalter Reihe 10, 600 A, 100 MVA Kurzschluß-Ausschaltvermögen, zum Schalten von Kondensatoren (SSW, 1938).

Bild 91. Druckgasschalter Reihe 10, 400 A, für 100 MVA Ausschaltleistung, zum Schalten einer 900-kVar-Kondensatorregelbatterie nach Bild 92 F (AEG, 1938).

Lichtbogendauer von vornherein besonders geeignet, sehr große, mittlere und auch kleine Kapazitätsströme, wie sie in Kondensatoranlagen häufig vorkommen, bei praktisch unbegrenzter Schalthäufigkeit schon am Ende der ersten Halbperiode abzuschalten, ohne hierzu Dämpfungs- widerstände·zu benötigen. Der fremdbeblasene Druckgasschalter bleibt daher bei großer Schalthäufigkeit (Kondensatorregelanlagen) sowie bei kleinen Kondensatorströmen den übrigen Schaltern gegenüber, deren Löschmittel erst durch den Lichtbogen selbst erzeugt werden muß, überlegen.

Es dürfte zweckmäßig sein, sich von der Lieferfirma des Schalters nicht nur das Kurzschluß- sondern auch das kapazitive Ein- und Aus- schaltvermögen angeben zu lassen. Dies ist auch deswegen erforderlich, weil beim Abschalten kapazitiver Wechselströme die im Kondensator aufgespeicherte Arbeit nicht an die Stromquelle zurückgeliefert, sondern zu einem beträchtlichen Teil im Lichtbogen frei wird, was besonders bei Rückzündungsmöglichkeit zu wesentlich erhöhter Beanspruchung der Schalter führt. Größenordnungsmäßig kann man bei schnellem Schalten damit rechnen, daß man bei Spannungen von 3...15 kV mit Trennschaltern für Wandanbau ohne Lichtbogenerscheinungen etwa 40 kVar, mit Leistungstrennschaltern etwa 500...1000 kVar und mit neuzeitlichen Öl- oder öllosen Leistungsschaltern je nach Bauform 3...5...20 MVar dreiphasige Kondensatorleistung einwandfrei ein- und ausschalten kann. Die erforderlichen Schutzeinrichtungen sind in Kap. X behandelt.

Schaltungen. Für das Schalten und Regeln von Kondensatoren steht eine große Anzahl von Schaltungsmöglichkeiten zur Verfügung, von denen die wichtigsten in Bild 92, 93 und 95 wiedergegeben sind.

Handelt es sich um das Schalten nur einer einzigen Kondensator- batterie auf eine Sammelschiene, so kommen hierfür die Schaltungen Bild 92*A...E* in Betracht. Für das Regeln im spannungslosen Zustand kann die Schaltung *F* angewandt werden.

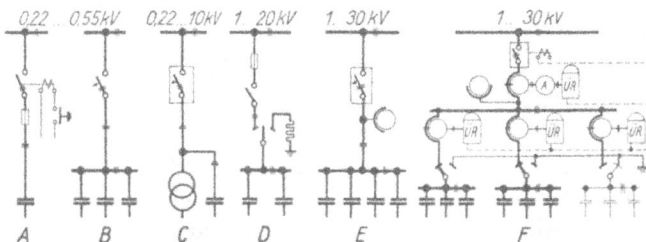

Bild 92. Einstufige Kondensatorregelung und vielstufige, lastlose Regelung.
A = Schütz (oder Hebelschalter),
B = Schutzschalter,
C = Einzelkompensation,
D = Leistungstrennschalter und Entladungs- trennumschaltern,
E = Gruppen-Leistungsschalter,
F = Leistungsschalter und Erdungstrenn- schalter.

Sobald jedoch das Parallelschalten und vielstufige Regeln unter Last von mehreren, an eine gemeinsame Sammelschiene angeschlossenen Kondensatoren verlangt wird, so sind hierfür die Schaltungen nach Bild 93 anzuwenden. Hierbei geben die Schaltungen nach Bild 93 *A...G* das Regeln von Kondensatoren unter Last wieder, wobei je Regelstufe ein besonderer Leistungsschalter mit zugehörigem Dämpfungsorgan benötigt wird. Demgegenüber kommt man bei den vereinfachten und daher für die Ausführung vielstufiger Regelanlagen besonders wirtschaftlichen Schaltungen (Bild 93 *H...N*) unabhängig von der Anzahl der Regelstufen mit höchstens zwei, teilweise sogar mit nur einem Leistungsschalter aus. Es braucht in diesem Zusammenhang nur kurz

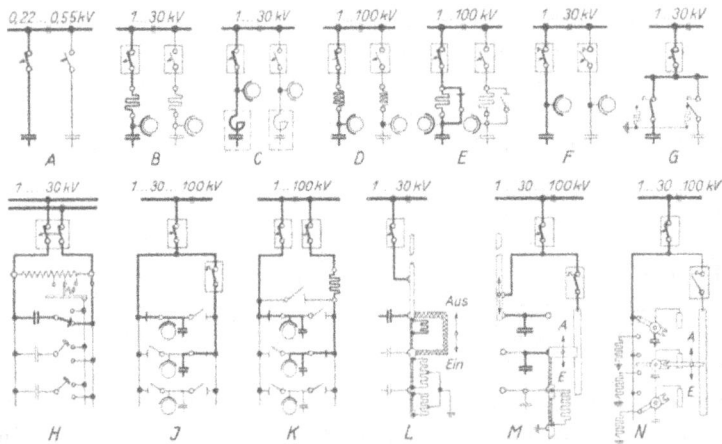

Bild 93. Parallelschalten und vielstufiges Regeln von Kondensatoren unter Last.

A = Schutzschalter,
B = Dämpfungswiderstände,
C = Eingebaute Kleindrosseln nach Bornitz,
D = Gruppendrosselspule nach Rüdenberg,
E = Überbrückbare Widerstände,
F = Vorstufen-Leistungsschalter,
G = Leistungsschalter u. Vorstufen-Leistungstrennschalter mit Entladewiderständen,
H = Anlaßumspanner nach Sachs,
J = Reihenschaltung von Schutz- und Lastschalter,

K = Parallelschaltung von Schutz- und Lastschalter mit Kuppeltrennschalter nach Rambold,
L = Schutzschalter, Wähler- mit Lastschalter und Entladewähler nach Bornitz,
M = Schutz- und Lastschalter, Wähler- und Erdungsschalter nach Bornitz,
N = Schutz- und Lastschalter, Vor-, Nach- und Entladewähler nach Bölte und Bornitz.

daran erinnert zu werden, daß das Parallelschalten bei Hochspannung entweder über dauernd eingeschaltete Dämpfungswiderstände (Bild 93 *B* und 94), über eingebaute Kleindrosselspulen (*C*)[1], Kurzschlußstrom-Begrenzungsdrosselspulen (*D*)[2], Umspanneranzapfungen (*H*) oder über Vorstufenwiderstände (*E...N*) erfolgen kann. Hierbei werden die Vorstufenwiderstände neuerdings nicht nur bei Öl- und ölarmen Schaltern (Bild 88), sondern auch bei den Hartgasleistungstrennschaltern (Bild 89) ausgeführt, so daß dem Zuge der Zeit nach öllosen Schaltanlagen Rechnung

---

[1] Bornitz, E., Österr. Pat. 149 619.
[2] Rüdenberg, R., DRP. 422 040.

getragen werden kann; diese Hartgas-Sonderschalter erden in der Ausschaltstellung die Kondensatoren zwangläufig über hochohmige Entladewiderstände.

Bei den besonders bei hoher Regelstufenzahl wirtschaftlichen
Schaltungen (Bild 93 *H...N*) übernimmt der Vorstufenlastschalter die
Aufgabe eines Lastschalters beim stufenweisen Parallelschalten. Er
wird stets nach erfolgtem Parallelschalten oder stufenweisem Abschalten
sofort anschließend vom Netz abgetrennt. Man kommt also unabhängig von der Stufenzahl
mit insgesamt 2 Leistungsschaltern sowie meist mit
einer einzigen Dämpfungs-
und einer einzigen Entlade-
vorrichtung aus. Die Kon-
densatorladeleistung bzw.
die Netz-Kurzschlußleistung
hat dagegen allein der vorstufenlose Leistungs- oder
Schutzschalter zu schalten.
Das Umschalten der Kon-
densatoren vom Lastschalter
zum Schutzschalter erfolgt
bei den Anordnungen *H...K*
durch Trennschalter, bei den
Schaltungen *M* und *N* durch

Bild 94. Dämpfungswiderstände zur Herabsetzung der
Einschalt- und Parallelschalt-Stromstöße von Hochspannungskondensatoren.

in Öl oder in Luft arbeitende Wählerschalter bzw. Vor- und Nachwähler.
Bei den Schaltungen *L...N* sind zur zwangläufigen, stufenweisen Entladung und Erdung der ausgeschalteten Kondensatoren besondere Entladewähler vorgesehen, die mit den Hauptwählern gekuppelt sind.

Bei der Schaltung 93 *H*[1]) ist eine Haupt- und eine Hilfsschiene vorgesehen; die Kondensatoren werden nacheinander mittels eines Lastschalters am Regelumspanner unter Benutzung der Hilfsschiene hochgefahren. Erreicht der Lastschalter die Endstellung, so weist die Hilfsschiene gleiches Potential wie die Hauptschiene auf. Der Kondensator
kann nunmehr mittels des Trennumschalters von der Hilfsschiene auf die
Hauptschiene ohne Unterbrechung umgeschaltet werden. Bei den Schaltungen *J* und *K* werden je ein Schutzschalter und ein zum Parallelschalten erforderlicher Lastschalter verwendet. Der obere Kondensator ist
bei beiden Schaltungen bereits an die linke Hauptschiene angeschlossen,
während der mittlere Kondensator mittels des Lastschalters und der rechten Hilfsschiene Netzpotential erhalten hat. Man kann also den linken
Trennschalter gefahrlos schließen und die Verbindung zur Hilfsschiene

---

[1]) Sachs, Cigre 1933, S. D 35 und Franz. Pat. 757290.

durch Öffnen des rechten Trennschalters unterbrechen. Damit ist der zu
öffnende Lastschalter frei für die Einschaltung des nächsten Kondensators, wobei selbstverständlich vorher der zugehörige rechte Trennschalter des letztgenannten Kondensators geschlossen werden muß[1]).
Die Schaltung K^2) unterscheidet sich von Schaltung J durch die
parallele Anordnung von Schutz- und Lastschalter. Außerdem ist für
Netzstörungsfälle ein Kuppeltrennschalter vorgesehen, der die an der
Hauptsammelschiene liegenden Kondensatoren auf die Hilfsschiene
übernimmt; anschließend wird der Schutzschalter geöffnet, so daß die
Kondensatorbatterie gedämpft durch den Arbeitsschalter abgeschaltet
werden kann.

Bei den eben behandelten Schaltungen erfolgte das Wählen mittels
Trennschalter. Benutzt man dagegen nach einem Vorschlag von Jansen[3])

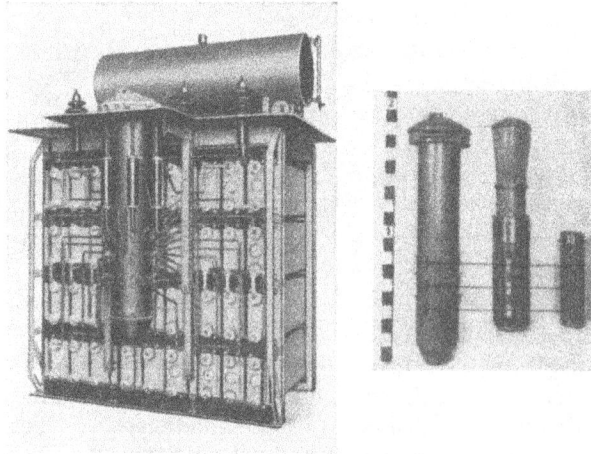

Bild 95. Hochspannungs-Regelkondensator für 2200 kVar mit unter Öl arbeitendem Regel-
schalter für 12 Stufen, nach Jansen (Jansen, 1937).

modifizierte Jansen-Lastregelschalter, so ergibt sich die in Bild 95 dargestellte Anordnung. Es handelt sich hierbei um einen 12stufigen Regel-
schalter, dessen Stufenkontakte unter Öl mittels kurzer Schaltverbindungen mit den ebenfalls im gemeinsamen Öltank befindlichen Teilkondensatoren verbunden sind. Die einzelnen, waagerecht angeordneten
Kondensatoren werden durch einen motorisch angetriebenen Stufenlast-
schalter unter Benutzung besonderer Hilfsschalter der Reihe nach parallel
aufs Netz geschaltet und können auch wieder nacheinander in umgekehr-

---

[1]) Ersetzt man im [Schaltbild J den Netzschutzschalter durch eine Hoch-
leistungssicherung, so kann man in kleinen Anlagen auch nur mit einem einzigen
Leistungsschalter (Lastschalter) auskommen.

[2]) Rambold, W., Siemens-Z. 17 (1937), S. 461 und DRP. 702054.

[3]) Jansen, B., Elektrizitätswirtsch. 36 (1937), S. 832.

ter Reihenfolge abgeschaltet werden. Im letzteren Falle werden sie mittels der Hilfsschalter entladen und geerdet. Ein solcher Regelkondensator kann auch — genau so wie die Regelumspanner — in Freiluftausführung hergestellt werden; auch die Stufenstellungen sind mittels der üblichen Stufenanzeiger fernmeldbar. Die Überwachung der Gesamtanordnung kann durch Buchholzschutzrelais, die der Stufenkondensatoren durch Tastkontakte erfolgen, wobei letztere zwischen den Einheiten federnd angebracht sind.

In den Schaltbildern Bild 93 L...N[1]) ist eine Weiterentwicklung dieses Regelprinzips angegeben. In Schaltung L[2]) ist für die Regelung der Kondensatoren unter Spannung ein Wählerschalter mit Lastschalter vorgesehen, wobei für die zwangläufige Entladung und Erdung durch einen Entladewähler mit angebauten Entladewiderständen Sorge getragen wird. Bei den Schaltungen M[2]) und N sind Vor- und Nachwähler benutzt. Der obere Kondensator befindet sich bei Schaltung M in der gezeichneten Stellung des Nachwählers am Netz, während der mittlere Kondensator mittels des Lastschalters und des Vorwählers auf das Netzpotential gebracht worden ist. Der Nachwähler kann demnach ohne Stromstoß nach unten geschaltet werden und den mittleren Kondensator endgültig ohne Spannungsstöße an das Netz legen. Die weitere Stufenschaltung ist ähnlich wie bei Schaltung J. Die zwangsläufig gekuppelten Entlade- und Erdungsvorrichtungen sorgen für eine Entladung und Erdung des jeweils vom Netz abgeschalteten Kondensators. Bei der Schaltung N liegt der obere Kondensator am Netz. Bewegt man den Vorwähler nach unten, so sorgt der Mitnehmer für eine Drehung des Nachwählers in die im Schaltbild dargestellte waagerechte Stellung. Der Lastschalter kann nunmehr eingelegt werden und auch den zweiten Kondensator unter Spannung setzen. Wird der Vorwähler noch weiter nach unten bewegt, so verbindet der Nachwähler den zweiten Kondensator mit der linken Hauptschiene. Die im Schaltbild links dargestellte untere Kontaktreihe ist für die selbsttätige Entladung und Erdung der Kondensatoren vorgesehen.

---

[1]) Bornitz, E., Elektrotechn. u. Masch.-Bau 59 (1941), S. 341.
[2]) Bornitz, E., Schweiz. Pat. 213335.

D. Starkstrom-Kondensatoren in Netzen und Industrieanlagen

VIII. Einsatz und Regelung der Kondensatoren in Anlagen und Netzen

In früheren Kapiteln wurden die technisch und wirtschaftlich vielfach überragende Führerstellung des Kondensators, der Bau betriebssicherer und preiswerter Kondensatoren sowie das Schaltproblem eingehend behandelt. Es sind nunmehr die Fragen zu klären, die bei der Planung und bei dem späteren Betrieb von Netz- und Industriekondensatoranlagen auftreten. Hierbei sollen zunächst die Einsatz-, Kompensations- und Regelmöglichkeiten behandelt werden, wobei vorweg zu bemerken ist, daß erst der fein unterteilbare Kondensator die Wahl der wirtschaftlich und betrieblich vorteilhaftesten Einbaustelle, Kompensations- und Regelart gestattet.

Den nachstehenden Untersuchungen soll der Netzplan, Bild 96, zugrunde gelegt werden, welcher den grundsätzlichen Aufbau unserer heutigen Krafterzeugungs- und Verteilungsanlagen wiedergibt. Der Mittelabschnitt stellt einige Großkraftwerke dar, welche auf ein übergeordnetes Landes- oder Fernversorgungsnetz für 60...220 kV arbeiten. Von diesem Höchstspannungsnetz wird eine Reihe von Mittelspannungsnetzen für 3...45 kV gespeist, von denen eines ausführlicher als Elektrizitätslieferungsunternehmen in Bild 96 links aufgeführt ist. Das in Bild 96 rechts gezeigte größere Industriewerk kann entweder an die Landesversorgung direkt oder an eines der Mittelspannungsnetze angeschlossen sein.

In den ersten Kapiteln der vorliegenden Arbeit ist auf die verschiedenartigen Gründe für die Entlastung der öffentlichen Netze durch Kondensatoren hingewiesen worden. Hierbei können die als Taktgeber in der cos φ-Frage anzusprechenden Elektrizitätswerke zwei grundsätzlich verschiedene Wege beschreiten. Sie können entweder die Blindleistungskompensation selbst durchführen und damit gleichstromähnliche Energieerzeugungs- und Übertragungs-Verhältnisse anstreben, oder aber das gleiche Ziel der Entlastung ihrer Netze durch Einführung von Blindstromtarifen bei ihren Abnehmern auf indirekte Weise erreichen. Im ersten Falle haben sie in jedem Augenblick die Kommandogewalt über die Kondensatoren, wenn sie nach den Gesichtspunkten geringsten Blindstromtransportes, niedrigster Übertragungsverluste, guter Spannungshaltung,

günstigster Übertragungsbedingungen im Starklastbereich der Höchstspannungsnetze, geringsten Oberwellengehaltes der Netzspannungskurve
usw. regeln wollen. Im zweiten Falle werden die Abnehmer durch den
tariflichen Anreiz zur Kompensation veranlaßt und damit letzten Endes
die Netze ebenfalls entlastet.

1. Wahl der richtigen Einsatzstelle.

Netzkompensation. Löst das Elektrizitätswerk die Kompensationsfrage aus technisch-wirtschaftlichen Gründen selbst, so hängt die Wahl
der geeigneten Anschlußstelle von den an die Kondensatoren gestellten
Aufgaben ab.

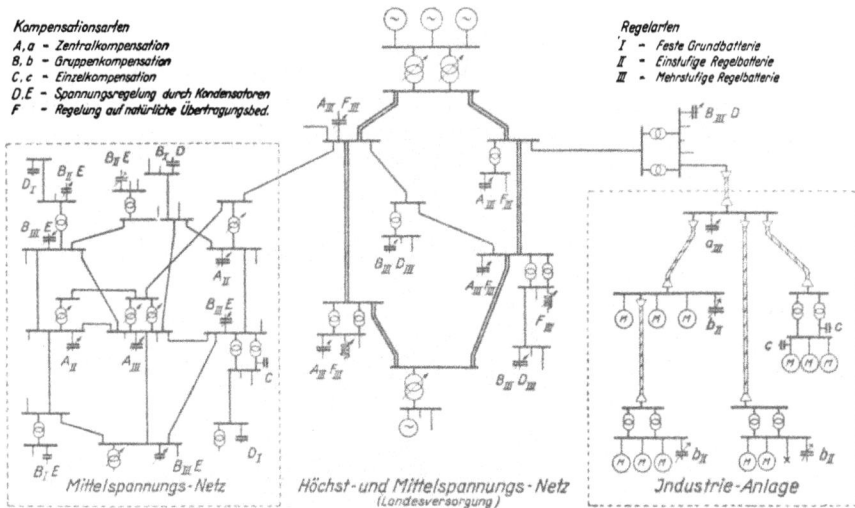

Bild 96. Einsatzstellen, Kompensations- und Regelarten in Höchst- und Mittelspannungsnetzen
sowie in Industrieanlagen.

Netzkompensation und Spannungsregelung.

- A = Zentralkompensation zur Wahrung der Schaltgewalt,
- B = Gruppenkompensation in den Hauptnetzschaltstellen,
- C = Einzelkompensation großer Netzumspanner,
- A, B = Spannungsregelung im Netz, beim Klein- und Verbundbetrieb der Netze,
- D = Spannungsregelung für Netzausläufer und Kuppelstellen,
- E = Spannungsregelung für indirekt gespeiste Maschennetz-Knotenpunkte,
- F = Regelung auf natürliche Übertragungsbedingungen.

Industriekompensation.

- a = Zentralkompensation in der Übergabestelle,
- b = Gruppenkompensation in großen Blindlastschwerpunkten,
- c = Einzelkompensation großer, durchlaufender Verbraucher.

Regelarten (vgl. Bild 106).

- I = Feste Grundbatterie, peripher im Mittelspannungsnetz,
- II = Einstufige Regelbatterie, in mittleren Übergabestellen,
- III = Vielstufige Regelbatterie, in den Hauptübergabestellen.

Beabsichtigt man eine Netzentlastung zur Steigerung der Leistungs-
und Übertragungsfähigkeit des Netzes wegen verstärkten Energie-
absatzes (Netzverstärkung), so wird man in Netzen im Spannungsbereich

von 3...100 kV den besten Erfolg dann erwarten können, wenn man den obersten Grundsatz der Blindleistungskompensation in möglichst voller Reinheit anwendet und den Blindstrom am Ort seines Entstehens beseitigt. Als Entstehungsorte sind entsprechend Kap. I vor allem die industriellen Motoranlagen mit etwa 80% des induktiven Gesamtblindleistungs-Bedarfes eines öffentlichen Hochspannungsnetzes anzusprechen, während die Umspanner nur etwa 15% und die Leitungen die restlichen 5% der Gesamtblindleistung beanspruchen. Die Elektrizitätswerke werden daher die Kondensatoren möglichst in den Umspannwerken der zu versorgenden Industriezentren einsetzen (z. B. Bild 96 *B*, *C*, *D*), wenn sie nicht mit voller Absicht den Hauptangriffspunkt der Kompensation durch tarifliche Maßnahmen auf die Seite der Industrieunternehmen selbst verlagern (Bild 96 rechts).

Mit der Netzverstärkung durch die Kondensatoren geht naturgemäß eine Verminderung der Energieerzeugungs- und Übertragungsverluste Hand in Hand. Dies erkennt man auch aus den Verlustkurven des unkompensierten Hochspannungsnetzes des Bildes 97. Setzt man

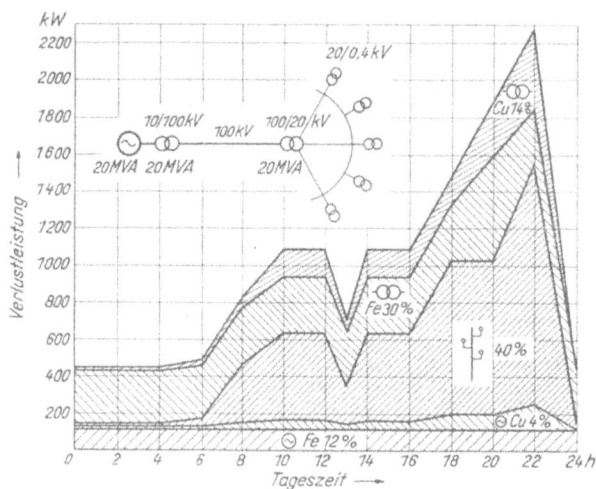

Bild 97. Mittlere Tagesverluste eines Hochspannungsnetzes von 20 MVA Leistungsfähigkeit bei cos $\varphi = 0,70$.

die in diesem Beispiel bei einem Energiebezug von 20 MVA bei cos φ = 0,70 während 24 h auftretenden Gesamtstromwärme- sowie Erreger- bzw. Eisenverluste mit 100% an, so entfallen größenordnungsmäßig 12% auf die Erregerverluste und 4% auf die Ständer-Kupferverluste der Stromerzeuger, weiterhin etwa 40% (!) auf Fortleitungsverluste in den Leitungen sowie etwa 30% auf die Eisen- und etwa 14% auf die Wicklungsverluste der eingebauten Auf- und Abspanner[1])[2]). Die Elektrizitäts-Versorgungs-Unternehmen (EVU) werden daher die Kondensatoren auch mit Rücksicht auf Erzielung minimaler Stromwärmeverluste in den Netzübertragungseinrichtungen nicht in den Kraftwerken, sondern dezentralisiert weit draußen im Netz, d. h. in den einzelnen Blindlastschwerpunkten, möglichst sogar auf der Unterspannungsseite der Umspannstellen oder in den nachgeordneten Schaltstellen der Mittel- und Niederspannungsnetze bzw. am Ende der Übertragungsleitungen einbauen (Bild 96 B, C, D). Die mit dieser Netzentlastung verbundenen Verlusteinsparungen, die durch Außerbetriebnahme überzählig werdender Umspanner (Eisenverluste!) noch erhöht werden können, bringen eine beachtliche Verbesserung des Netzwirkungsgrades. Will man dagegen die Entlastung zu einem verstärkten Energieabsatz und somit zur erhöhten Wirtschaftlichkeit der Anlagen benutzen, so müßte man auf eine Herabsetzung der Kupfer- und Eisenverluste des Gesamtnetzes verzichten.

Soll durch die Kondensatorkompensation die Regelung oder Aufwertung der Netzspannung (3...100 kV) — meist in Zusammenarbeit mit Regelumspannern — durchgeführt werden, so wird man den oberspannungsseitigen Einsatz im Netz wählen müssen, wenn die Spannungsverbesserung (evtl. vielen) Unterwerken oder Industrieanlagen zugute kommen soll, oder wenn es sich um die Spannungsregelung beim Verbundbetrieb der Netze handelt[3]) (Bild 96 A und B). Dasselbe gilt für mehrfach angezapfte Ringleitungen oder Fernleitungen, bei welchen der geometrische Blindlastschwerpunkt als Einsatzstelle in Betracht kommt. Auch in vermaschten Mittelspannungsnetzen wird man die Kondensatoren für Entlastungszwecke sowie zum Ausgleich der Spannungstäler[4]) und damit zur Netzverstärkung nicht an den Hauptspeisestellen, sondern in den im Netz verteilten, nicht direkt gespeisten Maschennetzknotenpunkten einbauen, soweit diese als größere Blindlastzentren gelten können (Bild 96 E). In allen diesen Fällen geht man so nahe wie möglich an den Ort des Entstehens des Blindstromes heran, ja man läßt hierbei die Kondensatorleistung infolge örtlicher Überkompensation der von den Hauptspeisestellen ankommenden Wirkenergie z. T. entgegenfließen (Bild 98[4])). Die hierdurch bedingte geringe Überschreitung des Verlustminimums wird durch die erstrebte Aufwertung der Netzspannung mehr als wettgemacht. Handelt es sich jedoch um die Verbesserung der Spannung von strahlenförmigen Netzausläufern, so werden die Kondensatoren zweckmäßigst unterspannungsseitig eingebaut (Bild 96 D).

---

[1]) Schäfer, W., Tagung f. Elektrizitäts- u. Gaswirtsch. in Graz, April 1937.

[2]) Würde man auf der 380 V-Seite der Industrieverbraucher bis $\cos \varphi = 1$ kompensieren, so könnte man vor allem die Leitungsverluste um 20% (!) sowie die Umspanner-Kupferverluste um 7% senken.

[3]) Bornitz, E., Elektrotechn. u. Masch.-Bau 60 (1942). Herbst 1942.

[4]) Jansen, B., Elektrizitätswirtsch. 36 (1937), S. 443 u. 828.

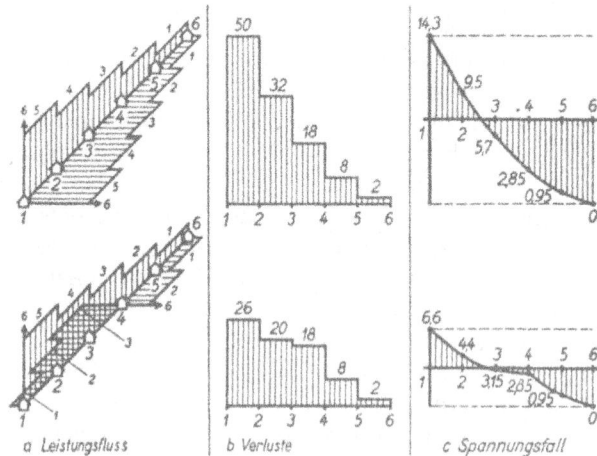

Bild 98. Einfluß des verschiedenartigen Blindleistungs-Erzeugereinsalzes auf die Verluste und den Spannungsfall einer gleichmäßig belasteten Leitung.
Oben: Blindleistungserzeugung in der Zentrale (*1*).
Unten: Blindleistungserzeugung durch Kondensatoren, an geeigneter Netzstelle (*4*) eingesetzt.

Im übrigen muß in Mittelspannungsnetzen untersucht werden, ob in Schwachlastzeiten das vollkommene Abschalten der Kondensatoren genügt, oder ob außerdem wegen Gefährdung des stabilen Netzbetriebes durch zu hohe Netzladeleistung usw. Kompensationsdrosselspulen[1]) entsprechend Bild 106 IV erforderlich werden. Es ist dann die Wirtschaftlichkeit dieser Anordnung an Hand des Kap. V mit den entsprechenden Werten umlaufender über- und untererregbarer Phasenschieber zu vergleichen.

Die gleichen Wirtschaftlichkeitsrechnungen sind anzustellen, wenn die Aufgabe vorliegt, natürliche Übertragungsbedingungen für die Fernleitungen (60...220 kV) zu schaffen, wozu bei Schwachlastbetrieb Drosselspulen oder untererregte Phasenschieber, im Starklastgebiet jedoch Kondensatoren oder übererregte Phasenschieber entsprechend Kap. IX, 4 benötigt werden. Entscheidet man sich hierbei für ruhende Ausgleichgeräte, so kann bei großem Blindleistungsbedarf (d. h. bei großen Leitungslängen und großer Übertragungsleistung) der Anschluß der Kondensatoren auf der Höchstspannungsseite des Netzes — notfalls unter Vorschaltung von Verstimmungsdrosseln oder durch Ausbildung zu Oberwellenkurzschlußkreisen — zweckmäßig sein. Bei Vorhandensein genügend großer Umspanner oder bei verhältnismäßig geringem Blindleistungsbedarf wird man die Kondensatoren ebenso auf der Mittelspannungsseite des Netzes anschließen, wie dieses für die Drosselspulen ohnehin üblich ist (Bild 96 *F*).

[1]) Altbürger, P., ETZ 58 (1937), S. 1121 u. S. 1169.

Schließlich liegt noch häufig die Tatsache vor, daß die Elektrizitäts-Lieferungsunternehmungen (Bild 96 links) ihre Energie von dem Landes-versorgungsnetz auf Blindstromtarif-Basis beziehen, so daß sie vor allem aus diesem Grunde Kondensatoren einbauen müssen. Man wird dann die Grundblindlast an geeigneten Stellen B, C, D im Netz zwecks Wahr-nehmung der oben geschilderten technisch-wirtschaftlichen Möglich-keiten kompensieren und nur die Kondensatoren zur Beseitigung der restlichen Netzblindlast an zentralen Stellen A einsetzen. Hierauf ist noch näher einzugehen.

In allen Fällen der Netzkompensation[1]) wird eine mit Rücksicht auf Störungsausgleich, erhöhte Betriebssicherheit, Reservehaltung usw. meist sowieso erforderliche Netzkupplung und Netzvermaschung zu-sätzlich gute Dienste tun.

Industriekompensation. In Europa werden im Gegensatz z. B. zu der Handhabung in Japan etwa 70...80% sämtlicher Kondensator-anlagen von der Industrie beschafft. Auch bei der Industriekompen-sation ist die Einsatzstelle für die Kondensatoren davon abhängig, welche Aufgaben man letzteren stellt.

Bis auf wenige, im Kap. IX zu behandelnde Sonderfälle dienen die industriellen Kondensatorenanlagen dem durch die Blindstromtarife be-dingten Blindleistungsausgleich. Obwohl hier die oberspannungsseitige Zentralkompensation (Bild 96a) bereits die angestrebte Herabsetzung der Blindstromkosten bewirken würde, nützt man nach Möglichkeit den sich praktisch kostenlos bietenden zusätzlichen Vorteil der Kon-densatoren aus und setzt sie unterspannungsseitig in den jeweiligen Blindlastschwerpunkten des Industrieverteilungsnetzes ein (Bild 96b und c). Die zur Entlastung an richtiger Stelle in Industrieanlagen eingebauten Kondensatorbatterien bewirken neben ihrem tariflichen Hauptzweck zusätzliche Einsparungen an Stromwärmeverlusten, die je nach den Stromkosten, Betriebs- und Netzverhältnissen innerhalb von 3...10 Jahren durchaus in der Größenordnung der Anschaffungskosten der gesamten Kondensatorenanlage liegen können. Durch die vielseitige Anwendbarkeit und Unterteilbarkeit der Kondensatoren kann man also bei richtigem Einsatz zugleich Blindstrom- und Wirkstromkosten senken, ferner Überlastungen beseitigen, kostspielige, zeitraubende sowie Roh-stoff erfordernde Erweiterungen vermeiden und schließlich Umspanner sowie Leitungen für Reservezwecke frei bekommen. Trotzdem braucht die Schaltgewalt hierunter nicht zu leiden.

Im übrigen wird man bei der Wahl der Einbaustellen für die öffent-lichen und industriellen Netze vor allem auf die Art der Betriebsführung, die Belastungsverhältnisse, Ausgleichmöglichkeit, Kommandogewalt, Oberwellenverhältnisse usw. zu achten haben.

---

[1]) Weitere Einsatzstellen bei Regelung auf minimale Ausgleichsblindleistung usw. s. Kap. VIII, 3, S. 157.

2. Zentral-, Gruppen- und Einzelkompensation

Netzanlagen. Greift man nochmals auf das Bild 96 zurück, so erkennt man, daß die Kondensatoren in dem Höchstspannungsnetz des Bildes 96 Mitte (220...60 kV) mit Rücksicht auf die erforderliche dauernde Einsatz- und Regelbereitschaft nur an wenigen bedienten Stellen *A* zentral eingesetzt werden können (Zentralkompensation). Zugleich dienen diese Kondensatoren dort (*F*) zusammen mit parallel liegenden Drosselspulen zur Herbeiführung günstiger Übertragungsbedingungen oberhalb bzw. unterhalb der natürlichen Leistung. (Bild 66, 141 u. 142).

Bild 99. Zentralkompensation in der Übergabestelle eines Überlandwerkes durch eine dreistufige Kondensatorregelbatterie für 3600 kVar (Leistungstrennschalter mit Vorstufen- und Entladewiderständen) (AEG, 1940).

Auch für Mittelspannungsnetze (60...3 kV) ist es zur Wahrung der ständigen Schaltgewalt meist erforderlich, entsprechend Bild 96 links, die Kondensatoren zentral in den Hauptübergabestellen einzubauen, wie dies in den Anlagen Bild 59, 99, 100 und 195 der Fall ist.

Nur so besteht für die Lastverteilerstelle die Gewähr, daß die Gesamtbatterie in Abhängigkeit von der Belastung etwa nach einem bestimmten Fahrplan von Hand oder aber durch Steuergeräte selbsttätig geregelt wird; sie kann weiterhin bei Netzstörungen (Ausfall einer oder mehrerer Speiseleitungen) sofort in der erforderlichen Größe zur Entlastung und stationären Spannungsaufwertung oder auch zur Netzstützung zur Verfügung stehen und schließlich nachts, sonn- und feiertags ohne weiteres in ihrem Einsatz verändert werden, um unzulässige Spannungserhöhungen vermeiden oder Verstimmungen der Netzeigen-

frequenz vornehmen zu können. Lediglich bei Anwendung des Trans-
kommando- oder Telenerg-Fernsteuerverfahrens ist man an diese Vorschriften nicht gebunden, was große, häufig ungeahnte Vorzüge mit sich
bringt.

Im allgemeinen wendet man in Mittelspannungsnetzen mit ständig
vorhandener Grundblindlast eine gleichzeitige Zentral- und Gruppenkompensation entsprechend Bild 96 *A* und *B* an, da man bei der Kondensatorkompensation ohne wirtschaftlichen Nachteil eine möglichst vollkommene Anlagenentlastung anstreben kann. Hierbei sieht man einen
großen Teil der Gesamtkondensatorleistung in den zentralen Übergabestellen als ein- oder mehrstufige Regelbatterie vor, während in den
Außenstellen des Versorgungsgebietes als feste Grundbatterien und als
Regelbatterien so viele Kondensatoren eingebaut werden, wie zur Kom-

Bild 100. Zentralkompensation in einer der Übergabestellen eines ausgedehnten 10-kV-Netzes
durch eine 800-kVar-Kondensatoranlage (AEG, 1934).

pensierung einer errechenbaren mittleren Grundblindlast der Verbrauchergruppen einschl. des Magnetisierungsbedarfes der Umspanner
erforderlich ist. So ist in dem ausgedehnten 10-kV-Netz des Bildes 100
außer einer weiteren zweistufigen Zentralregelbatterie für 3000 kVar,
welche in der Hauptübergabestelle des 50/10-kV-Netzes vorgesehen ist,
noch eine große Anzahl von Kondensatoren für 50 kVar in den einzelnen
Verbrauchergruppen (Ortsnetzstationen) als feste Grundbatterie angeordnet. Eine derartig feine Unterteilung wäre bei umlaufenden Phasenschiebern unwirtschaftlich und zum großen Teil auch undurchführbar,
während man bei der Kondensatorkompensation auch unbediente
Stationen als Einsatzstellen heranziehen kann. In Bild 58 ist die Gruppenkompensation einer der Hauptbelastungsgruppen eines 15-kV-Netzes
durch eine einstufige Regelbatterie für 2000 kVar dargestellt, welche im

Bild 101. Gruppenkompensation eines Mittelspannungsnetzes durch eine einstufige Kondensator-regelbatterie für 2000 kVar, 15 kV (AEG, 1938).

Freien aufgestellt wurde und später — ohne weiteres ortsveränderlich — zur Netzverstärkung an einer anderen, durch plötzlichen Anschluß großer Industrieanlagen wichtig gewordenen Stelle eingesetzt wurde (vgl. auch Bild 65, 95 und 101).

Man kann zuweilen noch einen Schritt weitergehen und Umspanner, die nur während der Hauptbelastungszeit eingeschaltet sind, einzeln kompensieren (Bild 96 C). Durch das gemeinsame Schalten von Umspanner und Kondensator (Bild 102) erreicht man in erster Annäherung eine selbsttätige Regelung eines Teiles der peripher im Netz angeordneten Grundbatterien in Abhängigkeit von der tatsächlichen Belastung der Umspannstelle.

Durch weitgehenden Einzeleinsatz regelbarer Kondensatoren kann man im übrigen die technischen und wirtschaftlichen Vorzüge der ruhenden Phasenschieber in Zeiten starker Last auch in kleinen bedien ten bzw. unbedienten Um spannstellen restlos aus

Bild 102. Einzelkompensation eines Umspanners in einem Mittelspannungsnetz durch zwei 225-kVar-Kondensatoren für 20 kV (AEG, 1936).

nutzen, sofern man genügend Schaltpersonal zur Verfügung hat bzw. wenn man Relaissteuerungen möglichst einfacher und betriebssicherer Bauart anwendet.

Auf die Spannungsregelung allein und im Verbund arbeitende Netze (Bild 96 *A*, *B*) sowie von Netzausläufern (Bild 96 *D*) bzw. von nicht direkt gespeisten Maschennetz-Knotenpunkten (Bild 96 *E*) wurde bereits hingewiesen (vgl. a. S. 131 u. 169...199).

Industrieanlagen. Wird die Kondensatorenanlage lediglich wegen des abgeschlossenen Blindstromtarifes erstellt, so könnte man durch Anwendung der Zentralkompensation des gesamten Industrieunternehmens (Bild 96a) die tariflichen Erfordernisse bereits erfüllen, da die Zählung

Bild 103. Zentralkompensation eines größeren Industriewerkes durch eine selbsttätig geregelte Kondensatorbatterie für 1300 kVar, 500 V, 13stufig (Dielektra, früher Meirowsky & Co., 1938).

und Messung der Wirk- und Blindarbeit in dem Zuleitungsfeld, also vor der Hauptsammelschiene, erfolgt. Man wird hierbei die Kondensatorbatterie möglichst vielstufig regelbar ausbilden (vgl. Bild 53, 55, 103, 112, 113, 115, 122, 125 und 148).

Da man jedoch auch hier meist Wert auf gleichzeitige Scheinleistungsentlastung des Industrienetzes legt, um entweder bestehende Überlastungen zu beheben, oder neue Belastungen anzuschließen, oder Übertragungsverluste einzusparen, oder um die Netzspannung stützen zu können, so wird man unbedingt den jeweiligen Belastungsschwerpunkt aufsuchen und hierdurch eine Gruppe kleinerer oder auch größerer Verbraucher (Bild 104, 129, 172 u. 187) mit unterschiedlicher Einschaltzeit und Belastungshöhe kompensieren (Bild 96b). Die Kondensatorbatterien brauchen dann nur entsprechend dem Mittel der anfallenden Summenblindlast ausgelegt zu werden, sind also bei entsprechend höherer Benutzungsdauer und niedrigerer Gesamtleistung wirtschaftlicher als die bei der Einzelkompensation erforderlichen Kondensatoren. Im allgemeinen ist daher in Industrieanlagen die Kompensation von Verbrauchergruppen vorherrschend; die hiermit verbundenen Vorteile der Netzverstärkung kann man um so leichter ausnutzen, als hier große räumliche Entfernungen der Abnehmergruppen meist nicht vorhanden sind, so daß auch die Schaltgewalt und Regelmöglichkeit der Anlagen nicht leidet. Zugunsten der Gruppenkompensation spricht weiterhin die Tatsache, daß man beim Parallelschalten auch von Hochspannungskondensatoren ohne künstliche Dämpfungsglieder auskommt, da die

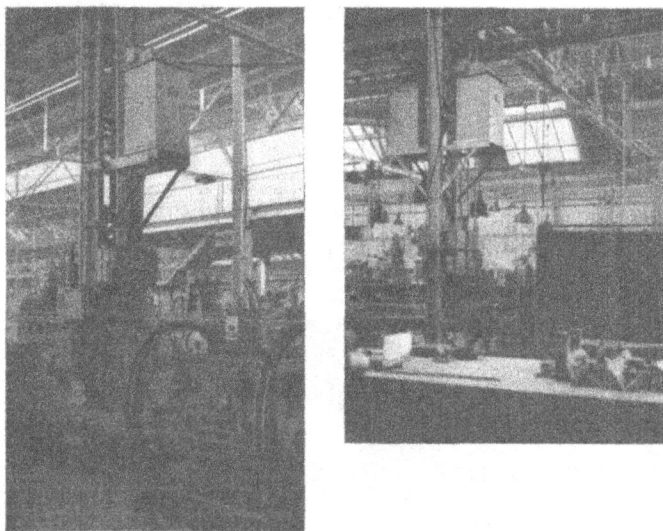

Bild 104. Gruppenkompensation durch Masteinbau zahlreicher 50-kVar-Kondensatoren in den Verteilungsgruppen durcharbeitender Werkzeug-Maschinenhallen sowie einer Schweißerei eines großen Industriewerkes (AEG, 1939).

zwischen den parallel zu schaltenden Kondensatorgruppen liegenden Kabel- oder Freileitungsimpedanzen bei Entfernungen von einigen 100 m schon ausreichend groß sind, wenn nicht sogar Umspannerreaktanzen den Parallelschaltvorgang dämpfen.

In Industrieanlagen wird heute wieder häufiger die im Anfang der Kompensationstechnik bevorzugte Einzelkompensation[1]) (Bild 96c) größerer durchlaufender Verbraucher wie Motoren (Bild 38 und 105) Umspanner, Induktionsöfen, Schweißmaschinen (Bild 143) usw. angewandt, meist in Kombination mit der Zentral- und Gruppenkompensation wie in dem Werk des Bildes 104. Durch das gemeinsame Schalten von Verbraucher und Kondensator spart man Schaltgeräte, Leitungen, Entladeorgane, Schaltzellen usw., erhält eine ideale Blindstromver-

---

[1]) Näheres s. Bornitz, E., Helios, Lpz. 45 (1939), S. 659 u. Elektrizitätswirtsch. 38 (1939), S. 57.

nichtung am Entstehungsort, eine Entlastung der vorgeschalteten Übertragungsmittel und dadurch eine Verringerung des Anschlußwertes sowie der Übertragungsverluste und des Spannungsfalles. Zugleich erzwingt man eine selbständige Regelung, d. h. in erster Annäherung eine natürliche Anpassung des Kondensatoreinsatzes an den augenblicklichen Blindleistungsverbrauch (Bild 152). Durch die spannungsstützende Wirkung der Kondensatoren ergibt sich bei hohen Zuleitungsreaktanzen auch ein besserer Motoranlauf (Bild 130). Mit der Einzelkompensation sind allerdings auch einige Nachteile verbunden. Da beim gemeinsamen Schalten von Verbraucher und Kondensator die Kompensationsfähigkeit des letzteren für die Nachbaranlagen bei Außerbetriebnahme des ersteren fortfällt und somit der Gleichzeitigkeits-

Bild 105. Einzelkompensation von 4 Zementmühlenmotoren für je 480 kW, 210 U/min durch Hochspannungskondensatoren für je 225 kVar (AEG, 1941).

faktor der Anlage nicht berücksichtigt werden kann, so ist bei der Einzelkompensation die Anschaffung einer wesentlich größeren Gesamtkondensatorleistung erforderlich; bei aussetzendem Arbeiten der Verbraucher ist daher die Einzelkompensation unwirtschaftlich. Ferner sind auch die vielen, durch den Einzelausgleich bedingten kleineren Einheiten teurer als die bei der Gruppenkompensation anwendbaren größeren Kondensatoren mit Leistungen von 30...50 kVar ab aufwärts. Auch die Platzfrage und die thermischen Arbeitsbedingungen spielen bei der Aufstellung neben den Motoren eine gewisse Rolle. Schließlich ist man hinsichtlich des Kompensationsgrades bei Asynchronmotoren Beschränkungen unterworfen, da man die später zu behandelnden Selbsterregungserscheinungen vermeiden muß.

Sehr häufig wird schließlich noch innerhalb einer Anlage durch Einzelkompensation größerer durchlaufender Motoren und durch gleichzeitige Gruppenkompensation zahlreicher, unregelmäßig arbeitender Verbraucher der Blindstrom so nahe wie möglich an seinem Entstehungsort beseitigt, während eine übergeordnete, selbsttätig regelbare Zentralbatterie den Gesamtblindleistungsbedarf des Industriewerkes überwacht und die größeren Blindlaständerungen ausregelt. In dieser Art ist z. B. das Industriewerk durch eine 2500-kVar-Kondensatoranlage kompensiert, von dem das Bild 104 einen Einblick in die verschiedenen gruppenkompensierten Werkstätten gibt. Die für die kleineren Verbrauchergruppen angesetzten 50-kVar-Kondensatoren brauchen als einstufige Regeleinheiten bei dem durchlaufenden Betrieb überhaupt nicht und bei einschichtigem Betrieb nur morgens ein- und abends ausgeschaltet zu werden; wegen beengten Raumes mußten die zahlreichen Kondensatoren auf den Trägern der Dachkonstruktionen untergebracht werden.

3. Regelung und Steuerung von Kondensatoren

Bei der Planung von Kondensatoranlagen hat man nicht nur die technisch und wirtschaftlich richtige Einbaustelle und Kondensatorgröße festzulegen, sondern man muß auch für die spätere Betriebsführung die erforderliche Elastizität in der Anpassung an die sich täglich und stündlich ändernden Betriebs- und damit Kompensationsbedingungen sicherstellen, um bei der Tarifkompensation, bei der Netzverstärkung, Spannungsstützung usw. einen Bestwert zu erzielen. Es muß also jederzeit die Möglichkeit bestehen, entsprechend den veränderten Betriebsverhältnissen zumindest einen Teil der Gesamtbatterie in Stufen zu- oder abzuschalten. Hierzu verläuft der Wunsch einer Dezentralisierung zwecks restloser Ausnutzung der Vorteile der Kondensatorkompensation anscheinend direkt diametral. Diese beiden widersprechenden Forderungen lassen sich jedoch — wie noch zu erläutern ist — durchaus miteinander vereinigen; sie setzen allerdings neben richtiger Planung ein gut ausgebildetes Bedienungspersonal oder zuverlässig arbeitende Steuerungs- bzw. Regeleinrichtungen voraus.

a. **Grund- und Regelbatterien.** An Hand des Netzplanes des Bildes 96 konnten die technisch-wirtschaftlich zweckmäßigsten Einsatzstellen und Kompensationsarten für die Kondensatoranlagen der öffentlichen Versorgung und der Industrie festgestellt werden. Darüber hinaus lassen sich durch diesen Plan sowie durch Aufzeichnung und Auswertung von Belastungskurven nicht nur die erforderliche Gesamtleistung und Stufenzahl der Kondensatorenbatterien bestimmen, sondern auch die Frage entscheiden, ob es genügt, daß die Steuerung oder Reglung von Hand durchgeführt wird, oder ob eine selbsttätige Steuerung bzw. Reglung erforderlich wird. Hierbei sollten die Belastungsdiagramme den Wirklast-, Blindlast- und notfalls auch Spannungsverlauf des Gesamtwerkes sowie seiner Hauptspeisepunkte und seiner Schaltstellen für charakteristische Jahres-, Arbeits- und Feierzeiten wiedergeben.

Hat man — wie in den meisten Fällen — nach Gesichtspunkten des Blindlastminimums zu kompensieren, so wird man die Belastungskurven charakteristischer Sommer- und Winterarbeits- und Feiertage herausgreifen und miteinander vergleichen, da hiervon die Leistungsgröße der einzubauenden Grund- und Regelbatterien entscheidend abhängt. So sind in Bild 106 für einen normalen Winterarbeitstag die mittleren Wirk- und Blindlastkurven für ein Mittelspannungsnetz (a), für ein ausgedehntes Höchst- und Mittelspannungsnetz (b) sowie für ein großes Industrieunternehmen (c) dargestellt.

Wie noch in Kap. IX zu erläutern sein wird, lohnt es sich fast stets, die gesamte anfallende Blindlast zu kompensieren. In dem Mittelspannungsnetz des Bildes 106a wird man demnach die induktive Grundblindlast des Netzes durch eine einzige oder besser noch durch eine große Anzahl im Netz verstreuter fester Grundbatterien (I) kompensieren. Die zur Grundbatterie zählenden Kondensatoren können in den Blindlastschwerpunkten der Außenbezirke des Mittelspannungsnetzes tags- und nachtsüber eingeschaltet bleiben, sie können daher auch in unbedienten Schaltstellen eingesetzt werden (vgl. Bild 96).

Bei Schwachlast ergibt sich für das Gesamtnetz durch die Grundbatterien (I) ein $\cos \varphi \cong 1$, bei Vollast eine gute Entlastung und Spannungsaufwertung der Netzausläufer bzw. nicht direkt gespeisten Maschennetzknotenpunkte. Darüber hinaus wird während der Hauptarbeitszeit der Industrie- und Gewerbebetriebe die Einschaltung verschiedener im Netz verteilter einstufiger Regelbatterien (II) erforderlich, die möglichst auf der Unterspannungsseite mittlerer und größerer Umspannwerke eingesetzt werden und jeweils als Einzelbatterie vorstufenlos geschaltet werden können. Schließlich sind noch zur Ausregelung des Spitzenbedarfes sowie der Lastschwankungen vielstufige Regelbatterien (III) erforderlich, die in den meist als Hauptübergabestellen in Betracht kommenden Hauptumspannwerken oder auch in großen, im Netz verteilten Blindlastzentren eingesetzt werden.

Im Gegensatz zu dem Netz des Bildes 106a wird in dem ausgedehnten Höchst- und Mittelspannungsnetz des Bildes 106b die induktive Grundblindlast vorwiegend durch die Ladeleistung der Kabel und Freileitungen (V) auf natürliche Weise ausgeglichen. Allerdings ist die Netzladeleistung so groß, daß in der Schwachlastzeit (nachts) Kompensationsdrosselspulen (IV) in den Netzstützpunkten eingesetzt werden müssen, um die Spannungsstabilität und Pendelfreiheit der Kraftwerke zu wahren. Man versteht es, wenn ein derartiges Werk für Kompensation der Industrieabnehmer über $\cos \varphi = 1$ hinaus evtl. sogar tarifliche Mehrpreise einführt, d. h. auf einer Abschaltung der überzähligen Industrie-

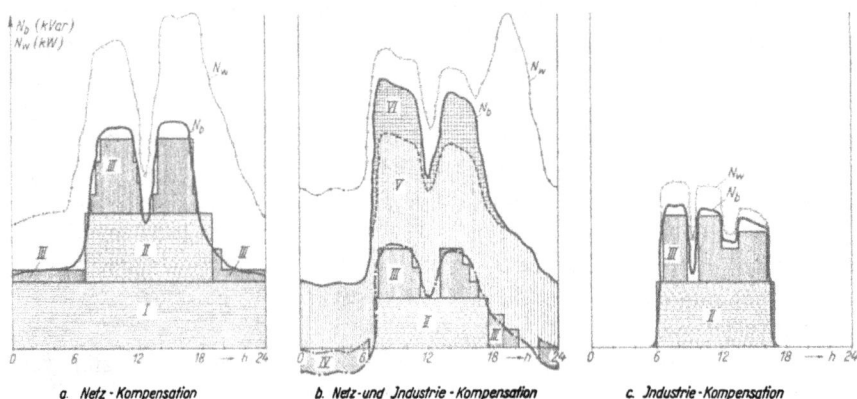

a. Netz - Kompensation   b. Netz-und Jndustrie - Kompensation   c. Jndustrie-Kompensation

Bild 106. Belastverlauf und Blindlastregelmöglichkeiten in Netzen und Industrieanlagen
(Wintertag).
I = Feste Grundbatterie, peripher im Mittelspannungsnetz,
II = Einstufige Regelbatterie, unterspannungsseitig mittlerer Umspannstellen,
III = Vielstufige Regelbatterie, unterspannungsseitig der Hauptübergabestellen,
IV = Drosselspulenkompensation, sonst wie unter III,
V = Netzladeleistung,
VI = Industriekompensation.

kondensatoren nachts usw. unter allen Umständen besteht. Da die
Industrieunternehmen auf Grund eines Blindstromtarifes zu einer
Kompensation ihrer Anlagen (VI) tagsüber angespornt werden, sind die
von den Werken im Netz einzubauenden Regelbatterien (II und III)
verhältnismäßig kleiner als im Falle des Bildes 106 a.

Weder in diesem Netz noch bei den in Bild 106 c dargestellten
Industrieunternehmen kann eine feste Grundbatterie (I) dauernd eingeschaltet bleiben, da man hierdurch den Einsatz der Drosselspulen
unnötig vergrößern würde. In der einschichtig arbeitenden Industrieanlage, Bild 106 c, kann man zur Kompensation bis $\cos \varphi \cong 1$ lediglich
eine einstufige Regelbatterie (II) sowie eine vielstufige Regelbatterie (III)
vorsehen. — Grundsätzlich sollte auch jede Industriekondensatoranlage
in 2 bis höchstens 7 Stufen unterteilt werden, so daß man sich dem wechselnden Blindlastbedarf jederzeit anpassen kann.

b. Hand- oder selbsttätige Steuerung und Reglung? Nachstehend
wird zwischen den Begriffen »Regeln« und »Steuern« nicht streng
unterschieden, zumal entsprechende Festlegungen des VDE noch nicht
endgültig vorliegen.

Wollte man Unterscheidungen treffen, so läge ein Regeln einer
elektrischen Größe -- z. B. des $\cos \varphi$ — dann vor, wenn man den
$\cos \varphi$ dauernd mißt und den gemessenen Wert mit einem vorgegebenen
Sollwert vergleicht. Bei Abweichungen des Meßwertes vom Soll-$\cos \varphi$
erfolgt dann ein Zu- und Abschalten von Kondensatoren so lange,
bis der Sollwert wieder erreicht ist. Diese Reglung arbeitet unabhängig von der Last. Erfolgt das Zu- und Abschalten der Kondensa-

toren dagegen lediglich auf Grund einer Blindleistungsmessung, und soll trotzdem der cos φ konstant bleiben, so ist dieses Ziel nur bei einer bestimmten Wirklast, nicht dagegen über den ganzen Wirklastbereich zu erreichen (vgl. Bild 111 und S. 151, Fußnote [1]). Dieses Verfahren könnte man Steuerung nennen.

Erfolgt das Zu- und Abschalten durch menschliches Zutun, so spricht man von Handreglung bzw. -steuerung, sonst von selbsttätiger Reglung bzw. Steuerung.

Aus den Einsatznotwendigkeiten des Bildes 106 kann man herleiten, in welchem Falle Handschaltung genügt und wann selbsttätige Reglung vorgesehen werden sollte. Die dauernd eingeschalteten Grundbatterien (I) brauchen — ihrem Wesen entsprechend — überhaupt nicht geregelt zu werden. Die einstufigen Regelbatterien (II) sind nur morgens und abends einmal zu schalten. Da die Regelbatterien bei der Netzkompensation gewöhnlich in bedienten Stationen untergebracht werden, ist hier eine Handreglung entweder direkt oder über Ferndraht meist gut durchführbar. Das Bedienungspersonal muß sich hierbei nach einem Fahrplan richten, welcher für alle Schaltstellen des Netzes zuvor von der Zentralkommando- oder Lastverteilungsstelle vorausbestimmt wird. Die naheliegende Handreglung und auch Handsteuerung wird heute noch in der Mehrzahl der Fälle wegen der Ersparnis von Kosten bevorzugt. Sie ist hauptsächlich dort anzuwenden, wo nur selten zu schalten ist und gewissenhafte Schaltwärter zur Verfügung stehen. Für unerwartete Störungsfälle sind außerdem sowieso Fernsprechverbindungen vorhanden, über die man Anweisungen nicht nur zur vorübergehenden Vermaschung und Entmaschung von Netzteilen geben kann, sondern deren man sich auch zur Zu- und Abschaltung von Kondensatoren zur Erzielung eines minimalen Blindstrombezuges oder -transportes, richtiger Netzspannung oder zur Verstimmung der Netzeigenfrequenz usw. bedienen kann. Die Ausübung der Kommandogewalt über die wichtigsten Teile der Gesamtkondensatoranlage läßt sich also auch bei Handbetätigung sicherstellen.

Handelt es sich dagegen um das Schalten einstufiger Regelbatterien (II) in unbedienten Netz- oder Industrieschaltstellen, ferner um die verhältnismäßig häufig zu regelnden vielstufigen Regelbatterien (III) des Bildes 106 oder um stark wechselnde Belastungen sowie um unregelmäßig auftretende und sofort zu beseitigende Zustandsänderungen (Blindlast- oder Spannungsschwankungen oder beides in Betriebspausen, bei Betriebsappellen, Netzstörungen, Selbsterregungsvorgängen usw.), so bietet die Technik hierzu die Möglichkeit in Gestalt der selbsttätigen Steuerung oder Reglung. In bedienten Stationen kann man hierdurch die Schaltwärter von der zusätzlichen Aufgabe des Steuerns oder Regelns von Hand aus blindstromtariflichen oder betrieblichen Gründen

entlasten und erreicht in letzterem Falle eine größere Regelgeschwindigkeit und Regelgenauigkeit. Es ist jedenfalls festzustellen, daß man in
den letzten Jahren immer stärker zur selbsttätigen Reglung übergegangen ist[1]). Um die Schaltgewalt zu wahren, wird man hierbei stets
zusätzlich die Möglichkeit eines Übergehens auf Hand- bzw. Fern-
betätigung vorsehen.

Eine selbsttätige Reglung ist besonders in selbständigen Industrie-
Stromerzeugungsanlagen während der verhältnismäßig plötzlich einsetzenden Frühstücks- und Mittagspausen mit Rücksicht auf die Spannungs-
steigerungs- bzw. Selbsterregungsmöglichkeit der Generatoren am Platze.

Wie aus den Belastungsdiagrammen von Bild 106 ersichtlich ist,
genügt es meist, etwa 25...50% des Gesamtkondensatoreinsatzes selbsttätig regelbar zu gestalten, sofern man nur die vielstufigen Regelbatterien
(III) hierzu heranziehen will. Häufig werden mit Rücksicht auf tarifliche Vereinbarungen usw. auch die einstufigen Regelbatterien (II) in
die selbsttätige Reglung mit einbezogen, so daß das Bedienungspersonal
völlig entlastet ist.

Selbsttätige Steuerung und Reglung. Hat man sich für die
selbsttätige Reglung einer Kondensatorenbatterie entschieden, so können
vor allem die Blindlast sowie unter bestimmten Bedingungen auch
die Netzspannung und die in Höchstspannungsnetzen zu übertragende, auf $\cos \varphi = 1$ kompensierte Leistung als maßgebliche Meßgrößen herangezogen werden; für die selbsttätige Steuerung kommen
dagegen nur Meßgrößen, wie z. B. die Zeit, die Wirkleistung, der
Gesamtstrom, der $\cos \varphi$, evtl. auch der Oberwellengehalt der Netzspannungskurve sowie Störungszustände wie Netzerdschlüsse, Netz-
kurzschlüsse usw. in Betracht. Welche dieser Einflußgrößen am zweckmäßigsten gewählt wird, hängt von Fall zu Fall von der an die Batterie
gestellten Forderungen ab.

In den Bildern 107...118 sind für ein- und mehrstufige Regelanordnungen die charakteristischen Schaltungen und Ausführungen wiedergegeben, die später näher zu behandeln sind. Zunächst sollen einige Vorbemerkungen allgemeiner Art gemacht werden.

Benutzt man die Zeit, die Wirklast, den Gesamtstrom, den $\cos \varphi$ usw.
für eine selbsttätige Steuerung von Kondensatorenanlagen, so kann die
Schaltuhrensteuerung nur bei periodisch wiederkehrendem Belastungsver-
lauf, die Wirklast- und Gesamtstromsteuerung[2]) mit Vorteil nur bei einiger-

---

[1]) Bornitz, E., Elektrizitätswirtsch. 38 (1939), S. 55.

[2]) Sehr häufig benutzt man auch die Tatsache, daß mit einer Veränderung des
Schaltzustandes von Netzteilen, Umspannern, Motoren usw. (Einzelkompensation)
eine Änderung der Wirk- und Blindlast verbunden ist und beseitigt durch die Einzelkompensation (Bild 107 A) die jeweils anfallende Blindlast mehr oder weniger vollkommen; es handelt sich hierbei jedoch, genau genommen, weder um eine Steuerung
noch um eine Reglung der Blindleistung, da eine irgendwie geartete Messung hierbei
nicht durchgeführt wird.

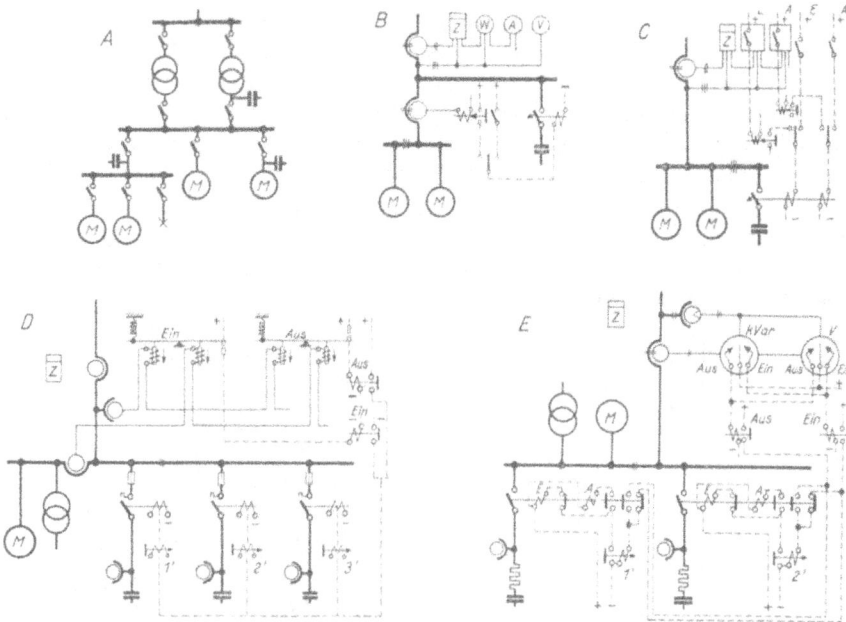

Bild 107. Ein- und mehrstufige, selbsttätige Steuer- bzw. Regeleinrichtungen für Kondensatoren
gleicher Leistungsgröße.

A = Schaltzustandanpassung,   D = Strom- und Netzspannungsregelung nach
B = Gesamtstromsteuerung,   H. Schulze (ETZ 58 (1937) S. 709,
C = Wirklaststeuerung oder Blindlastregelung,   E = Blindlast- und Netzspannungsregelung.

maßen beständigem Leistungsfaktor und geringer Stufenzahl angewandt
werden. Bei der nicht vektoriell abstellbaren Gesamtstromüberwachung
sind die Kondensatoren entsprechend Bild 107 B und D vor dem Stromrelais anzuschließen, um nicht die Wirkung der Kondensatorkompensation zur Ursache des sofort anschließenden Abfallens des Stromrelais
werden zu lassen.

Demgegenüber überprüfen bei den selbsttätigen Reglungen die auf
Blindleistungs- und Spannungsunterschiede ansprechenden Relais, Kon-
taktinstrumente oder zählerartigen Regler den Istwert dieser maßgeb-
lichen Betriebsgrößen direkt und sofort nach erfolgter Reglung auf den
vorgeschriebenen Sollwert hin. Diese können daher unter Zuhilfenahme
einer entsprechenden Stufenzahl der Regelbatterie die höchste und ein-
deutigste Regelgenauigkeit gewährleisten. Dasselbe gilt etwa auch für die
Gesamtstromüberwachung, sofern die Reglung außerdem von der Messung einer 2. Betriebsgröße wie der Blindleistung, der Netzspannung
(Bild 107 D), evtl. auch der Wirkleistung, des Oberwellengehaltes usw.
abhängig gemacht wird.

Die zusätzliche Überwachung der Blindleistung durch die Netzspannung (Bild 107 D, E und 109) ist in vielen Netzen mit industrieller

Belastung und in peripher gelagerten Netzpunkten mit starken Spannungsschwankungen, wie Netzausläufern und Maschennetzknotenpunkten, sehr wertvoll. Man kann dann je nach den Betriebsbedingungen bei Überschreitung einer Höchstspannung eine stufenweise oder eine Gesamtabschaltung der Kondensatoren (Bild 109) erreichen, sofern man nicht außerdem entsprechend Bild 135 zur Spannungsstützung und Anlagenstromentlastung auch bei Unterschreitung einer Niedrigstspannung ein stufenweises Zuschalten durchführt (Bild 107 D und E). Die Spannungsstützung kann unter Umständen auch ohne das Kennzeichen hoher Netzbelastung erforderlich werden, weshalb in diesem Falle die Schaltung Bild 107 D Vorteile bietet.

Um bei ein- und mehrstufiger Reglung Pendelungen, d. h. dauerndes Zu- und Abschalten bei Last- bzw. Spannungsänderungen zu vermeiden, muß der Unempfindlichkeitsbereich der Regeleinrichtung reichlich sein, d. h. es müssen die Ansprech- und Abfallwerte der Regler bei hoher Regelgeschwindigkeit mindestens 50%, bei geringster Regelgeschwindigkeit etwa 20% weiter auseinanderliegen, als der Wirkung des größten Regelkondensators bzw. der größten Stufenleistung entspricht (vgl. Bild 108, 111 und 135). Hieraus ergeben sich zwei Forderungen:

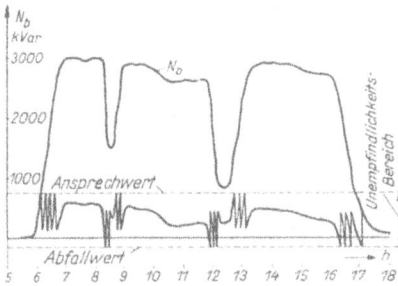

Bild 108. Vierstufige selbsttätige Blindleistungsregelung, Schaltung nach Bild 107 C.

Darf in einer Regelanlage das Zu- und Abschalten bei Werten erfolgen, die um mehr als 15% der Wandlernenndaten auseinanderliegen, so kommt man mit einem einzigen Relais aus. Wird jedoch feinstufige Reglung gefordert, so benötigt man zwei gleichartige Relais (Bild 107 C, D und 116). Von diesen hat das eine bei Überschreiten eines vorher festzulegenden Blindlast- oder Spannungsansprechwertes, das andere bei Überschreiten eines entsprechenden Abfallwertes der Gesamtregeleinrichtung (Bild 108 und 135) zu arbeiten. Im Gegensatz hierzu ist die Verwendung zweier Relais und die genaue vorherige Eichung der Ansprech- und Abfallwerte bei den zählerartigen Reglern (Bild 53, 55, 103, 109...115, 118 und 122) nicht erforderlich, so daß diese sowie die jederzeit auch noch an Ort und Stelle für einen beliebig großen und verstellbaren Unempfindlichkeitsbereich vorgesehenen Maximal- und Minimalkontakte der Meßinstrumente (Bild 107 E) den entsprechenden relaisartigen Reglern gegenüber im Vorteil sind.

Die zweite Forderung besteht darin, daß man immer möglichst gleich große Kondensatorstufenleistung anstreben muß. Dieses ist bei

Regelkondensatoren gleicher Größe ohne weiteres der Fall; aber auch bei Regelkondensatoren, deren Leistung nach einer arithmetischen Reihe (z. B. 1:2:3:4:5...) oder nach einer geometrischen Reihe (z. B. 1:2:4:8...) abgestuft sind, läßt sich die Forderung durch Wahl entsprechender Regelgeräte (Bild 116...118) oder Regelschaltungen usw. erreichen.

Will man die Blindleistung, Netzspannung oder beide Netzgrößen in mehreren Stufen verändern, so muß bei den Steuerungsmeßgrößen wie Zeit, Wirklast und Strom je Stufe ein besonderer Relaissatz bzw. ein besonderes Kontaktinstrument vorgesehen werden. Hierbei müssen die Ansprech- und Abfallwerte untereinander gestaffelt sein, notfalls unter Zuhilfenahme einer zusätzlichen Zeitstaffelung. Bei den für die selbsttätige Reglung erforderlichen Meßgrößen wie Blindleistung, Spannung, u. U. a. $\cos \varphi$, Strom-Spannung usw. kann man dagegen auch mit einem einzigen gemeinsamen Regelsatz auskommen, wie dieses die Bilder 107 D, E, 109, 110, 111, 114, 116 und 118 zeigen. Hierbei besteht dieser Regelsatz bei den Bildern 107 E, 109, 110, 111 und 118 aus einem, bei den Bildern 107 C, D und 116 aus höchstens zwei als Maximal- und Minimalrelais wirksamen Regelorganen. Für die zeitlich gestaffelte Ein- und Ausschaltung der einzelnen Stufen ist dann durch Zeitrelais (Bild 107 D, E, 116), durch Fortschaltrelais, Kontaktwalzen oder Stufenscheiben (Bild 109, 110, 114, 116 B und 118) zu sorgen.

Die Stufenzahl richtet sich nach den Belastungsdiagrammen und dem Kompensationsgrad. In Industrieanlagen genügt meistens eine 2...7stufige Reglung, selbst wenn man auch die als Grundbatterie in Betracht kommenden Kondensatoren in die selbsttätige Reglung mit aufnimmt. Im Netzbetrieb kann ebenfalls grobstufig geregelt werden, solange dieses keine unzulässigen Spannungssprünge zur Folge hat. In allen Fällen ist entsprechend Bild 106 der Wechsel des Kompensationsbedarfes je nach Jahres-, Arbeits- und Tageszeit zu berücksichtigen.

Bezüglich des Kondensatorschutzes sowie der erforderlichen Dämpfung beim Parallelschalten der Regelkondensatoren sei auf Kap. VII verwiesen. Die dort in Bild 93 aufgeführten Regelschaltungen lassen sich bei Wahl geeigneter magnetischer, motorischer oder Druckluftantriebe ohne weiteres mit den vorstehend behandelten Steuer- oder Regelorganen vereinigen.

Soweit bei den selbsttätigen Schaltungen Dauerkommandos gegeben werden, sind Wiedereinschaltsperren mechanischer und elektrischer Art vorzusehen, um bei bestehender Störung (Kurzschluß, Überlastung u. dgl.) ein Neueinschalten und damit das sog. »Pumpen« zu unterbinden. Bei magnetischen Antrieben sind häufig außerdem Selbstunterbrechereinrichtungen einzubauen, welche die Leistung der Magnete sicher abzuschalten vermögen. Mit Rücksicht auf den Störungsfall wird man außerdem durch Paketumschalter für den Übergang von selbsttätigen auf Handbetrieb sorgen und Signaleinrichtungen vorsehen.

c. Selbsttätige Steuerung und Regelung von Kondensatoren gleicher und ungleicher Leistungsgröße in einzelnen Anlagen. Nach diesen grundsätzlichen Erörterungen sind die Schaltungen Bild 107...118 näher zu untersuchen. So ist mit der Einzelkompensation von Motoren, Umspannern, Abzweigen usw. entsprechend Bild 107 A in erster Annäherung eine selbsttätige, bei längerer Benutzungsdauer außerordentlich wirtschaftliche Blindlastanpassung in Abhängigkeit vom Schaltzustand der Blindleistungsverbraucher verbunden. Auch der einfachen, zeitverzögerten Gesamtstromsteuerung nach Bild 106 B bedient man sich häufig, meist unter Zwischenschaltung von Sättigungswandlern, so daß das Stromrelais bereits bei 10...20% des Nennstromes der Stromwandler

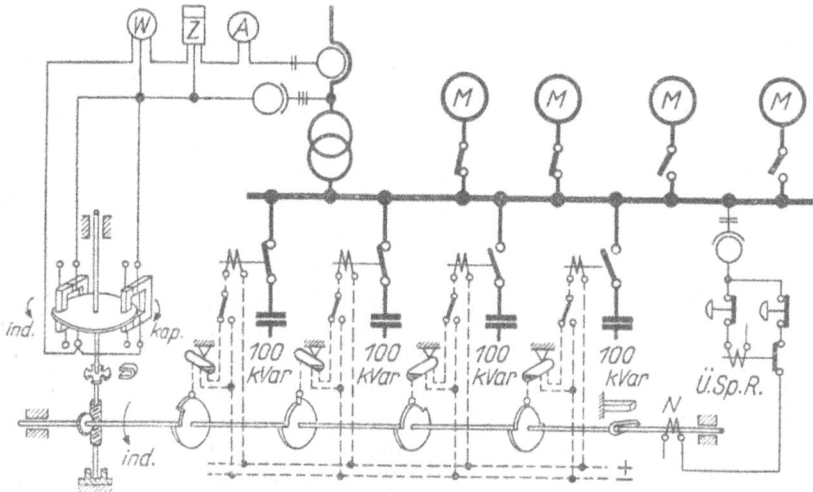

Bild 109. Blindleistungsbegrenzer mit Netzspannungsüberwachung für selbsttätige Regelung von Kondensatoren gleicher Leistungsgröße (Heliowattwerke, 1941).

arbeitet. Auf den Anschluß der Kondensatoren vor dem Stromrelais ist hierbei aus früher erwähnten Gründen zu achten. Weiter ist darauf hinzuweisen, daß Blindverbrauchszähler, Spannungsstundenzähler oder sonstige Zähler auch mit einem Festmengenkontakt ausgerüstet werden können; durch diesen kann eine der Stufenzahl der Kondensatorregelanlage entsprechende Anzahl parallel geschalteter Tarifgeräte[1] mit gestaffelter Grenzzeit gesteuert werden. Die Schaltung Bild 107 D gestattet eine Verwendung in vermaschten Netzen mit ständig wechselnder Energierichtung[2], da sie nur auf Unter- bzw. Überschreitung des Gesamtstromes oder der Netzspannung oder gleichzeitig beider Meßgrößen abgestellt ist. Ähnliches gilt für die Schaltung Bild 107 E.

---

[1] Ferrari, F., ETZ 57 (1936), S. 919; Tampier, Fr., DRP. 717608.
[2] Schulze, H., ETZ 58 (1937), S. 709.

Für mehrstufige Blindleistungsregelanlagen, in denen Kondensatoren gleicher Leistungsgröße zu regeln sind, ist in Deutschland sowie auch im europäischen Ausland ein unter dem Namen »Blindleistungsbegrenzer« bekannt gewordener, nach dem Prinzip des Blindleistungszählers aufgebauter zählerartiger Regler (Bild 109...115) in den letzten Jahren wegen seiner Einfachheit, Betriebssicherheit und Preiswürdigkeit in wachsendem Maße angewandt worden. Dieser entwickelt, wie jeder Blindverbrauchzähler, ein der auftretenden Blindlast entsprechendes Drehmoment, welches über ein Schnecken- und Zahnradgetriebe unter

Bild 110. Blindleistungsbegrenzer für 4 Regelstufen, Schaltung nach Bild 109.

1 = Triebsystem,	7 = Arretierung für den Transport,
2 = Läufer.	8 = Magnetische Anlaufbegrenzung,
3 = Getriebe,	9 = Dämpfungsmagnet,
4 = Kupplung.	10 = Meßwandleranschlüsse.
5 = Nockenschaltwelle,	11 = Kondensatorschützen-Anschlüsse.
6 = Quecksilberschaltröhre,	

Zwischenschaltung einer Rutschkupplung eine zum Schalten der Kondensatoren dienende Nockenschaltwelle antreibt. Die Schaltwelle besitzt eine der Stufenzahl entsprechende Anzahl von Kurvenscheiben mit gegeneinander versetzt angeordneten Aussparungen. Durch die Kurvenscheiben werden bei starkem induktiven Blindverbrauch der zu kompensierenden Anlage, d. h. bei fortschreitender Vorwärtsdrehung der Nockenschaltwelle, bis zu 7 Quecksilberschaltröhren[1]) und ebensoviele Kondensatoren stufenweise zu- bzw. abgeschaltet. Dieses Zu-

---

[1]) S. a. Kesseldorfer, W., Elektrotechn. Anz. 56 (1939), S. 409 und Helios, Lpz. 46 (1940), S. 545 u. 582; dort ist auch ein Blindleistungsregelgerät mit zugehörigem Schaltapparat für 8...15 Stufen beschrieben (vgl. Bild 103).

bzw. Abschalten der Kondensatoren erfolgt jedoch erst nach Überwindung einer magnetischen Anlaufbegrenzung (Bild 110) und dann,
wie bei jedem Zähler, um so schneller, je größer der Blindlastanfall ist,
d. h. also mit lastabhängiger Zeitverzögerung[1]). Diese magnetische
Hemmung soll vor allem das Pendeln unterbinden; sie besteht aus einem
verstellbaren Hufeisenmagnet, der auf einen auf der Welle des Meß-
bzw. Antriebsystemes sitzenden Eisenstern einwirkt. Die zu regelnde,
stets gleich große Kondensatorstufenleistung darf mit Rücksicht auf
das von der magnetischen Anlaufbegrenzung entwickelte Gegendreh-
moment nicht unter 5% liegen und sollte zur Vermeidung zu grober
Leistungssprünge möglichst nicht über 15...20% der Wandlernenn-
scheinleistung[2]) der Anlage betragen.

Durch Anwendung einer geeigneten Innenschaltung und eines zweckentsprechenden konstruktiven Aufbaues des Regelsystems sowie in
geringem Maße auch durch Verstellen der Achse des Hufeisenmagnetes

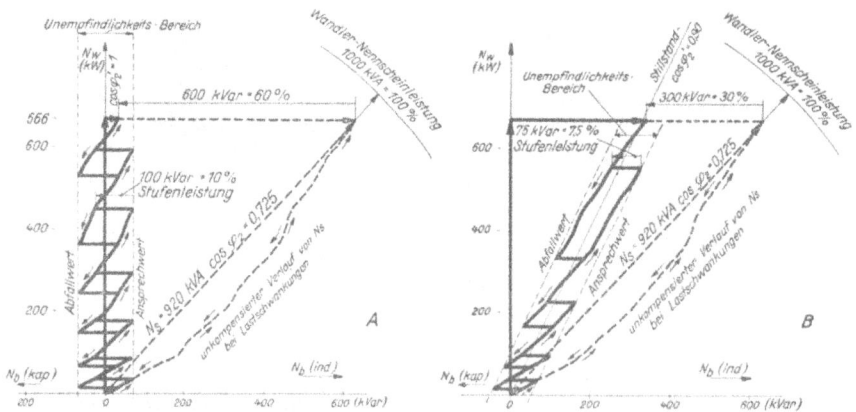

Bild 111. Regediagramme von Blindleistungsbegrenzern bei Eichung für Stillstand-cos $\varphi = 1$ (A)
bzw. cos $\varphi = 0,90$ nacheilend (B).

gegenüber dem Eisenstern kann der Begrenzer sowohl für einen Stillstand-cos $\varphi = 1$ (Bild 111 A und 112) als auch für einen hiervon abweichenden Wert im Bereich von z. B. cos $\varphi = 0,95$ voreilend, bis cos
$\varphi = 0,80$ nacheilend (Bild 111 B) ausgelegt werden. Es läßt sich somit
in jeder Anlage in der Nähe von Nennlast bei ausreichender Stufenzahl
ein bestimmter, tariflich anzustrebender Leistungsfaktorwert annähernd

---

[1]) Der als Blindleistungsregler nach dem Prinzip des Blindverbrauchszählers
integrierend arbeitende Begrenzer vereinigt also sowohl das Blindleistungsrelais
als auch die sonst erforderliche Zeitverzögerung für die stufenweise Schaltung in
idealer Form in sich; er wird hierdurch, insbesondere bei großer Stufenzahl, wirtschaftlicher als andere Regelanordnungen.

[2]) Diese ist bestimmt durch die Nenndaten der Strom- und Spannungswandler,
an die die Regelanlage angeschlossen wird.

beständig einregeln[1]). Man muß sich allerdings im klaren sein, daß bei Schwachlast die Zuschaltung stets bei schlechterem, die Abschaltung stets bei besserem cos φ als dem gewünschten Stillstand-cos φ erfolgt (vgl. Bild 111). Muß mit Rücksicht auf einen Blindstromtarif ein be-

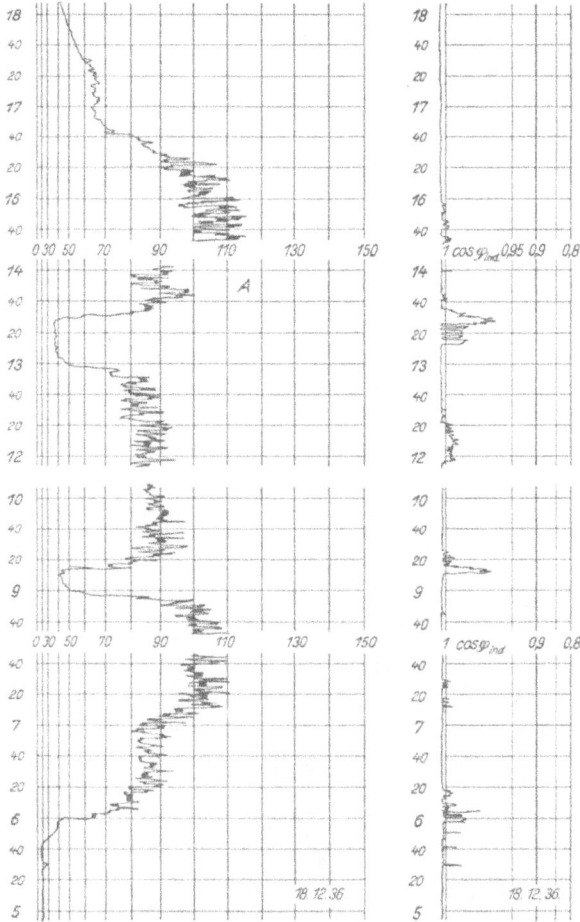

Bild 112. Gesamtstrom- und Leistungsfaktor-Regeldiagramme einer Industrieanlage, kompensiert durch eine selbsttätige 14stufige Regelbatterie für 1400 kVar, 380 V.

stimmter cos φ-Wert eingehalten werden, und hat man viel mit Teillast oder sogar mit Leerlauf zu rechnen, so muß man kleine Regeleinheiten, d. h. große Stufenzahl, und außerdem einen einige Einheiten über dem

---

[1]) Der Blindleistungsbegrenzer wird oft als Regler bezeichnet. Er arbeitet jedoch — genau genommen — gemäß Bild 111 nur im Starklastbereich auf annähernd konstanten cos φ hin, so daß man ihn richtiger, entsprechend S. 142, 4. Abschnitt, als Steuergerät betrachten würde.

Soll-cos φ liegenden Stillstand-cos φ wählen, um am Monatsende eine möglichst geringe Summe induktiver kVarh zu erhalten.

In Betrieben mit starken, kurzfristigen Blindlastschwankungen kann man durch Wahl eines großen Übersetzungsverhältnisses des Getriebes sowie durch geeignete Einstellung des Dämpfungsmagneten die Regelgeschwindigkeit herabsetzen, wenn man nicht außerdem noch den Begrenzer für eine größere Stufenleistung eicht. Hierdurch erzwingt man auch unter ungünstigeren Verhältnissen die tariflich tragbare, betrieblich erwünschte Ausgeglichenheit beim Regeln sowie eine Schonung der Schaltmittel und Kondensatoren. Sind in der zu regelnden Anlage die Schutzschalter der Motoren mit Nullspannungsauslösung ausgerüstet, so ist es zweckmäßig, daß auch die Kondensatoren bei Ausbleiben der Netzspannung selbsttätig abgeschaltet werden. Zu diesem Zweck kann der Blindleistungsbegrenzer mit einem Rückstellrelais (Bild 109 und 114) auch noch nachträglich ausgerüstet werden, wodurch die Nockenschaltwelle auf ihre Anfangsstellung zurückgeführt wird. Dieses Rückstellrelais ist für zahlreiche, weiter unten noch zu behandelnde Kombinationsschaltungen unerläßlich. Man kann dieses Nullspannungsrelais »N« auch z. B. in Zusammenhang mit einem Überspannungsrelais »Ü-SpR« zur Netzspannungsüberwachung benutzen (vgl. Bild 109). — Nach dem gleichen Prinzip werden in absehbarer Zeit auch die Spannungsstundenzähler als Spannungsbegrenzer gebaut werden, die in Zukunft bei der Spannungsregelung unserer Netze erhöhte Bedeutung erlangen werden. In Bild 53, 55, 103, 113, 115 und 122 sind einige der zahlreichen derartigen Regelanlagen wiedergegeben; in der Anlage Bild 113 wäre Handregelung praktisch unmöglich gewesen.

Bild 113. Selbsttätig geregelte Kondensatorbatterie für 300 kVar, 380 V, zur Zentralkompensation zweier Verladebrücken mit stark schwankender Last (Regelung nach Bild 109) (AEG, 1940).

Schaltet man mehrere derartige Blindleistungsbegrenzer nach Bild 114 elektrisch hintereinander, so erhält man zunächst ein Regelgerät mit

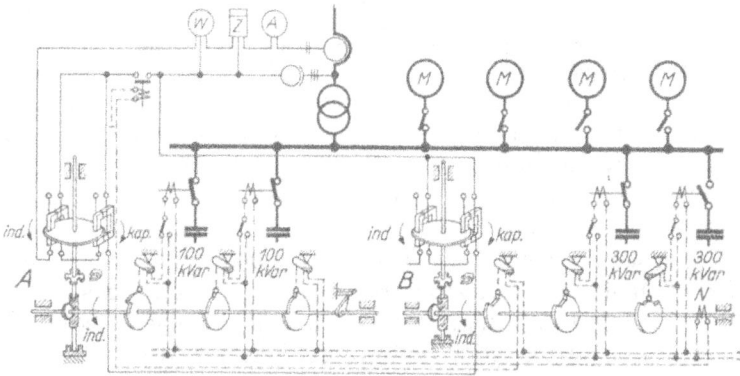

Bild 114. Vielstufige, selbsttätige Regeleinrichtung für Kondensatoren gleicher oder ungleicher Leistungsgröße (Fein- und Grobregler nach Bornitz).

beliebig großer Stufenzahl und allen Vorteilen des leistungsabhängig und bei schnellen Blindlastschwankungen auch pendelsicher arbeitenden Grundgerätes. Dient hierbei der Regler »B« als Grobregler zur Reglung großer Kondensatoreinheiten, während der Regler »A« als Feinregler kleine Kondensatoren schaltet, so erreicht man außerdem, daß auch bei lang andauerndem Schwachlastbetrieb die anfallende Blindlast genügend fein auskompensiert wird, zumal man den Begrenzer

Bild 115. Kondensatorregelbatterie für 2375 kVar, 500 V. zur Zentralkompensation eines Zementwerkes (Regelung nach Bild 114).

»A« außerdem z. B. für einen stark über dem tariflichen Soll-cos φ liegenden Stillstand-cos φ eichen kann. Bild 115 zeigt eine derartige ausgeführte Anlage.

Bei den bisher behandelten Blindleistungs- und Spannungsregeleinrichtungen wurden stets gleich große Regelkondensatoren je Regelstufe benutzt, wenn man von der Sonderschaltung, Bild 114, absieht. Es sind aber auch Schaltungen entwickelt worden, bei denen die Leistung der Regelkondensatoren von Stufe zu Stufe nach einer arithmetischen oder vorzugsweise geometrischen Reihe wächst (vgl. Bild 116...118). So ergeben ungleiche Kondensatorleistungen im Verhältnis 1:2:4 bereits 7 anstatt nur 3 Leistungspermutationen mit gleicher Stufenleistung. Ziel dieser Maßnahme ist stets die Herabsetzung der Anzahl der Kondensatorfernschalter mit zugehörigen Schaltfeldern und sonstigem Zubehör, was vor allem in Hochspannungsanlagen einen großen wirtschaftlichen Vorteil bedeutet.

Unvermeidlich ist natürlich, daß die Regelkondensatoren verhältnismäßig häufiger als bei den bisher behandelten Schaltungen ansprechen, wenngleich man das Durchlaufen der Zwischenstufen und damit das dauernde Ein- und Ausschalten der kleineren Regelkondensatoren bei großen Blindlaständerungen durch entsprechende Maßnahmen verhindern wird.

Bei der in Bild 116 A und 117 dargestellten Schaltung ist für das Zu- und Abschalten von Kondensatoren je ein Blindleistungsrelais vorgesehen, wobei sich der durch beide Relais gebildete Unempfindlichkeitsbereich nach der Leistung des kleinsten Regelkondensators richtet. Es handelt sich um eine kombinierte Ketten- und Gruppenschaltung[1], bei der der jeweilige Schaltbefehl über die Kontaktvorrichtung des ersten Schützes an die nächstfolgende Kondensatorgruppe weitergeleitet wird. Die Schaltung[2] ist verhältnismäßig einfach, be-

Bild 116. Mehrstufige, selbsttätige Regeleinrichtung für Kondensatoren ungleicher Leistungsgröße

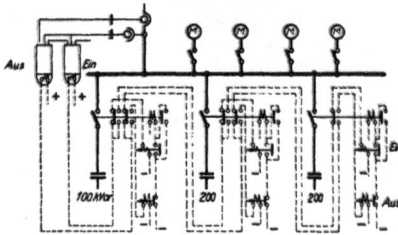

A = Niederspannungs-Automatik nach SSW

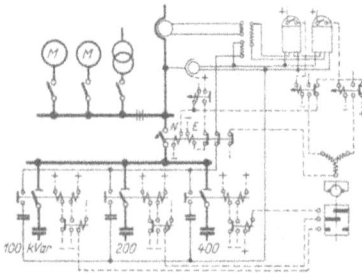

B = Modellstromkreisregelung nach Rambold.

[1] Bauer, Fr., Der Kondensator in der Starkstromtechnik. J. Springer, Berlin 1934, S. 147.

[2] Bei einem Leistungsverhältnis von 1:1:1 und reiner Kettenschaltung kann die Anordnung sinngemäß auch auf die Schalter-sparenden Regelschaltungen für Höchstspannungskondensatoren von Bild 93 und 141 angewendet werden.

nötigt allerdings 2 Blindleistungrelais sowie je Stufe u. a. 2 Verzögerungsrelais zum Abfangen vorübergehender Laständerungen. Für ein Leistungsverhältnis von z. B. 1:2:4 müßten die Zeitrelais gestaffelte Laufzeiten erhalten, wobei ein häufiges u. U. unnötiges Ansprechen der kleineren Kondensatoreinheiten in Kauf zu nehmen wäre.

Eine weitere Lösung dieses Problems stellt Bild 116 B dar[1]). Die Regelkondensatoren gleicher oder ungleicher Größe sind über je einen Trennschalter und einen einzigen gemeinsamen Leistungsschalter an das zu kompensierende Netz angeschlossen. Auf Grund einer leistungsgetreuen Nachbildung der Kondensatoren in einem Modellstromkreis (z. B. durch wandlergespeiste Hilfskondensatoren) wird durch eine Schaltwalze, die motorisch angetrieben und durch 2 Blindleistungsrelais

Bild 117. Dreistufige, selbsttätige Regeleinrichtung für zwei Kondensatoreinheiten von 50 und 100 kVar, 500 V, untergebracht in einer U-Systemverteilung (Schaltung nach Bild 116 A).

gesteuert wird, bei ausgeschaltetem Hauptschalter der Schaltzustand des Modellstromkreises und damit der Hauptkondensatoren so lange geändert, bis die von den Anlageblindströmen sowie von Strömen oder Spannungen des Modellstromkreises gespeisten Blindleistungsrelais den Motor zum Stillstand bringen. Dem Vorteil dieser Schaltung, daß man nur einen einzigen Leistungsschalter benötigt, stehen die unvermeidlichen Nachteile gegenüber, daß sämtliche bereits eingeschalteten Kondensatoren unbedingt bei jedem Regelvorgang kurzzeitig vom Netz abzuschalten sind. Dasselbe gilt für den Störungsfall in einem der Kondensatorstromkreise.

Eine einfache Schaltanordnung zur Regelung von Kondensatoren ungleicher Leistungen zeigt Bild 118. Durch Zurückgreifen auf den lastabhängig ansprechenden Blindleistungsbegrenzer kann auf besondere Zeitglieder verzichtet werden. Die Stufenscheiben auf der Nockenwelle

---

[1]) Rambold, W., DRP. 688717.

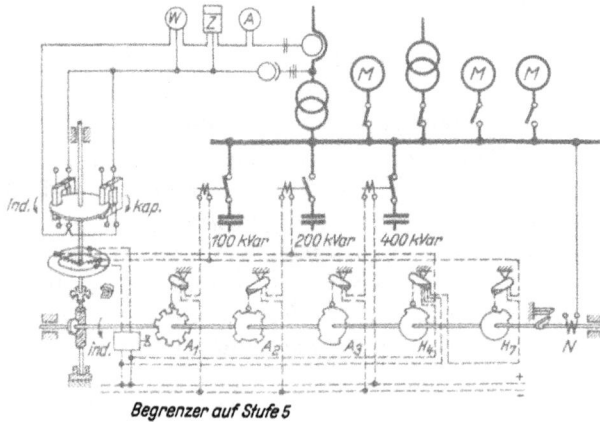

Begrenzer auf Stufe 5

Bild 118. Mehrstufige, selbsttätige Regelung von Kondensatoren ungleicher Leistungsgröße (Blindleistungsbegrenzer in Sparschaltung mit Anlaufbegrenzung nach Bornitz, DRP. 726792).

erhalten besondere Aussparungen für das Eingreifen der Quecksilber-kippschalter, um das Regeln der nach z. B. eine geometrische Leistungs-reihe abgestuften Kondensatoren nach gleich großen Stufenleistungen zu gewährleisten. Bei starken Blindlaständerungen induktiver und auch kapazitiver Art wird das unnötige Durchlaufen der Zwischenstufen da-durch unterbunden, daß der jeweils kleinere Regelkondensator durch ein zugeordnetes mechanisches oder elektrisches Überwachungsrelais dann am Eingriff gehindert wird, wenn der Kompensationsleistungsbedarf oder -überschuß den Leistungsbetrag des nächst größeren Regelkonden-sators erreicht bzw. überschreitet. Man kann zur Überwachung entweder einen auf der Zählerwelle angeordneten Zentrifugalschalter, oder einen Hilfsblindleistungsbegrenzer, ein Hilfsblindleistungsrelais od. dgl. vor-sehen. Trotzdem wird bei kleinen Blindlaständerungen eine Ausregelung der Zwischenstufen, sowie bei großen Blindlaständerungen durch An-ordnung von Hilfsstufen H_4 und H_7 auch die Endausregelung aller kleineren Regelkondensatoren ermöglicht.

Diese Schaltung, die sinngemäß auch auf Spannungsbegrenzer an-wendbar ist, hat gegenüber der Schaltung nach Bild 116 A den Vorteil der großen Einfachheit, der Geringstzahl an Blindleistungs- und Zeit-relais, der Ausregelung der Zwischenstufen in kürzester lastabhängiger Zeit sowie der Anlaufbegrenzung auch beim Rückwärtsarbeiten. Gegen-über der Schaltung nach Bild 116 B hat sie den Vorzug der unbedingten Einfachheit, der Durchführung des Regelvorganges in denkbar kürzester lastabhängiger Zeit sowie des Vermeidens des Abschaltens aller Konden-satoren beim jedesmaligen Regeln. Außerdem ist sie auch auf die in Bild 114 dargestellten Fein- und Grobregler sinngemäß anwendbar. Bei Störungen an einem der Regelkondensatoren schaltet der Blind-

leistungsbegrenzer ohne weiteres die erforderliche nächst größere Regelstufe ein und gestattet das Weiterarbeiten und Regeln der Anordnung
auch während der Störung. Demgegenüber muß bei Schaltung Bild 116 A
unter Umständen eine Abschaltung von bereits unter Spannung befindlichen Kondensatoren sowie bei Schaltung Bild 116 B entweder das
Abschalten der gesamten Kondensatoranlage oder aber infolge Ab-
weichung zwischen den Meßwerten des Modellstromkreises und der einge-
regelten Kondensatorleistung ein „Pumpen" in Kauf genommen werden.

**d. Selbsttätige Kondensatorregelung in Netzen mittels Einzel-,
Gruppen- und Zentralregler.** Die bisher behandelten Regelmöglichkeiten bezogen sich auf die selbsttätige Regelung vorwiegend einzelner
Industrieanlagen oder Netzschaltstellen. Liegt jedoch die erweiterte
Aufgabe einer selbsttätigen Regelung ganzer Netzverbände vor, so
muß u. a. berücksichtigt werden, daß neuzeitliche Netze nicht nur
mehrere Einspeisungen aufweisen und große Versorgungsräume zu
beliefern haben, sondern daß man in der Regel auch die hohen
technischen, betriebstechnischen und wirtschaftlichen Vorteile des
Vorhandenseins von Ausgleichsleitungen ausnutzt, so daß man vom
einfachen, strahlenförmig gespeisten Netzsystem zum Strahlennetz
mit Ausgleichsleitungen, zum Sternnetz, Ringnetz, Polygonnetz,
Maschennetz und den zahlreichen Abarten derselben gelangt. Will
man auch bei der selbsttätigen Regelung derartiger Netze die Gesichtspunkte nicht nur max. Entlastung der Speiseleitungen, sondern
auch niedrigster Ausgleichsblindleistung zwischen benachbarten Netzschaltstellen[1], d. h. also niedrigster Übertragungsverluste, wirksamster
Spannungsstützung von Netzausläufern oder aber zugleich solche tarif-
licher Art wahrnehmen, so sind zur Lösung dieser Aufgabe besondere
Wege hinsichtlich des Einbauortes und der Anschlußschaltung der Regel-
relais einzuschlagen. Hierbei ist außerdem die Forderung übergeordnet,
mit einem Mindestwert von Kompensationsleistung auszukommen[2].

Handelt es sich um ausgedehnte Netze mit Ausgleichsleitungen, so
wird man die einzelnen Schaltstellen auf minimalen Ausgleichsblind-
strom untereinander regeln und zu diesem Zweck Einzelregler unter
Verwendung von Summenstromwandlern an die Stromwandler nicht
nur der Speise-, sondern auch der Ausgleichsleitungen anschließen
(vgl. Bild 119 C und D). Hierdurch erreicht man, daß die Ausgleichsleitungen nur Wirkstrom führen, sowie daß sich ein Geringstwert an
Stromwärmeverlusten und Spannungsfall ergibt. Ausgesprochen strahlenförmig betriebene Netzausläufer lassen sich hierbei in bekannter
Form mittels reiner Spannungsrelais oder mittels Blindleistungs- und
Spannungsrelais ausregeln (vgl. Bild 119 F).

---

[1] Diese Aufgabe liegt insbesondere in den ausgedehnten Netzen der EVU vor.
[2] Dies kommt vor allem für Industrienetze mit kleinem Versorgungsraum,
aber großem und stark schwankendem Blindleistungsverbrauch in Betracht.

Man kann nun entweder sämtliche Schaltstellen ausgedehnter Netze mittels Einzelregler auf minimale Ausgleichsblindleistung entsprechend Bild 119 *C* und *D* regeln, oder aber man berücksichtigt außerdem den Gesichtspunkt höchster Wirtschaftlichkeit, d. h. man sucht mit möglichst wenig Gesamtkondensatorleistung·für das Netz auszukommen. Im letzteren Falle würde man die Regler sämtlicher wichtigen Schaltstellen oder aber zumindest diejenigen der Zentralübergabestelle sowie der Nachbarschaltstellen als Gruppen- bzw. Zentralregler entsprechend Bild 119 *A*, *B* und *E* an die Stromwandler der direkten Zuleitungen[1]) anschließen. Auf diese Weise werden die Kondensatoren der z. B.

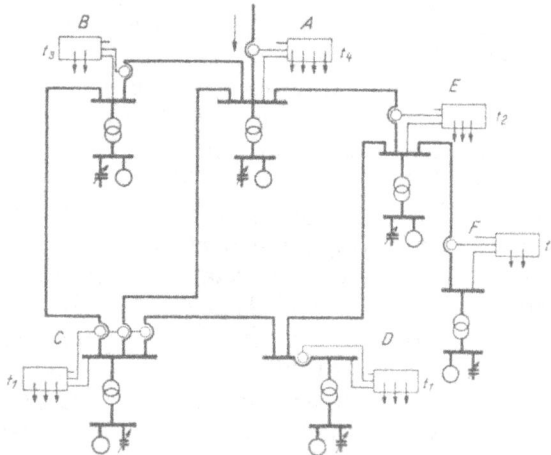

Bild 119. Selbsttätige Regelung eines vermaschten Ringnetzes mittels Einzelregler auf minimale Ausgleichsblindleistung (*C, D*) bzw. Spannungsstützung (*F*) sowie mittels Gruppenregler (*B, E*) und Zentralregler (*A*) auf minimalen Kompensations-Blindleistungsbedarf, nach Bornitz, $(t_4 > t_3 > \ldots t_1)$.

schwach belasteten Stationen *A* und *B* für die Kompensation des übrigen Netzes mit herangezogen, was sich auch bei Störungen in der Kondensatoranlage *C* vorteilhaft auswirkt. Man muß hierbei zwecks Vermeidung von Pendelungen eine Staffelung in der Ansprechzeit der Regler derart vorsehen, daß die am weitesten von der Übergabestelle *A* entfernten Regler am schnellsten ($t_1 < t_2 < \ldots$) und der in der Übergabestelle eingebaute Regler bei gleichem Blindleistungsanfall am langsamsten arbeiten, so daß den Reglern der entfernten Schaltstellen Zeit gelassen ist, die neuen Belastungsänderungen ihrer Verbraucher auszuregeln.

Bei der Regelung auf minimale Ausgleichsblindleistung kann es vorkommen, daß bei Schwachlast z. B. in den Schaltstellen *C* und *D* des Bildes 119 mehrere der verfügbaren Kondensatoren uneingesetzt bleiben. Will man dieses vermeiden, so wird man entsprechend Bild 120a in

---

¹) Bei mehrseitiger Speisung der Netzschaltstellen wird man sämtliche direkten Zuleitungen unter Verwendung von Summenstromwandlern erfassen.

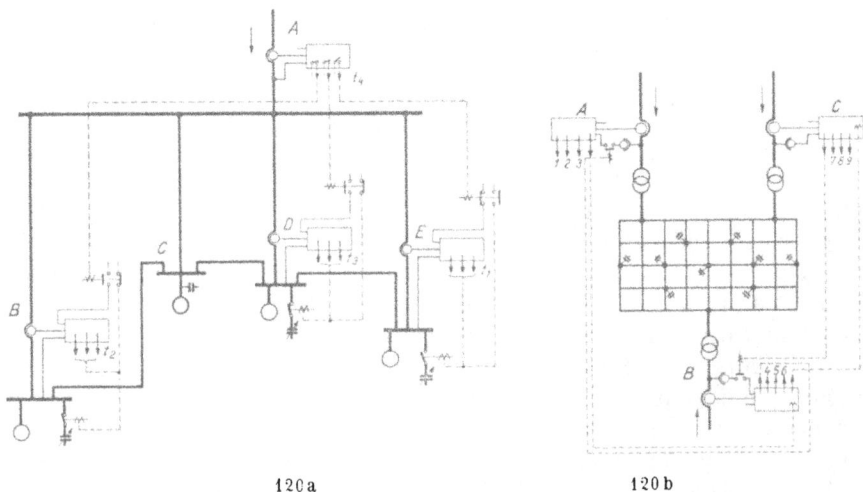

120 a   120 b

Bild 120a. Selbsttätige Regelung eines Strahlennetzes mittels Gruppenregler (B, D, E) und Zentralregler (A) auf minimalen Kompensations-Blindleistungsbedarf, nach Bornitz, ($t_4 > t_3 > \ldots t_1$).

Bild 120b. Pendelfreie, selbsttätige Regelung eines mehrseitig gespeisten Maschennetzes durch Zentralregler in elektrischer Reihenschaltung, nach Bornitz.

der Übergabestelle A einen überlagerten, verzögert ansprechenden Zentralregler vorsehen. Dieser schaltet in starrer oder von Hand vorher festzulegender Reihenfolge die Kondensatoren der einzelnen Schaltstellen nach Blockierung der Gruppenregler solange zu, bis in der Übergabestelle der dem Zentralregler eingeeichte Blindlastwert vorliegt. Dieses Zuschalten der einzelnen Schaltstellen kann auch durch Wahlrelais geschehen, welche die Höhe des Kondensatoreinsatzes der einzelnen Schaltstellen überwachen und die am wenigsten ausgenutzte Batterie zuerst zuschalten. Auf diese Weise kann durch die Gruppen- und Einzelregler im Normallastbereich des Gesamtnetzes z. B. auf max. Entlastung, minimale Übertragungsverluste, minimale Ausgleichsblindleistung zwischen den Schaltstellen, max. Spannungsstützung usw. geregelt werden, während bei Spitzenbedarf oder gestörtem Einsatz von Kondensatoren in einer oder mehreren der Netzschaltstellen durch den Zentralregler auf minimalen Kompensationsblindleistungsbedarf und gleichzeitig auf minimalen, induktiven Blindleistungsbedarf des Gesamtnetzverbandes geregelt wird. Auch hier ist, wie in Bild 119, auf eine Zeitstaffelung $t_4 > t_3 \ldots t_1$ zu achten.

Die Anwendung überlagerter Zentralregler läßt sich in der Regel wegen der für die Blockierung der Gruppen- und Einzelregler und wegen der für die zentrale Steuerung der noch nicht eingeschalteten Kondensatoren erforderlichen Hilfsleitungen nur in Netzen mit verhältnismäßig geringer Ausdehnung durchführen, es sei denn, daß die Kabel neu verlegt werden, so daß sie ohne wesentliche Mehrkosten von vornherein mit Steuerleitungen geliefert werden können.

Handelt es sich um mehrseitig gespeiste Netze, so ändert sich bezüglich der Regelung auf minimale Ausgleichsblindleistung nichts, wohl
aber ist es bei Regelung auf minimalen Kompensations-Blindleistungsbedarf erforderlich, für den Anschluß der in Bild 119 und 120 a dargestellten Zentralregler *A* — gegebenenfalls auch für die Gruppenregler
— die Summenleistung zu bilden. Zur Vermeidung der verhältnismäßig
teuren Wandlerleitungen, die für die Speisung der Summenstromwandler
erforderlich sind, kann man in solchen Fällen auch auf die in Bild 120 b
dargestellte elektrische Hintereinanderschaltung zweier oder mehrerer
Regler, ähnlich Bild 114, zurückgreifen.   Auch hier gibt es verschiedene Lösungen. Man kann entweder durch den ersten Zentralregler
A erst sämtliche Kondensatoren, die für diese Einspeisestelle zur Verfügung stehen, ausregeln und dann erst das Kommando an den Regler *B*
für die zweite Einspeisestelle abgeben. Auf diese Weise werden mit
Sicherheit Pendelungen zwischen den Reglern bei Laständerungen innerhalb des Netzes vermieden. Es ist jedoch auch möglich, die in Betracht
kommenden Zentralregler der einzelnen Übergabestellen zunächst
gleichzeitig ansprechen zu lassen, natürlich mit einer gewissen Zeitverzögerung untereinander, wobei der erste Regler *A* nach Überschreitung einer bestimmten Stufenstellung das Weiterregeln der übrigen
Regler unwirksam macht und erst nach Volleinschaltung sämtlicher,
dem Regler *A* zur Verfügung stehender Kondensatoren durch den Zentralregler *A* das Weiterarbeiten der Regler *B*, *C* usw. wieder freigibt.
Bei dem in Bild 120 b dargestellten Maschennetz wird man die Kondensatorkompensation übrigens dadurch sehr wirksam gestalten, daß die
Kondensatoren in den Blindlastschwerpunkten und Spannungstälern,

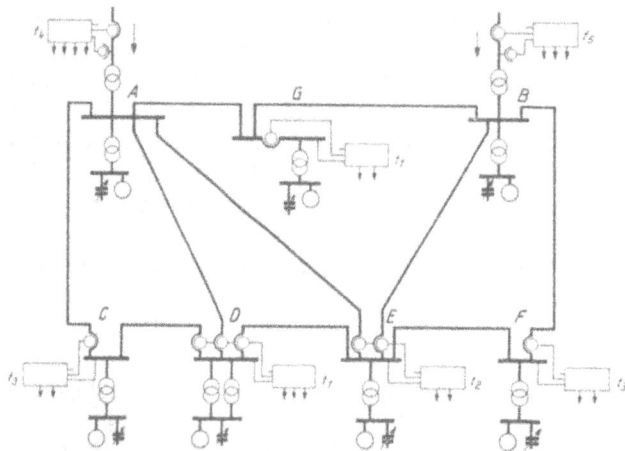

Bild 121. Selbsttätige Regelung eines vermaschten Polygonnetzes mittels Einzelregler (*D*, *G*)
auf minimale Ausgleichsblindleistung sowie mittels Gruppenregler (*C*, *E*, *F*) und Zentralregler
(*A*, *B*) auf minimalen Kompensations-Blindleistungsbedarf, nach Bornitz, ($t_4 > t_3 > \ldots t_1$).

d. h. also in den nicht direkt gespeisten Maschennetzknotenpunkten, eingesetzt werden.

Darüber hinaus kann in mehrseitig gespeisten Netzen jede Speisestelle für sich einen Zentralregler erhalten, der mit den Zentralreglern der übrigen Speisestellen in keinem Abhängigkeitsverhältnis steht. Dies ist jedoch nur dann zweckmäßig, wenn die zwischen den Speisestellen liegenden Impedanzen entsprechend Bild 121 groß genug sind, so daß ein Pendeln der Zentralregler infolge Änderung der Belastung in einem der Netzteile nicht auftreten kann.

Ganz allgemein ist noch zu erwähnen, daß durch eine Umschaltmöglichkeit der normalen und überlagerten Zentralregler von selbsttätigem auf Handbetrieb die ständige Schaltgewalt über die größten Kondensatorbatterien des Netzes auch für den Störungsfall gewährleistet sein muß.

e. Kondensator-Fernsteuerung in Netzen. Das zuverlässigste und eleganteste Verfahren zur Sicherstellung der Schaltgewalt über die im Netz verteilten Kondensatorbatterien stellt das ohne besondere Steuerleitungen arbeitende Transkommando-Fernsteuerverfahren[1]) dar. Zu erwähnen ist ferner das Tonfrequenz-Überlagerungs-Fernsteuerungssystem (Telenergsystem)[1]), bei dem allerdings den einzelnen Kondensatoren entweder Drosselspulen (Bild 122) bzw. Sperrkreise für die Tonfrequenz vorgeschaltet oder induktive Spannungsresonanzkreise[2]) parallel geordnet werden müssen. Erst durch diese Fernsteuerverfahren sind die Vorteile des Kondensatoreinsatzes in peripheren, unbedienten Netzschaltstellen in vollem Maße anwendbar. Man ist hierdurch in der Lage, bewußt unbediente Schaltstellen und Netzausläufer mit Kondensatorregelbatterien auszurüsten, d. h. die Kondensatoren dezentralisiert einzubauen, während man sonst bei Regel-

Bild 122. Vorschaltdrosselspulen für eine fünfstufige Grundbatterie und eine siebenstufige, selbsttätig geregelte Kondensatorbatterie, Gesamtleistung 600 kVar, 380 V, angeschlossen an ein Netz mit Telenerg-Fernsteuersystem (Dielektra, früher Meirowsky & Co., 1939).

---

[1]) S. a. Elektrizitätswirtsch. 36 (1937), S. 398; AEG-Mitt. (1938), S. 116; Arch. Elektrotechn. 33 (1939), S. 419 u. 34 (1940), S. 603; Siemens-Z. 16 (1936), S. 101.

[2]) Moser, A., DRP. 642 888.

batterien vor allem auf bediente Schaltstellen zurückgreifen muß. Außerdem ist man nicht auf starr eingestellte Relais angewiesen, sondern kann den Kondensatoreinsatz jederzeit den sich ändernden Netzanforderungen anpassen. Man kann also die Kondensatorbatterie (Bild 106, I, II, III) im gesunden Betrieb nach den in der Netzkommandostelle vorliegenden Blindlast-, Spannungs- und sonstigen Fahrplänen der wichtigsten Netzteile einschalten und regeln. Weiterhin können sie bei gestörtem Netzbetrieb nach den Erfordernissen des jeweiligen Störungsfalles zur Netzstützung, zur Eigenfrequenzverstimmung, zur Abschaltung bei Netzerdschluß usw. betätigt werden. Es eröffnen sich hierdurch unübersehbare, bisher noch nicht erschöpfte Möglichkeiten, die bei dem noch bevorstehenden Großeinsatz der Kondensatoren in unseren Netzen eine entscheidende Rolle spielen werden.

IX. Die Bedeutung des Starkstrom-Kondensators in der Energiewirtschaft der Netze und Industrieanlagen[1])

Es wurde bereits auseinandergesetzt, daß die stromerzeugenden und -verteilenden Elektrizitäts-Versorgungs-Unternehmen (EVU) die Entlastung der Netze häufig selbst durchführen, um die Kondensatoren in jedem Augenblick entsprechend den sich planmäßig oder unerwartet einstellenden Betriebsverhältnissen nach Gesichtspunkten des Minimums an Blindleistung, Übertragungsverlusten oder Spannungsfall, der resonanzfreien Verstimmung, Erzielung günstigster Übertragungsbedingungen in Höchstspannungsnetzen usw. einsetzen zu können (Bild 96 Mitte). Zuweilen sind auch noch nicht abgelaufene langjährige Verträge ohne cos φ-Klausel die Ursache für eine Netzkompensation. Sind dagegen neue Stromlieferungsverträge abzuschheßen, so werden heute in der Regel mit den vom Landesnetz versorgten Elektrizitäts-Lieferungsunternehmen sowie mit den industriellen Großverbrauchern Blindstromklauseln mit dem bekannten Anreiz zur Kompensation vereinbart. Häufig nutzen reine Stromverteilerwerke (Bild 96 und 106 links) die sich tariflich und zugleich technisch ergebenden Vorteile der Blindstrombeseitigung auch selbst aus, zumal wenn sie ausgesprochene Kleintarifabnehmer zu beliefern haben, bei denen die Messung und Verrechnung nach einem Blindstromtarif zu umständlich und zu teuer wird. Die weitaus größte Anzahl der im In- und Ausland erstellten Kondensatoranlagen wird jedoch von den Industriewerken aus reinen Tarifgründen errichtet (Bild 96 und 106 rechts), wodurch das stromliefernde Werk ebenfalls eine wirksame — allerdings im Netzstörungsfall kaum beeinflußbare — Entlastung erreicht. Nachstehend soll die Bedeutung des Kondensators in der Energiewirtschaft der öffentlichen Netze und

[1]) Bornitz, E., Elektrotechn. u. Masch.-Bau 59 (1941), S. 325.

Industrieanlagen zunächst unter dem Gesichtspunkt der tariflichen Blindleistungskompensationen behandelt werden, zumal es sich hierbei um das Hauptanwendungsgebiet der Kondensatoren in Deutschland handelt.

1. Stromkostensenkung in Netz- und Industrietarifanlagen

Bei der Planung tariflich bedingter Kompensationsanlagen wird man sich zunächst in jedem Zweifelsfalle überlegen, ob die Jahreskosten beim belasteten, leerlaufenden oder ruhenden Phasenschieber am niedrigsten sind. Ist auf Grund der wirtschaftlichen und technischen Bewertung an Hand der Ausführungen der Kap. IV und V die Entscheidung gefallen, so interessiert darüber hinaus die absolute Höhe des Reingewinnes, der durch den Blindstromerzeuger nach Abzug aller Unkosten während der wirtschaftlichen Nutzungsdauer von 10...20 Jahren erzielt werden kann.

Nettoersparnis. Für die Wirtschaftlichkeitsuntersuchungen in Industrieanlagen sowie in Elektrizitätslieferungsunternehmen mit Fremdstrombezug muß u. a. außer den Betriebs- und Belastungsverhältnissen (Bild 106) der jeweils herrschende Tarif genau bekannt sein. Im Kap. III wurde auseinandergesetzt, welche Aufgaben die Sonderabnehmertarife mit Blindstromklausel in der deutschen Energiewirtschaft zu erfüllen haben, und welche 3 Hauptformen im allgemeinen vorkommen. Benutzt man die dort und in Bild 123 aufgeführten Bezeichnungen, so ergeben sich folgende jährliche Nettoersparnisse E für den Blindverbrauchtarif (Bußmann-RWE-Tarif) Gl. (40), für den Scheinleistungstarif Gl. (41) und für den Gemischten $\cos \varphi$-Tarif Gl. (42), bzw. ganz allgemein Gl. (39):

$$E = \text{Bruttoersparnis} - \text{Kapitalkosten} -$$
$$\text{Verlustleistungskosten} - \text{Verlustarbeitskosten} \quad (39)$$

$$E = 0.2\, b\, (A_{b_{\ddot{u}_1}} - A_{b_{\ddot{u}_2}}) + 0.05\, b\, (A_{b_{f_2}} - A_{b_{f_1}})$$
$$- K\, p/100 - V_w\, a - V_w\, h'\, b \quad \ldots \ldots \quad (40)$$

$$E = (N_{w\,\text{max}}/\cos \varphi_1' - N_{w\,\text{max}}/\cos \varphi_2')\, a - K\, p/100$$
$$- V_w \cos \varphi_2'\, a - V_w\, h'\, b \quad \ldots \ldots \ldots \quad (41)$$

$$E = (N_{w\,\text{max}}/\cos \varphi_1' - N_{w\,\text{max}}/\cos \varphi_2')\, a + A_w\, b \cdot$$
$$(\text{Zuschlag}_{\cos \varphi_1} - \text{Vergütung}_{\cos \varphi_2}) - K\, p/100 - V_w \cos \varphi_2'\, a - V_w\, h'\, b \quad (42)$$

Bei Betrachtung dieser Ersparnisgleichungen tauchen sofort folgende Fragen auf: Welcher Höchstreingewinn läßt sich erzielen, bei welchem $\cos \varphi$ sind die Gestehungskosten je kWh am niedrigsten, in welcher kürzesten Zeit hat sich die Anlage aus den laufenden Ersparnissen bezahlt gemacht, bei welcher Kompensation haben sich die Anlagekosten des Phasenschiebers am meisten vervielfacht, kurz, welches ist der wirtschaftliche Kompensationswert. Obwohl eine rechnerische

Untersuchung dieser Fragen an Hand der Extremrechnung möglich ist,
ist es bedeutend einfacher und übersichtlicher, wenn man die Antworten
einem durchgeführten Wirtschaftlichkeitsnachweis entnimmt. Man be-
kommt hierdurch einen besseren Überblick über die tariflich bedingte
Tendenz der einzelnen kurvenmäßig darzustellenden Betriebsgrößen.

Ersparnisnachweis[1]). In der nachstehend untersuchten Industrieanlage trat ein Jahresverbrauch $A_w = 4,5 \cdot 10^6$ kWh bei einem mittleren
$\cos \varphi_1 = 0,60$, einer mittleren Belastung $N_w = 1500$ kW und einer
Betriebsstundenzahl $h' = 3000/$Jahr auf; die Leistungsspitze betrug
$N_{w\max} = 2000$ kW bzw. 3330 kVA bei $\cos \varphi_1' = 0,60$[2]) und die Betriebs-

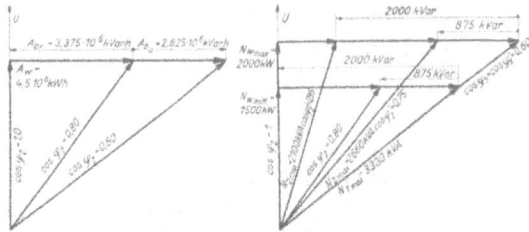

Bild 123. Jahresverbrauch und Belastungswerte der in Zahlentafel 6 und Bild 124 untersuchten
Industrieanlage.

spannung 6 kV. Wegen wirtschaftlicher und technischer Vorteile wurden
Kondensatoren gewählt, deren Anlagekosten und Eigenverbrauchswerte
aus den Kurven des Bildes 29 entnommen wurden. Um einen Vergleich
zu erhalten, wurden für die gleiche Industrieanlage alle 3 Haupttarife
zugrunde gelegt. Die im nachstehenden Zahlenbeispiel aufgeführten
Strompreise können und dürfen nicht verallgemeinert werden, da sie
je nach Höchstbedarf in kW, Energieverbrauch in kWh, Benutzungsdauer, Jahreszeit, Tageszeit usw. verschiedenartig sein müssen. Sie
sollen vielmehr nur als Rechnungsunterlage dienen.

Das Ergebnis des Wirtschaftlichkeits- und Ersparnisnachweises ist
in Zahlentafel 6 sowie in der Kurvenschar Bild 124 dargestellt. Es
wurden hierbei zunächst die sich aus den Tarifen und aus Bild 123 vor
und nach der Kompensation bis auf $\cos \varphi = 0,80$ bzw. $\cos \varphi = 1$ ergebenden Werte für die Bruttoersparnis je Jahr (Kurve A) in Abhängigkeit vom Kompensationsgrad ermittelt[3]). Die Steigung der Linie A
entspricht stets der Form der Blindstromklausel. Von dieser jährlichen
Bruttoersparnis sind die durch die Kondensatoranlage entstehenden

---

[1]) S. a. Bornitz, E., AEG-Druckschr. Jl/225 Okt. 1936 und Monatsschr. für
Textilindustrie, Lpz. (1937), S. 46.

[2]) Der bei Spitzenlast auftretende $\cos \varphi_1'$ ist sonst meist besser als $\cos \varphi_1$.

[3]) Bei der Errechnung des Leistungspreises ist darauf zu achten, daß beim
Tarif II und III die neue Scheinleistungsspitze graphisch aus dem Vektordiagramm
Bild 123 abgegriffen werden muß.

Zahlentafel 6. Ersparnisnachweis einer 6-kV-Anlage mit $A_w = 4,5\ 10^6$ hWh/Jahr bei cos $\varphi_1 = 0,60$; $N_{wmittel} = 1500$ kW bei cos $\varphi_{1mittel} = 0,60$ und $h' = 3000$ Betriebsstunden/Jahr, $N_{wmax} = 2000$ kW bei cos $\varphi_1 = 0,60$ und $h = 2250$ h/Jahr Benutzungsdauer.

Tarif I: Blindverbrauchs-Tarif
Leistungspreis jährlich = 62,50 RM./kW Spitze
Arbeitspreis b = 0,035 RM./kWh bei cos φ = 0,80
Zuschlag:
je kVarh bei cos φ < 0,80...0,007 RM./kVarh
Vergütung:
je kVarh bei cos φ > 0,80...0,0028 RM./kVarh

Tarif II: Scheinleistungs-Tarif
Leistungspreis jährl.
a = 50 RM./kVA Spitze
Arbeitspreis
b = 0,035 RM./kWh

Tarif III: Gemischter cos φ-Tarif
Leistungspreis jährlich a = 50 RM./kVA Spitze
Arbeitspreis b = 0,035 RM./kWh bei cos φ = 0,8
1% Zuschlag zum Arbeitspreis b:
bei cos φ < 0,8...0,7 f. 2/100 cos φ-Verschlechtg.
1% Zuschlag zu b:
bei cos φ < 0,70...0 f. 1/100 cos φ-Verschlechtg.
1% Vergütung von b:
bei cos φ > 0,8...1 f. 1/100 cos φ-Verbesserung
bei cos φ > 0,8...1 f. 2/100 cos φ-Verbesserung

Kurve	Bezeichnung	Einheit	cos φ_1 = 0,60 unkomp. ...3330 kVA			cos φ_2 = 0,80 ...2660 kVA (875 kVAr)			cos φ_2 = 1 ...2100 kVA (2000 kVAr)		
			I	II	III	I	II	III	I	II	III
	Kompensationsgrad										
	Erf. Kondensator-Leistung	kVar				875			2000		
	Ges. Anlagekosten k	RM./kVar				26,5			24,—		
	Ges. Anlagekosten k	RM.				23 200,—			48 000,—		
	Verluste V_w	kW				2,2			5,0		
	Tarifart		I	II	III	I	II	III	I	II	III
	Leistungspreis a	RM.	125 000	166 500	166 500	125 000	133 000	133 000	125 000	105 000	105 000
	Arbeitspreis b für 4,5·10⁶ kWh	RM.	157 000	157 000	157 000	157 000	157 000	157 000	157 000	157 000	157 000
	Blindstromzuschlag	RM.	18 400	—	23 500						
	Stromkosten je Jahr (ohne Vergütung)	RM.	300 400	323 500	347 000	282 000	290 000	290 000	282 000	262 000	262 000
	Blindstromvergütung	RM.							9 150	—	15 700
	Stromkosten je Jahr (nach Kompens.)	RM.				282 000	290 000	290 000	272 850	262 000	247 300
A	Brutto-Ersparnis je Jahr	RM.				18 400	33 500	57 000	27 550	61 500	99 700
	Jährl. Kapitalkosten bei p = 18,5%	RM.				4 300	4 300	4 300	8 850	8 850	8 850
	Leistungspreis für Verlustleistung	RM.				140	85	85	315	240	240
	Arbeitspreis für Verlustarbeit	RM.				230	230	230	525	525	525
B	Gesamt-Jahreskosten	RM.				4 670	4 615	4 615	9 690	9 615	9 615
C	Netto-Ersparnisse E in 1 Jahr	RM.				13 730	28 885	52 385	17 860	51 885	90 085
	Netto-Ersparnisse E in 10 Jahren	RM.				137 300	288 850	523 850	178 600	518 850	900 850
D	Spez. Netto-Ersparnisse in 10 J.	RM./kVar				157	330	600	89	259	450
	Ersparnisse in % der Stromkosten vor der Kompensation	%				4,57%	8,9%	15,1%	5,92%	16%	26%
E	Kosten je kWh	RM./kWh	6,65	7,17	7,7	6,38	6,55	6,55	6,27	6,03	5,7
F	Abschreibungszeit b. Verwendung d. jährl. Brutto-Einsp. abzgl. Verlustkosten z. sofortigen vollst. Abschreiben	Jahre				1,36	0,70	0,41	1,73	0,79	0,485
G	Netto-Ersp. E' in 10 Jahren mit Zins und Zinseszinsen	RM.				187 000	372 000	675 000	230 000	665 000	1 160 000
H	Verzinsung p' des Anlagekapitals K	%				23,3%	32%	40%	17%	30%	37,5%
J	Vervielfachung des Anl.-Kap. K in 10 J.					7,7f.	16f.	29f.	4,8f.	13,9f.	24,2f.

Jahreskosten (Kurve *B*) abzuziehen. Letztere setzen sich einerseits aus den Bereitstellungskosten (Kapitalkosten sowie Verlustleistungskosten), andererseits aus den Betriebskosten (Verlustarbeitskosten) zusammen. Die jährlichen Kapitalkosten sind hierbei sehr hoch mit $p = 18,5\%$ der Gesamtanlagekosten *K* in die Rechnung eingesetzt; es wurde angenommen, daß 4,5...5,5% für Verzinsung des Anlagekapitals, 10% für Abschreibung[1]), 2...3% für Erneuerung und 1% für Bedienung, Wartung, Instandhaltung usw. aufzuwenden sind. Man erhält somit die jährlichen bzw. die während des Abschreibungszeitraumes von 10 Jahren auflaufenden Reingewinne *E* (Kurve *C*) entsprechend den Gl. (39)...(42).

Aus den Kurven *A*, *B* und *C* ist zunächst zu ersehen, daß bei der Kondensatorkompensation weder der Kapitaldienst noch die Verlustkosten die Höhe des Reingewinnes wesentlich beeinflussen können. Ganz allgemein läßt sich sagen, daß es sich lohnt, die Kompensation

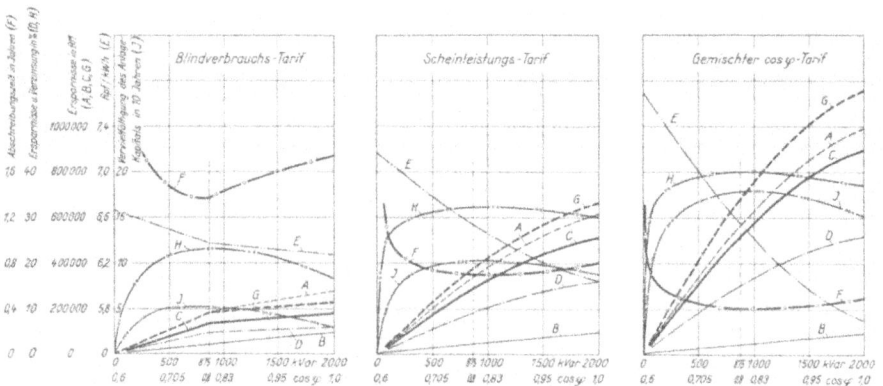

Bild 124. Vergleichender Ersparnisnachweis für verschieden große Kompensationsgrade für 3...10-kV-Kondensatorenanlagen bei 10jähriger Nutzungsdauer und 3000 h/Jahr (Kurven *A...J*, s. Zahlentafel 6).

annähernd bis zu dem cos φ-Wert zu treiben, bei dem die Gewinnkurve *C* nicht mehr ansteigt bzw. ihren Höchstwert durchschreitet. Im gewählten Beispiel steigt die Kurve *C* in allen 3 Tariffällen ständig an, um bei cos φ = 1 ihren Höchstwert und infolge des Fortfalles von Vergütung bzw. wegen Vergrößerung der Scheinleistung N_s gleichzeitig ihren Wendepunkt zu durchlaufen. Bei anderen Tarifarten sowie vor allem bei umlaufenden Phasenschiebern, bei denen die Verlustkosten[2]) entscheidend ins Gewicht fallen, kann der günstigste Kompensationsgrad bei z. B. cos φ = 0,75...0,85 liegen, sofern die Höhe der Jahreskosten einen Wettbewerb der umlaufenden Phasenschieber überhaupt zuläßt.

[1]) Die wirtschaftliche Nutzungsdauer wurde demnach mit max. 10 Jahren sehr niedrig angesetzt; sie liegt bei umlaufenden Maschinen im allgemeinen bei 15 Jahren, bei Kondensatoren bei 15...25 Jahren.

[2]) S. a. Bornitz, E., AEG-Mitt. (1936), S. 294.

Innerhalb des betrachteten Zeitraumes von 10 Jahren werden durch eine 2000-kVar-Kondensatorbatterie ganz erhebliche Reingewinne erzielt, und zwar beim Gemischten cos φ-Tarif etwa 900000,— RM., beim Scheinleistungstarif etwa 500000,— RM. und beim Blindverbrauchtarif etwa 175000,— RM. Dementsprechend sind auch die jährlichen Nettoersparnisse — in Prozenten der Stromkosten vor der Kompensation — sehr bedeutend und bewegen sich bei Tarif I und III zwischen den Höchstwerten 5,92% und 26% (Kurve D). Dieses Ergebnis kommt am deutlichsten aus dem stark fallenden Charakter des Linienzuges E zum Ausdruck, welcher die mittleren Kosten je kWh nach Abzug der durch den Kondensator hervorgerufenen Unkosten wiedergibt.

Es wurde bisher die Annahme zugrunde gelegt, daß sich bei annähernd gleichmäßiger Belastung am Ende eines jeden Jahres gleichbleibend hohe Erträge E erzielen lassen. Somit errechnet sich die nach 10 Jahren erwirtschaftete Summe E' unter Berücksichtigung von Zins und Zinseszins zu $E' = E(q^n - 1)/(q - 1)$. Bei 5,5% Zinsen, d. h. $q = 1,055$ und $n = 10$ Jahre, wird $E' = 1,29 E$ (Kurve G). Betrachtet man weiterhin die Gesamtanlagekosten K als Ausgangskapital und E' als den Endwert, auf den K durch Weiterarbeiten im Unternehmen im Laufe von $n = 10$ Jahren durch Zins und Zinseszins angewachsen ist, so läßt sich unter Benutzung der Zinseszinsformel $E' = K q^n$ errechnen, wie gut das Kapital im Betrieb arbeitet, d. h. wie hoch es verzinst ist ($q = 1 + p'/100$; hierbei p' = Zinssatz). Aus Zahlentafel 6 und Kurve H des Bildes 124 ist zu ersehen, daß sich z. B. bei der 2000-kVar-Kondensatorbatterie die Anlagekosten $K = 48000,—$ RM. durch die beim Tarif I durch Kompensation bis cos $\varphi = 1$ erzielten Ersparnisse E' mit einem Zinssatz von $p' = 17\%$, beim Tarif III sogar mit $p' = 37,5\%$ verzinst haben; dies ist gleichbedeutend mit einer Vervielfachung des Anlagekapitals K auf das 4,8- bzw. 24,2fache (Kurve J).

Die Rentabilitätskurve H beantwortet zugleich auch die Frage nach der höchsten Wirtschaftlichkeit der verschieden groß wählbaren Kondensatoranlagen. Obwohl der Höchstwert dieses Linienzuges sowie der Niedrigstwert der Kurve F, welche die erforderliche außergewöhnlich niedrige Abschreibungszeit bei sofortiger vollständiger Kapitalisierung der Bruttoersparnisse abzüglich Stromkosten der Kondensatoranlage wiedergibt, im vorliegenden Falle im Bereich von cos $\varphi = 0,80...0,85$ liegen, wird man sich trotzdem unbedingt nach der Lage des Höchstwertes der Nettoersparnisse richten, da — wie bereits erwähnt — meist nur die absolute Höhe des erzielten Reingewinnes, abgesehen von technischen Forderungen, ausschlaggebend ist.

Man kommt also zu folgenden Ergebnissen:

1. Der wirtschaftliche Anreiz zur Kompensierung ist bei allen in Deutschland vorkommenden Tarifen stets gegeben.

2. Die Höhe der Nettoersparnisse (Kurven C bzw. G) ist beim Gemischten cos φ-Tarif bedeutender als beim Scheinleistungs- oder Blindverbrauchstarif.

3. Es lohnt sich stets, bis in die Nähe von cos $\varphi = 1$[1]) zu kompensieren, da die Kurven C bzw. G eine stets steigende Tendenz aufweisen und ihren Höchstwert erst bei cos $\varphi = 1$ erreichen.

4. Es ist also nicht richtig, die einzusetzende Kondensatorleistung nach der Höhe der Abschreibungszeit in Jahren (Kurve F) bzw. Verzinsbarkeit (Kurve H) oder Vervielfachung des Anlagekapitals Kurve J) zu bemessen, da man dann nur bis etwa cos $\varphi = 0{,}8$ kompensieren würde.

Über die Höhe der erzielbaren Gesamtersparnis legt man sich im allgemeinen nur selten vor oder nach der Kompensation Rechenschaft

Bild 125. Tarifkompensation eines Stahl- und Walzwerkes durch eine Zentralkondensatoranlage für 1500 kVar, 380 V.

ab. Es ist festzustellen, daß man in der Volkswirtschaft an derartig hohe Erträge bzw. Verzinsbarkeit unserer Wirtschaftsgüter nicht ohne weiteres gewöhnt ist. Hierin ist mit einer der Hauptgründe für den ungeheuren Siegeslauf der Kondensatorkompensation zu erblicken. So zeigt Bild 125 eine 1500-kVar-Kondensatoranlage, die in einem Stahl- und Walzwerk innerhalb von 10 Jahren bei einem Gemischten cos φ-Tarif und 7000 Betriebsstunden je Jahr eine Nettoersparnis von über 1 Million RM. erbringt[2]). Die bereits 1934 errichtete Anlage wurde öfters erweitert, da sich eine Kompensation bis in die Nähe von cos $\varphi = 1$ lohnte.

[1]) S. a. Roser, H., ETZ 62 (1941), S. 452.
[2]) Näheres s. AEG-Druckschr. Jl/242 Okt. 1936.

Abschließend soll noch darauf hingewiesen werden, daß die absoluten und prozentualen Ersparnisse, die Verzinsung p' und die Vervielfachung des Anlagekapitals um so größer sind, je schlechter der Ausgangscos φ_1 ist. Selbstverständlich verbessern sich die an sich schon sehr guten Verhältnisse der Zahlentafel 6 um ein bedeutendes, wenn die wirtschaftliche Nutzungsdauer nicht mit $n = 10$, sondern mit 15...20...25 Jahren angesetzt wird.

Bei sehr vielen Betriebsuntersuchungen muß auch die Tatsache bewertet werden, daß die beim Kondensator wirtschaftlich tragbare Gruppen- und Einzelkompensation zugleich eine wirksame Entlastung der Umspanner, Zuleitungen und Kabel mit sich bringt. Hierdurch kann häufig die Neubeschaffung von Verstärkungsmitteln gänzlich unterbleiben. Außerdem treten noch durch wirksame Verringerung der Stromwärmeverluste zusätzliche Einsparungen an Stromkosten auf. Letztere können je nach Betriebs- und Netzverhältnissen durchaus in der Größenordnung der Jahreskosten der Kondensatoranlage liegen (vgl. nachfolgende Abschnitte).

Die vorstehenden Überlegungen wurden zur Gewinnung übersichtlicher Verhältnisse unter der Annahme angestellt, daß sich die Belastung während der Abschreibungszeit im Mittel nicht stark ändert. In Wirklichkeit hat man meist mit schwankendem Tages- und Jahresleistungsbedarf, mit veränderlicher Höchstlast und unbeständigem cos φ zu rechnen. Man muß daher, am besten an Hand der Monatsrechnungen des stromliefernden Werkes oder der Belastungsdiagramme Bild 106, die Untersuchung von Monat zu Monat durchführen, die erforderliche Gesamtkondensatorleistung und Anzahl der Regelkondensatoren feststellen und die möglichen Ersparnisse addieren. Zumindest sind mittlere Sommer- und mittlere Wintermonate zugrunde zu legen[1]). Zu berücksichtigen sind auch die Einzelheiten des jeweils geltenden Tarifes, wie z. B. das Inkrafttreten von Arbeitspreisermäßigungen während der Nachtzeit, Fortfall der Blindstromverrechnung in der Zeit von 20...6 Uhr usw.

2. Spannungsregelung durch Reihen- und Parallelkondensatoren[2])·

Der Einsatz der Kondensatoren zur Einsparung tariflich bedingter Blindstromkosten ist vom Standpunkt des Stromverbrauchers aus zwar Selbstzweck, von demjenigen des stromliefernden Werkes aus jedoch stets nur Mittel zum Zweck. Der Hauptzweck besteht immer in der Entlastung des vorgeschalteten Netzes, um hierdurch die Übertragungs-

---

[1]) Die einwandfreiesten Planungsergebnisse liefert naturgemäß die Aufstellung einer geordneten Jahreskurve. Hierzu s. a. ETZ 51 (1930), S. 525 u. 573; ETZ 54 (1933), S. 672; Elektrotechn. u. Masch.-Bau 50 (1932), S. 151; Siegel u. Nissel, Die Elektrizitätstarife, J. Springer, Berlin 1935, S. 89.

[2]) Bornitz, E., AEG-Mitt. (1936), S. 146.

verluste herabzusetzen oder um Scheinleistung zur Erhöhung des Wirkleistungsumsatzes zu gewinnen oder schließlich, um die Übertragungsspannung in Fernleitungsanlagen sowie die übertragbare Leistung in Höchstspannungsnetzen beeinflussen zu können. Hiermit ist zugleich die Bedeutung des Starkstromkondensators in der Energiewirtschaft unserer Netze im wesentlichen erfaßt. Als erste der zahlreichen technischen und betriebswirtschaftlichen Verbesserungen, die sich durch den planmäßigen Netzeinsatz der Kondensatoren ergeben, soll die Aufwertung und Regelung der Verbrauchsspannung durch die Blindstrom-Kompensation längerer Kraftübertragungsanlagen behandelt werden.

Spannungsregelung und ihre Mittel. Im Kap. II, 3 wurden an Hand des Bildes 2 die Beziehungen für Wirk- und Blindfall, Längs- und Querfall Gl. (8)...(8b) und damit der Einfluß der Netzimpedanz und der Belastung auf die Höhe der Endspannung U_2 erläutert. Es ergab sich für U_2 die Näherungsgleichung (9)

$$U_2 \cong U_1 - U_L \cong U_1 - R J_w \sqrt{3} - X_L J_b \sqrt{3} \quad \ldots \ldots (9)$$

Erweitert man beide Seiten dieser Beziehung mit U_2 und führt gleichzeitig die quadratische Ergänzung ein, so wird:

$$U_2{}^2 - 2 U_2 \cdot 0{,}5 U_1 + (0{,}5 U_1)^2 \cong (0{,}5 U_1)^2 - R N_w - X_L N_b$$

$$U_2 \cong 0{,}5 U_1 + \sqrt{0{,}25 U_1{}^2 - R N_w - X_L N_b} \quad \text{(V)} \quad (43)$$

So erhält man z. B. bei einer Dreieckanfangsspannung von $U_1 = 5670$ V und einer Belastung von $N_w = 3000 \cdot 10^3$ W bei $\cos \varphi_2 = 0{,}72$ (also $N_b = 2900 \cdot 10^3$ Var), sowie bei $R = 0{,}45$ Ω/Ph und $X_L = 1{,}07$ Ω/Ph eine Endspannung von $U_2 \cong 4710$ V.

Die sich hieraus ergebenden Gründe für die Durchführung einer Spannungsregelung und Spannungshaltung wurden gleichfalls bereits im Kap. II, 3 auseinandergesetzt. Die hierzu zur Verfügung stehenden Maßnahmen sind sehr mannigfaltig und entsprechend ihren Vor- und Nachteilen ganz individuell anzuwenden. So ist eine Erhöhung der Kraftwerkspannung bzw. der Umspanneranzapfungen nur insoweit möglich, als sich nicht hierdurch für die übrigen Netzteile und Verbraucher eine unzulässig hohe Spannung und beim Kuppeln mehrerer Werke unnötige Blindausgleichströme ergeben. Weiterhin wird man bei Neuanlagen die Umspanner und den Querschnitt der Fernleitungen möglichst reichlich sowie bei Freileitungen den Phasenabstand gering halten; da bei letzteren der Blindwiderstand X_L verhältnismäßig größer ist als bei entsprechenden Kabeln, so ist hier die Verlegung einer Doppelleitung anstatt der Verstärkung der Querschnitte bedeutend wirksamer. Ebenfalls querschnittvergrößernd und damit spannungverbessernd wirkt eine verstärkte Netzvermaschung, die zwecks Schaffung eines Lasten- und Spitzenausgleichs, besserer Ausnutzung der Kraftquellen, geringerer Reservehaltung von Stromerzeugungs- und Übertragungseinrichtungen, kurz, zur Verminderung der Energiegestehungskosten und Erhöhung der Betriebssicherheit sowieso häufig erforderlich wird. Eine Grenze dieser Art Netzverstärkung ist jedoch einerseits durch die Höhe der Mehrkosten, andererseits durch die Erhöhung der Kurzschlußströme gesetzt. Bei alten Anlagen läßt sich eine Verstärkung der Übertragungsmittel oft gar nicht ohne erhebliche Umänderungskosten durchführen.

Die wichtigste Gruppe der Gegenmaßnahmen stellt die der transformatorischen Regler dar. Hierzu gehören neben den für kleine und mittlere Durchgangsleistungen in Betracht kommenden stetig regelbaren Drehreglern und relaislosen Netzreglern vor allem die auch für Netzkupplung geeigneten, stufenweise spannungslos oder mittels Lastschalters unter Spannung regelbaren Leistungsumspanner, regelbaren Isolierumspanner, sowie die auch für nachträgliche Spannungsverbesserung verwendbaren regelbaren Reihensparumspanner. Der unbestreitbare Vorteil der Regelumspanner besteht darin, daß man dem zu speisenden Netzteil ein bei jeder Last genau vorher bestimmbares Spannungsniveau zuführen kann, während dieses die anderen Mittel nur nach eingehender Vorausberechnung gestatten. Andererseits ist zu berücksichtigen, daß die lediglich für Regelzwecke beschafften Umspanner einen nicht vernachlässigbaren Wirk- und Blindverbrauch aufweisen, was sich in den Jahreskosten[1]) ungünstig auswirken kann Außerdem müssen sie aus wirtschaftlichen Gründen für eine, spätere Erweiterungen berücksichtigende Durchgangsleistung ausgelegt werden; sie sind nur selten ortsveränderlich.

Wird durch Netzverstärkung, Netzvermaschung und Regelumspanner die Netzspannung U_2 gewissermaßen mehr äußerlich verändert, so vermögen der Reihenkondensator sowie vor allem umlaufende Phasenschieber und der Parallelkondensator die Spannungsverhältnisse innerlich zu beeinflussen, da sie stets den Charakter der Belastung hinsichtlich der Scheinleistung, Blindleistung, des $\cos \varphi$, der Übertragungsverluste usw. günstiger gestalten. Wie noch aus Bild 128 hervorgehen wird, hängt die Frage der Spannungsreglung sehr eng mit der Frage der Blindleistungsentlastung unserer Netze zusammen. Man wird also den Blindleistungsaustausch zwischen den Kraftwerken und Netzen sowie das hiemit verbundene Spannungsregelproblem für Netze und Netzausläufer nicht so sehr durch den — zwar technisch richtigen — Einbau von Regelumspannern usw., sondern soweit wie irgend möglich durch den außerdem auch höchst wirtschaftlichen Einsatz von Kondensatoren lösen.[1]) Ein Wechsel der Energielieferungsrichtung, wie er in mehrfach gespeisten Maschennetzen vorkommen kann, ändert an der spannungstützenden Wirkung der Kondensatoren nicht das geringste,

---

[1]) Näheres über Spannungsregelung und Lastausgleich durch Regelumspanner und Regelkondensatoren beim Allein- und Verbundbetrieb der Netze berichtet der Verfasser im Elektrotechn. u. Masch.Bau 60 (1942), Herbst 1942.

während die Regelumspanner bei unveränderter Schaltstellung nur in einer einzigen[1]) Speiserichtung wirksam sind.

Spannungsregelung durch Reihenkondensatoren. Bei dem Reihenkondensator handelt es sich entsprechend Bild 126 um ein in dem Zug der Leitungen und Umspanner liegendes Gerät mit dem kapazitiven Grundwellenwiderstand X_C, welches je nach seiner Größe den Reihenblindwiderstand X_L und damit den Blindfall U_b der Übertragungsanlage teilweise oder auch ganz zu kompensieren vermag. Es ergibt sich demnach bei Zugrundelegung der Gl. (43) für die aufgewertete Endspannung U_2':

$$U_2' \cong 0.5\, U_1 + \sqrt{\,0.25\, U_1{}^2 - R\, N_w - (X_L - X_C)\, N_b}\ \ (\text{V})\ \ .\ .\ (44)$$

Bei Betrachtung des Bildes 126 erkennt man, daß die spannungstützende Wirkung des Reihenkondensators um so größer ist, je niedriger der Leistungsfaktor $\cos \varphi_2$ der Belastung und je größer X_L im Verhältnis zu R ist (Freileitungen). Würde man den Reihenkondensator für $X_C = X_L$ bemessen, so wäre der Blindfall $U_b' = J\, X_L - J\, X_C$ für alle Stromwerte gleich Null, d. h. man könnte über den ganzen Lastbereich mit annähernd gleichbleibender Spannung U_2' rechnen, ohne daß praktisch ein Regeln des Reihenkondensators erforderlich würde. Der Reihenkondensator ist daher auch mit Erfolg in Amerika zur vollselbständigen Beseitigung von Spannungszuckungen[2]) bei stoßartigen Belastungen verwandt worden; er kompensiert trägheitslos und vollselbständig (also relaislos) die sonst unvermeidlichen Schwankungen des Blindfalles und damit der Gesamtspannungsänderung $U_ä$ und beseitigt gleichzeitig die unzulässig großen Spannungsunterschiede U_u.

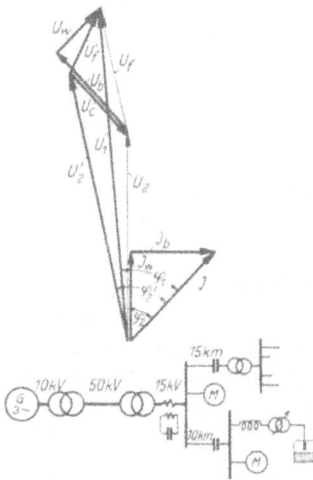

Bild 126. Spannungsregelung, selbsttätig wirkend durch Reihenkondensatoren.

Die Spannungsstützung mittels Reihenkondensators kann entweder an zentraler Stelle kurz vor der Mittelspannungssammelschiene oder aber einzeln für jede an diese Sammelschiene angeschlossene längere Stichleitung oder kombiniert entsprechend dem Ersatzschaltbild des Bildes 126 durchgeführt werden. Der Reihenkondensator kann auch transformatorisch in die Hochspannungsleitung eingefügt werden.

Der allgemeinen Einführung der an sich sehr beachtenswerten und idealen Spannungsregelung durch Reihenkondensatoren stehen — wenig-

---

[1]) Siehe Schulze, H., ETZ 58 (1937), S. 709.
[2]) ETZ 58 (1937), S. 451, 1117 u. 1321; Elektrowärme 9 (1939), S. 53.

stens noch zur Zeit — einige hemmende Tatsachen entgegen. Zunächst
ist festzustellen, daß der Reihenkondensator bei zu starker Blindspannungskompensation die Fernleitungen, Umspanner usw. ihres Drossel-
spulencharakters entkleidet; auf diese kann man jedoch nach wie vor
beim Zusammenschluß großer Netze zur Herabsetzung der Stoß- und
Dauerkurzschlußströme nicht ohne weiteres verzichten. Man darf daher
je nach Kurzschlußfestigkeit der Anlagen nur eine mehr oder weniger
große Blindspannungskompensation von Mittelspannungsnetzteilen zu-
lassen. Außerdem muß beachtet werden, daß bei Überlastungen und bei
Kurzschlüssen an den zur Kompensation dienenden Reihenkapazitäten
ein dem Überstrom verhältnisgleicher Spannungsfall $J X_C$ auftritt;
dieser führt zur Zerstörung, sofern nicht schnell und sicher ansprechende
Schutzeinrichtungen z. B. in Gestalt von spannungabhängigen Widerständen, Kurzschlußschnellschaltern, Funkenstrecken, gesättigten Drosseln, Differentialschutzrelais u. dgl. parallel geschaltet sind. Schließlich sind in Amerika und teilweise auch in Deutschland beim Einschalten von — über Reihenkondensatoren gespeisten — leerlaufenden
bzw. schwach belasteten Umspannern im Spannungsnulldurchgang ungewöhnlich große, verzerrte und niederfrequente Umspannererreger-
ströme und eine entsprechend hohe niederfrequente Spannung am
Kondensator beobachtet worden, die erst bei Belastung der Umspanner
oder durch Parallelschalten Ohmscher Widerstände mit hohem Ohmwert
zu den Reihenkondensatoren fortfielen. Ferner ergaben sich Pendelungen von Synchronmaschinen mit synchroner Frequenz sowie Dreh-
zahlpendelungen bei Dauerbetrieb von Asynchronmotoren infolge von
Selbsterregungsschwingungen im Zusammenhang mit niederfrequenten
Überströmen. Es ist Aufgabe vorsichtiger Planung, die Eignung der
Netze und Belastungen nachzuprüfen. Man wird also den Reihenkondensator weniger in Netze mit ausgesprochener Motorenbelastung,
sondern vielmehr in solche mit landwirtschaftlicher Belastung, mit
Lichtbogenofenlast usw. einsetzen. Es ist jedoch anzunehmen, daß in
absehbarer Zeit für alle Netze sichere Schutzschaltungen gefunden
werden.

Spannungsregelung durch Parallelkondensatoren. Regelumspanner
und Reihenkondensator vermögen im wesentlichen nur die Höhe der
Netzspannung U_2 zu beeinflussen. Der Einbau der Parallelkondensatoren
bewirkt dagegen sowohl eine Veränderung der Spannungshöhe als auch
eine Umprägung des Charakters der Belastung hinsichtlich der Blind-
und Scheinleistung sowie schließlich eine Herabsetzung der Übertragungsverluste. Der Einsatz von Parallelkondensatoren ist somit wesentlich
vielseitiger und bringt neben der hier im Vordergrund stehenden Tatsache der Spannungshaltung mannigfach zusätzliche Vorteile wirtschaftlicher Art.

Die Erhöhung der Netzspannung an der Kuppelstelle zweier Netze bzw. am Ende einer Fernleitung wird entsprechend dem Vektordiagramm des Bildes 127 dadurch bewirkt, daß durch den Einbau der Kondensatoren parallel zu den induktiven Verbrauchern zunächst eine Verringerung des zu übertragenden Gesamtstromes J und eine Schwenkung des Stromvektors ($\varphi_2' < \varphi_2$) selbst eintritt. Andererseits kann bei erhöhter Verbraucherspannung U_2' dieselbe Wirkleistung naturgemäß bei entsprechend verringertem Gesamt- und Wirkstrom J' und J_w' übertragen werden, so daß auch die Folgeerscheinungen der Blindstromkompensation zu einer weiteren Verminderung des Gesamtstromes und damit des von diesem an sämtlichen Übertragungsmitteln hervorgerufenen Wirk- und Blindfalles U_w' und U_b' führen. Es ist leicht einzusehen, daß

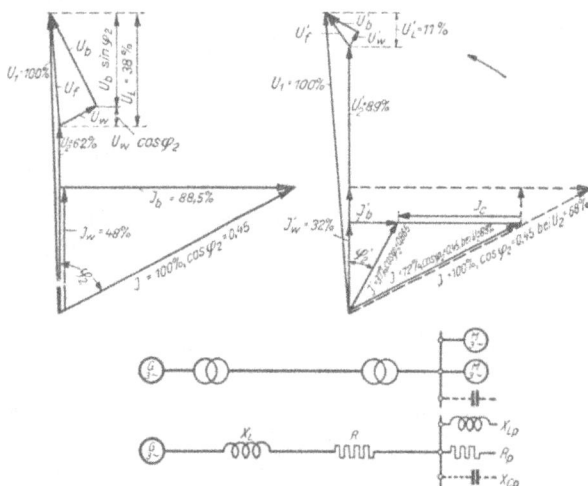

Bild 127. Spannungsregelung und Netzverstärkung durch Parallelkondensatoren in Mittelspannungsnetzen bei gleichbleibender Wirklast.

variabler Kondensatoreinsatz eine spannungregelnde Wirkung auf die Netzspannung ausüben muß.

Benutzt man für eine rechnerische Feststellung der Endspannung U_2' nach erfolgter Kompensation die Gl. (43), so wird:

$$U_2' \cong 0,5\,U_1 + \sqrt{0,25\,U_1{}^2 - R\,N_w - X_L\,(N_b - N_C)} \quad (V) \quad . \; . \; (45)$$

In dieser Gleichung stellen N_w und N_b wiederum die Leistungen (in W bzw. Var) im unkompensierten Zustand dar, während N_C als die zu der aufgewerteten Spannung U_2' gehörende Kondensatorleistung (in Var) einzusetzen ist; auf den unkompensierten Zustand bezogen, ist die Kondensatorleistung quadratisch kleiner: $N_{C_u} = N_C\,(U_{2_u}/U_2')^2$.

Soll durch den Parallelkondensator der Spannungsunterschied zwischen U_1 und U_2' bei einer bestimmten Last verschwinden, so wird

$U_2' = U_1$; dieses in Gl. (45) eingesetzt, ergibt die erforderliche Kondensatorleistung zu:

$$N_C = N_w R/X_L + N_b \quad \ldots \ldots \ldots \ldots (46)$$

Die spannungstützende und spannungregelnde Wirkung der Parallelkondensatoren soll an dem Beispiel des Bildes 128 näher untersucht werden. Es handelt sich hierbei um ein Industriekraftwerk, welches eine an ihrem Anfang gleichbleibende Sammelschienenspannung $U_1 = 15450$ V erzeugt und u. a. eine 16,5 km lange 15-kV-Freileitung für 3×120 mm^2 Cu ($R = 2,54\ \Omega$/Ph und $X_L = 6,0\ \Omega$/Ph, bzw. bezogen auf 5,5 kV: $R = 0,34\ \Omega$/Ph und $X_L = 0,805\ \Omega$/Ph) speist. Am Fernleitungsende ist ein 3750-kVA-Umspanner für 15/5,5 kV, $u_k = 3,45\%$, $V_{w_{Cu}} = 50,5$ kW (also $R = 50500/(3\ J^2) = 50500/(3 \cdot 395^2) = 0,11\ \Omega$/Ph und $X_L = 0,265$ Ω/Ph) angeschlossen, der eine Abraumförderbrücke mit einem ziemlich gleichbleibenden Leistungsverbrauch $N_w = 3000$ kW bei $\cos \varphi_2 = 0,72$ ind. (also $N_b = 2900$ kVar unkompensiert) versorgt. Der Gesamtreihenwiderstand ist demnach $R = 0,34 + 0,11 = 0,45\ \Omega$/Ph und $X_L = 0,805 + 0,265 = 1,07\ \Omega$/Ph.

Setzt man vorstehende Werte in die Gl. (45) ein, so ergibt sich für verschieden große Kondensatorleistung die Kurve $U_2 = f(N_C)$ des Bildes 128 (vgl. S. 182, Zahlentafel 7). Man erreicht, daß die vor der

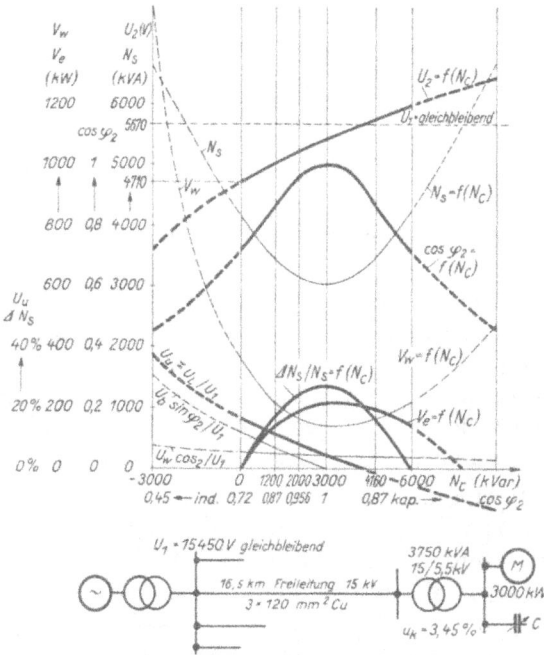

Bild 128. Belastungskennlinien eines Mittelspannungsnetzes bei Übertragung einer gleichbleibenden Wirklast $N_w = 3000$ kW bei verschieden starkem Kondensatoreinsatz N_C.

Kompensation herrschende Endspannung $U_2 = 4710\,\mathrm{V}$ durch Einbau einer 1200-kVar-Kondensatoranlage auf $U_2' = 5040\,\mathrm{V}$ und durch Einbau von insgesamt 2000 kVar auf $U_2' = 5215\,\mathrm{V}$ erhöht wird. Um den Gesamtverlauf der Spannungskurve zu kennzeichnen, wurde diese sowohl für stark induktiven als auch für kapazitiven Kompensationsbereich errechnet und aufgezeichnet. Man erkennt, daß die Spannungsverbesserung um so wirksamer ist, je schlechter der Ausgang-$\cos \varphi_2$ ist, und daß die Kurve bei großen Kapazitätswerten eine Art Sättigung aufweist; es kann also unter Umständen zweckmäßig sein, die Kondensatoren nur im niedrigen induktiven $\cos \varphi$-Bereich zur Spannungstützung einzusetzen, während die evtl. erforderliche restliche Spannungserhöhung z. B. durch Änderung der Wicklungsanzapfungen der Hauptumspanner oder durch Sparumspanner erfaßt wird, zumal die Verlusteinsparungen im kapazitiven Bereich wieder sinken.

Will man den die Spannungsregelung bestimmenden prozentualen Spannungsunterschied zwischen U_1 und U_2 ermitteln, so ist dieser durch die Beziehung $U_u = (U_1 - U_2)\,100\% \,/\, U_1 \cong U_L\,100\% \,/\, U_1 = f\,(N_C)$ festgelegt; es ergibt sich aus Bild 128 und Zahlentafel 7, daß im unkompensierten Zustand ($\cos \varphi_2 = 0{,}72$) ein Spannungsunterschied von $U_u = 16{,}8\%$; nach Einbau von 2000 kVar $U_u = 7{,}95\%$ und nach Einbau von 4160 kVar entsprechend Gl. (46) $U_u = 0\%$ besteht. Von Interesse ist schließlich noch der Verlauf der beiden algebraischen Komponenten des Längsfalles (Bild 127), nämlich derjenige von $J_w R \sqrt{3}\,100\%/U_1 = (U_w \cos \varphi_2)\,100\%/U_1 = N_w R\,100\%/(U_2\,U_1) = f\,(N_C)$ und derjenige von $(J_b - J_C)\,X_L \sqrt{3}\,100\%/U_1 = (U_b \sin \varphi_2)\,100\%/U_1 = (N_b - N_C)\,X_L\,100\%/(U_2\,U_1) = f\,(N_C)$; diese sind in Bild 128 ebenfalls wiedergegeben und zeigen, daß die Wirkstromkomponente des Längsfalles mit wachsendem Kondensatoreinsatz nur wenig sinkt, da die Übertragungsspannung U_2 ständig ansteigt. Dagegen ist die Blindstromkomponente des Längsfalles stark $\cos \varphi$-abhängig; mit steigender Kondensatorkompensation verringert sie ihre Größe, wird bei $\cos \varphi = 1$ zu Null und ist nach Überschreiten von $N_C = 4160$ kVar die alleinige Ursache für den Spannungsanstieg von U_2 über $U_1 = 5670\,\mathrm{V}$ hinaus. — Auf die übrigen, eine ausgeprägt netzverstärkende und energiewirtschaftliche Wirkung offenbarenden Kurven des Bildes 128 wird im nächsten Abschnitt näher eingegangen.

Das Bild 129 zeigt die vorstehend erwähnte 1200-kVar-Kondensatorbatterie, die zur Spannungsregelung im Netz des Bildes 128 eingesetzt und in erschütterungssicherer Bauart (Bild 49) auf obenstehender Abraumförderbrücke eingebaut wurde.

Die spannungverbessernde Wirkung der Parallelkondensatoren kann naturgemäß auch in ausgedehnten Niederspannungsnetzen erzielt werden. So zeigt Bild 130 die Einzelkompensation von 65-kW-Schrapper-

Bild 129. Teilansicht einer 1200-kVar-Kondensatorbatterie zur Spannungsregelung und Netz-verstärkung in der Übertragungsanlage des Bildes 128, erschütterungssicher, aufgestellt auf der abgebildeten Abraumförderbrücke.

motoren durch 30-kVar-Kondensatoren in dem 5,5/0,55-kV-Verteilungs-netz eines Kalisalz-Bergwerkes. Die Motoranschlußspannung stieg nach Einbau zahlreicher Kondensatoren von 470...480 V auf über 510...520 V, ohne daß das vorgeschaltete Kabel- und vor allem Umspannernetz verstärkt wurde oder Spar- bzw. Regelumspanner eingebaut wurden. Die Folge dieser Tatsache war, daß die Motoren beim Anlauf und den heftigen Laststößen besser durchzogen als bisher, daß die Übertragungsverluste bei dieser indirekten Netzverstärkung sanken, sowie daß sich durch die Einzelkompensation in erster Annäherung eine selbsttätige Blindlast-

Bild 130. Netzverstärkung, Spannungsstützung und Verbesserung der Motoranlaufbedingungen durch zahlreiche 30-kVar-Kondensatoren im 5,5/0,55 kV-Verteilungsnetz eines Kalisalzbergwerkes, welche zur Einzelkompensation von 65-kW-Schrappermotoren dienen.

regelung des Netzes ergab. Tarifliche Gründe für die Kompensation lagen bemerkenswerterweise hier genau so wenig wie in der Anlage von Bild 128 und 129 vor.

Es ist schließlich noch zu erwähnen, daß bei Anschluß der Kondensatoren an große (starre) Netze die zu erwartende Erhöhung der Sammelschienenspannung je nach Größe der Umspannerleistung im Verhältnis zur Netzleistung, ferner je nach Größe des inneren Spannungsfalles des unmittelbar vorgeschalteten Umspanners, nach Größe der Kondensatorbatterie, Kompensationsgrad, Belastungskennlinien der Anlage und des übrigen Netzes im allgemeinen kaum fühlbar ist oder doch nur wenige Prozent beträgt. Dieser Möglichkeit sowie weiterhin der Tatsache eines durch die schwankende Netzbelastung bedingten natürlichen Spannungsanstieges wird bei der Auslegung des Dielektrikums in der Weise Rechnung getragen, daß die Kondensatoren dauernd mit einer um 10%, vorübergehend (höchstens 6 h je Tag) mit einer um 15% über ihrer Nennspannung liegenden Spannung betrieben werden können.

3. Netzverstärkung durch Starkstrom-Kondensatoren.

Die Bedeutung des Starkstromkondensators für die Energiewirtschaft der Netze tritt besonders stark dort in Erscheinung, wo er auf indirekte Weise eine Verstärkung der Stromerzeugungs- und Übertragungsmittel bewirkt. Bekanntlich wird bei richtigem Einsatz der Kondensatoren in den einzelnen Blindlastschwerpunkten Scheinleistung frei, wodurch entweder eine bestehende Überlastung beseitigt wird und damit die Übertragungsverluste vermindert werden oder aber der Anschluß neuer Belastung, d. h. ein erhöhter Wirkleistungsumsatz ermöglicht wird. Man erhält also in jedem der Fälle die gleiche Wirkung wie wenn man die Zentrale, die Umspanner, Freileitungen und Kabel tatsächlich verstärkt hätte. Der Kondensator ist daher gerade in dem heutigen Existenzkampf des deutschen Volkes ein außerordentlich wertvolles Mittel für die indirekte Netzverstärkung, zumal er im allgemeinen schneller und billiger beschafft werden kann und weniger Devisen und Rohstoffe für seine Herstellung benötigt als die sonst direkt zu verstärkenden Netzglieder.

Scheinleistungsgewinn. Bei scheinleistungsmäßig überlasteten Stromerzeugern, Umspannern, Leitungen usw. kann durch Einsatz einer Kondensatorleistung N_C nach Bild 131 die zu erzeugende und zu übertragende Scheinleistung verringert und damit ohne Verstärkung der Anlage eine Scheinleistungsdifferenz ΔN_s gewonnen werden, die für besondere Zwecke benutzt werden kann. Bezieht man den Gewinn ΔN_s auf die unkompensierte Scheinleistung N_s, so wird:

$$\frac{\Delta N_s}{N_s} = \frac{N_s - N_s{'}}{N_s} = 1 - \frac{N_w/\cos\varphi_2{'}}{N_w/\cos\varphi_2} = 1 - \frac{\cos\varphi_2}{\cos\varphi_2{'}} \quad . \ . \ (47)$$

Beträgt $N_w = 1000$ kW bei cos $\varphi_2 = 0{,}60$, so ist entsprechend Bild 131 durch eine Kondensatorleistung $N_C = 850$ kVar eine Kompensation bis cos $\varphi_2' = 0{,}90$ möglich. Gemäß Gl. (47) wird $\varDelta N_s = 33{,}3\%$ von N_s gewonnen. Soll cos φ_2' nicht graphisch, sondern rechnerisch gefunden

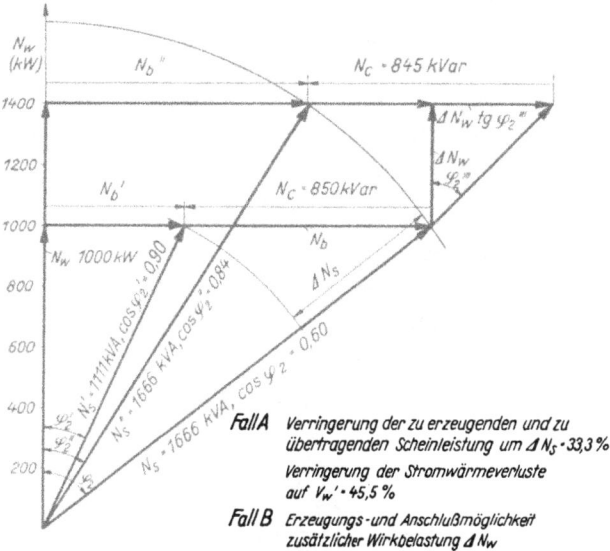

Bild 131. Netzverstärkung durch Parallelkondensatoren bei starrem Netz.

werden, so ist unter Berücksichtigung der Beziehung $N_C = N_w \, \text{tg} \, \varphi_2 - N_w$ tg φ_2':

$$\cos \varphi_2' = 1/\sqrt{1 + \text{tg}^2 \varphi_2'} = 1/\sqrt{1 + (\text{tg} \, \varphi_2 - N_C/N_w)^2} \; ; \quad . \quad . \quad (48)$$

also

$$\varDelta N_s/N_s = 1 - \cos \varphi_2 \sqrt{1 + (\text{tg} \, \varphi_2 - N_C/N_w)^2} \quad . \quad . \quad . \quad (49)$$

Wird der Gewinn auf die erforderliche Kondensatorleistung bezogen, so wird:

$$\frac{\varDelta N_s}{N_C} = \frac{N_s - N_s'}{N_C} = \frac{N_w/\cos \varphi_2 - N_w/\cos \varphi_2'}{N_w \, (\text{tg} \, \varphi_2 - \text{tg} \, \varphi_2')} = \frac{\cos \varphi_2' - \cos \varphi_2}{\cos \varphi_2' \sin \varphi_2 - \cos \varphi_2 \sin \varphi_2'}$$
$$. \quad . \quad . \quad (50)$$

Der mit einer gleich hohen Kondensatorleistung N_C erzielbare Scheinleistungsgewinn ist demnach um so größer, je niedriger der unkompensierte cos φ_2 ist; er ist unabhängig von der Netzspannung vor und nach der Kompensation. Im vorliegenden Beispiel beträgt der Gewinn $\varDelta N_s = 0{,}655 \, N_C = 555$ kVA oder $65{,}6\%$ der hierzu erforderlichen Kondensatorleistung von 850 kVar.

Einsparung an Übertragungsverlusten. Mit der durch Parallelkondensatoren bewirkten Scheinleistungsverringerung geht eine nicht unwesentliche Einsparung an Übertragungsverlusten Hand in Hand. Die im unkompensierten Netz bei konstantem Querschnitt der Übertragungsmittel auftretenden Stromwärmeverluste errechneten sich gemäß Gl. (4) zu:

$$V_w = 3\,R\,J^2\,10^{-3} = 3\,R\,(J_w{}^2 + J_b{}^2)\,10^{-3}\ (\text{kW}) \quad \dots \dots \quad (4)$$

Nach Einbau eines Kondensators wird der Blindstrom J_b um J_C vermindert und der Wirkstrom durch den Kondensatoreigenverbrauch um etwa $0{,}0025\,J_C$ erhöht. Läßt man den Fall der starren Netzspannung, der sich ohne weiteres aus nachstehenden Gleichungen ableiten läßt, außer Betracht und berücksichtigt nur die bei gleich hoher Anfangsspannung U_1 am Ende einer Übertragungseinrichtung sich einstellende Spannungsaufwertung von U_2 auf U_2', so werden die zu übertragenden Ströme J_w und J_b umgekehrt proportional der Spannung kleiner (vgl. Bild 127). Der Kondensator möge hierbei wieder wie im letzten Abschnitt für die jeweilig aufgewertete Spannung U_2' ausgelegt sein. Die Verluste nach der Kompensation werden daher

$$V_w' = 3\,R\left[J_w\left(\frac{U_2}{U_2'}\right) + 0{,}0025\,J_C\right]^2 10^{-3} + 3\,R\left[J_b\left(\frac{U_2}{U_2'}\right) - J_C\right]^2 10^{-3}\,(\text{kW})$$

$$\dots \quad (51)$$

Die eintretende Verlusteinsparung beträgt:

$$V_e = V_w - V_w' \cong 3\,R\,[J_w{}^2 + J_b{}^2]\left[1 - \left(\frac{U_2}{U_2'}\right)^2\right] 10^{-3}$$

$$+ 3\,R\,J_C\left[2\,J_b\left(\frac{U_2}{U_2'}\right) - 0{,}005\,J_w\left(\frac{U_2}{U_2'}\right) - J_C\right] 10^{-3}.$$

Da nun $\sqrt{3}\,J_w = N_w/U_2$ und $\sqrt{3}\,J_b = N_b/U_2$ sowie $\sqrt{3}\,J_C = N_C/U_2$ ist, wird:

$$V_e = R\,[N_w{}^2 + N_b{}^2]\left[\frac{1}{U_2{}^2} - \frac{1}{U_2'{}^2}\right] 10^{-3}$$

$$+ \frac{R\,N_C}{U_2'{}^2}\,[2\,N_b - 0{,}005\,N_w - N_C]\,10^{-3}\ (\text{kW})[1] \quad \dots \quad (52)$$

Man erkennt, daß die Verlusteinsparung — ähnlich wie früher die Spannungserhöhung — sowohl auf Verminderung der Blindleistung N_b durch die Kondensatorleistung N_C als auch darauf zurückzuführen ist, daß dieselbe Wirk- und Blindleistung bei günstigeren Spannungsverhältnissen ($U_2' > U_2$) übertragen wird; es führt also auch die Folge-

---

[1] In dieser Gleichung sind die Leistungen in kW bzw. kVar sowie die Spannungen in kV einzusetzen. Zahlenmäßig das gleiche Ergebnis erhält man bei Vernachlässigung der Kondensatorverluste mit folgendem Ansatz:

$$V_e = 3\,R\left(\frac{N_w}{\cos\varphi_2\,U_2\,\sqrt{3}}\right)^2 10^{-3} - 3\,R\left(\frac{N_w}{\cos\varphi_2'\,U_2'\,\sqrt{3}}\right)^2 10^{-3}$$

$$= R\,N_w{}^2\left(\frac{1}{\cos^2\varphi_2\,U_2{}^2} - \frac{1}{\cos^2\varphi_2'\,U_2'{}^2}\right) 10^{-3}\ (\text{kW}) \quad (52\,\text{a})$$

erscheinung der Blindstromkompensation zu einer weiteren Erhöhung der Einsparungen. Die Einsparungen sind um so größer, je niedriger der unkompensierte $\cos \varphi_2$ und je größer der Unterschied zwischen U_2' und U_2 sind. Setzt man $U_2' = U_2$, so ergibt sich die höchste Einsparung für $N_C = N_b = 0{,}0025\,N_w$.

Erweitert man Gl. (52) mit dem Arbeitspreis b (RM./kWh) und der Betriebsstundenzahl h'/Jahr, so erhält man die mittlere, jährlich durch den Kondensator erzielbare Bruttoersparnis. Stellt das stromliefernde Werk seine Stromgestehungskosten lediglich auf den Arbeitspreis b ab (also Leistungspreis $a = 0$ RM./kW), so erhält man nach Gl. (39) die jährliche Nettoersparnis nach Abzug der Jahreskosten des Kondensators zu:

$$E = V_e\,b\,h' - N_C\,k\,p/100 - 0{,}0025\,N_C\,b\,h' \quad \text{(RM)} \ . \ . \ . \ (53)$$

Die Nettoersparnis ist demnach um so größer, je höher R (Kabelnetze!), je größer der Unterschied zwischen U_2' und U_2, je höher die Betriebsdauer h' und je schlechter der unkompensierte $\cos \varphi_2$ ist. Für den Fall des starren Netzes ($U_2' \cong U_2$) ergibt sich nach den Regeln der Differentialrechnung die Höchstnettoersparnis für Gl. (53) für eine Kondensatorleistung

$$N_C \cong N_b - 0{,}0025\,N_w - \frac{5\,k\,p\,U_2'^2}{R\,b\,h'} - \frac{1{,}25\,U_2'^2}{R} \quad . \ . \ . \ (54)$$

Um die Größenordnung derartiger Einsparungen nach den Gl. (39), (52) und (53) zu ermitteln, soll auf das Beispiel des Bildes 128 zurückgegriffen werden. In dem betrachteten Falle wurde eine Wirkleistung $N_w = 3000$ kW bei $\cos \varphi_2 = 0{,}72$ während $h' = 3600$ Jahresstunden übertragen. Die kWh kostete $b = 0{,}02$ RM./kWh, die Gesamtanlagekosten der Kondensatoranlage mögen einheitlich $k = 24$ RM./kVar, der jährliche Kapitaldienst $p = 12{,}5\%$ betragen (4,5% Zinsen, 5% Abschreibung während 20 Jahren Nutzungsdauer, 2% Erneuerung, 1% Bedienung, Wartung und Instandhaltung). Unter Berücksichtigung der bisher entwickelten Beziehungen kann nunmehr die Zahlentafel 7 aufgestellt werden.

In dieser Zahlentafel sind die mit wachsendem Kondensatoreinsatz N_C ansteigenden Endspannungen U_2' auf Grund der Gl. (45) errechnet. Die Werte hierfür, sowie für den Längsfall U_L und seiner beiden Komponenten, sind bereits eingehend gewürdigt und in Bild 128 kurvenmäßig dargestellt. In dem gleichen Bild wurden auch der Verlauf der Scheinleistung und der Übertragungsverluste sowie der prozentuale Scheinleistungsgewinn und der Verlustgewinn entsprechend Gl. (47) und (52) eingetragen. Durch Kompensation von $\cos \varphi_2 = 0{,}72$ auf $\cos \varphi_2' = 0{,}956$ mittels $N_C = 2000$ kVar ergibt sich eine Spannungsaufwertung von 4710 auf 5215 V, ein Scheinleistungsgewinn von $\Delta N_s = 24\%$ und eine Verlusteinsparung von 190 kW.

Zahlentafel 7. Spannungsaufwertung, Scheinleistungsgewinn, Verringerung der Übertragungsverluste und Ersparnisnachweis der Spannungsregelanlage Bild 128 bei 20jähriger Nutzungsdauer. ($N_w = 3000$ kW, $b = 0,02$ RM/kWh, $h' = 3600$ h/Jahr, Kapitaldienst $p = 12,5$ %).

Kurve						
	Kondens.-Lstg. N_C . . . . kVar	0	1 200	2 000	2 900	4 600
	Kompensationsgrad . . . $\cos \varphi_2$	0,72	0,870	0,956	1	— 0,870
U_2	Endspannung U_2 V	4 710	5 040	5 215	5 420	5 750
U_u	Längsfall U_l/U_1 . . . . %	16,8	11,2	7,95	4,4	— 1,52
U_w	$U_w \cos \varphi_2/U_1$ . . . . . %	5,1	4,7	4,60	4,4	
U_b	$U_b \sin \varphi_2/U_1$ . . . . . %	11,7	6,5	3,35	0	
N_s	Scheinlstg. $N_s = N_w/\cos \varphi_2$. kVA	4 150	3 450	3 150	3 000	3 450
$\triangle N_s$	Scheinl.-Gewinn $\triangle N_s/N_s$. %	—	16,8	24	27,8	16,8
V_w	Übertragungsverluste V_w . kW	352	210	162	137	162
V_e	Verlust-Ersp. V_e . . . . . . kW	—	142	190	215	190
A	Brutto-Ersp. je Jahr . . . RM.	—	10 200	13 700	15 500	13 700
B	Gesamt-Jahreskosten . . . RM.	—	3 800	6 300	9 220	14 620
C	Netto-Ersp. E in 20 J. . . RM.	—	128 000	148 000	125 600	— 18 400
D	Spez. Netto-Ersp. in 20 J. RM./kVar	—	107	74	43,2	— 4,0
G	Netto-Ersp. E' in 20 J. mit Zins und Zinseszinsen . RM.	—	200 000	233 000	196 000	— 28 800
J	Vervielfachg. d. Anl.-Kap. in 20 Jahren	—	7,0	4,85	2,8	— 0,26

Obwohl der Höchstgewinn an Scheinleistung und Verlusten bei einer Kompensation bis $\cos \varphi_2' = 1$ auftritt, liegt vom wirtschaftlichen Standpunkt der Bestwert entsprechend Bild 132, Kurve C bei $\cos \varphi_2' \cong 0,95^{1)}$ ($N_C \cong 2000$ kVar). Hierbei betragen nämlich die jährliche Bruttoersparnis $V_e b h'$ als erster Teil der Gl. (53) 13700 RM./Jahr (Kurve A) und die Gesamtjahreskosten 6300 RM. (Kurve B), so daß eine jährliche Nettoersparnis von $E = 7400$ RM. übrigbleibt. Bei einer Nutzungszeit von 20 Jahren ergibt sich als Gesamtnettoersparnis ein Höchstbetrag von 148000 RM. (Kurve C). Berücksichtigt man Zins und Zinseszinsen, und nimmt man an, daß am Ende eines jeden Jahres gleichbleibend hohe Erträge E erzielt werden, so errechnet sich die nach n Jahren erzielte Ersparnis zu $E' = E (q^n - 1)/(q - 1)$. Bei 4,5% Zinsen (also $q = 1,045$) wird nach $n = 20$ Jahren $E' = 31,3 E$; im vorliegenden Falle steigt die Nettoersparnis von $E = 7400$ RM. im Laufe von 20 Jahren auf $E' = 233000$ RM. (Bild 132 G) an. Während dieser Zeit vervielfacht sich das Anlagekapital $k N_C = 24 \cdot 2000 = 48000$ RM. um das 4,85fache (Kurve J).

---

[1] Roser, H., ermittelt in ETZ 62 (1941), S. 449, auf anderem Weg für die Stromlieferwerke ebenfalls einen wirtschaftlichen Kompensations-cos $\varphi = 0,80...$ 0,95. Weiterhin s, a. Fußnote 1. S. 171.

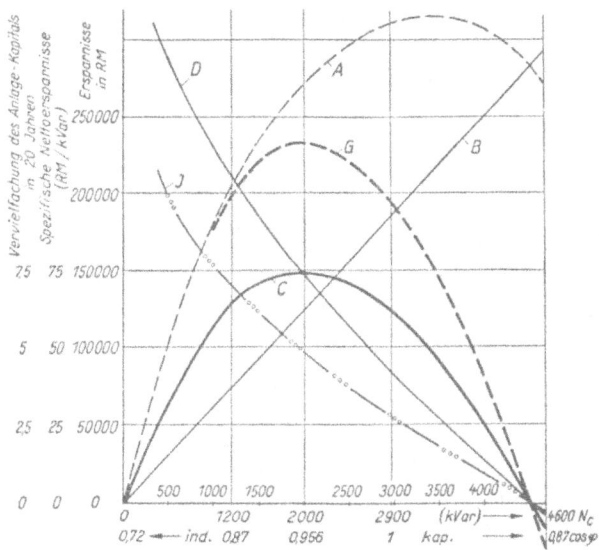

Bild 132. Ersparnisnachweis einer Spannungsregelanlage durch Einsparung an Übertragungsverlusten bei verschieden großem Kondensatoreinsatz entsprechend Zahlentafel 7.

A = Bruttoersparnisse, G = Nettoersparnisse mit Zins und
B = Gesamtjahreskosten, Zinseszinsen,
C = Nettoersparnisse, I = Vervielfachung des Anlagekapitals.
D = Spezifische Nettoersparnisse,

Faßt man die aus den Bildern 128 und 132 herleitbaren Ergebnisse
zusammen, so erhält man folgende Effekte des Einsatzes von Parallelkondensatoren im Vergleich zu anderen Netzverstärkungsmitteln:

1. Die im vorliegenden Netzfall gestellte technische Hauptaufgabe
   der Stützung und Regelung der Verbraucherspannung am Ende einer
   Übertragungseinrichtung konnte auch ohne Regelumspanner befriedigend gelöst werden (vgl. Spannungskurve U_2 in Bild 128).

2. Darüber hinaus beweist der Verlauf der Scheinleistungskurve N_s in
   dem gleichen Bild eine gleichzeitige starke Netzentlastung und
   Netzverstärkung auf indirekte Weise; eine direkte Verstärkung der
   Durchgangsleistung von Freileitung und Abspanner konnte vermieden werden. Dieses wäre bei Verwendung z. B. eines Sparregelumspanners unmöglich gewesen.

3. Außerdem lassen die Kurve der Übertragungsverluste V_w in Bild 128
   sowie die hiermit identische Bruttoersparniskurve A und die vor
   allem interessierende Nettoersparniskurve C in Bild 132 erkennen,
   daß innerhalb von 20 Jahren nach Abzug sämtlicher Jahreskosten
   eine Einsparung[1]) in ganz beträchtlicher Höhe erzielt wird. Bei

---

[1]) In den deutschen Netzen gehen jährlich einige Milliarden kWh infolge
Blindleistungstransportes verloren. Hier erkennt man deutlich die Aufgaben, die
der Kondensator in Zukunft in verstärktem Maße in der Energiewirtschaft unserer
Netze zu lösen hat.

Einbau eines Sparregelumspanners hätte man auf diesen Neben-
vorteil ebenfalls verzichten und durch diesen sogar noch zusätzliche
Eigenverluste in Kauf nehmen müssen.

4. Als wirtschaftlichster Kompensationsgrad ergibt sich im vorliegenden Falle auf Grund des Höchstwertes an Nettoverlusteinspa-
rungen (Kurve C in Bild 132) ein cos $\varphi_2' = 0{,}95$, wobei gleichzeitig
auch die Scheinleistungsverringerung und Spannungsstützung der
Übertragungsanlage gute Werte annimmt.

Trotz der vorstehend charakterisierten vielfältigen Wirkungen des
Parallelkondensators muß es nach wie vor Aufgabe der sorgfältigen
Planung des Ingenieurs sein, zu untersuchen, welches Mittel zur Netzverstärkung und Spannungsregelung das technisch und energiewirtschaft-
lich richtige ist. Interessant ist in diesem Zusammenhang die Tatsache,
daß das durch den jahrelangen japanisch-chinesischen Konflikt zu Spar-
maßnahmen jeder Art gezwungene Japan in dem Zeitraum von etwa
1935...1939 weit über 800 000 kVar Kondensatorleistung in seinen Mittel-
und Höchstspannungsnetzen einsetzte, und zwar lediglich zur Anlagenentlastung, Übertragungsverlusteinsparung und vor allem zur Spannungsregelung[1] (vgl. auch Bild 53 und 142).

Anschluß von Zusatzlast. Als letzter Fall der Netzverstärkung
durch Parallelkondensatoren ergibt sich die Möglichkeit der Versorgung
neuer Stromabnehmer. Wenn man hierdurch einerseits eine Verstärkung
der vorhandenen Anlage vermeiden kann, muß man naturgemäß andererseits auf Verringerung der Übertragungsverluste verzichten. Handelt es
sich zunächst um starre Netzspannung, so errechnet sich die erforderliche Kondensatorleistung gemäß Bild 131 unter Berücksichtigung der
zulässigen Scheinleistungs-Belastbarkeit der Umspanner, Stromerzeuger
(Bild 10), Leitungen u. dgl. zu:

$$N_C = N_s \sin \varphi_2 + \varDelta N_w \operatorname{tg} \varphi_2''' - \sqrt{N_s''^2 - (N_w + \varDelta N_w)^2} \quad . \ . \ (55)$$

Wird die Scheinleistungs-Belastbarkeitsgrenze der Übertragungsanlagen nach Anschluß der Zusatzlast und der Kondensatoren nicht
überschritten, so ergibt sich bei nicht starrer Netzspannung der Längs-
spannungsfall U_L laut Gl. (8a) zu $U_L = J_w R \sqrt{3} + J_b X_L \sqrt{3}$. Es soll
nun — im Gegensatz zu den oben behandelten Abschnitten — angenom-
men werden, daß die bei der augenblicklichen Höchstlast (J_w bei cos φ_2)
am Ende einer längeren Übertragungsanlage herrschende Spannung U_2
gerade noch in den zulässigen Grenzen liegt. Andererseits soll nach Anschluß der Zusatzlast $\varDelta J_w$ unter einen beliebigen cos φ_2''' bei konstanter
Anfangsspannung U_1 infolge der Wirkung des Kondensatorstromes J_C

---

[1] Vgl. auch Bekku, S., Cigre 1939, Bericht 123. Inzwischen ist bis Mitte 1941
die in Japan installierte Kondensatorleistung auf etwa 2 000 000 kVar (!) ange-
stiegen, wobei 40 % dieser Kondensatoren in Netzen von 11...220 kV eingebaut
sind.

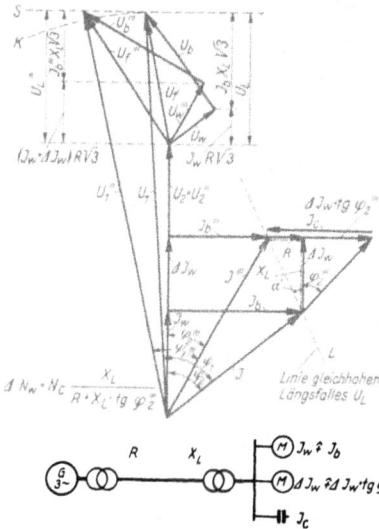

Bild 133. Anschluß von Zusatzlast bei gleich hohem Längsfall U_L und annähernd gleichbleibender Endspannung U_2.

ein gleich 'großer Längsfall $U_L''' = U_L$ wie bei J_w und $\cos \varphi_2$ auftreten. Zur Vereinfachung wird angenommen, daß der Endpunkt des Vektors U_1 nicht auf einem Kreisbogen K, sondern entsprechend Bild 133 auf einer Senkrechten S zur Spannung U_2 wandert. Der hierdurch bedingte Fehler[1]) ist in den meisten Fällen praktisch vernachlässigbar. Es wird somit, aus Bild 133 ablesbar:

$$U_L''' = (J_w + \Delta J_w)\,R\,]3$$
$$+ J_b''' X_L]\,\overline{3} = (J_w + \Delta J_w)R\,]\,\overline{3}$$
$$+ (J_b + \Delta J_w \operatorname{tg}\varphi_2''' - J_C)\,X_L]\,\overline{3}$$
$$\dots \dots (56)$$

$$U_L''' = U_L = J_w R\,]\,\overline{3} + J_b X_L\,]\,\overline{3}$$
$$= J_w R\,]\,3 + \Delta J_w R\,]\,\overline{3}$$
$$+ J_b X_L]\,3 + \Delta J_w \operatorname{tg}\varphi_2''' X_L\,]\,3 - J_C X_L]\,3$$

somit: $\qquad \Delta J_w\,]\overline{3}\,(R + X_L \operatorname{tg}\varphi_2''') = J_C X_L\,]\,\overline{3}\,;$

oder nach Erweiterung mit U_2

$$\Delta N_w = N_C \frac{X_L}{R + X_L \operatorname{tg}\varphi_2'''} \quad (\text{kW}) \dots \dots (57)$$

Aus dieser Gleichung geht hervor, daß die Endpunkte sämtlicher Scheinleistungsvektoren N_s''', welche den stets gleichen Längsfall U_L verursachen, auf einer Geraden L liegen, die mit »Linie gleich hohen Längsfalles« bezeichnet werden soll. Die Steigung dieser Geraden ist $\operatorname{tg}\alpha' = R/X_L$, wie sich aus Gl. (57) für ΔN_w bei $\cos\varphi_2''' = 1$ sowie aus Bild 133 ohne weiteres ableiten läßt. Man kann also bei bekannten Leitungskonstanten X_L und R je Phase und bei bekannter bisheriger Höchstlast N_w bei $\cos\varphi_2$ rechnerisch feststellen, welche Kondensatorleistung N_C erforderlich wird, um bei gleich hohem Längsfall U_L eine Zusatzlast ΔN_w bei einem beliebigen $\cos\varphi_2'''$ über die unverstärkte Leitung zu übertragen. Je höher der induktive Widerstand X_L im Verhältnis zum Ohmschen Widerstand R ist, d. h. je länger die Leitung, je größer der Leiterabstand und Leiterquerschnitt sowie je besser der $\cos\varphi_2'''$ der Zusatzlast ist, um so mehr kann die Leitung zusätzlich belastet werden, bzw. um so größer ist die spannungsstützende Wirkung der Parallelkondensatoren. Der höchste Wirklastgewinn ist daher wieder

---

[1]) Siehe a. Bölsterli, A. A., Bull. schweiz. elektrotechn. Ver. 27 (1936), S. 653.

in Freileitungsnetzen zu erzielen, zumal deren Belastbarkeitsgrenze mehr durch die Höhe des zulässigen Spannungsfalles, als durch die zulässige Strombelastbarkeit gegeben ist, während sich Kabelnetze gerade umgekehrt verhalten.

Zur Charakterisierung dieser Verhältnisse soll nochmals auf das Beispiel des Bildes 128 und auf die zugehörige Zahlentafel 7 ($R = 0,45$ Ω/Ph und $X_L = 1,07$ Ω/Ph) zurückgegriffen werden. Nach Gl. (57) ist die anschließbare Mehrlast nicht von dem cos φ_2 vor der Kompensation, sondern u. a. nur von dem cos φ_2''' der Zusatzlast selbst abhängig. Man kann also durch Einsatz von beispielsweise 1000 kVar Kondensatorleistung entsprechend Gl. (57) bei gleichbleibendem Längsfall entweder eine Zusatzlast von z. B. $\Delta N_w = 500$ kW bei cos φ_2''' $= 0,53$ oder eine solche von 1000 kW bei cos $\varphi_2''' = 0,87$ über die Leitung übertragen.

Zu dem gleichen Ergebnis kommt man schneller und übersichtlicher graphisch entsprechend Bild 134. Durch Aufzeichnung von tg $\alpha' = R/X_L$ erhält man zunächst die Steigung der »Linie gleich hohen Längsfalles«. Beträgt die Grundlast wiederum $N_w = 3000$ kW, so er-

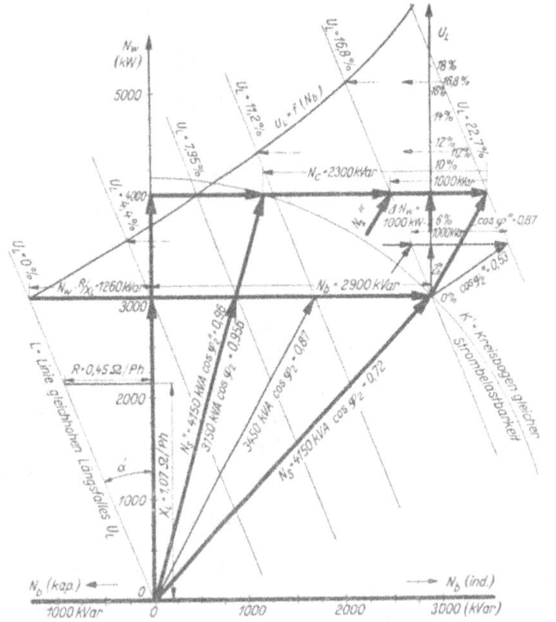

Bild 134. Graphische Ermittlung der erforderlichen Kondensatorleistung für Anschluß beliebiger Zusatzlast bei gleich hohem Längsfall (Spannungsniveaulinien für nicht starres Netz) bzw. bei höchst zulässiger Strombelastbarkeit (starres Netz, insbesondere Kabelnetze).

gibt sich aus Zahlentafel 7 bei Betrieb mit cos $\varphi_2 = 0,72$ ein Längsfall $U_L = 16,8\%$ bzw. bei cos $\varphi_2 = 0,87$ ein solcher von 11,2% usw; die Zwischenwerte lassen sich nach Aufzeichnung der Kurve $U_L = f(N_b)$

ohne weiteres aus dieser abgreifen[1]). Man kann nun z. B. sofort aus Bild 134 ablesen, daß bei einer Grundlast von 3000 kW bei $\cos \varphi_2 = 0,72$ eine Zusatzlast von 1000 kW unter $\cos \varphi_2''' = 0,87$ dann ohne Erhöhung des Längsfalles $U_L = 16,8\%$ angeschlossen werden kann, wenn eine Kondensatorleistung von 1000 kVar parallel geschaltet wird. Durch Einsatz von insgesamt 2300 kVar Kondensatorleistung ergibt sich eine Gesamtlast von 4000 kW bei $\cos \varphi_2'' = 0,96$ unter gleichzeitiger Verringerung des Längsfalles auf $U_L = 10,8\%$. Man kann außerdem an Hand des Bildes 134 feststellen, daß bei nichtstarrem Netz meist eine

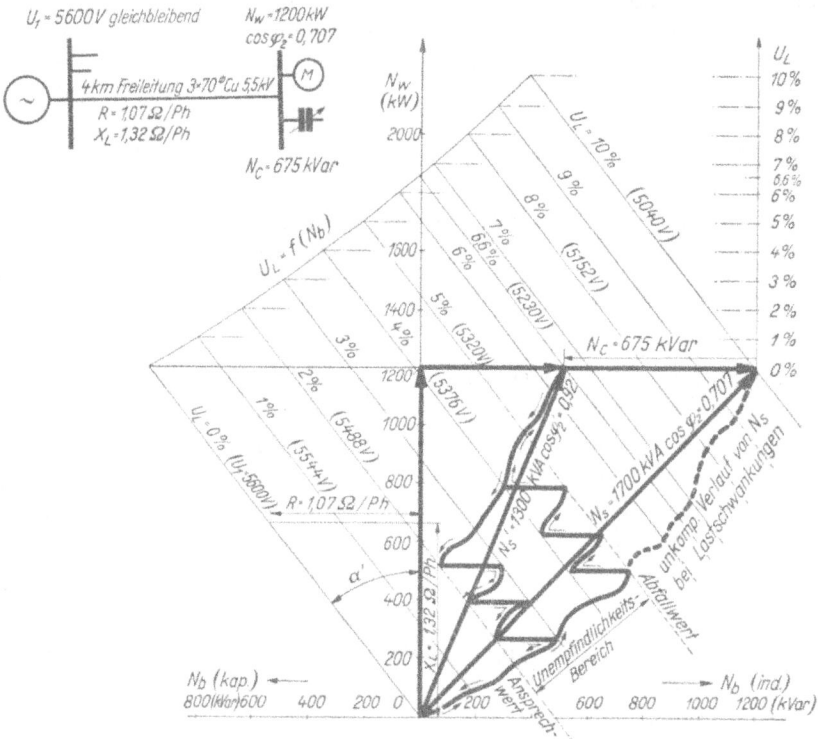

Bild 135. Spannungsregelung mittels einer dreistufigen Spannungsregelbatterie bei wechselnder Anlagenbelastung, dargestellt an dem Leistungsdiagramm und an den Spannungsniveaulinien des Bildes 134.

kleinere Kondensatorleistung als bei starrem Netz erforderlich ist, um die gleiche Zusatzlast übertragen zu können. Bei starrem Netz kommt entsprechend Bild 134 der »Kreisbogen gleicher Strombelastbarkeit«, bei nichtstarrem Netz dagegen die — bei stark induktiven Leitungskonstanten — steil ansteigende »Linie gleichhohen Längsfalles« als geometrischer Ort der Endpunkte der resultierenden Scheinleistung N_s''

---

[1]) Hierbei ist entspr. Gl. (46) $U_L = 0$ für eine Kondensatorleistung von $N_c = (3000 \cdot 0,45/1,07) + 2900 = 4160$ kVar.

bzw. N_s''' in Betracht. Ob man den erzielbaren Leistungsgewinn voll ausnutzen kann, hängt von der vorerwähnten Strombelastbarkeitgrenze sämtlicher an der Übertragung beteiligten Geräte wie Umspanner, Drosseln, Schalter, Wandler, Kabel, u. U. auch Freileitungen usw. sowie davon ab, ob man evtl. eine Überkompensation in Kauf nehmen kann.

Die vorstehend geschilderte graphische Methode hat — über das Ergebnis der Gl. (57) hinaus — den großen Vorzug, daß man sich ohne langwierige Rechnungen für jeden Belastungsfall die Höhe des zu erwartenden Längsfalles und damit der Endspannung U_2 ermitteln kann. Man braucht hierzu nur in das Leistungsvektordiagramm die Linien gleichhohen Längsfalles schaulinienartig einzuzeichnen, um dann sofort die z. B. durch Lastminderung oder $\cos\varphi$-Änderung bedingte neue Endspannung U_2 ablesen zu können. Bild 135 zeigt eine 3stufige Kondensatorbatterie, welche mittels zweier verzögerter Spannungsrelais selbsttätig geregelt werden soll. An Hand der in das Leistungsdiagramm eingezeichneten Spannungsniveaulinien kann man sofort die erforderlichen Ansprechgrenzen der beiden Spannungsrelais feststellen, bei denen ein »Pumpen« mit Rücksicht auf die Lastschwankungen mit Sicherheit vermieden wird. Im übrigen sieht man, daß der bei Vollast von 1200 kW bei $\cos\varphi_2 = 0{,}707$ auftretende 10proz. Längsfall durch die 675-kVar-Kondensatorbatterie auf 6,6% gesenkt wird, während bei voller Entlastung durch selbsttätiges Abschalten auch des letzten Kondensators unerwünschte Überspannungen vermieden werden.

Durch den Einsatz von Parallelkondensatoren kann man demnach eine meist ungeahnte Steigerung des Wertes vorhandener Übertragungsmittel erzielen. Die je kW Netzverstärkung aufzubringenden Kosten sind um so niedriger, je besser der $\cos\varphi_2'''$ der Zusatzlast ist. Sie betragen unter Vernachlässigung der Kapitalkosten:

$$K_{JN_w} = N_C k (R + X_L \operatorname{tg}\varphi_2''')/X_L \quad \ldots \ldots (58)$$

Der Bau einer Parallelleitung einschließlich der zugehörigen Umspanner, Schaltfelder usw., wird gegenüber der Netzverstärkung durch Kondensatoren meist erheblich teurer. Hierzu kommt, daß die Parallelkondensatoren die Gesamtblindlast und damit auch die Übertragungsverluste zu verringern vermögen. Die Jahreskosten je kW Netzverstärkung durch Parallelkondensatoren belaufen sich dementsprechend (vgl. Gl. (53) und Bild 133) auf:

$$J = N_C k \frac{p}{100}(R + X_L \operatorname{tg}\varphi_2''')/X_L + 0{,}0025\, N_C\, b\, h' - \frac{R\, N_C}{U_2''^2}\, b\, h'$$
$$\times [2(N_b + \varDelta N_w \operatorname{tg}\varphi_2''') - 0{,}005\,(N_w + \varDelta N_w) - N_C]\,10^{-3} \quad (\mathrm{RM/J}) \quad (59)$$

Es ergibt sich auch hier vielfach, daß die Jahreskosten der Kondensatoren geringer sind, als die durch die Kondensatoren erzielbaren Verlusteinsparungen. Hierbei ist auch zu berücksichtigen, daß die sonst

erforderlichen vergrößerten Umspanner usw. erhöhten Eigenbedarf aufweisen.

4. Kompensation und Stabilität von Höchstspannungs-Fernleitungen.

Bei dem Entwurf und Betrieb von Nieder- und Mittelspannungsnetzen ist vor allem auf möglichst geringe Übertragungsverluste und
gute Spannungshaltung zu achten. Demgegenüber muß bei Großkraftübertragungen mit Spannungen von 30...60 kV ab aufwärts berücksichtigt werden, daß die Eigenkapazität der Fernleitungen in Verbindung
mit ihrer Reiheninduktivität einen entscheidenden Einfluß auf die Höhe
der übertragbaren Leistung, der überbrückbaren Entfernung und damit
auf die Ausnutzbarkeit der Fernleitungen ausübt.

Der Kondensator hat auch für die Energiewirtschaft der Höchstspannungsnetze große Bedeutung erlangt, da er die Betriebsleiter in die
Lage versetzt, die bei guten Spannungsverhältnissen längs der Leitung
übertragbare Leistung bzw. die überbrückbare Entfernung zu erhöhen.

Kompensation der Fernleitungen. Im Kap. I wurde bereits ausgeführt, daß jede Übertragungsleitung bei Belastung eine induktive
Blindleistung beansprucht, die zum Aufbau ihres magnetischen Wechselfeldes dient. Die Leitung erhält hierdurch die Eigenschaft einer Reiheninduktivität; die von ihr beim Fließen des Laststromes J verlangte
Blindleistung N_b beträgt entsprechend Gl. (2):

$$N_b = 3 J^2 X_L l \cdot 10^{-3} \ \text{(kVar)} \ldots \ldots \ldots (2)$$

Andererseits besitzt dieselbe Leitung auch den Charakter einer
feinverteilten Parallelkapazität und weist unter dem Einfluß der Netzspannung U bei Leerlauf und Belastung eine gleichmäßig hohe, kompensierend wirkende Ladeleistung N_0 auf. Letztere ist als Drehstrom-
ladeleistung der Freileitungen:

$$N_0 = \sqrt{3} \, U^2 J_{sp_0} l \cdot 10^{-3} \ \text{(kVar)} \ldots \ldots (60)$$

Hierin bedeutet J_{sp0}[1]) den spezifischen Ladestrom in A je 10 kV und je
100 km von Einfachfreileitungen üblicher Gestängeanordnung bei un-
gestörtem Betrieb (vgl. Bild 136). Bedeutet U die verkettete Spannung
in kV und l die Leitungslänge in km, so wird der Ladestrom $J_0 = J_{sp0}$
$U \, l \, 10^{-3}$ (A), woraus sich die vorstehende Gl. (60) ergibt. Diese Gleichung
ist in Bild 136 für Stahl- und Aluminiumseile üblicher Querschnitte
und Leiterabstände sowie für 100 km Leitungslänge ausgewertet. Schon
bei Spannungen von 30 kV und Längen von 50 km aufwärts wird die
Eigenkapazität der Freileitungen merkbar. So bringt ein 2000 km langes
100-kV-Versorgungsnetz mit den Ausmaßen etwa des Bayernwerk-
Netzes eine bereits beachtliche Drehstromladeleistung von 50 000...
60 000 kVar auf.

---

[1]) Siehe Rechnungsgrößen für Hochspannungsanlagen, 3. Auflage, Berlin,
AEG-Druckschrift K-BS 1009b, April 1938, S. 7, 37, 18 u. 45. Über den Entwurf
elektrischer Fernleitungen s. a. Niethammer, F., ETZ 62 (1941), S. 35.

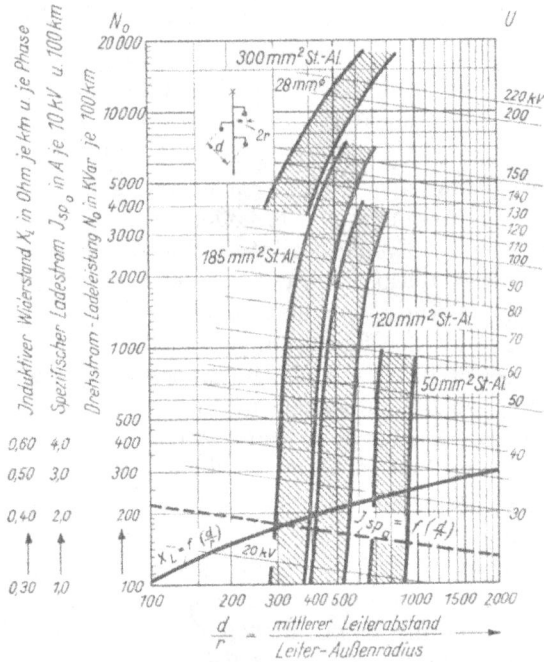

Bild 136. Spezifischer Ladestrom J_{sp_0} (nach Langrehr) sowie Drehstromladeleistung N_0 und induktiver Widerstand X_L von Drehstrom-Einfachfreileitungen bei 50 Hz.

Bei Kabeln beträgt der spezifische Ladestrom bei 50 Hz $J_{sp0} = 181,4$ C_b (A), wobei C_b die Betriebskapazität des Kabels darstellt[1]). |Der Ladestrom wird wiederum $J_0 = J_{sp0} \, U \, l \, 10^{-3}$ (A) und die Drehstromladeleistung der Kabel:

$$N_0 = \sqrt{3} \, U^2 \, 181,4 \, C_b \, l \, 10^{-3} \text{ (kVar)} \quad \ldots \ldots \text{ (60 a)}$$

Es ergibt sich also für N_0 die Kurvenschar des Bildes 137. Bei Kabeln muß man bereits bei Spannungen von 3 kV und Längen über 50 km die Eigenkapazität berücksichtigen, da die Ladeleistung normaler Drehstrom-Gürtelkabel um das 10...30fache, diejenige von Dreimantelkabeln um das 15...40fache größer ist als bei Freileitungen gleicher Querschnitte und gleicher Betriebsspannungen.

In Bild 138 A sind die Gl. (2) und (60) in Abhängigkeit von der zu übertragenden Leistung $N_s = \sqrt{3} \, U \, J$ graphisch dargestellt. Zugrundegelegt ist hierbei eine 100 km lange 100-kV-Stahlaluminium-Freileitung mit 185 mm² aktivem Querschnitt und $r = 9,6$ mm Leiter-Außenradius bei einem mittleren Leiterabstand von $d = 4400$ mm; als Konstanten der Leitung ergeben sich demnach für $d/r = 460$ aus Bild 136 ein induktiver Widerstand $X_L = 0,40$ Ω/Ph/km und ein spezifischer Ladestrom

---

[1]) S. Fußnote Seite 189.

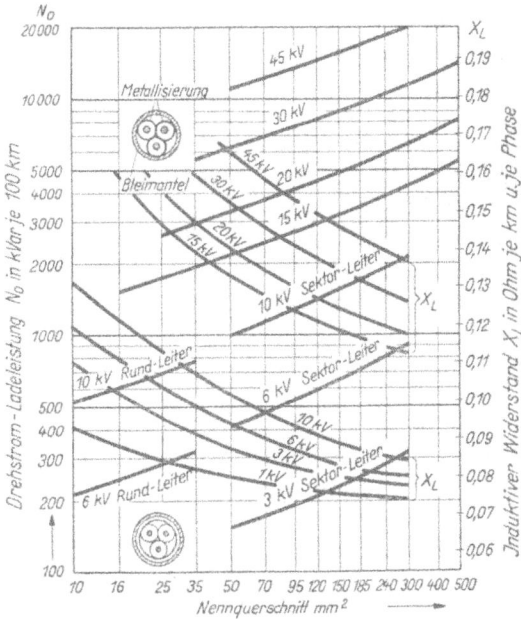

Bild 137. Drehstrom-Ladeleistung N_0 für 100 km Länge sowie induktiver Widerstand X_L je km und je Phase von Drehstromgürtelkabeln für 3...10 kV und Lieferungen ab 1934 sowie von Drehstrom-H-Kabeln und Dreimantelkabeln für 15...45 kV und 50 Hz.

$J_{sp0} = 1{,}65$ A/10 kV/100 km. Mit wachsender Übertragungsleistung ist nach Bild 138 A ein quadratisches Ansteigen des Leitungs-Blindleistungs-bedarfes N_b bei gleichbleibend hoher Ladeleistung N_0 der Freileitung festzustellen. Die Kurve $(N_b - N_0) = f(N_s)$ ergibt die sich einstellende Kompensationsbilanz. Hiernach überwiegt im Schwachlastbereich $N_s = 0...26{,}7$ MVA der Parallelkapazitäts-Charakter und im anschließenden Starklastbereich der Reihendrossel-Charakter der Fernleitung. Bei $N_s = 26{,}7$ MVA ergibt sich entsprechend dem Nulldurchgang der Kurve $(N_b - N_0) = f(N_s)$ eine natürliche Kompensation von N_b durch N_0.

Die letztgenannte zu $N_b = N_0$ gehörende Übertragungsleistung $N_s = 26{,}7$ MVA stellt offenbar eine durch die Konstanten der Leitung charakterisierte Übertragungsleistung dar. Setzt man nunmehr auch analytisch die Gl. (2) und (60) als Voraussetzung für einen vollständigen Blindleistungsausgleich einander gleich, so erhält man die zugehörige Übertragungsleistung N_n wie folgt:

$$\sqrt{3}\, U\, (U\, J_{sp_0})\, l\, 10^{-3} = 3\, J^2\, X_L\, l\, 10^{-3}$$

$$\frac{U}{J} = \sqrt{\frac{3\, X_L\, U}{\sqrt{3}\, (U\, J_{sp_0})}} = \sqrt{\sqrt{3}\, X_L/J_{sp_0}} = Z \quad \ldots \ldots \quad (61)$$

somit wird

$$N_n = \sqrt{3}\, J\, U = \sqrt{3}\, J^2 \sqrt{\sqrt{3}\, X_L/J_{sp_0}} = U^2 \sqrt{\sqrt{3}\, J_{sp_0}/X_L} \quad (62)$$

Die Gl. (62) ist in Bild 138 *B* für Freileitungen und Kabel in Abhängigkeit von der Übertragungsspannung *U* aufgezeichnet. Da sämtlichen Leistungswerten N_n eigentümlich ist, daß die durch die Leitungslast anfallende Blindleistung N_b auf natürliche Weise durch die kapazitive Ladeleistung N_0 der Leitung vollständig kompensiert wird, nennt man diese charakteristische Last N_n aus diesem Grunde auch »Natürliche Übertragungsleistung«[1]) der Freileitung.

In Gl. (61) besitzt der Wurzelausdruck die Dimension eines Widerstandes. Es handelt sich hierbei um den Wellen- oder Schwingungswiderstand $Z = \sqrt{X_L \cdot X_C}$ (vgl. Kap. VII), der für Freileitungen üb-

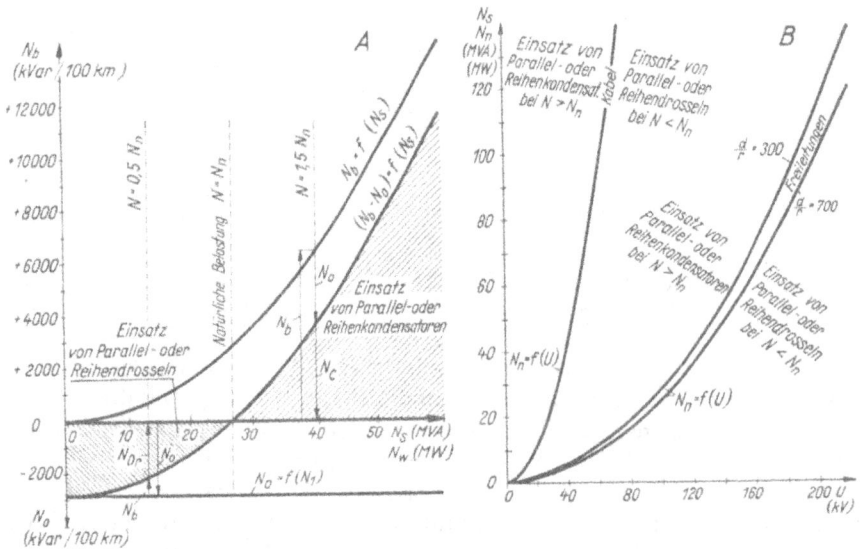

Bild 138. Einsatzbereich für Drosselspulen und Kondensatoren in Höchstspannungsnetzen bei wachsender Übertragungsleistung N_s.
A = Drehstrom-Ladeleistung N_0 und induktiver Blindleistungsbedarf N_b einer 100 km langen 100-kV-Einfachfreileitung.
B = Natürliche Übertragungsleistung N_n für Freileitungen und Kabel.

licher Querschnitte und Abstände 500...750 Ω verkettet und für Kabel 50...75 Ω verkettet beträgt. Die Gl. (62) kann daher auch geschrieben werden:

$$N_n = J U \sqrt{3} = J^2 Z \sqrt{3} = U^2 \sqrt{3}/Z \quad . \quad . \quad . \quad . \quad . \quad (63)$$

Durch das Auftreten von Leitungsinduktivität und -kapazität erfolgt andererseits die Übertragung von Strom und Spannung über weite Entfernungen bereits wellenförmig[1]). Von den nach beiden Seiten laufenden Wellen wird man nur das vorwärtslaufende Wellensystem benutzen,

[1]) Rüdenberg, R.. »Elektr. Hochleistungsübertragung auf weite Entfernung.« J. Springer, Berlin 1932, S. 23 u. 182, sowie ETZ 50 (1929), S. 970.

um eine Erhöhung der Stromwärmeverluste und der Übertragungsspannung zu vermeiden. Ferner wird man zwecks höchstmöglicher
Ausnutzung der wertvollen Fernleitungen den induktiven Blindleistungsbedarf der Verbraucher z. B. durch Kondensatoren stets soweit kompensieren, daß nur reine Wirkleistung (cos $\varphi_2 = 1$) übertragen zu werden
braucht. Die Darbietung der Leistung am Ende der Leitung mit cos
$\varphi_2 = 1$ ist aber auch noch mit Rücksicht auf die Stabilität und die
nachstehend zu behandelnden Spannungsverhältnisse unerläßlich.

Untersucht man, wie sich das Vorhandensein von kapazitivem
Ladestrom J_0 und Blindspannungsfall U_b bei Übertragung verschieden
großer Leistungen auswirkt, so benutzt man am besten die graphische
Lösung. Man denkt sich hierzu die gesamte Fernleitung[1]) gemäß den

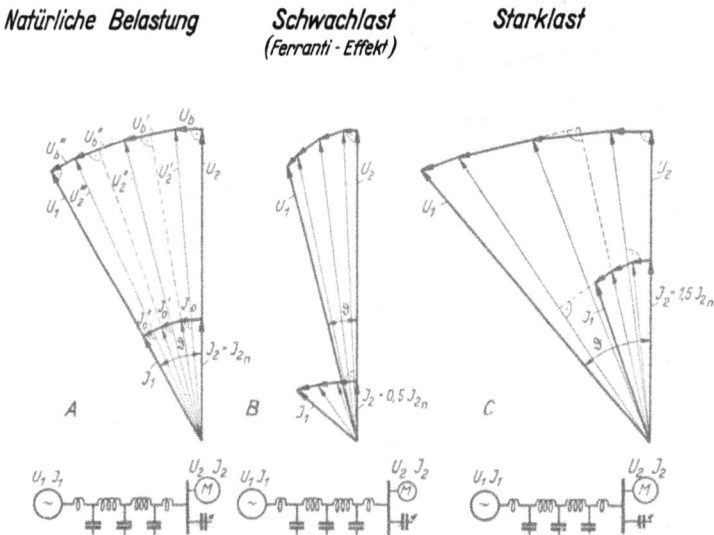

Bild 139. Strom- und Spannungsverhältnisse einer 500 km langen unkompensierten 100-kV.
Einfachfreileitung bei natürlicher Belastung (A), bei Schwachlast (B) und bei Starklast (C)

Ersatzschaltbildern des Bildes 139 z. B. in 3 gleiche Teile zerlegt, wobei
je ein Drittel der Gesamtkapazität in der Mitte eines jeden Abschnittes
angreift. Der Einfachheit halber soll der verhältnismäßig geringe Ohmsche Widerstand der Leitung vernachlässigt werden. Geht man jedesmal
von den gesuchten Endwerten U_2 und J_2 aus und trägt senkrecht zu dem
kompensierten Verbraucherstrom J_2 zu U_2 den Teilblindfall U_b sowie
senkrecht zu dem hieraus resultierenden U_2' den Teilladestrom J_0 an J_2
an usw., so stellt man für den Betrieb der Leitung mit ihrer natürlichen

[1]) Zur Verdeutlichung wurde eine 500 km lange 100-kV-Freileitung durch-
gerechnet, obwohl man bei derartigen Entfernungen aus den später zu behandelnden Stabilitätsgründen bereits zu weit höheren Übertragungsspannungen greifen
müßte.

Übertragungsleistung (Bild 139 A) fest, daß die Endpunkte der Spannungsvektoren auf einem Kreisbogen liegen, d. h. daß $U_2 \cong U_1$ und $J_2 \cong J_1$ ist; es ist also infolge harmonischen Zusammenwirkens von Wirkstrom J_2, Ladestrom J_0 und laststrombedingtem Blindspannungsfall U_b ein Parallelbetrieb mehrerer über die Leitung verteilter Kraftwerke bei annähernder Spannungsgleichheit möglich. Ist dagegen $N < N_n$ (Bild 139 B), so wird $U_2 > U_1$, d. h. es ergibt sich zum Leitungsende hin ein Spannungsanstieg (Ferrantieffekt). Bei Betrieb mit $N > N_n$ (Bild 139 C) wird $U_2 < U_1$, d. h. es ist mit starker Spannungssenkung zum Leitungsende zu rechnen.

Will man trotz Abweichens von den Beträgen der natürlichen Belastung N_n auch bei großen Entfernungen mit Rücksicht auf den Kupplungsbetrieb usw. annähernd gleich hohe Spannung zwischen Leitungsanfang und -ende erzwingen, so braucht man nur die Konstanten der Leitung und damit den Wellenwiderstand Z künstlich dem veränderten Laststrom J anzupassen. Im Gebiet $N < N_n$ wird z. B. durch Einsatz von Paralleldrosseln die Gl. (61) erweitert in:

$$Z = \frac{U}{J} = \sqrt{\frac{\sqrt{3}\,(X_L + X_{Dr})}{J_{sp_0}}} \sqrt{\frac{\sqrt{3}\,J^2}{\sqrt{3}\,J^2}}$$

$$\frac{U^2\,J_{sp_0}\,\sqrt{3}\,J^2}{J^2} = 3\,J^2\,X_L + 3\,J^2\,X_{Dr} = N_b + N_{Dr}$$

$$N_{Dr} = N_0 - N_b \text{ für } N < N_n \quad \ldots \ldots \quad (64)$$

Ähnlich wird in dem Gebiet $N > N_n$ z. B. durch Einbau von Parallelkondensatoren:

$$Z = \frac{U}{J} = \sqrt{\frac{\sqrt{3}\,U\,X_L}{U\,J_{sp_0} + J_C}} \sqrt{\frac{\sqrt{3}\,U}{\sqrt{3}\,U}}$$

$$N_C = N_b - N_0 \text{ für } N > N_n \quad \ldots \ldots \ldots \quad (65)$$

Man kann also die künstlich zuzuführende Blindleistung entweder aus den Gl. (64) und (65) errechnen, oder aber in einfachster Weise aus der Blindleistungsbilanz des Bildes 138 abgreifen; dieses Bild enthält bereits die rechnerischen Ergebnisse. Hieraus geht hervor, daß der kapazitive Überschuß bei Schwachlast durch Einschalten von Drosselspulen, der induktive Überschuß im Starklastgebiet durch den Einsatz von Kondensatoren auf Null kompensiert werden kann; es werden somit auf künstliche Weise diejenigen Übertragungsbedingungen erzwungen, die sich bei der natürlichen Belastung von selbst einstellen.

Den Erfolg dieser Maßnahmen erkennt man aus den Strom- und Spannungsdiagrammen des Bildes 140 A...C. Durch verteilten Einsatz von zu- und abschaltbaren Drosselspulen im Schwachlastbereich bzw. der im vorliegenden Fall vor allem interessierenden regelbaren Kondensatoren im Starklastbereich erzielt man einen Blindlastausgleich, so daß die resultierende Blindlast um die Nullinie im geringen Maße schwankt, während bei der natürlichen Belastung die Resultierende $N_b - N_0$ von vornherein vektoriell den Wert Null annimmt. Die Diagramme bestätigen, daß nach erfolgter Querkompensation trotz unterschiedlicher Last Spannungsgleichheit zwischen Anfang und Ende der Leitung herrscht. Hierbei ist die durch die Streuinduktivität der Auf- und Abspanner gegebenenfalls hinzukommende induktive Blindleistung im Diagramm Bild 140 noch nicht berücksichtigt.

Es soll noch kurz erwähnt werden, daß die gewünschte Spannungsgleichheit längs der ganzen Fernleitung im Falle $N < N_n$ auch durch einen

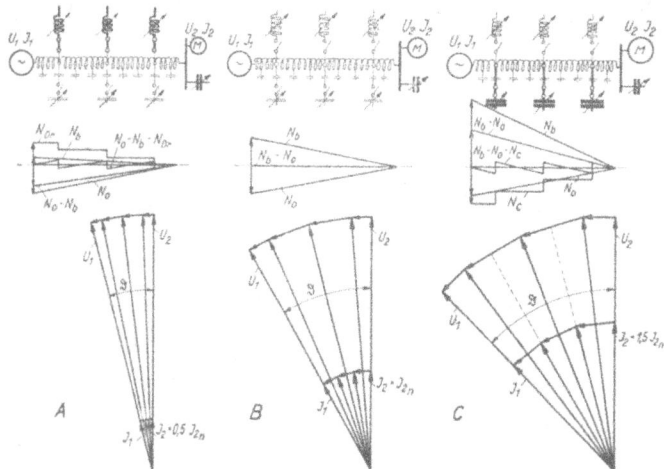

Bild 140. Kompensation einer 500 km langen 100-kV-Einfachfreileitung bei Schwachlast (A) bei natürlicher Belastung (B) und bei Starklast (C).

den Stabilitätswinkel ϑ allerdings vergrößernden Einsatz von Reihendrosseln herbeigeführt werden kann (Längskompensation). Ähnlich würden im Falle $N > N_n$ auch Reihenkondensatoren anstatt Parallelkondensatoren den gewünschten Erfolg bringen, womit im übrigen eine Verkleinerung des Winkels ϑ verbunden wäre. An die Stelle von Paralleldrosseln und Parallelkondensatoren könnten natürlich auch die früher behandelten umlaufenden Phasenschieber treten. Der günstigste Erfolg wäre durch kombinierte Anwendung von festen Reihenkondensatoren und gleichzeitig festen Paralleldrosselspulen zu erzielen (Nivellierte Leitungen), wodurch man gleichstromartige Übertragungsbedingungen schafft.

Bei selbsttätigen Regeleinrichtungen wird man weniger die Übertragungsspannung als vielmehr die Blindleistung oder den $\cos\varphi$ der Fernleitungsabschnitte als Meßgröße heranziehen, man wird auf $N_b - N_0 = 0$ bzw. auf $\cos\varphi = 1$ regeln. Im übrigemaß mu n sich den

durch die Laständerung, Laststöße und vor allem plötzlichen Ent-
lastungen bedingten Änderungen der Kompensationsbedingungen sehr
schnell selbsttätig anpassen, um in jedem Betriebs- und Störungsfalle
die durch die Gl. (64) und (65) gegebene Kompensationsvorschrift zu
erfüllen.

Während in den Diagrammen des Bildes 140 symmetrischer Einsatz
der künstlichen Kompensationsleistungen angenommen wurde, wird in
Wirklichkeit die Einsatzstelle meist durch die Lage geeigneter Umspannwerke, Knotenpunkte usw. gegeben sein, wie dieses im Mittelabschnitt
des Bildes 96 dargestellt ist. Hierbei erfolgt der Anschluß der Drosselspulen im allgemeinen nur transformatorisch, der der Kondensatoren
kann ebenfalls transformatorisch[1][2]) und bei einigermaßen sinusförmiger

Bild 141. Kompensation einer 100-kV-Freileitung bei Starklast durch eine 100-kV-Kondensator-
batterie für 24 MVar (Freiluftausführung, Sonnenschutzummantelung, mit gegen Phase und gegen
Erde isolierten Gehäusen) (SSW, 1937).

Netzspannungskurve auch galvanisch erfolgen. Paralleldrosselspulen
sind in Deutschland erstmalig 1929/30 zum Ausgleich der Ladeblind-
leistung von 220-kV-Leitungen des RWE-Netzes im Lastbereich $N < N_n$
benutzt worden. Neuerdings wurde auch die Verwendung von gesättigten Paralleldrosselspulen anstatt der bisher üblichen Luftspaltdrosseln
vorgeschlagen; diese bewirken ohne besondere Schalthandlungen eine
selbsttätige und praktisch trägheitslose Anpassung[3]) der von der Drossel
aufgenommenen induktiven Blindleistung an die mit den Lastschwankungen verbundenen Spannungsänderungen.

[1]) Bornitz, E., VDE-Fachberichte 9 (1937), S. 17, Diskussionsbeitrag.
[2]) In Japan hat man derartige Kondensatoranlagen vorwiegend nur transformatorisch an die Höchstspannungsnetze angeschlossen. Außerdem bildete man
die Kondensatoren zu Oberwellenkurzschlußkreisen aus. (S. a. Bekku, S., Cigre
1939, Bericht 123.)
[3]) S. a. Mangoldt, W., VDE-Fachberichte 10 (1938), S. 2.

In Bild 141 ist eine 1937 in einem süddeutschen Netz errichtete Parallelkondensatoranlage für 105 kV und 24 MVar wiedergegeben[1]), die u. a. der Kompensation der induktiven Blindleistung einer 75 km langen 100-kV-Doppelfreileitung dient. Sie arbeitet bei dem gesteigerten Leistungsbedarf des Netzes ohne Paralleldrosselspulen lediglich im Starklastgebiet; sie gestattet bei Sicherstellung des Konstantspannungsbetriebes die Steigerung der übertragbaren Leistung von etwa 60 MW auf maximal 90...100 MW und damit eine erheblich verbesserte Ausnutzung der Fernleitungen. Die Batterie besteht im übrigen aus 8 Gruppen zu je 3000 kVar, wobei jede 3000-kVar-Batterie aus je 16 in Reihe geschalteten Einheiten zu je 62,5 kVar bei 3,8 kV zusammengesetzt ist. Die Kondensatoren sind gegen Erde durch 100-kV-Stützer isoliert. Die 24-MVar-Batterie wird entsprechend der Schaltung Bild 93 K geregelt.

Wie bereits erwähnt, sind auch in Japan[2]) zahlreiche derartige Anlagen zur Netzverstärkung, Spannungsregelung und Steigerung der übertragbaren Leistung ausgeführt worden. So zeigt Bild 142 die Kompensation einer 387 km langen Freileitung für 154 kV durch eine 12stufig

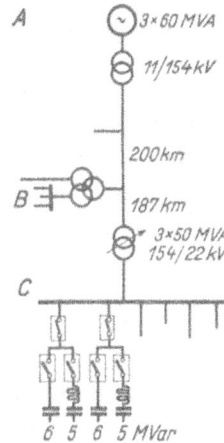

Bild 142. Netzverstärkung, Spannungsregelung und Oberwellenkurzschluß durch eine 22-MVar-Kondensatorbatterie in einem japanischen Höchstspannungsnetz (Sumitomo, Osaka, 1939).

regelbare Kondensatorbatterie für 22 MVar, die zusammen mit den Regelabspannern[3]) die Spannung der 22-kV-Seite des Netzes auf ± 0,75% genau einregelt. Hierbei sind 6 Gruppen für insgesamt 10 MVar gleich-

---

[1]) Rambold, W., VDE-Fachberichte 9 (1937), S. 14 und Siemens-Z. 17 (1937), S. 461. Ferner Z. VDI 82 (1938), S. 813.

[2]) Bekku, S., Cigre 1939, Bericht 123.

[3]) In anderen Anlagen sind zur Spannungsregelung im Stark- und Schwachlastbereich außer den Kondensatoren noch umlaufende Phasenschieber sowie Kompensationsdrosselspulen benutzt worden.

zeitig als Spannungsresonanzkreise ausgebildet, um die Netzoberwellen fünfter Ordnungszahl kurzzuschließen. In ähnlicher Art sind noch weitere Anlagen für z. B. 110 kV erstellt, bei denen hermetisch geschlossene Kondensatoren in Einheitsleistungen von 200...300 kVar und Typenspannungen von 3...22 kV für Anschlußspannungen bis etwa 66 kV (vgl. Bild 66) unter Verwendung von Stützisolatoren in Reihe geschaltet werden. Im Jahre 1939 plante[1]) man sogar eine Kondensatoranlage von 100 MVar zur Spannungsregelung eines 220-kV-Netzes.

In Zukunft wird in vielen deutschen und ausländischen Höchstspannungsnetzen im verstärkten Maße mit dem Einsatz von Parallelkondensatoren zu rechnen sein, da bei dem ständig wachsenden Strombedarf an vielen Stellen der Betrag der natürlichen Übertragungsleistung weit überschritten werden wird. Hierbei wird die Bedeutung der Starkstromkondensatoren für die Energiewirtschaft der Netze am deutlichsten zutage treten.

Stabilität der Fernleitungen. Für eine wirtschaftliche Ausnutzung der hochwertigen Großkraftübertragungsleitungen sind u. a. drei Voraussetzungen zu erfüllen:

1. Die Leistung muß möglichst als reine Wirkleistung übertragen werden,

2. der Betrieb muß zur Erzielung einer einwandfreien Spannungshaltung mit veränderlichem Wellenwiderstand, der sich den Laständerungen anpaßt, durchgeführt werden,

3. die Leistungsübertragung darf nicht die Stabilität der Einrichtungen, d. h. die überbrückbare Entfernung, gefährden.

Mit der Kompensationsfrage ist demnach die Stabilitätsfrage langer Leitungen untrennbar verknüpft. Aus den Bildern 139 und 140 erkennt man, daß der Stabilitätswinkel ϑ mit zunehmender Last und Entfernung wächst. Die Stabilitätsfrage wird bekanntlich beim Verbundbetrieb mehrerer Kraftwerke über große Entfernung von ausschlaggebender Bedeutung. Hierbei interessiert u. a. die Höhe der maximal noch stabil übertragbaren Kupplungswirkleistung. Bei Ermittlung dieser Größe soll wiederum Konstantspannungsbetrieb angenommen werden, so daß $U_1 = U_2$ und der Längsfall $U_L = 0$ wird.

Es ergibt sich demnach aus Gl. (8a):

$$U_L = 0 = J_w R \sqrt{3} + J_b X_L \sqrt{3}\,; \text{ somit } J_b = -J_w R / X_L \quad . . (66)$$

---

[1]) Diese Großanlage ist inzwischen fertiggestellt und dient gleichzeitig zum Kurzschließen der Netzoberwellen. Die Kondensatoren sind — ebenso wie ein zusätzlich vorgesehener umlaufender Phasenschieber für 60 MVar — in Höhe von 60 MVar auf der 11-kV-Seite bzw. in Höhe von 40 MVar auf der 44-kV-Seite der Endstation einer 220-kV-Fernleitung eingesetzt.

Ferner war der Querfall nach Gl. (8b):

$$U_Q = J_w X_L \sqrt{3} - J_b R \sqrt{3}; \quad \text{somit} \quad J_b = J_w X_L/R - U_Q/(R\sqrt{3}) \quad (67)$$

Setzt man die Gl. (66) und (67) gleich und schreibt auf Grund des Bildes 2 $U_Q = U_1 \sin \vartheta$, so wird:

$$J_w = \frac{U_1 \sin \vartheta}{R \sqrt{3}} \frac{R X_L}{X_L^2 + R^2} = \frac{U_1}{X_L \sqrt{3}} \frac{\sin \vartheta}{1 + (R/X_L)^2} \quad \ldots \quad (68)$$

somit wird

$$N_w = U_2 J_w \sqrt{3} = \frac{U^2}{X_L} \frac{\sin \vartheta}{1 + (R/X_L)^2} \quad \ldots \ldots \quad (69)$$

Die maximal übertragbare Wirkleistung ist demnach u. a. von der Höhe der Übertragungsspannung, dem Ohmschen und induktiven Reihenwiderstand der Übertragungsanlage sowie vom Stabilitätswinkel ϑ abhängig. Den Höchstwert würde man bei $\vartheta = 90^0$ erhalten. Da man aber auf Laststöße, Kurzschlußfälle mit anschließenden Pendelungen usw. Rücksicht nehmen muß, darf man zur Vermeidung des Außertrittfallens des Kraftwerkes erfahrungsgemäß höchstens einen Winkel $\vartheta = 42^0$ ausnutzen. Ferner ist zu beachten, daß außer der Fernleitung auch die Umspanner und Stromerzeuger in beiden Kraftwerken induktive Reihenwiderstände X_L besitzen, so daß für die Leitung allein aus Stabilitätsgründen nur etwa $12...15^0$ verbleiben. Auf Grund dieser Tatsache läßt sich die natürliche Leistung von 28 MW über eine nur $200...250$ km lange 100-kV-Freileitung dynamisch stabil übertragen.

Die für den Kupplungsbetrieb erforderliche Stabilität kann man bei vorgeschriebener Spannungshöhe und Leitungslänge nach einem Vorschlag von F. S. Baum nur dadurch erzwingen, daß man auf den Fernleitungen in zweckentsprechenden Abständen durch den Einsatz umlaufender Phasenschieber ausreichender Größe künstlich Spannungsstützpunkte schafft; hierdurch wird der Gesamtwinkel ϑ entsprechend der Anzahl und Lage der spannunghaltenden Einrichtungen unterteilt. In der erstrebten Stabilisierungswirkung sind Drosselspulen und Kondensatoren entsprechend Kap. V, 2 den umlaufenden Phasenschiebern gegenüber naturgemäß im Nachteil. Die in Abständen von $\vartheta = 12...15^0$ aufeinanderfolgenden Zwischenstationen können bei richtiger Auslegung[1] auch gleichzeitig die oben erwähnte Aufgabe erfüllen, die Leitungskonstanten der veränderlichen Last anzupassen. Wichtig ist auch aus Stabilitätsgründen, daß die Phasenschieber schnell — den Laststößen entsprechend — ihrer Größe und Phasenlage nach geregelt werden können.

---

[1] Hütte, 26. Aufl., Bd. 2, S. 1135 und AEG-Druckschrift K-BS 1009b, April 1938, S. 15 u. 43.

5. Technisch-wirtschaftliche Aufgaben des Kondensators in den Netzen und Industrieanlagen

Der Kondensator hat in den letzten Jahren neben den bisher behandelten Aufgaben zahlreiche Anwendungen energiewirtschaftlicher und gleichzeitig technischer Art gefunden. Es handelt sich hierbei häufig um Lösungen, die z. B. durch umlaufende Phasenschieber überhaupt nicht oder nur bedingt hätten erzielt werden können. Besonders vielseitig ist der Einsatz von Parallel- und Reihenkondensatoren in dem Gebiet der Elektrowärme.

Schweißanlagen. Es ist bekannt, daß die einphasigen Punkt-, Stumpf- und Nahtschweißmaschinen ebenso wie die Arcatomschweißmaschinen, Schweißgleichrichter und Lichtbogenschweißumspanner mit niedrigem Leistungsfaktor cos φ_1 (vgl. Bild 2) arbeiten. Bei den Widerstandsschweißmaschinen ist dies durch die große Ausladung des sekundären Hochstromkreises, bei den Lichtbogenschweißumspannern durch eigene hohe Streuinduktivität[1]) des Schweißumspannerns bedingt. Durch parallel geschaltete Kondensatoren kann man sowohl den cos φ verbessern, als auch zugleich den Anschlußwert und damit die Laststromstöße herabsetzen. Der Kondensator wird bei Schweißumspannern (Bild 143) gewöhnlich für die mittlere bzw. für die am häufigsten benutzte Schweißstufe bemessen. Während der Schweißpause bleibt er zusammen mit dem Umspanner eingeschaltet und belastet das Netz vorübergehend kapazitiv. Es ist im übrigen bei den Schweißmaschinen, die mit primärseitiger Stromunterbrechung arbeiten, unbedingt darauf zu achten, daß der Kondensator vor dem Schweißstromschalter angeschlossen wird, da sich andernfalls für das bis 100mal in der Minute erfolgende gemeinsame Ein- und Ausschalten von Umspanner und Kondensator Überspannungen, insbesondere durch das Aufschalten in Phasenopposition, ergeben können, welche den Kondensator dielektrisch überbeanspruchen.

Auch bei den Widerstands-Abbrennschweißmaschinen ergibt sich beim Schweißen großer Querschnitte eine erhebliche Länge der Sekundärstromzuführungen und somit bei den hohen Schweißstromstärken ein erheblicher Streuspannungsfall U_b. Mit Rücksicht auf diesen beträcht-

Bild 143. Kondensator zur Einzelkompensation eines Kleinschweißumspanners.

---

[1]) Mittels dieser wird die Schweißspannung im Bereich zwischen der Zündspannung von etwa 70 V und der Lichtbogenspannung von etwa 25 V geregelt.

lichen induktiven Spannungsfall U_b und den für die zugeführte Schweißleistung maßgebenden Ohmschen Spannungsanteil U_w ist man also gezwungen, diese Schweißumspanner für eine entsprechend hohe Sekundär-
spannung auszulegen. Dies wirkt sich zwar beim Vorwärmen, wo durch
das Zusammenstoßen der zu schweißenden Werkstücke Kurzschlüsse
mit niedrigem Ohmschen Kurzschlußwiderstand und entsprechend geringem Spannungsfall U_w auftreten, nicht störend aus. Wohl aber erhöht sich während des Abbrennvorganges der Ohmsche Widerstand und
damit U_w erheblich bei gleichzeitig sinkendem Schweißstrom und somit
verringertem Blindfall U_b. Wird bei dieser Verlagerung der Spannungs-
fallwerte der Wirkspannungsfall U_w so groß, daß er die Lichtbogen-
mindestspannung überschreitet, so besteht die Gefahr, daß zwischen den
Werkstücken ein Lichtbogen auftritt, der die einwandfreie Durchführung
der Stumpfschweißung insbesondere bei wärmeempfindlichen Sonder-
stählen unmöglich macht.

Schaltet man nun einen Reihenkondensator transformatorisch in
den Schweißstromkreis ein (Bild 144 A), so läßt sich — wie früher
bei der Leitungskompensation
— eine Voll- oder Teilkompen-
sation der störend wirkenden
hohen Streuspannung U_b erzielen[1]). Man erhält zunächst
eine nur in geringen Grenzen
schwankende Schweißspan-
nung und hierdurch einen fast
über den ganzen Lastbereich
gleich hohen Wirkspannungsfall U_w, so daß man beim Vorwärmen keine zu geringe
Schweißspannung erhält bzw.
beim Abbrennen nicht in das
Gebiet der schweißtechnisch

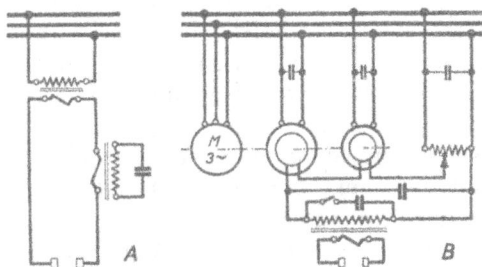

Bild 144. Kondensatorkompensation von Schweißmaschinen nach Rietsch zur Erhöhung der Schweißleistung.
A = Reihenkondensatoren zur Vermeidung der Lichtbogenspannung beim Abbrennen großer Widerstands-Abbrennschweißmaschinen.
B = Parallelkondensatoren für kaskadengesteuerte
Punkt- und Nahtschweißmaschinen.

schädlichen Lichtbogenspannung kommt. Außerdem wird die beim
Abbrennen zugeführte Leistung nicht größer als diejenige beim Vorwärmen, was für die Güte und Durchführungsmöglichkeit des Schweißens
großer Querschnitte entscheidend ist. Schließlich ergibt sich eine be-
deutende Verkürzung der Gesamtschweißzeit, eine Verringerung des
Anschlußwertes der einphasigen Stumpfschweißmaschinen sowie eine
Verbesserung des lediglich durch die Gesamtstreureaktanz bedingten
schlechten Leistungsfaktors dieser Schweißmaschinen.

Weiterhin sind die Kondensatoren im großen Umfange bei selbsttätig arbeitenden, kaskadengesteuerten[1]) Punkt- und Nahtschweiß-

[1]) Näheres s. Rietsch, DRP. 648898 und Elektroschweißg. 10 (1939), S. 128,
165 u. 197.

maschinen eingesetzt worden. Sie dienen hier zur Entlastung eines umlaufenden Drehreglersatzes mit parallel geschalteten Ständern und in Reihe liegenden Läufern (Bild 144 *B*), wobei letztere den eigentlichen Schweißumspanner mit Rücksicht auf günstigste Schweißbedingungen mit modulierter Wechselspannung versorgen. Man kann hierdurch kleinere Maschineneinheiten verwenden oder aber mit der gleichen Kaskade dickere Leichtmetallbleche schweißen und erhält somit durch die Kondensatorkompensation eine indirekte Steigerung der Schweißleistung. Bei der gezeigten Anordnung wird außerdem durch netzseitige Kondensatoren der Leistungsfaktor der Gesamtmaschine während des unvermeidbaren Leerlaufbetriebes auf cos φ = etwa 1 verbessert.

Ofenanlagen. Während die industriellen Glüh- und Wärmeöfen mit indirekter Widerstandsbeheizung sehr gute cos φ-Werte aufweisen, ist bei den Karbid-, Graphitierungs-, Stickstofföfen usw. mit direkter Widerstandsbeheizung bei den großen Sekundärströmen (bis 50 kA und darüber) trotz sorgfältigster Leitungsverlegung mit großen Reihenreaktanzen[1]) und demnach mit starker cos φ_1-Verschlechterung (vgl. Bild 2) zu rechnen. Die Kompensation dieser Ofenarten ist von außerordentlich wirtschaftlicher und technischer Bedeutung, zumal es sich meist um Einphasenöfen oder um unsymmetrisch belastete Drehstromöfen handelt, deren Unsymmetriebelastung durch in diesem Abschnitt noch zu besprechende Verwendung von Kondensatoren symmetrisch auf das Drehstromnetz verteilt werden kann. Derartige Kompensationsund Symmetrierungseinrichtungen haben sich in Graphitierungsofenanlagen gut bewährt.

Bei den mit Induktionsheizung arbeitenden Niederfrequenz-Schmelzöfen mit Eisenkopplung sind beim Schmelzen von Schwerund Leichtmetallen cos φ-Werte bis herab auf 0,45 anzutreffen und bei Vorhandensein eines Blindstromtarifes auszukompensieren.

In den nach dem gleichen Prinzip arbeitenden kernlosen Hochfrequenz-Schmelzöfen ist dagegen die Blindleistungskompensation wichtigste Voraussetzung für einen wirtschaftlichen Betrieb. Da diese Öfen luftgekoppelt sind, ist der Blindleistungsbedarf außerordentlich hoch; man erhält je nach Ofengröße und Betriebsfrequenz (die Öfen werden für eine bestimmte Periodenzahl zwischen 400...10 000 Hz ausgelegt) einen Ofenleistungsfaktor von cos $\varphi \cong$ 0,2...0,1. Diese für die Schmelzung von Edelstählen und unedlen Metallen bestimmten Öfen werden durch besondere Motorgeneratoren gespeist. Da sich bei höherer Frequenz die Blindleistungseinheit der Kondensatoren als ruhender Geräte bedeutend billiger herstellen läßt als die Scheinleistungseinheit der Hochfrequenz-Stromerzeuger, so wurde erst durch den Bau zuverlässiger Hochfrequenzkondensatoren ein wirtschaftliches Arbeiten dieser Öfen

---

[1]) Driller, A., VDE-Fachberichte 9 (1937), S. 109.

ermöglicht. Durch die Verwendung von Parallelkondensatoren kann der Stromerzeuger für praktisch reine Wirkleistungslieferung ausgelegt werden. Die Kondensatoren müssen hierbei entsprechend dem sich ändernden Zustand der Schmelze von Hand feinstufig und vorstufenlos geregelt werden. Sie werden entweder nach kurzzeitigem Herabregeln der Generatorspannung oder nach vorübergehender Schwächung des

Bild 145. 20-MVar-Kondensatorbatterie für 600 Hz, 3 kV, in einer Hochfrequenz-Ofenanlage mit einem 5-t- und einem 1-t-Edelstahlofen.

Induktorfeldes parallel geschaltet. Auf Selbsterregungs-Schutzeinrichtungen entsprechend Kap. X, 2 muß naturgemäß sorgfältigst geachtet werden. Bild 145 zeigt eine der zahlreichen ausgeführten Kondensatorbatterien für derartige Edelstahlöfen.

Ferner dienen Reihenkondensatoren in Hochfrequenz-Ofenanlagen

sowie in Kurbelwellen-Härteanlagen (Bild 146), die durch Parallelkondensatoren bereits auf $\cos \varphi_2 \cong 1$ kompensiert sind, zur Kompensation des ziemlich beträchtlichen Streuspannungsfalles der Hochfrequenz-Stromerzeuger. Es soll hierdurch für den Betrieb der Ofen- bzw. Härteanlagen trotz schwankender Last und bei konstanter Erregung eine annähernd gleichbleibende Generatorklemmenspannung und damit die dem Schmelzzustand entsprechende Wirkleistungszufuhr sichergestellt werden.

Ein weiteres technisch-wirtschaftliches Anwendungsgebiet haben dielektrisch verstärkte Parallelkondensatoren in Lichtbogen-Ofenanlagen für das Schmelzen von Stahl[1] gefunden,

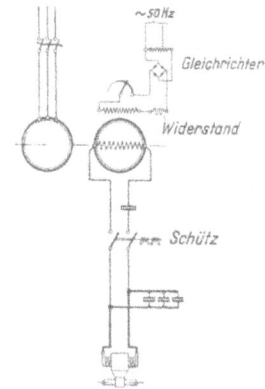

Bild 146. Parallel- und Reihenkondensatoren in einer Kurbelwellenhärteanlage (Induktionserwärmung durch Hochfrequenz).

---

[1] S. Fußnote S. 202; Bornitz, E., Elektrotechn. u. Masch.-Bau 59 (1941), S. 331.

in denen infolge veränderlichen Lichtbogenwiderstandes starke Strom-
schwankungen und Kurzschlüsse auftreten. Sie haben hier die Aufgabe, sowohl den Anschlußwert der Anlage sowie bei Vorhandensein eines Blindstromtarifes die Blindstromkosten herabzusetzen, als auch gleichzeitig die
betriebsmäßig auftretenden Laststromstöße sowie die sich hieraus für das
speisende Netz ergebenden unangenehmen Flimmerspannungen[1]) nach
Möglichkeit herabzusetzen. Derartige Öfen weisen bekanntlich sekundärseitig Hochstromzuleitungen von 10...25% Reaktanzspannung, Ofenum-
spanner mit einer solchen von 8...10% und Beruhigungsdrosselspulen von
15...27% Reaktanzspannung auf (Bild 147). Sie stellen somit ähnlich wie die
meisten Öfen trotz des rein Ohmschen Charakters des sich in Schmelz-

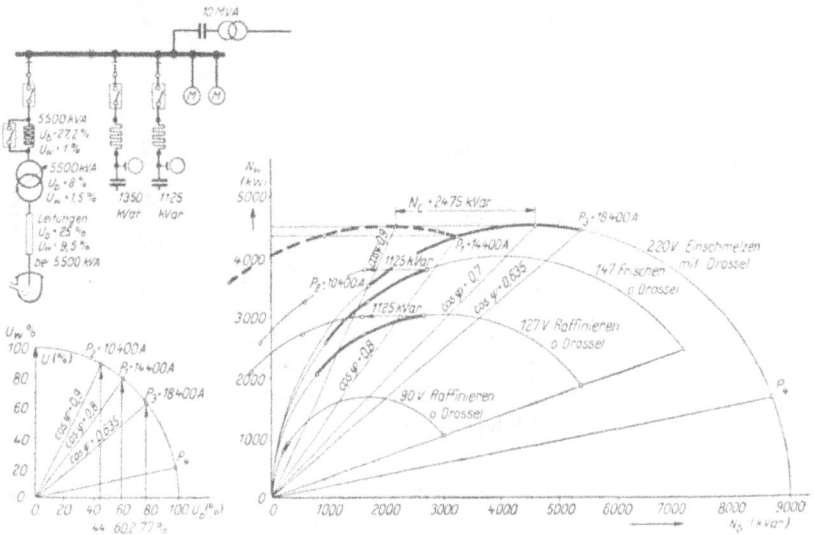

Bild 147. Kompensation eines 15-t-Lichtbogenofens durch Starkstromkondensatoren.
Parallelkondensatorenregelung in Übereinstimmung mit dem Schmelzzustand der Charge.
Reihenkondensatoren zur Beseitigung der Spannungszuckungen und zur cos φ-Verbesserung.

wärme umwandelnden Lichtbogens stark induktive Verbraucher mit
mittlerem Leistungsfaktor von cos $\varphi_1 = 0{,}70$ und schlechter (Bild 147)
dar. Bei der Ermittlung der tariflich erforderlichen Kondensatorleistung ist zu berücksichtigen, daß entsprechend dem Zustand des zu
schmelzenden Gutes sowie den Ionisationsbedingungen im Lichtbogen
starke Stromstöße und damit starke Leistungsfaktor-Schwankungen
dauernd auftreten. Gemäß den Betriebskreisdiagrammen des Bildes 147
schwankt die Stromaufnahme um den Mittelwert P_1 bis P_2 bzw. P_3.
Außerdem ist zu beachten, daß der zuweilen auftretende Zweiphasen-
betrieb und ungewöhnlicher Schrott eine weitere Verschlechterung des

---

[1]) S. a. VDE-Fachbericht 9 (1937), S. 112; Siegel, H., Stahl u. Eisen 59 (1939),
S. 1261 u. ETZ 61 (1941), S. 660.

Leistungsfaktors herbeiführen. Andererseits muß zur Vermeidung einer Überkompensation beim Frischen und Raffinieren, welches mit verringerten Sekundärspannungen erfolgt, ein Teil der beim Einschmelzen erforderlichen Gesamtkondensatorleistung abgeschaltet werden[1]), so daß man für die Kondensatoren und Regelanlagen eine verhältnismäßig hohe Schalthäufigkeit erhält. Diese kann jedoch noch weit eher in Kauf genommen werden als die sich bei der Einzelkompensation, d. h. beim gemeinsamen Schalten von Ofen und Kondensator einstellende außerordentliche Schaltzahl. Günstiger ist es von diesem Standpunkt, eine Zentralkompensation des Werkes anzustreben, da sich hierdurch ein erheblicher Ausgleich mit der übrigen Werkbelastung ergibt.

In Bild 148 ist eine derartige 3600-kVar-Kondensatoranlage für 3 kV wiedergegeben, welche in vier gleichen Stufen regelbar ist und in

Bild 148. Kondensatorbatterie für 3600 kVar, 3 kV, zur Kompensation zweier Lichtbogenöfen sowie der übrigen Belastung eines großen Stahlwerkes (Teilansicht und Ofenanlage).

einem großen Stahlwerk u. a. zwei Lichtbogenöfen für 15 t bzw. 5 t in Abhängigkeit vom Schmelzzustand der Chargen aus tariflichen Gründen kompensiert. Auch hier erhielten die Kondensatoren mit Rücksicht auf die Rückwirkungen der stark verzerrten Ofenströme (vgl. Bild 87) auf die Netzspannung verstärktes Dielektrikum.

Zur wirksamen Minderung der Flimmerspannungen bei diesen Lichtbogen-Stahlschmelzöfen würden sich an richtiger Stelle eingesetzte

---

[1]) Bringt man z. B. an den Lastschalterstufen des Ofenumspanners oder am Überbrückungsschalter der Beruhigungsdrosselspule Kontaktvorrichtungen an, so kann man eine selbsttätige Regelung der Kondensatorbatterie in Übereinstimmung mit dem Schmelzzustand der Charge erreichen.

Reihenkondensatoren besonders eignen. In Amerika wurden Reihenkondensatoren übrigens auch schon zur selbsttätigen cos φ-Regelung
in Ofenanlagen verwendet[1]).

Symmetrierung einphasiger Belastungen. Ausgesprochene Einphasenbelastungen sind im allgemeinen für die Drehstromnetze höchst
unerwünscht, da sie eine Strom- und zugleich Spannungsunsymmetrie
verursachen. Die Stromverzerrung bewirkt eine Überlastung der
Dämpferkäfige der Stromerzeuger, die das invers umlaufende Drehfeld auszulöschen haben, während die durch die inversen Ströme
an den vorgeschalteten Reaktanzen hervorgerufenen Spannungsverwerfungen bzw. inversen Spannungssysteme Zusatzverluste und Brems-
momente bei den im Netz verteilten Asynchronmotoren und Abweichungen von den gewährleisteten Spannungsnennwerten mit sich bringen.
Bei ununterbrochen stoßweise auftretenden Einphasenbelastungen —
wie sie Schweißanlagen usw. eigen sind — ist eine Umwandlung der zeitlich pulsierenden Einphasenlast in eine zeitlich konstante Drehstromlast
nur durch Zwischenschaltung reichlich bemessener umlaufender Energie-
speicher (Motorgeneratoren) möglich, keinesfalls aber durch irgend-
welche Umspannerschaltungen. Demgegenüber können verhältnismäßig langsam sich ändernde Einphasenbelastungen (Graphitierungs-
öfen usw.) durch Einsetzen von elektrostatischen bzw. magnetischen
Speichern (Kondensatoren bzw. Drosselspulen) sowie in Verbindung
mit Scott-Umspannern symmetrisch auf das Drehstromnetz übertragen
werden[2]).

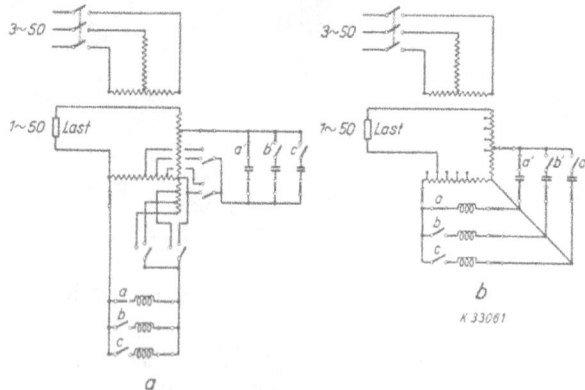

Bild 149. Symmetrierung einer ruhenden Einphasenlast durch Kondensatoren und Drosselspulen.

Bei der Schaltung nach Bild 149a ist die Einphasenlast an die
Diagonalspannung eines Scott-Umspanners angeschlossen, während die
Kapazität und die Induktivität an je eine in Abhängigkeit vom Leistungs-

[1]) El. World 1938, S. 1364.
[2]) Aigner, V., ETZ 57 (1936), S. 971 und ETZ 58 (1937), S. 1369.

faktor der Einphasenlast vektoriell geregelte Speisespannung gelegt und außerdem ihrer Größe nach stufenweise von Hand geregelt werden können. Umgekehrt bleiben bei der Schaltung nach Bild 149b die Spannungen der ruhenden Ausgleichkreise unter einem Winkel von 90⁰ fest, während die vektorielle Lage der Spannung der Einphasenlast entsprechend deren cos φ geändert wird. In beiden Fällen erhält man eine völlige Symmetrierung sowie außerdem eine beliebige Einregelung des drehstromseitigen Leistungsfaktors.

Im allgemeinen genügt es, nur z. B. mit dem kapazitiven Ausgleichkreis zu arbeiten. Es besteht dann ein zwangläufiger Zusammenhang zwischen dem Einphasen- und dem Drehstrom-Leistungsfaktor; bei einer unter cos $\varphi = 0$ ind. bzw. 0,80 ind. bzw. 1 auftretenden Einphasenlast stellt sich ein Drehstrom-cos $\varphi = 1$ bzw. 0,89 kap. bzw. 0,707 kap. ein. Man erhält also durch die Verwendung der Kondensatoren neben dem technischen Hauptzweck der Symmetrierung gleichzeitig auch die wirtschaftlich wichtige Verbesserung des drehstromseitigen cos φ. In gleicher Art lassen sich Drehstrom-Stickstofföfen bzw. auch ganze Drehstromnetze usw. bei Unsymmetrie der 3 Phasen symmetrieren.

Bei stark wechselnden Einphasenbelastungen werden natürlich nach wie vor Maschinenumformer benötigt. Man kann hierbei jedoch auch mit einer nur für die halbe Einphasenlast zu bemessenden Motorkaskade[1]) auskommen; diese schließt auch bei stark wechselnder Einphasenlast das gegenläufige Spannungssystem in jedem Augenblick kurz.

Kondensatormotoren. Eine technisch-wirtschaftliche Anwendung finden die Kondensatoren bei der Erzwingung eines künstlichen Anlaufes von Einphasen-Induktionsmotoren. Legt man einen Einphasenmotor an eine Wechselspannung, so entsteht in ihm nur ein örtlich konstantes, zeitlich sich änderndes Wechselfeld, während zum Anlauf unbedingt ein örtlich umlaufendes und zeitlich konstantes Feld, d. h. ein Drehfeld, erforderlich ist. Man kann sich jedoch in einfacher Weise ein Drehfeld dadurch verschaffen, daß man in dem Motor eine räumlich um 90⁰ gegen die Hauptwicklung verschobene Hilfsphase vorsieht und diese mit einem Strom speist, der gegenüber dem in der Hauptphase fließenden Strom eine Phasenverschiebung von möglichst 90⁰ aufweist. Schaltet man z. B. einen Ohmschen Widerstand oder eine Drosselspule oder am wirtschaftlichsten einen Kondensator mit der Hilfswicklung in Reihe, so erhält man die verlangte Verschiebung des Stromes der Hilfswicklung gegenüber dem der Hauptwicklung und damit auch der beiden zugehörigen magnetischen Felder. Das resultierende Feld von Haupt- und Hilfsphase stellt nunmehr einen mehr oder weniger vollkommen künstliches Drehfeld dar, unter dessen Einfluß ein selbsttätiger Anlauf des Einphasenmotors unter Entwicklung eines kräftigen Anzugsmomentes

---

[1]) Hessenberg, K., DRP. 687 084.

bewirkt wird. Da der Kondensator meist auch während des Betriebes eingeschaltet bleibt, so wird durch ihn nicht nur der Anlauf mit gutem Anzugdrehmoment erzwungen und der Einschaltstrom herabgedrückt, sondern auch der Leistungsfaktor des Motors im Dauerbetrieb kompensiert, sowie ein besserer Wirkungsgrad und eine größere Ausnutzbarkeit des Einphaseninduktionsmotors erzielt.

Weitere Sonderanwendungen. Im großen Maße ist der Kondensator in letzter Zeit in gittergesteuerten Stromrichteranlagen und anderen Netzanlagen sowohl zur Leistungsfaktorverbesserung als auch gleichzeitig zur Oberwellenkompensation (vgl. Kap. X, 4) eingesetzt worden. Weiterhin ist auf das große Anwendungsgebiet der Wechselrichter hinzuweisen, bei denen der Kondensator als Kommutierungsmittel und auch als Blindleistungserzeuger für die wechselstromseitig angeschlossenen Verbraucher dient. Schließlich ist u. a. die Verwendung des Kondensators in Glättungseinrichtungen, als Überspannungsschutz (Bild 51 u. 157) als Kuppelglied in Fernmeß- und Fernwirkanlagen, in Stoß- und Erdschluß-Prüfanlagen, zur Rundfunkentstörung usw. zu erwähnen; auf diese soll jedoch in diesem Buch nicht näher eingegangen werden.

X. Verhalten der Kondensatoren im Netz

In den letzten Kapiteln wurden die Planungsunterlagen über die zweckmäßigsten Einsatz- und Regelarten sowie die vielseitigen energiewirtschaftlichen und technischen Anwendungsmöglichkeiten der Kondensatoren in den öffentlichen Netzen und Industrieanlagen behandelt. Es sind nunmehr die charakteristischen Eigenschaften sowie die Rückwirkungen des Kondensators im normalen und gestörten Netzbetrieb zu erörtern. Hierbei soll zunächst die Frage der Selbsterregungsmöglichkeit der Netze, der Synchron- und Asynchronmaschinen, ferner das Verhalten der Kondensatoren bei Erdschluß, Überspannungen und Kurzschluß im Netz sowie weiterhin das sehr wichtige Oberwellenverhalten von Netz und Kondensatoren untersucht werden. Aus allen diesen Betrachtungen sind abschließend die nötigen Schlußfolgerungen für eine richtige Wahl des Kondensator- und Netzschutzes zur Wahrung der Betriebssicherheit der Anlagen zu ziehen.

1. Kondensator-kompensierte Synchronstromerzeuger-Anlagen

Ausnutzung der Stromerzeuger. Im Kap. II wurde bereits ausgeführt, daß eine wirtschaftliche Betriebsführung öffentlicher oder industrieller Kraftwerke oft deswegen in Frage gestellt ist, weil lediglich wegen des niedrigen Leistungsfaktors scheinleistungsmäßige Überlastung herrscht und ein oder sogar mehrere Stromerzeugersätze mitlaufen oder im Umspannwerk mehr Umspanner als nötig (höhere Eisenverluste) unter Spannung bleiben müssen. Als Folgen ergaben sich, daß die Strom-

erzeuger bei Betrieb mit niedrigem Leistungsfaktor wegen der dann eintretenden Überlastung des Erregerfeldes nicht mehr ihre volle Scheinleistung hergeben können, daß der Dampfverbrauch der Turbinen ansteigt sowie daß die Stromerzeuger, Umspanner und Übertragungsleitungen eine nicht unwesentliche Wirkungsgradverschlechterung er-
fahren (vgl. Bild 8...11).

Durch Einbau von Starkstromkondensatoren kann die erforderliche
Entlastung zwecks Verbesserung des Gesamtwirkungsgrades (Bild 10
und 11) oder zwecks Anschlusses von Zusatzlast erzielt werden (s. Bild
131, 134 und 150). Voraussetzung für den Anschluß zusätzlicher Wirk-

Bild 150. Entlastung eines Kraftwerkes für etwa 40 MVA durch eine dezentralisiert eingesetzte
Kondensatorregelanlage für 6000 kVar (Teilansicht).

leistung ist naturgemäß, daß die mechanische Leistungsfähigkeit der
Antriebsmaschine der beabsichtigten erhöhten Wirkleistungsentnahme
gewachsen ist.

Selbsterregung. Bei der Planung derartiger Kondensatoranlagen
zur Entlastung von Synchronstromerzeugern (Bild 10, 131, 134 und 150)
muß man auf die Selbsterregungsmöglichkeit der Stromerzeuger bei langsamer und plötzlicher Wirklastverringerung z. B. in den Betriebspausen,
abends, sonntags, nach Kurzschluß usw. achten.

Noch vor etwa 10...15 Jahren wurde die Befürchtung laut, daß die
Kraftwerksgeneratoren beim Großeinsatz der Kondensatoren zur Selbst-
erregung neigen würden. Nimmt man das Ergebnis nachstehender
Untersuchungen vorweg, so ist festzustellen, daß sich die Stromerzeuger
im allgemeinen erst bei einer rein kapazitiven Belastung von mehr als
15...30% und darüber selbst erregen. Eine derartig hohe kapazitive
Belastung der Netze dürfte als erste Voraussetzung des Auftretens von
Selbsterregungserscheinungen in Deutschland wahrscheinlich erst im
Laufe der Zeit zu erwarten sein. Als zweite Bedingung muß die erfüllt

sein, daß plötzlich die Wirklast des gesamten Netzes völlig oder zum größten Teil ausfällt, daß jedoch die oben erwähnte rein kapazitive Belastung trotzdem als einzige Last am Netz verbleibt.

Das gleichzeitige Eintreffen beider Selbsterregungsbedingungen dürfte zumal bei dem heutigen Verbundbetrieb der Netze nur unter ganz außergewöhnlichen Umständen gegeben sein. Sollte bei dem zu erwartenden späteren Großeinsatz der Kondensatoren das Selbsterregungsproblem der Netze doch ungewöhnliche Ausmaße annehmen, so kann man sich durch zahlreiche noch näher zu behandelnde Maßnahmen hinreichend schützen.

Bei den nachstehenden Selbsterregungsuntersuchungen soll der Übersichtlichkeit halber zunächst auf das Verhalten des einzelnen Stromerzeugers zurückgegriffen werden, der nur auf ein kleines Netz arbeitet, so daß die Netzladeleistung unberücksichtigt bleiben kann. Es darf hierbei als bekannt vorausgesetzt werden, daß das von den Ständerströmen hervorgerufene Ankerrückwirkungsfeld F_A gemäß Bild 32 bei induktiver Belastung auf das Erregerfeld F_E schwächend, also spannungvermindernd, bei kapazitiver Belastung jedoch feldverstärkend, also spannungerhöhend wirkt. Sind nun bei plötzlicher Entlastung des Netzes die Netzladeleistung und die versehentlich unter Spannung bleibenden Kondensatorenbatterien groß genug, daß das hierdurch bedingte Ankerfeld F_A ein bereits EMK-erzeugendes Restfeld F_R hervorruft, so erregt sich der Stromerzeuger selbst mittels der Netzladeleistung und der Kondensatorenbatterien, indem er von seiner Restspannung ausgeht. Die zusätzliche Gleichstromerregung F_E ist dann nicht mehr nötig, die Selbsterregungsgrenze ist gegeben.

Zur genauen Ermittlung der Selbsterregungsgrenze müssen sowohl die Leerlaufcharakteristik E_0 als auch die Kurzschlußkennlinie J_{kd_3}

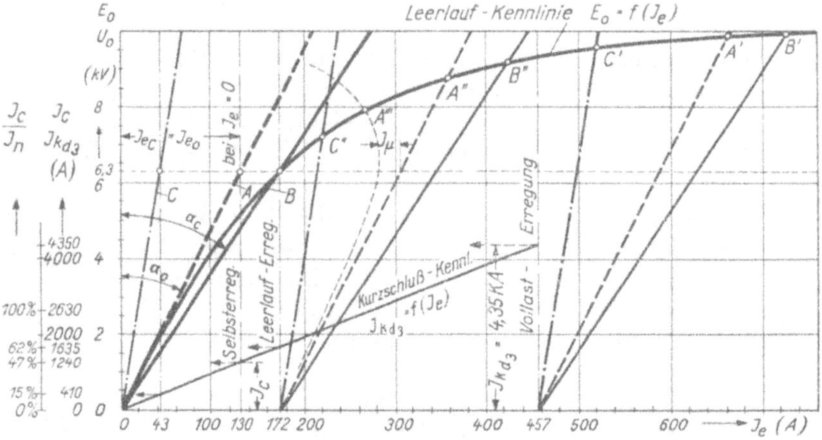

Bild 151. Ermittlung der Selbsterregungsüberspannungen eines 28,6-MVA-Turbogenerators aus den Stromerzeuger- und Kondensatorkennlinien.

der Synchronmaschine aus Versuchen oder aus Angaben der Lieferfirma bekannt sein. Beide Kurven sind in Bild 151 für einen 28,6-MVA-Turbogenerator mit 6300 V Nennspannung, 2630 A Nennstrom sowie 14,7% Ständerstreuspannung aufgezeichnet; der dreiphasige Dauerkurzschlußstrom beträgt $J_{k_{d_3}} = 4350$ A für eine Vollasterregung $J_{e_{kd}} = 457$ A. Ist eine Belastung zunächst nicht vorhanden und die Gleichstromerregung $J_e = 0$, so setzt Selbsterregung beim Zuschalten von Kondensatoren offenbar dann ein, wenn aus der Anfangstangente an die Leerlaufkennlinie E_0 eine Sekante wird, d. h. wenn:

$$\operatorname{tg} \alpha_c > \operatorname{tg} \alpha_0 \quad \dots \dots \dots \dots \dots \dots \quad (70)$$

wird; hierbei ist

$$\operatorname{tg} \alpha_c = \frac{J_{e_c}}{U_0} = J_c \frac{J_{e_{kd}}}{J_{kd}} \frac{1}{U_0} = U_0 \, \omega \, C \, \frac{1}{U_0} \frac{J_{e_{kd}}}{J_{kd}} = \frac{1}{X_c} \frac{J_{e_{kd}}}{J_{kd}} \quad \dots \dots (70\,\mathrm{a})$$

$$\operatorname{tg} \alpha_0 = \frac{J_{e_0}}{U_0} = J_{L_0} \frac{J_{e_{kd}}}{J_{kd}} \frac{1}{U_0} = \frac{U_0}{\omega \, L_0} \frac{1}{U_0} \frac{J_{e_{kd}}}{J_{kd}} = \frac{1}{X_{L_0}} \frac{J_{e_{kd}}}{J_{kd}} \quad \dots (70\,\mathrm{b})$$

also für $X_{L0} > X_C \quad \dots \dots \dots \dots \dots \dots \quad (70\,\mathrm{c})$

stellt sich Selbsterregung ein.

Für den Beginn der Selbsterregung ist demnach die Anfangstangente A an dem ungesättigten Teil der Leerlaufcharakteristik das gesuchte Kriterium. Diese Tangente A schneidet auf der im Abstand $E_0 = 6,3$ kV zur Abszisse gezogenen Parallelen einen Erregerstrom $J_{e_C} = 130$ A ab. Diesem Erregerstrom J_{e_c} muß ein gleich großer, aber entgegengesetzt gerichteter Gleichstromerregerstrom J_{e_0} überlagert sein; die Größe und Richtung desselben ergibt sich für die unerregt angenommene Maschine zu $J_{e_c} - J_{e_0} = J_e = 0$, also zu $J_{e_c} = J_{e_0}$. Dieser Strom J_{e_0} ruft gemäß der Voraussetzung des Selbsterregungsbeginnes entspr. Bild 151 gegenüber $E_0 = 6,3$ kV keine zusätzliche Spannung an den Klemmen der Maschine hervor; ein derartiges Verhalten, d. h. eine Klemmenspannung vom Betrag Null trotz des Vorhandenseins eines Gleichstrom-Erregerstromes J_{e_0}, trifft aber nur für den Kurzschlußzustand zu. Somit muß der zu J_{e_0} gehörige Maschinenstrom identisch mit einem aus der Kurzschlußkennlinie abgreifbaren dreipoligen Dauerkurzschlußstrom

$$J'_{k_{d_3}} = J_{e_0} \frac{J_{k_{d_3}}}{J_{e_{kd}}} = 130 \, \frac{4350}{457} = 1240 \, \mathrm{A} = 47\% \, J_n$$

sein. Da für Selbsterregungsbeginn (Tangente $A : \operatorname{tg} \alpha_c = \operatorname{tg} \alpha_0$) der Erregerstrom $J_{e_C} = $ dem Gleichstrom-Erregerstrom J_{e_0} war, so muß auch der zugehörige Kondensatorstrom J_c dem Betrag nach identisch sein mit dem Dauerkurzschlußstrom bei Leerlauferregung $J'_{k_{d_3}}$, also

$$J_C = J_L = J'_{k_{d_3}} \quad \dots \dots \dots \dots \dots \quad (71)$$

Der für den Selbsterregungsbeginn (Tangente A) maßgebliche Kondensatorstrom ist also identisch mit dem dreiphasigen Dauerkurzschlußstrom, der bei einem Erregerstrom von $J_{e_0} = 130$ A auftritt. Er beläuft sich mit 1240 A auf 47% des Maschinennennstromes, die entsprechende Kondensatorleistung beträgt

$$N_C = J_{k_{d_3}} E_0 \sqrt{3} = 1240 \cdot 6{,}3 \cdot \sqrt{3} = 13{,}45 \text{ MVar} = 47^0/_0$$

der Stromerzeuger-Nennscheinleistung.

Für die durch den Leerlaufpunkt gehende — einer vergrößerten Kondensatorleistung N_C entsprechende — Sekante B beträgt der zur Leerlauferregung $J_e = 172$ A gehörige Dauerkurzschluß- bzw. Kondensatorstrom $J_{k_{d_3}} = 1635$ A; die zugeordnete Kondensatorleistung beläuft sich mit 17,7 MVar auf 62% der Maschinennennleistung.

In Wirklichkeit trifft die bisher gemachte Annahme, wonach der Gleichstromerregerstrom J_C bis auf 0 A herabgeregelt werden kann, für den tatsächlichen Betrieb des Stromerzeugers mit Spannungsschnellregler nicht zu. Wird bei vollerregtem Stromerzeuger ($J_e = 457$ A) plötzlich die Wirklast völlig weggenommen, ohne daß die Kondensatorleistung $N_C = 13{,}45$ MVar abgeschaltet wird, so ergibt der Schnittpunkt der parallel zur Tangente A in der Entfernung $J_e = 457$ A gezogenen Geraden A' mit der Leerlaufkennlinie die im ersten Augenblick sich einstellende Selbsterregungs-Überspannung von fast 10 kV = 57% über 6300 V Nennspannung.

Der Spannungsschnellregler wird natürlich innerhalb von Bruchteilen von Sekunden seine Kontakte öffnen; er kann aber im allgemeinen nur einen mittleren Leerlauferregerstrom von z. B. $J_e = 172$ A einstellen, sofern nicht durch eine Sonderauslegung unter Verwendung von z. B. Glimmröhrenwiderständen, Zwischenrelais usw. eine Erhöhung des normalen Regelbereiches von 3,3 : 1 auf etwa 6 : 1 vorgesehen ist. Es ergibt sich damit ein endgültiger stabiler Gleichgewichtspunkt für A'' bei 8700 V, welcher mit 38% Dauerüberspannung verbunden ist.

Derartig hohe Dauerüberspannungen sind naturgemäß undiskutabel. Setzt man für C'' 10 bis höchstens 15% Überspannung als zulässig an, so kann man entsprechend Bild 151 die Gerade C'' und C und damit $J_{e_{e}} = 43$ A ermitteln. Der zugehörige Dauerkurzschlußstrom $J_{k_{d_3}} = J_C$ beträgt 410 A bzw. rd. 15% des Generatornennstromes. Die an die Generatorsammelschiene fest anschließbare Kondensatorleistung sollte demnach im allgemeinen höchstens 15...30% der Generatorscheinleistung betragen. Berücksichtigt man noch die Wirkung der Ständerstreuspannung der Maschine, so liegen die Schnittpunkte bei noch höheren Überspannungswerten.

Arbeiten nun nicht nur ein Generator auf ein kleines Netz, sondern eine große Anzahl von Stromerzeugern auf einen großen Netzverband, so sind die vorstehenden Ergebnisse in zwei Punkten zu erweitern. Einmal wirkt sich das Vorhandensein der zahlreichen Netzumspanner dahin aus, daß die fest anschließbare Kondensatorleistung auf einen je nach Sättigung und Anzahl der Umspanner rechnungs- und versuchsmäßig feststellbaren Wert von 20...40% der Nennscheinleistung sämtlicher Stromerzeuger der parallel arbeitenden Kraftwerke erhöht werden kann. Hierbei muß der bei erhöhter Betriebsspannung infolge Übersättigung stark ansteigende Umspannermagnetisierungsstrom J_μ von dem Kondensatorstrom J_C in Abzug gebracht werden. Im Falle des Beispieles Bild 151 würde beispielsweise bei Leerlauf und nur kapazitiver Belastung von 47% der Generatornennleistung der Schnittpunkt A''' bei etwa 8000 V anstatt A'' erreicht. Andererseits muß dort, wo die Umspanner auf Mittel- und Höchstspannungsnetze mit nicht vernachlässigbarer Ladeleistung arbeiten, diese Netzladeleistung von dem zulässigen Wert festanschließbarer Kondensatorleistung in Abzug gebracht werden.

Werden in großen Netzen in wirklastarmen Zeiten durch die ständig wirkende Ladeleistung des Netzes und durch nicht abschaltbare Kondensatoren die zulässigen Grenzen von 20...40% überschritten, so muß man für eine Erhöhung des Regelbereiches der Generatorschnellregler z. B. durch Einbau der oben erwähnten Glimmröhrenrelais und Hilfsrelais usw. sorgen. Darüber hinaus kann der Regelbereich der Erregermaschine durch Anwendung von Haupt- und Hilfserregermaschinen noch stark nach unten erweitert werden, so daß die physikalische Ladeleistungsfähigkeit der Stromerzeuger weitestgehend ausgenützt wird. Bei derartig starkem Herabregeln der Spannung muß man jedoch mit dem Erreichen labiler Netzzustände rechnen, da mit der Verringerung der Erregerströme eine entsprechende Schwächung der synchronisierenden Momente der Stromerzeuger Hand in Hand geht. Es können dann Pendelungen auftreten, die beim Hinzukommen von Laststößen oder Kurzschlüssen zum Außertrittfallen der Kraftwerke führen.

So ergaben sich in einem großen Versorgungsnetz vor einer Reihe von Jahren bei etwa 250 MVA Maschineneinsatz, etwa 75 MVar Ladeleistung des Netzes und etwa 40 MVar Umspannermagnetisierungsleistung nachts beim Herabregeln der Maschinenspannung eines der Kraftwerke Pendelungen zwischen den Kraftwerken. Diese konnten sofort durch Verringerung der Netzladeleistung (Betrieb einer sehr langen Doppelleitung als Einfachleitung) sowie mit Rücksicht auf Wiederholungsfälle durch Einbau von Drosselspulen für mehrere 10000 kVar beseitigt werden (vgl. Bild 106 IV).

Die wirksamste Abhilfe gegen die Selbsterregungsüberspannung bietet außer dem Verbundbetrieb der Netze die Einzelkompensation bzw. eine möglichst weitgehende Unterteilung der anzuschließenden Kondensatorleistung; man kann bei planmäßigem Einsatz des Kondensatoren damit rechnen, daß bei Abschaltung von Netzteilen usw. auch ein entsprechender Teil der Kondensatoren selbsttätig mit abgetrennt wird. Bei Gruppen- und besonders bei Zentralkompensation sieht man eine selbsttätige Blindleistungsregelung (s. Kap. VIII, 3) vor. Als weitere Sicherheit wird man nötigenfalls auch Spannungssteigerungsrelais einbauen, die bei Gruppen- und Zentralkompensation möglichst alle Kondensatoren abtrennen.

Es soll noch darauf hingewiesen werden, daß bei rein kapazitiv belasteten Maschinen auch eine sog. Kippung auftreten kann. Denkt man sich die Leerlaufkennlinie spiegelbildlich nach unten verlängert, so kann sich zufällig auch ein zweiter Schnittpunkt der Kondensatorgeraden mit dem negativen Ast der Leerlaufkennlinie ergeben. Bei der Maschine des Bildes 151 würde eine derartige Kippung jedoch erst bei einer kapazitiven Belastung von 30...35 MVar beginnen; sie tritt im vorliegenden Falle also praktisch überhaupt nicht ein, ist jedoch bei gewissen Maschinen zuweilen beobachtet worden.

2. Kondensator-kompensierte Asynchronmaschinen[1])

Im Anschluß an Kap. VIII, 2, in welchem die wirtschaftlichen Vor- und Nachteile der Einzelkompensation des Asynchronmotors durch Kondensatoren eingehend gewürdigt wurden, sollen nachstehend die physikalischen und technischen Fragen der Kompensation asynchroner Motoren und Stromerzeuger näher behandelt werden.

Asynchronmotor und Parallelkondensator. Schaltet man einen Kurzschluß- oder Anlaßschleifringläufer und einen parallel zu seinen Klemmen angeschlossenen Kondensator mittels eines gemeinsamen Schutzschalters auf das Netz, so ergibt sich für letzteres — abgesehen von den in Bild 73 behandelten Einschaltschwingungen — infolge der nach einer Halbwelle einsetzenden kompensierenden Wirkung des Kondensators eine geringe Herabsetzung des sonst in vollem Maße auftretenden Motoranlaufstromes. Der Vektor des unkompensierten Motorstromes bzw. der Scheinleistungsaufnahme bewegt sich hierbei in bekannter Weise vom Kurzschlußpunkt zum Betriebspunkt auf dem Heylandkreis (vgl. Bild 5), der in Bild 152a für den eigentlichen unkompensierten Betriebsbereich eines 180-kW-Hochspannungsmotors als Kurve A aufgezeichnet ist. Wird der Motorblindleistungsbedarf durch einen Parallelkondensator teilweise oder ganz gedeckt, so wirkt sich dies für das Netz wie eine waagerechte Parallelverschiebung durchmessergleicher Kreisbögen aus (Kurve B, C, D usw.). Aus dem Bild 152a sind die entsprechenden Leistungsfaktor- und Scheinleistungsaufnahme-Kennlinien des Bildes 152b ermittelt worden. Es läßt sich eine gewisse Ähnlichkeit mit den Charakteristiken der netzerregten belasteten und leerlaufenden Phasenschieber (vgl. Bild 25e und Bild 33 C) feststellen.

---

[1]) Bornitz, E., Helios, Lpz. 45 (1939), S. 659

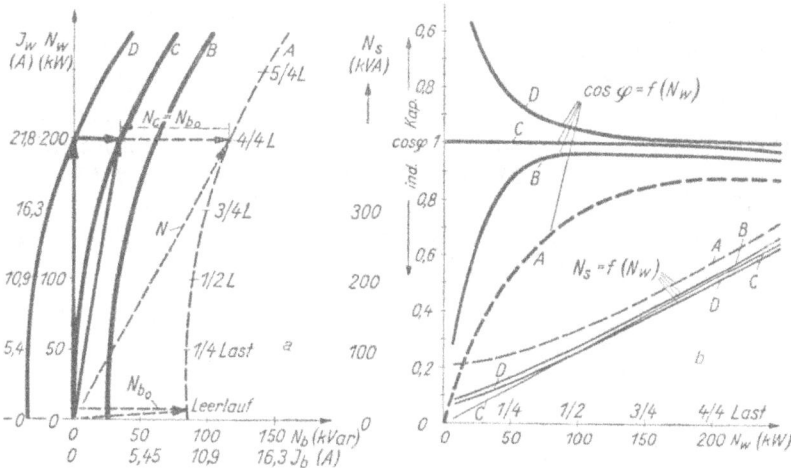

Bild 152. Einzelkompensierter Drehstrom-Asynchronmotor für 180 kW, 5 kV, 50 Hz, 750 U/min bei verschieden starkem Kompensationsgrad.
a = Heyland-Kreiskennlinien,
b = Leistungsfaktor- und Scheinleistungskennlinien.

Weiterhin erkennt man vor allem, daß eine Kompensation des Motors bei Leerlauf bis auf $\cos\varphi = 1$ ($N_C = N_{b_0}$ in Kurve C) bzw. bei Vollast bis $\cos\varphi = 0{,}95...0{,}98$ hinsichtlich der Anschaffungskosten des Kondensators gerade noch wirtschaftlich tragbar ist, sofern sich eine so weitgehende Kompensation überhaupt lohnt. Die hierbei erzielbaren $\cos\varphi$- und Scheinleistungsaufnahmewerte sind außerdem über den ganzen Lastbereich so befriedigend, daß man eine Verbesserung bei Vollast bis $\cos\varphi = 1$ (Kurve D) oder darüber hinaus nur in Ausnahmefällen wählen sollte, zumal bei Teillast Überkompensation und beim Abschalten vom Netz Selbsterregung eintritt. Dem verringerten Motorkondensatorstrom ist der Überlastungsschutz der Motoren notfalls neu anzupassen.

Selbsterregung. Während die Vorbedingungen für die Selbsterregung von Synchronmaschinen bisher praktisch nur für kleine kondensatorkompensierte industrielle Eigenerzeugungsanlagen bei fehlendem Anschluß an das starre Überlandwerk vorhanden sein können, hat man mit der Selbsterregung kondensatorkompensierter Asynchronmaschinen in den verschiedenartigsten — teils offenkundigen, teils nicht ohne weiteres feststellbaren — Erscheinungsformen schon wesentlich häufiger zu rechnen.

Im einfachsten Falle der Einzelkompensation eines Asynchronmotors wird beim Abschalten vom Netz (Öffnen des gemeinsamen Leistungsschalters) für das Motorkondensatoraggregat jegliche Bindung an das bisher die Betriebsspannung und Betriebsfrequenz vorschreibende Netz gelöst. Der Induktionsmotor bezieht während des Auslaufens vom starr gekuppelten Kondensator noch Erregerleistung, d. h. es ergibt sich für die als Asynchronstromerzeuger auslaufende Maschine bei genügend großer Kondensatorleistung Selbsterregung. Hierbei strebt das nach Trennung vom Netz völlig selbständige Gebilde einen stabilen Gleichgewichtszustand an, den es im Schnittpunkt der Motorleerlauf-Charakteristik $U = f(J_0 \sin \varphi_0)$ und der durch die Kondensatorreaktanz bei Nennfrequenz bestimmten Kondensatorgeraden $U = f(J_C)$ findet (Bild 153a). Die Selbsterregung wird — ähnlich wie beim Synchronstromerzeuger — offenbar da einsetzen, wo die aus dem Koordinaten-

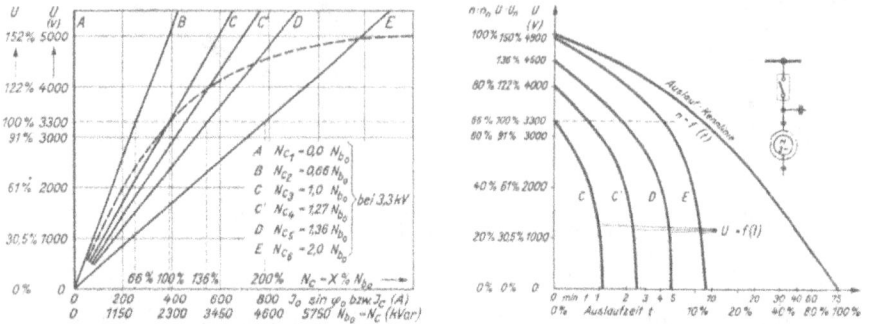

Bild 153. Selbsterregung eines einzelkompensierten Langsamläufers (Bild 38) für 1480 kW, 63 U/min, 3,3 kV, 50 Hz, cos φ = 0,68 bei Vollast, bei verschieden starkem Kompensationsgrad.

a = Selbsterregungsmöglichkeiten,
b = Auslauf- und Selbsterregungsüberspannungs-Kennlinien.

anfangspunkt stammende Stromspannungskennlinie $U = X_C J_C$ des Kondensators aus der Tangente B zur Sekante der magnetischen Leerlaufkennlinie des Motors wird.

Wählt man den Kondensator so groß, daß seine Gerade C in Bild 153a bei Nennspannung die induktive Leerlauf-Blindleistungsaufnahme N_{b_0} des Motors gerade bis auf $\cos \varphi = 1$ kompensiert, so erhält man als Schnittpunkt für Motor- und Kondensatorkennlinie eine Selbsterregungsspannung von $U = 100\%$; es stellt sich also eine Spannung in gleicher Höhe wie die Netzspannung ein, obwohl Motor und Kondensator vom

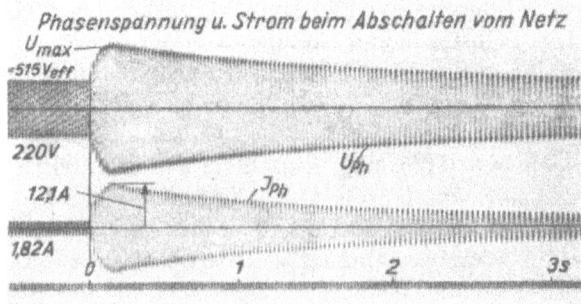

Bild 154. Selbsterregung eines stark überkompensierten 220-V-Motors beim Abschalten.

Netz abgetrennt sind. Hätte man dagegen überkompensiert, so würde sich z. B. bei einer Kondensatorleistung von 200% des Leerlauf-Blindleistungsbedarfes des Motors durch die Gerade E ein Schnittpunkt bei 152% der Motornennspannung ergeben.

Diese sich entwickelnde Selbsterregungsspannung bzw. -überspannung wird also mit wachsendem Kondensatoreinsatz N_C immer größer und kann bei schwacher Maschinensättigung und großer Überkompensation ($N_C = 2...3\,N_{b_0}$) etwa 60...80% über Motornennspannung und mehr (Bild 154) erreichen.

Diese erhöhte Spannungsbeanspruchung kann zwar höchstens älteren Maschinen mit schlechtem Isolationszustand und großer Schalthäufigkeit gefährlich werden, zumal die entstehende Überspannung selbst bei Motoren mit großen Schwungmassen und Auslaufzeiten von 5...10...30 min bald zusammenbricht (Bild 153b)[1]. Es ist jedoch hiermit u. U. eine Gefährdung des Bedienungspersonals verbunden, da dieses nicht gewohnt ist, daß ein vom Netz abgetrennter Motor überhaupt noch Restspannung führen kann. Ferner ist — vor allem bei Überkompensation — häufig eine parasitäre Selbsterregung beobachtet worden, welche den Motor ziemlich plötzlich unter heulendem Geräusch zum Stillstand bringt, wobei sich die kinetische und magnetische Energie naturgemäß in außerordentlich hohen Überspannungen auszutoben sucht. Aus Sicherheitsgründen ist daher — wie schon erwähnt — eine Kompensation bei Leerlauf bis auf $\cos \varphi = 1$ bzw. bei Vollast nur bis $\cos \varphi = 0,95...0,98$ zu empfehlen[2]. So wurde bei der Wahl des Kompensationsgrades des lange auslaufenden Walzenstraßenmotors des Bildes 38 eine Überkompensation unter allen Umständen gemäß Bild 153 vermieden (Einsatz von nur 900 kVar).

Ist eine Überkompensation aus betriebstechnischen Gründen nicht zu umgehen, so muß man ein besonderes Kondensatorschütz vorsehen, welches in einfachster Weise von einer Kontaktvorrichtung des Motorschalters gesteuert wird (Bild 155 A).

Das Schalten einzelkompensierter Kurzschlußmotoren oder deren Abarten mit Stern-Dreieckschalter erfordert ebenfalls gewisse Vorsicht; es gab schon sehr häufig zu Zerstörungen von Kondensatoren und Schaltmitteln Veranlassung. Schließt man den Parallelkondensator versehentlich an die äußeren Klemmen UVW an, so muß man beim Überschalten von Stern auf Dreieck je nach Kompensationsgrad und Höhe

---

[1] Beim Auslaufen verringert sich die Höhe der Leerlaufkennlinie der Maschine sowie auch der Kondensatorstrom verhältnisgleich der Auslaufdrehzahl; der Schnittpunkt der neuen Charakteristiken gibt die gesuchte Selbsterregungsspannung beim Auslauf. Bei Kompensation nach Kurve E hätte man demnach entsprechend Bild 153b während etwa 12% der Gesamtauslaufzeit mit Selbsterregungsspannung zu rechnen.

[2] S. a. Bauer, Fr., Der Kondensator in der Starkstromtechnik. J. Springer, Berlin 1934, S. 106.

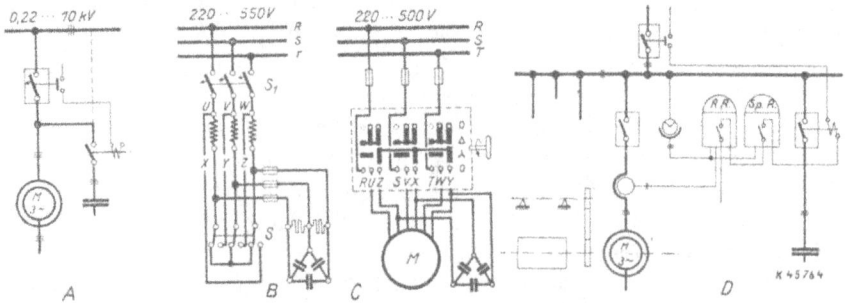

Bild 155. Schutzschaltungen gegen Selbsterregung kondensatorkompensierter Asynchronmotoren und -stromerzeuger.
A = Überkompensation,
B = Motor mit Sterndreieckschalter (DRP. 534 490),
C = Verbesserter Sterndreieckschalter (Sachsenwerk-AEG),
D = Fremdangetriebene Asynchronmaschine (DRP. 664 936).

der Eisensättigung des Motors mit einer Überspannung von sogar 200...300% und mehr über Motornennspannung rechnen. Dieses Überschalten beginnt mit dem Abtrennen des in Stern geschalteten Motors vom Netz (Oszillogramm Bild 156 A, Abschnitt b), wobei der Motor als kondensatorerregter Asynchronstromerzeuger einer stabilen Überspan-

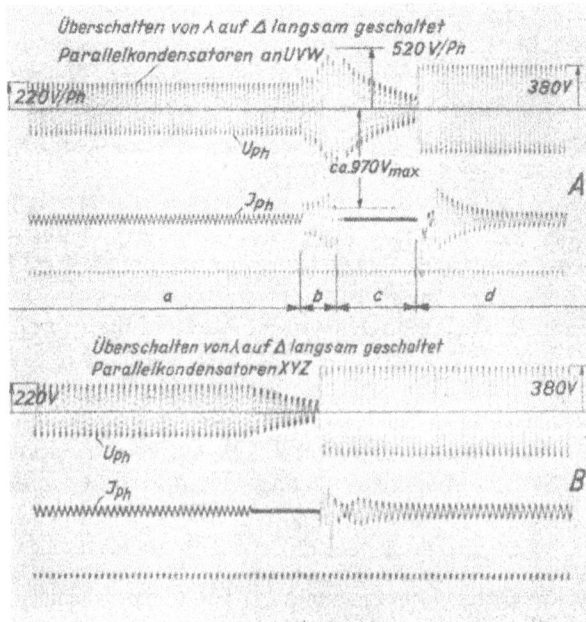

Bild 156. Phasenspannung und Phasenstrom eines einzelkompensierten 380-V-Drehstrommotors bei langsamem Überschalten von Stern auf Dreieck.
A = Parallelkondensator an Außenklemmen UVW (falsch).
B = Parallelkondensator an Sternpunktklemmen XYZ (richtig).

nung zustrebt, die sich aus dem Schnittpunkt der Leerlaufkennlinie des Motors in Sternschaltung und der Strom-Spannungscharakteristik des Kondensators bei Nennfrequenz rechnungsmäßig in Bild 156 A zu max. 645 V, gemessen infolge sinkender Drehzahl zu 520 V Phasenspannung bzw. zu 900 V verketteter Spannung bei 380 V verketteter Motornennspannung ergibt. Abschnitt c in Bild 156 A zeigt das Unterbrechen der Selbsterregung nach Öffnen des Sternpunktes, wobei im ersten Öffnungsaugenblick infolge Überlagerung der abklingenden Motorspannung mit der statischen Kondensatorspannung eine Überspannung von 970 V entsteht. Abschnitt d gibt das Verhalten des Motors in der Dreieckstellung wieder. Beim Abschalten aus der Dreieckschaltung treten nur geringe Überspannungen in der früher behandelten Höhe von 10...80% auf, entsprechend der normal verlaufenden Magnetisierungskurve des im Dreieck geschalteten Motors.

Abhilfe kann hier entweder die in Bild 155 A oder die in Bild 155 B[1]) wiedergegebene Schaltung bringen, in welcher der Kondensator an die Sternpunktklemmen XYZ angeschlossen wird, so daß er in der Anlaufsternschaltung kurzgeschlossen bleibt. Eine Selbsterregungsspannung und Restladungsüberspannung kann daher nach Oszillogramm Bild 156 B beim Anlassen nicht mehr entstehen. Da auch beim Abschalten (Umschalten von Dreieck auf Stern) die gleichen Restladungsüberspannungen auftreten könnten, darf das Abschalten nur durch einen besonderen Netzschalter S_1 erfolgen, wodurch die Dreieckverbindungen der Ständerwicklung nicht unterbrochen zu werden brauchen. Bei dieser Schaltung muß man außerdem darauf achten, daß sich der Sterndreieckschalter S schon vor dem Einlegen des Netzschalters S_1 in der Sternstellung befindet, da sonst beim Umschalten von der Null- auf die Sternstellung ein mehr oder weniger vollkommener Grundwellen-Spannungsresonanzkreis[2]) aus Motorinduktivität und Kondensatorkapazität gebildet wird. Dasselbe kann auch während des Umschaltens von Stern auf Dreieck auftreten, weswegen dieses hier möglichst schnell erfolgen sollte. Es ergibt sich jedoch insbesondere dann, wenn der Motor während des Sterndreieck-Umschaltvorganges noch nicht auf volle Drehzahl gelangt ist — was meistens der Fall sein dürfte —, eine erhebliche Dämpfung der Spannungsresonanz durch die Wirkung des Ohmschen Läuferwiderstandes. Dementsprechend zeigt auch das Oszillogramm Bild 156B nur die Merkmale eines unvollkommenen, stark gedämpften Spannungsresonanzkreises.

Zur Vermeidung dieser u. U. in Erscheinung tretenden Nachteile sowie zwecks Einsparung des Netzschalters S_1 wurde vor allem für das Schalten kleiner Schweißumformer eine derartige Ausführung eines

---

[1]) Krebs, W., DRP. 534490.
[2]) Dies ist einer der höchst seltenen Fälle, in welchem in der Starkstromtechnik bei der Netzfrequenz Spannungsresonanz möglich ist.

nur in einer Richtung schaltbaren Sterndreieckschalters vorgeschlagen und in großem Maße auch angewendet (Bild 155 C), daß der Kondensator durch verlängerte Schalterkontakte beim Motor-Einschalten sowie in der Sternstellung und auch während des Überschaltens von Stern auf Dreieck (vorübergehende Abtrennung von Motor und Kondensator vom Netz) kurzgeschlossen bleibt. Der Kondensator wird erstmalig in der Dreieckstellung des Schalters ans Netz gelegt. Beim Weiterschalten gelangt man sofort in die Ausschaltstellung des Schalters.

Dauerselbsterregung fremd angetriebener Asynchronmaschinen. Neben den bisher betrachteten Selbsterregungserscheinungen, die nur verhältnismäßig kurzzeitig auftreten, gibt es noch eine Reihe von Betriebsfällen, bei denen durch das bewußte oder unbewußte Zusammenwirken von fremd angetriebenen Asynchronmaschinen mit im gleichen Netz angeschlossenen Kondensatoren oder der Netzladeleistung Dauerüberspannungen hervorgerufen werden.

Die Voraussetzung hierfür liegt — bei genügend großer Kondensatorleistung — stets dann vor, wenn die Asynchronmaschine nach gewollter oder störungsmäßiger Abtrennung vom starren Hauptnetz durch eine mechanische Kraftquelle weiter angetrieben wird. Dieses trifft für den Asynchronstromerzeuger zu, mit dem man z. B. eine kleine Wasserkraft ausnutzen will, wobei der Magnetisierungsbedarf der Belastung und des Stromerzeugers durch einen Parallelkondensator gedeckt werden soll. Ferner ist die vorstehende Bedingung bei jedem einzelkompensierten Asynchronmotor erfüllt, der entweder gemeinsam mit einem nichtelektrischen Antrieb auf eine Maschine bzw. Transmission arbeitet oder aber bei Talfahrten von Bahnen, beim Senken von Lasten usw. als kondensatorerregter Asynchronstromerzeuger[1]) längere Zeit weiterlaufen kann (Bild 155 D). Auch die Ladeleistung des mit dem Motor verbunden bleibenden Netzes kann die gleiche Wirkung wie der Kondensator hervorrufen.

In solchen Betriebsfällen müssen sowohl die mit der Asynchronmaschine im Zusammenhang bleibenden Netzteile einschließlich ihrer Verbraucher (insbesondere Glühlampen) als auch die ahnungslose Bedienungsmannschaft sowie der Kondensator selbst gegen Überspannungen geschützt werden. Handelt es sich um einzelkompensierte Bahnmotore, Hebezeuge od. dgl., die an einem nicht abschaltbaren starren Netz liegen, so muß auch der Kondensator über ein besonderes von dem Motorschalter gesteuertes Schütz entsprechend Bild 155 A an die Motorklemmen[2]) oder an das Netz angeschlossen werden. Liegen diese Maschinen an einem abschaltbaren Netz und wird der Motorschalter hierbei nicht mehr betätigt, so muß die Verbindung des Konden-

---

[1]) S. a. Werdenberg, W., Bull. schweiz. elektrotechn. Ver. 25 (1934), S. 16.
[2]) Bornitz, E., Engl. Patent 422839.

sators mit den Asynchronmaschinen durch Öffnung eines besonderen Kondensatorschalters[1]) selbsttätig getrennt werden. Man muß also bewußt die Einzelkompensation zugunsten der Gruppen- und Zentralkompensation unter Zuhilfenahme eines besonderen Kondensatorschalters verlassen und wird so in der Größe der auch anderen Verbrauchern zugute kommenden Kondensatorleistung, der Höhe und Dauer der möglichen Überspannung sowie in der Dauer der Kompensationswirkung von Zufälligkeiten unabhängig. Man kann hierzu den Kondensatorschalter entsprechend Bild 155 D[1]) entweder von einer Kontaktvorrichtung des Fremdnetzschalters, oder besser durch ein Überspannungsrelais SpR — evtl. wegen zu niedriger aber trotzdem gefährlicher Selbsterregungsspannungen in Verbindung mit einem Rückleistungsrelais RR im Motorkreis bzw. durch ein Unterspannungsrelais — oder durch gleichzeitige Anwendung mehrerer der vorstehenden Mittel in Ruhestromschaltung steuern. Vielfach ist es auch zweckmäßig, zusätzlich eine selbsttätige Motorabschaltung vorzunehmen[2]), da die Selbsterregung zuweilen auch noch von weiteren im Netz verteilten unbekannten, nicht erfaßbaren Kondensatoren bzw. von der Netzladeleistung hervorgerufen werden kann. Ähnlich ist auch bei einem kondensatorkompensierten Asynchronstromerzeuger darauf zu achten, daß der Kondensator über ein besonderes Schütz durch eines der obigen Steuerungsmittel im Selbsterregungsfalle abgeschaltet werden kann.

3. Verhalten bei Überspannungen, Netzkurzschluß und Erdschluß

Ehe das Verhalten der Kondensatoren bei Überspannung, Netzkurzschluß und Netzerdschluß im einzelnen behandelt wird, ist darauf hinzuweisen, daß der Kondensator auch als Schutzeinrichtung in unsere Netze Eingang gefunden hat.

In Bild 157 ist ein neuzeitlich geschütztes Netz dargestellt, dessen Kraftwerke miteinander im Verbund arbeiten. Die für die Stromerzeuger, Umspanner, Netzstrecken sowie für die Verbraucher, wie Motoren, Stromrichter, Kondensatoren usw., in Betracht kommenden Schutz- bzw. Anzeigeeinrichtungen zum schnellen und selektiven Abschalten bzw. Auffinden von gestörten Netzgliedern bei Kurzschlüssen, Überlastungen, Überspannungen, Erdschlüssen usw. sind hier wiedergegeben[3]). Man sieht, daß der Überspannungsschutz der Freileitungsnetze am besten durch trägheitslos ansprechende Überspannungsableiter aber auch durch Phasenschieber-Überspannungsschutz-Kondensatoren (vgl. a. Bild 158) durchgeführt werden kann, während der sicherste Schutz von Kabel- und auch Freileitungsnetzen gegen erdschlußbedingte

---

[1]) Bornitz, E., DRP. 664936 und Bull. schweiz. elektrotechn. Ver. 26 (1935), S. 110.

[2]) Bornitz, E., Franz. Patent 850767.

[3]) Näheres s. Bornitz, E., Elektrizitätswirtsch. 41 (1942) S. 104 u. 131.

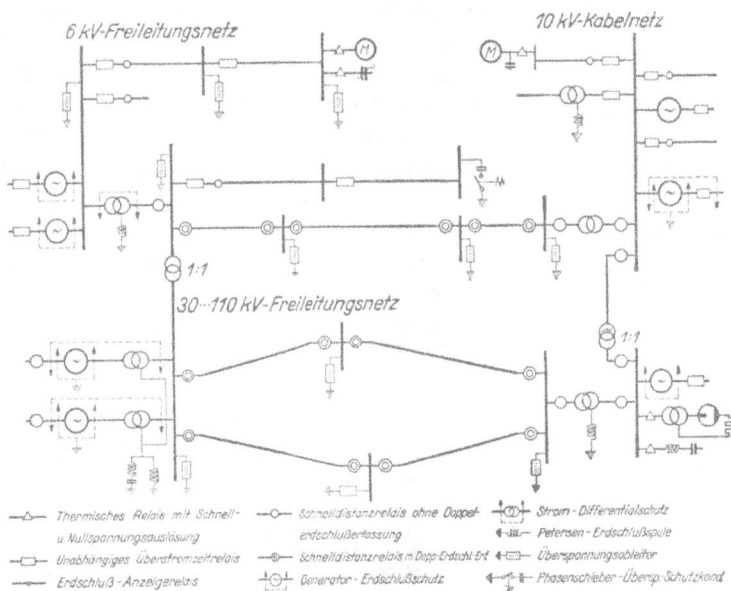

Bild 157. Einsatz von Kondensatoren beim Schutz neuzeitlicher Netze.

Überspannungen die Petersen-Erdschlußspule ist (Bild 160a). Weiterhin erkennt man die Begrenzung der Erdschlußströme der Netze durch Aufstellung von Isolierumspannern zwischen den einzelnen Netzteilen sowie die Anordnung von Oberwellenkurzschlußkreisen parallel zu den Netzerdschlußspulen sowie parallel zu den Stromrichteranlagen (s. a. Bild 185...191).

Es soll nun im einzelnen das Verhalten der Kondensatoren bei diesen Netzstörungen besprochen werden.

Überspannungsverhalten. Die Kondensatoren mildern — wie jede Kapazität von Phase gegen Phase — sowohl die Erdschlußüberspannungen als auch gleichen sie ankommende Wanderwellen ungleicher Spannungshöhe (Bild 158 A) oder entgegengesetzten Vorzeichens aus[1]. Voraussetzung hierfür ist, daß die Kondensatorsammelschienen und Zuführungen bei den in Betracht kommenden hochfrequenten Wanderwellen nicht einen induktiven Widerstandcharakter für die Reihenschaltung der Leitungsinduktivität und Kondensatorkapazität ergeben, wie dieses bei der Elementenbauweise mit ihren zahlreichen Schaltverbindungen bei Höchstspannungsanlagen durchaus der Fall sein kann.

Die üblichen Kondensatoren ohne Sternpunkterdung können dagegen gegenüber dreipoligen Wanderwellen gleicher Polarität und Spannungshöhe bei ihrer geringen Erdkapazität praktisch keinerlei spannung-

---

[1] Rambold, W., VDE-Fachberichte 9 (1937), S. 16.

senkende Wirkung ausüben. In solchen Fällen wurde zuweilen ein Durchschmelzen der Wickelsicherungen[1]) beobachtet, ohne daß die Wickel selbst Durchschläge aufwiesen.

Will man ohne Erhöhung des Netzerdschlußstromes den als Phasenschieber arbeitenden Kondensatoren zugleich die Aufgabe von Überspannungsschutzkondensatoren (Wanderwellenschlucker) erteilen, so kann man den Sternpunkt im störungsfreien Betrieb starr erden; man muß allerdings im Erdschlußfalle für sofortige Auftrennung der Erdverbindung in Abhängigkeit von der Erdschlußspannung sorgen, damit

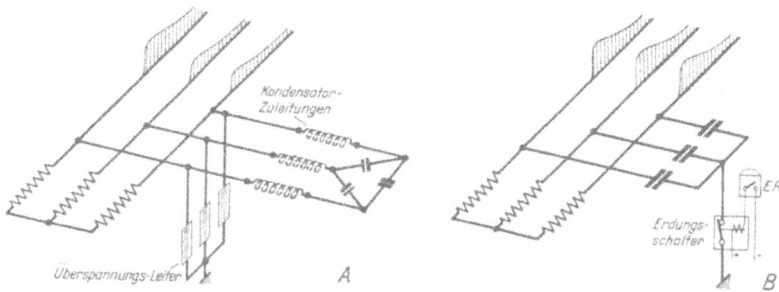

Bild 158. Verhalten der Kondensatoren bei Netzüberspannungen ungleicher (A) bzw. gleicher Spannungshöhe (B).

wenigstens der Netz-Dauererdschlußstrom (nur in nicht erdschlußkompensierten Netzen mit Vorteil anwendbar) nicht erhöht wird[2]) (Bild 158 B). Hierbei ergibt sich der weitere Vorteil, daß man die Kondensatoren nicht wie sonst für die volle Wanderwellenspannung gegen Erde zu isolieren braucht.

In gewitterreichen Gegenden empfiehlt sich ein zusätzlicher Schutz der Kondensatoren durch parallel geschaltete Überspannungsableiter (Bild 158 A), sofern die Kondensatoren in Freileitungsanlagen eingebaut sind. Handelt es sich um große Kondensatoranlagen mit geerdetem Sternpunkt, so müssen die Überspannungsableiter durch Vorschalten eines Widerstandes geschützt werden, sofern ihre Wärmekapazität durch die unmittelbare Entladung des Energieinhaltes der parallel liegenden Kondensatoren im aussetzenden Erdschlußfalle überbeansprucht wird.

Schließlich ist noch darauf hinzuweisen, daß die Kondensatoren auch durch nicht stationäre hochfrequente Überspannungen[3]) überlastet werden können; es handelt sich hierbei um Lichtbogenschwingungen, die durch unsichere Kontakte an Trennschaltern, Schienenstößen, Leitungen usw. angestoßen werden und sich in einem nur schwach gedämpften Reihenschwingungskreis — bestehend aus der Kapazität des betrach-

---

[1]) Hochhäusler, P., ETZ 59 (1938), S. 457.
[2]) Aigner, V., DRP. 651 295.
[3]) Hochhäusler, P., ETZ (1938), S. 457.

teten Kondensators und der Induktivität des vorgeschalteten Netzes — ausbilden. Abhilfe kann nur eine einwandfreie Montage und Wartung der Schaltanlagen bringen.

Kurzschlußverhalten. Tritt in einem Netz ein Kurzschluß auf, so tragen zum Stoßkurzschlußstrom alle Synchronmaschinen, die großen Asynchronmaschinen, Einankerumformer und die in Nähe der Kurzschlußstelle eingebauten Kondensatoren bei. Für den Dauerkurzschlußstrom scheiden die Kondensatoren aus. Der Grad der Beteiligung des Kondensators am Stoßstrom hängt von seiner Entfernung bis zur Kurzschlußstelle, d. h. von der Größe der zwischen der Kondensatoreinbaustelle und der Netzkurzschlußstelle vorhandenen Umspanner-, Leitungsimpedanz usw. ab. In Bild 159a zeigt die Kurve N den normalen Betriebsspannungsfall eines Netzes längs der Übertragungsorgane; Kurve A bzw. B gibt den abgeklungenen Spannungszusammenbruch bei Dauer-

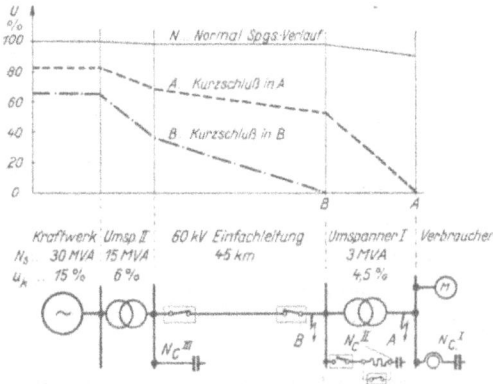

Bild 159a. Zusammenbruch der Netzspannung und Verhalten der Kondensatoren bei Kurzschlüssen an verschiedenen Netzstellen.

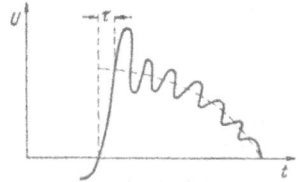

Bild 159b. Zeitlicher Verlauf der wiederkehrenden Netzspannung im kapazitätsbehafteten Kurzschlußkreis.

kurzschluß an den Netzstellen A bzw. B wieder. Es ist offensichtlich, daß sich z. B. bei einem Kurzschluß in A lediglich die Batterie C^I stoßartig auf die Kurzschlußstelle entlädt, während die Kondensatoren C^{II} und C^{III} nichts Wesentliches zum Stoßstrom beitragen, da die Reaktanzen des Umspanners I und der Freileitung dämpfend wirken.

Stellt der Kondensator C^I einen 6-kV-Drehstromkondensator mit 1000 kVar Nennleistung und einer Kapazität von $C = 89 \cdot 10^{-6}$ F/Ph dar, so kann man die Höhe und den zeitlichen Verlauf des von ihm auf die Kurzschlußstelle A geworfenen Stoßstromes entsprechend Gl. (26) und (29) berechnen zu:

$$J_e = -J_1 \frac{\omega_e}{\omega_1} \varepsilon^{-\frac{t}{2T}} \sin \omega_e t = -J_1 \sqrt{\frac{X_{C_1}}{X_{L_1}}} \varepsilon^{-\frac{t}{2T}} \sin \omega_e t \; . \; . \; (72)$$

Setzt man die Induktivität der Leiterschleife zwischen Kondensator und benachbarter Kurzschlußstelle im ungünstigsten Falle bei Hochspannung mit $L = (50...100)\ 10^{-6}$ Hy/Ph ein, so ergibt sich bei Eintritt des Kurzschlusses beim Durchlaufen des Spannungsscheitelwertes ein Kondensatorstoßstrom von rd. 6,5...4,6 kA, d. h. vom etwa 48...34 fachen Scheitelwert des Kondensatornennstromes. Die Entladung des Kondensators auf die Kurzschlußstelle geht hierbei hochfrequent mit einer Eigenfrequenz $f_e = 2400...1700$ Per/s vor sich. Da man weiterhin bei Hochspannung mit einem rein Ohmschen Widerstand der Leiterschleife in der Größenordnung von $R = 0,06...0,6\ \Omega$ rechnen kann und der Kurzschluß in einer Zeit von $t = 3\left(2\,\dfrac{L}{R}\right) = 0,5...10\ 10^{-3}$ s praktisch abgeklungen ist, so erkennt man, daß zwar eine hohe, außerordentliche kurzzeitige dynamische, nicht aber eine nennenswerte thermische Wirkung hervorgerufen werden kann. Dies geht auch daraus hervor, daß der Energieinhalt des vorerwähnten Kondensators

$$A = 0,5\,U^2\,C = 0,5\ 3450^2\ \sqrt{2}^{\,2}\ 89\ 10^{-6} = 3,24\ \text{kWs} \ . \ . \ . \ . \ (37)$$

trotz Entladens im Scheitelwert der Spannung nur gering ist. Die von dem Kondensator zur Verfügung stehende Stoßleistung beträgt bei

$$t = (0,5...10)\ 10^{-3}\ \text{s demnach: } 6480...324\ \text{kVar.}$$

Eine Gefährdung des den Kurzschluß abschaltenden Leistungsschalters tritt nicht ein, da die Schaltereigenzeit einige Größenordnungen größer ist als die Abklingzeit t des Kondensators. Im Dauerkurzschluß ($U = 0$) ist der Kondensator wirkungslos. Die Sicherungsdrähte der Kondensatorwickel und die gegebenenfalls vorgeschalteten Hochleistungssicherungen halten im allgemeinen diese harte, kurzzeitige Stoßbeanspruchung aus, obwohl sie mit ihrem Ohmschen Widerstand als Energieverzehrer mehr oder weniger stark für die Umwandlung der Kondensatorenergie in Joulesche Wärme in Betracht kommen und zum Durchschmelzen neigen. Aus diesem Grunde ist es in stark kurzschlußgefährdeten Anlagen empfehlenswert, Dämpfungswiderstände mit großer Wärmekapazität und etwa 0,3...0,5% Leistungsverlust dauernd vor die Kondensatoren zu schalten. Schließlich ist noch zu erkennen, daß der hohe Stoßstrom natürlich auch hohe Spannungsfälle an den evtl. im Leitungszug zwischen Kondensator und Kurzschlußstelle liegenden Reihenimpedanzen wie Stromwandlern, Primärauslösern von Leistungsschaltern, Dämpfungswiderständen usw. hervorrufen kann, so daß diese mindestens die Betriebsspannung an ihren Klemmen aushalten müssen. Günstig ist es jedenfalls, zu den gefährdeten Spulen einen spannungsabhängigen Widerstand parallelzuschalten.

Die ursprüngliche Befürchtung, daß die Kondensatoren bei einem Kurzschluß im Netz den Stoßkurzschlußstrom unerträglich erhöhen, hat sich bisher nur in verschwindend wenigen Ausnahmefällen als so schwerwiegend herausgestellt, daß die vorstehend erwähnten Schutzmaßnahmen für die Anlageteile, Leitungen und Leistungsschalter hätten ergriffen werden müssen. Wie stark im übrigen die dämpfende Wirkung vorgeschalteter Umspanner, Leitungen, Drosselspulen usw. ist, läßt sich aus folgendem ersehen: Tritt im Netz des Bildes 159a der Kurzschluß nicht in *A*, sondern in *B* ein, so mildert vorwiegend der Umspanner *I* mit einer Nennleistung von 3000 kVA, einer Kurzschlußspannung von 4,5 % und einer auf 6 kV bezogenen Induktivität von $1,7 \cdot 10^{-3}$ Hy den Stoßstrom des oben erwähnten 1000-kVar-Kondensators C^I vom 48...34fachen auf den etwa 8,2fachen Kondensatornennstrom bei einer Eigenschwingung von 410 Hz. Bei sonst unveränderten Verhältnissen, einer Leistung von 30000 kVA für Umspanner *I* sowie einer Kondensatorleistung von 10000 kVA ergibt sich anstatt eines 15...10,7fachen nur ein 8,2facher Kondensatornennstrom als Stoßwert, wobei die Eigenfrequenz von 750...535 auf 410 Hz abnimmt.

Von Interesse ist schließlich die Tatsache, daß die im kapazitätsarmen Freileitungsnetz verteilten Kondensatoren C^{III} und C^{II} des Bildes 159a einen günstigen Einfluß auf die Löschbedingungen des Kurzschluß-Lichtbogens im Falle eines Kurzschlusses an der Stelle *A* ausüben, sofern ein hinter diesem Kondensator liegender Netzschalter diesen Kurzschluß auszuschalten hat. Da durch das Aufladen der Kondensatoren der Anstieg der wiederkehrenden Netzspannung mit einer niedrigeren Eigenfrequenz und somit langsamer eintritt als bei Nichtvorhandensein der künstlichen Kapazitäten, so ist dem oben bezeichneten, den Kurzschluß *A* abschaltenden Leistungsschalter für die Herstellung der elektrischen Festigkeit seiner Schaltstrecke nach Bild 159b eine wesentlich größere Zeit als sonst vergönnt[1]).

Sind in einem Netz Leistungsschalter älterer Bauart (z. B. Schalter *B* in Bild 159a) vorhanden, die einer Kondensatorbatterie ($N_C{}^{II}$) nicht unmittelbar vorgeschaltet sind, so kann man diesen Schaltern bei zweiphasigem Kurzschluß oder Doppelerdschluß günstigere Schaltarbeitsbedingungen für sich und für das Netz schaffen, wenn man der in das Netz neu einzubauenden Kondensatorbatterie $N_C{}^{II}$ vor dem Öffnen des Schalters *B* einen Ohmschen Dämpfungswiderstand vorschaltet[2]). Trennt man dagegen die betrachtete Kondensatorbatterie $N_C{}^{II}$ mittels geeigneter Relais durch ihren eigenen, neu zu beschaffenden Schalter noch vor dem Ansprechen des Schalters *B* vom Netz ab, so hat der Netzschalter *B* den Störungsfall unter den gleichen Umständen wie vor Einbau der Kondensatoren zu bewältigen[3]). Für neuartige Netzölschalter, Netzdruckgasschalter usw. sind derartige Hilfsmaßnahmen nicht erforderlich.

[1]) Siehe Biermanns, J., ETZ 53 (1932), S. 641 u. 675, Bild 9 sowie ETZ 59 (1938), Heft 7 u. 8, Bild 17. Ferner Schulze, H., Elektrotechn. u. Masch.-Bau 52 (1934), S. 371.
[2]) Rambold, Siemens-Z. 17 (1937), S. 461 und DRP. 706739.
[3]) Bornitz, E., Elektrotechn. u. Masch.-Bau 59 (1941), S. 336.

Erdschlußverhalten. In Deutschland ist bekanntlich eine starre Sternpunkterdung der Drehstromnetze im Gegensatz zu der amerikanischen Handhabung nicht erlaubt. Auch die Kondensatoren werden, soweit sie nicht im Dreieck geschaltet sind, mit ungeerdetem Sternpunkt angeschlossen; sie können daher die Netzkapazität gegen Erde und somit im Erdschlußfalle den sich ergebenden Erdschlußstrom nicht vergrößern, zumal ihre Gehäusekapazität im Betrage von einigen 100...1000 pF ähnlich vernachlässigbar klein ist wie die etwa gleich großer Umspanner. Im übrigen ändert sich im Erdschluß die normale Stromabgabe der Kondensatoren weder bei Dreieck- noch bei Sternschaltung ohne Sternpunkterdung, da sich die verkettete Netzspannung ebenfalls nicht ändert (Bild 160a).

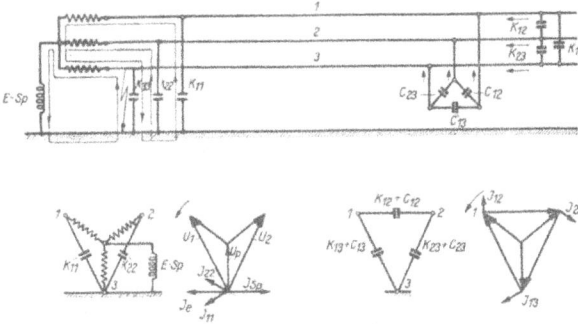

Bild 160a. Verhalten der Kondensatoren bei Netzerdschluß im kompensierten Netz.

Wie für alle anderen elektrischen Geräte ist auch für die Kondensatoren der beste Schutz gegen die Überspannungserscheinungen im Erdschluß der Einbau einer Erdschlußstromspule, welche Rückzündungen durch sofortige Löschung unterbindet. Arbeiten derartige Erdschlußspulen in Netzen mit starkem Oberwellengehalt, so ist zu berücksichtigen, daß die Erdschlußspulen nur die Grundwellen-, nicht aber auch die Oberwellenanteile des Erdschlußstromes zu kompensieren vermögen. Die Arbeitsbedingungen der Kompensationsspulen können jedoch notfalls durch Parallelschaltung von Oberwellenkurzschlußkreisen (s. Kap. X, 4) erleichtert werden.

Im übrigen kann man auch durch richtig eingesetzte Kondensatoren die Kurvenform und den Effektivwert des Erdschlußstromes bzw. des Reststromes und damit die Löschbarkeit des Erdschluß-Lichtbogens[1]

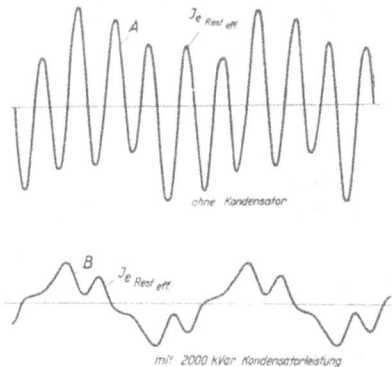

Bild 160b. Erdschluß-Reststrom eines durch Petersen-Erdschlußspulen kompensierten 10-kV-Netzes bei Kondensatoreinsatz von 0 kVar (A) und bei 2000 kVar (B).

[1] Vgl. Schulze, H., ETZ 56 (1935), S. 501; Halbach, K., ETZ 56 (1935), S. 1046.

verbessern. So zeigt Bild 160b den Erdschluß-Reststrom eines ausgedehnten 10-kV-Netzes, dessen Grundwellen-Erdschlußstrom durch eine Peter-
sen-Spule kompensiert wird. Vor Einbau der Kondensatoren betrug der
Reststrom 11,3 A eff. und war mit 298 % Stromanteil der 5. Harmonischen
(Kurve A) fast nur Oberwellenstrom; bei Einsatz von 3000 kVar
Kondensatorleistung sank der Reststrom auf 8,5 A (5. Oberwelle 34,5 %,
3. Oberwelle 21,7 %), während er bei 2000 kVar Kondensatorleistung
auf 6,5 A (Kurve B) mit 31 % der 5. Oberwelle und 17,1 % Stromanteil
der 3. Oberwelle zurückging. Voraussetzung für diesen günstigen Einfluß ist naturgemäß, daß die verkettete Netzspannung schon im gesunden
Betrieb durch den Einfluß der Kondensator- und Netzladeleistung — d. h.
also durch ausreichende Netzeigenfrequenzverstimmung in einen Bereich unterhalb der niedrigsten in der Netzspannungskurve vorkommenden Oberwelle (also meist unterhalb der 5. Harmonischen) — hinreichend
oberwellenarm geworden ist. Die gesunden Phasen werden dann im
Erdschlußfalle unter dem Einfluß dieser oberwellenarmen, verketteten
Netzspannung einen stark verringerten Oberwellenanteil im Erdschlußstrom bzw. im Erdschlußreststrom führen. Dies ist in Bild 160b mit
2000 kVar Kondensatorleistung am besten erreicht worden.

Sollte durch die Kondensatoren eine Verschlechterung der Erd-
schlußlöschbedingungen auftreten, so wird man sie durch ein hoch-
empfindliches Erdschlußrelais selbsttätig abschalten, um wenigstens
im Dauererdschluß günstigere Bedingungen zu erhalten.

4. Oberwellenverhalten von Kondensatoren und Netz[1])

Bei den bisherigen Betrachtungen des Kondensatoreinsatzes in den
Netzen und Industrieanlagen wurde ein im wesentlichen sinusförmiger
Verlauf der Netzspannungskurve angenommen. Diese Voraussetzung
darf in den weitaus meisten Fällen getroffen werden[2]). In den restlichen
Anlagen kann es aber infolge des Vorhandenseins von Netzoberwellen
nicht nur zu erhöhten Beanspruchungen insbesondere des Kondensators
kommen, sondern es können auch durch das Zusammenwirken von Netz-
induktivität und Kondensatorkapazität resonanzbedingte, starke Überlastungen für Kondensator und Netz eintreten, so daß deren Gesetzmäßigkeiten mit Rücksicht auf eine einwandfreie Planung und Betriebführung näher untersucht werden müssen. Hierbei sollen die Ursachen

---

[1]) s. a. Bornitz, E., Elektrizitätswirtsch. 41 (1942), August 1942.

[2]) Es sei ausdrücklich darauf hingewiesen, daß neueste Auswertungen von
Oberwellenregistrierungen der Spannungskurven großer deutscher Mittel- und
Höchstspannungsnetze während eines langen Zeitraumes ergaben, daß die deutschen EVU bis auf wenige Ausnahmefälle einen außerordentlich niedrigen Oberwellengehalt aufweisen. Trotzdem muß das Oberwellenproblem nachstehend eingehend behandelt werden, damit die hierbei auftretenden Gesetzmäßigkeiten klar
erkannt und die notwendigen vorbeugenden Maßnahmen rechtzeitig getroffen
werden können.

und Wirkungen der Oberwellen für Netz und Kondensator, ferner die
Strom- und Spannungsresonanz, sowie vor allem der Schutz und die
Oberwellenkompensation von Netz und Kondensatoren bei Oberwellen-
überbeanspruchung behandelt werden.

a. Oberwellenerreger. Die Frage nach den Ursachen und Wirkungen
der Netzoberwellen wird am besten dadurch geklärt, daß man grundsätzlich zwischen Oberwellenerzeugern und Oberwellenverbrauchern
unterscheidet. Erstere sind die Ursache für das Entstehen der Oberwellen,
während als Oberwellenverbraucher oder Oberwellenschlucker diejenigen
Netzglieder anzusprechen sind, die durch die in der Netzspannungskurve enthaltenen Oberwellen mehr oder weniger empfindlich in Mitleidenschaft gezogen werden.

Ehe auf die Oberwellenerreger näher eingegangen werden soll, sind
über die Eigenschaften nichtsinusförmiger Wechselstromkurven einige
Vorbemerkungen zu machen. Nach Fourier sind derartige verzerrte
Kurven (vgl. z. B. Bild 160b) nach Sinus- und Cosinus-Gliedern auflösbar,
wobei diese neben der Grundwelle geradzahlige und ungeradzahlige
Oberfrequenzen aufweisen. Die geradzahligen Oberwellen fallen dann
heraus, wenn die positiven und negativen Halbwellen symmetrisch zur
Abszisse liegen; ist die Kurve außerdem symmetrisch zur Mitte der
Periode, so enthält sie nur Sinusglieder. In symmetrisch belasteten
Drehstromnetzen sind daher im stationären Betriebe außer der sinusförmigen Grundwelle nur sinusförmige Oberharmonische der 3., 5., 7.,
9., ... n. Ordnungszahl zu erwarten, wobei Oberwellen hoher Ordnungszahlen im allgemeinen nur mit geringem Betrage vorhanden sind.

Als Oberwellenstrom- bzw. Oberwellenspannungserreger sind nun
vor allem übersättigte Umspanner, sämtliche Lichtbogengeräte sowie
elektrische Maschinen zu nennen. Hierbei gehören die Umspanner zu
der bei weitem wichtigsten Erregergruppe, so daß bei diesen eine ein-
gehendere Klärung der magnetischen Verhältnisse notwendig ist.

Die Umspanner stellen je nach den Netzbedingungen entweder
Oberwellenspannungs- oder Oberwellenstromerreger dar. Bildet das
speisende Netz für den Umspanner einen Stromresonanzkreis mit sperrender Wirkung, z. B. für die 5. Harmonische, so kann er einen Magnetisierungsstrom dieser Oberfrequenz nicht führen; er nimmt also nur
praktisch sinusförmigen Magnetisierungsstrom J_m auf, wenn man die
übrigen von ihm erzeugten Oberwellenströme vernachlässigt. Der Umspanner beantwortet diese Tatsache auf Grund der Sättigung seiner
magnetischen Kennlinie gemäß Bild 161 mit einem stark gequetschten
Kraftlinienfluß, der ziemlich unvermittelt von einem positiven zu einem
negativen Höchstwert umspringt (erzwungene Magnetisierung). Da
aber die induzierte Spannung durch zeitliche Änderung des Flusses zu-
stande kommt ($U = d\Phi/dt$), d. h. da die Spannungskurve die Differen-

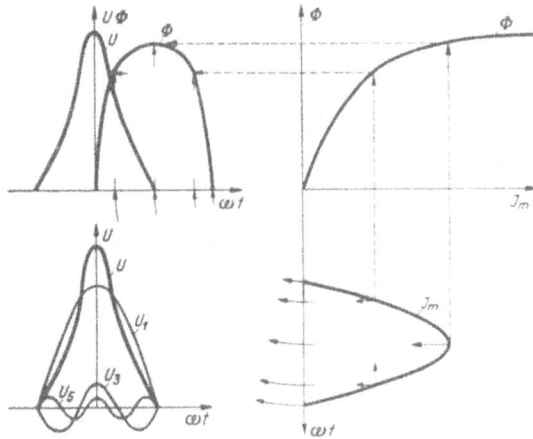

Bild 161. Erzwungene Magnetisierung von Umspannern (sinusförmiger Magnetisierungsstrom, gequetschter Fluß und spitze Phasenspannung).

tialkurve des Flusses darstellt, so erhält man eine aus Grundwelle und ungeradzahligen höheren Harmonischen zusammengesetzte spitze Spannungskurve. Diese ist wegen der hiermit für alle elektrischen Geräte verbundenen Durchschlaggefahr höchst unerwünscht. Drückt man dem Umspanner andererseits eine sinusförmige Klemmenspannung auf und läßt diese von ihm auch sekundärseitig erzeugen, d. h. ist das speisende Netz ein Spannungsresonanzkreis mit kurzschließender Wirkung für z. B. die 5. Oberwelle, so muß dem Umspanner bei sinusförmigem Fluß

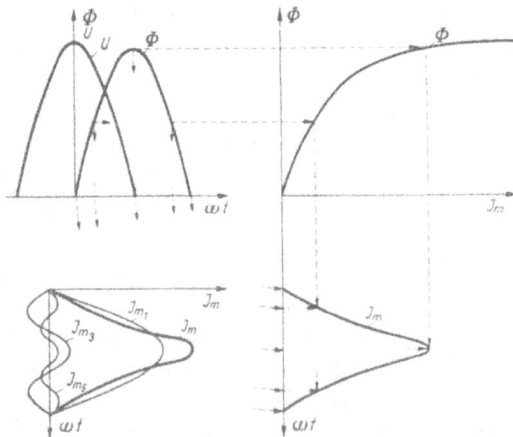

Bild 162. Natürliche Magnetisierung von Umspannern (Phasenspannung und Fluß sinusförmig, Magnetisierungsstrom verzerrt).

gemäß Bild 162 ein verzerrter Magnetisierungsstrom, bestehend aus Grundwelle und ungeradzahligen Oberwellen, zur Verfügung stehen (natürliche Magnetisierung).

Die auf diese Weise durch Umspanner oder Eisendrosselspulen in den Netzen auftretenden Oberwellen-Magnetisierungsströme, die besonders bei höherer Sättigung fühlbar werden, sind die Hauptursache für die Oberwellenverseuchung der Netze, indem sie an den Netzreaktanzen Oberwellenspannungsfälle hervorrufen. Diese Umspanner-Stromoberwellen sollen nunmehr näher untersucht werden, wobei vor allem auf die dritte Harmonische näher einzugehen ist.

Bei der Grundwelle ergänzen sich bekanntlich die drei Ströme und Spannungen in jedem Augenblick entsprechend dem Kirchhoffschen Gesetz zu Null, da die elektrischen Winkel zwischen Phase und Phase 120⁰ betragen. Im symmetrisch belasteten Drehstromnetz weisen die Ströme und Spannungen dreifacher Grundfrequenz dagegen einen Phasenwinkel von $3 \cdot 120^0 = 360^0$, d. h. von einer vollen Periode auf (vgl. Bild 163), sie sind also zeitlich Phase für Phase gleichgerichtet. Besitzt der Umspanner nur Sternschaltung ohne Nullleiter und ohne Nullpunkterdung, so können sich die Ströme im Nullpunkt nicht ausgleichen, sie können demnach nicht fließen. Es fehlt also die 3. Harmonische im Magnetisierungsstrom; der Umspanner beantwortet dieses mit dem für die erzwungene Magnetisierung charakteristischen gequetschten Fluß[1]) und einer spitzen Spannungskurve in der Phasenspannung. In der verketteten Spannung kann die 3. Harmonische wegen voller 360⁰ Gangdifferenz nicht auftreten. Ist dagegen bei der Sternschaltung ein isolierter Nulleiter vorhanden, so können die gleichgerichteten Ströme dreifacher Grundfrequenz einphasig über den Nulleiter zurückfließen (Bild 164 A) und natürliche Magnetisierungsbedingungen schaffen. Dasselbe gilt für die in Amerika übliche Nullpunkterdung sämtlicher Umspanner (Bild 164 A), wobei jedoch die durch die Erde zurückfließenden Ströme der 3. Harmonischen zu unerwünschten Induzierungen der Fernsprechleitungen sowie unter Umständen zu Spannungsresonanz zwischen der Umspanner- und Leitungsinduktivität und der Erdkapazität führen können; aus diesen Gründen wird in Deutschland die unmittelbare Nullpunkterdung der Hochspannungsnetze nicht angewandt.

Natürliche Magnetisierungsverhältnisse lassen sich unter Vermeidung der vorstehenden Unannehmlichkeiten sowie bei besserer Null-

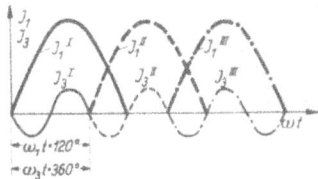

Bild 163. Zeitliche Gangdifferenz von Oberwellenströmen erster und dritter Ordnungszahl.

---

[1]) Der Fluß dreifacher Grundfrequenz schließt sich beim Kerntransformator als wilder Streufluß von den Jochen ausgehend über die Luft und die Kesselwände unter Hervorrufung zusätzlicher Verluste bei geringer Verzerrung der Phasenspannung. Beim Mantel- bzw. Fünfschenkeltransformator kann er sich dagegen über den freien magnetischen Rückschluß des 4. bzw. 4. und 5. Schenkels bei entsprechend stärkerer Verzerrung der Phasenspannung voll entwickeln.

punktbelastbarkeit durch Aufbringung einer in sich kurzgeschlossenen Dreieckausgleichwicklung oder durch Wahl einer Stern-Dreieckwicklung sofort erreichen, da sich dann in der Dreieckwicklung infolge Hintereinanderschaltung der EMKK dreifacher Frequenz ein kurzschlußartiger, einphasiger Strom 3. Ordnungszahl entsprechend Bild 164 B aus-

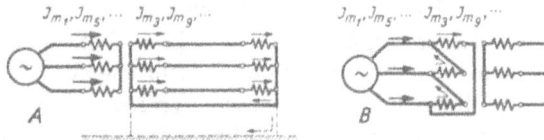

Bild 164. Natürliche Magnetisierungsverhältnisse durch Ausbildung kurzschlußartiger Einphasen-Magnetisierungsströme höherer, durch Drei teilbarer Frequenzen.
A = Sternschaltung mit isoliertem Nulleiter bzw. mit Sternpunkterdung,
B = Dreieckschaltung oder tertiäre Dreieck-Ausgleichwicklung.

bilden kann, der das Entstehen eines Flusses dreifacher Grundfrequenz unterbindet. Man sieht, daß beim Umspanner die Schaltung maßgebend ist. Ähnliches gilt für alle weiteren durch drei teilbaren Stromoberwellen. Die 3., 9., 15. Harmonischen treten also bei Umspannern mit primärer, sekundärer oder tertiärer Dreieckwicklung bei symmetrischer Belastung im äußeren Magnetisierungsstrom überhaupt nicht in Erscheinung; es bleiben nur geringe Reste, die sich durch die kleinere magnetische Weglänge des mittleren gegenüber den beiden äußeren Schenkeln ergeben, die jedoch gemäß den Ausführungen der S. 274 in einfachster Weise auch noch kompensiert werden können.

Das Netz hat demnach bei den Oberwellenerregern des Bildes 164 nur noch die für die natürliche Magnetisierung benötigten Erregerströme 1., 5., 7., 11., 13. ... Ordnungszahl zu liefern, wobei im allgemeinen neben der meist bedeutenden 5. höchstens noch die 7. Harmonische eine zu beachtende Rolle spielt.

Neben den Umspannern sind diejenigen Netzverbraucher als wichtige Oberwellenstromerreger zu betrachten, für die die Proportionalität zwischen Strom und Spannung des Ohmschen Gesetzes nicht mehr gilt. Hierzu gehören die Lichtbogengeräte, insbesondere Großgleichrichter, Lichtbogenöfen, Schweißeinrichtungen, Höchstspannungsleitungen beim Glimmen u. dgl. Die Stromoberwellen dieser Geräte verursachen genau so wie die verzerrten Magnetisierungsströme der Umspanner an den vorgeschalteten Netzinduktivitäten verzerrte Spannungsfälle und daher — selbst bei sinusförmiger Kraftwerks-EMK — ebenfalls Oberwellen in der Netzspannungskurve.

Als letzte Gruppe der Oberwellenspannungserreger können neben Kollektormaschinen die synchronen und asynchronen Stromerzeuger und Motoren infolge der Feldverzerrung sowie auf Grund der Nuten- oder Kollektoroberwellen in Betracht kommen.

Die Synchronstromerzeuger werden heute durch Bruchlochwicklung, verkürzten Wickelschritt usw. entsprechend den REM mit einer im Leerlauf höchstens um 5% von der Sinusform der Grundwelle abweichenden EMK geliefert. Nennenswerte Oberwellen erzeugen daher nur noch sehr alte Maschinen mit schlechten Polformen und Wickeldaten sowie niedriger Ständerstreureaktanz. Da neuzeitliche Synchronmaschinen außerdem starke Dämpferwicklungen besitzen, werden durch diese sowohl bei Belastung als auch in Störungsfällen die Oberwellen im wesentlichen ausgelöscht. So ergeben sich beim zweiphasigen Kurzschluß durch das Ankerrückwirkungs-Wechselfeld und die hierdurch bedingte Frequenzspiegelung zwischen Ständer und Läufer Spannungen höherer, ungeradzahliger Harmonischer in den nicht kurzgeschlossenen Ständerphasen; durch den Dämpferkäfig werden diese Oberwellen mehr oder weniger unterdrückt. Das gleiche gilt bei Stromerzeugern mit geerdetem Sternpunkt für die im Erdschlußfall auftretenden Spannungsoberwellen, die sich infolge des Arbeitens der beiden nicht erdgeschlossenen Maschinenphasen im stark gesättigten Gebiet der Magnetisierungskurve auszubilden versuchen. Auf das gelegentliche Vorkommen von Nutenoberwellen hoher Ordnungszahlen in Synchron- und Asynchronmaschinen soll nur kurz hingewiesen werden.

Aus der Vielzahl der vorstehend aufgeführten Oberwellenerzeuger erkennt man, daß der Sitz der Oberwellenspannungs- und Oberwellenstromerzeuger durchaus nicht mit dem Einbauort der Energieerzeuger identisch ist. Vielmehr sind die Oberwellenerzeuger überall im Netz — je nach dem Einbauort ihrer Träger — anzutreffen; hierdurch wird zuweilen eine genaue rechnerische Überprüfung der Verhältnisse erschwert, zumal man außerdem häufig die Höhe der hinter den einzelnen Erregern steckenden Oberwellenenergie nicht eindeutig kennt.

b. Oberwellenverbraucher. Sind in einem Netz nennenswerte Oberwellenerreger vorhanden, so zwingen diese ihre Oberwellen jedem im gleichen Netz unter Spannung stehenden elektrischen Gerät auf. Derartige auf die Netzoberwellen reagierende Apparate kann man als Oberwellenverbraucher oder Oberwellenschlucker, die Oberwellen selbst als Netzparasiten bezeichnen. Inwieweit nun durch das Vorhandensein der Oberwellenerreger praktisch sämtliche Netzlasten einschließlich der Stromerzeuger der Kraftwerke als — meist unfreiwillige, aber vom Standpunkt der Oberwellendämpfung dringend benötigte — Oberwellenverbraucher in Mitleidenschaft gezogen werden, soll nachstehend näher behandelt werden.

Werden neuzeitlichen Stromerzeugern mit praktisch sinusförmiger Leerlaufspannungskurve durch die Oberwellenstromerreger des Netzes Oberwellenströme aufgezwungen, so rufen diese in den Ständerstreureaktanzen Streufelder und Spannungsfälle höherer Ordnungszahl hervor. Trotz sinusförmiger EMK weisen die Maschinen in diesen Fällen

verzerrte Klemmenspannungen auf. Außerdem werden die Dämpferkäfige stark erwärmt, da sie sich zum Teil erfolgreich an der Auslöschung
der Oberwellenstrom-Ankerrückwirkungsfelder beteiligen. Dies kann
insbesondere bei anschließendem oder wiederholtem zweipoligem Kurzschluß zu einer Beschädigung der Dämpferwicklung oder Erwärmung
der Polzähne und zum Auslöten der Bandagen führen.

Durch die im Netz verstreuten Oberwellenstromverbraucher werden
infolge Ansteigens des Effektivstromes unnötige zusätzliche Stromwärmeverluste nicht nur in den Generatoren, sondern auch in sämtlichen
Übertragungseinrichtungen[1]) des Netzes hervorgerufen.

Ferner entstehen bei verzerrter Netzspannung in den an das Netz
angeschlossenen synchronen oder asynchronen Motoren mit sinusförmiger
EMK unter dem Einfluß der Oberwellenspannung des Netzes U_n Ausgleichströme $J_n = U_n/n \, X_{L_1}$, die hierbei in den Ständer- und Läufer-
wicklungen — letztere wirken wieder als Dämpferwicklung — Verluste
zur Folge haben. Soweit es sich hierbei um Stromabnehmer handelt,
werden diese meistens unverschuldet von dieser Wirkungsgradverschlechterung betroffen. Bei Ohmschen Verbrauchern, wie Lampen und Öfen,
ergeben sich durch die erhöhten Effektivströme kaum nennenswerte
Nachteile. Bei der Speisung von Einankerumformern mit verzerrter
Netzspannung bilden sich Ankerfelder höherer Frequenzen aus, die nicht
kompensiert werden können und daher zu Bürstenfeuer und Kommutierungsschwierigkeiten führen.

Keramische Netzglieder wie Stützer, Hängeketten, Durchführungen
usw., die zur Isolation gegen Erde dienen und somit als Oberwellenverbraucher nicht unmittelbar anzusprechen sind, deren Sicherheit jedoch
vom Scheitelwert der Spannung abhängt, werden von den Spannungs-
harmonischen kaum wesentlich beeinflußt; dies ist auch dann kaum der
Fall, wenn man mit einer solchen Phasenlage der Oberwellen rechnet,
daß spitze Spannungskurven (Bild 161) entstehen.

Diese nadelstichartigen Spannungsspitzen können jedoch für sämtliche Wicklungen, insbesondere für Maschinen- und Umspannerwick-
lungen, für das Dielektrikum der Kondensatoren usw. in ungünstigen
Fällen (Spannungsresonanz) gefährlich werden.

Weiterhin können sich beim Vorhandensein von höheren Harmonischen in der verketteten Spannung bei Erdschluß zusätzliche Erdschluß-

---

[1]) Auf die Möglichkeit einer Störung benachbarter Fernsprechleitungen durch
Beeinflussung von seiten der Oberwellenerreger soll nur kurz hingewiesen werden.
In allen deutschen Netzen wird schon aus starkstromtechnischen Gründen von
vornherein größter Wert darauf gelegt, daß die Welligkeit der Oberwellenerreger
bei belasteten und auch bei entlasteten Netzen sowie bei variablem Netzschaltzustand in vernünftigen Grenzen gehalten wird (näheres s. a. Wild, ETZ 59
(1938), S. 385; Geise, Cigre 1939, Bericht 115; Cleve, ETZ 60 1939), S, 737; Denn-
hardt, A., ETZ 61 (1940), S. 639).

ströme $J_{e_n} = U_{v_n} \sqrt{3} \; (n \, 2 \, \pi \, f_1) \; K_{11}$ entwickeln, wodurch sich ein erhöhter Effektiverdschlußstrom $J_{e_{\text{eff}}} = \sqrt{J_{e_1}^2 + J_{e_3}^2 + J_{e_5}^2 \ldots + J_{en}^2}$ ergibt; hierbei bedeutet K_{11} die Kapazität eines Leiters gegen Erde. Eine im Nullpunkt des Netzes angeschlossene Erdschlußspule vermag bei richtiger Abstimmung auf die kapazitive Grundwelle des Erdschluß-stromes diese voll zu kompensieren, aber auch nur diese bis auf wenige Prozent Wirkreststrom, nicht aber außerdem die Oberwellenerdschluß-ströme. So ergibt eine 5. Spannungsoberwelle von 10% bereits einen Erdschlußstrom $J_{e_5} = 50\% \; J_{e_1}$; es wirken sich also kleine Spannungs-verzerrungen sehr stark in dem unkompensierbaren Gesamtreststrom aus, wobei sich dieser aus dem Verluststrom aller und aus den unkompen-sierten Erdschlußströmen höherer Ordnungszahlen geometrisch zu-sammensetzt. Ein solcher Gesamtreststrom bzw. richtiger die Gesamt-restleistung ist aber aus mehreren Gründen höchst unerwünscht. Zu-nächst kann in einem Kabelnetz ein einpoliger Erdschluß um so leichter zu einem Kurzschluß durchbrennen, je höher die zerstörend wirkende Erdschluß-Restleistung ist, d. h. je kürzer die für die Durchführung der Netzumschaltung zur Verfügung stehende Zeit wird. Ferner kann das Entstehen und Unterhalten glühender Lichtbogenfußpunkte sowohl durch hohe Restleistung als auch durch die bei den hohen Frequenzen entsprechend geringere Abkühlungszeit bis zum Wiederkehren der Spannung begünstigt werden. Tritt hierbei eine an sich niedrige Ober-wellenspannung und damit eine Zerstörleistung in einer solchen Höhe auf, daß die durch Hitze und Ionisation geschwächte Lichtbogenstrecke nach bereits erfolgtem Verlöschen im Stromnulldurchgang erneut durchschlagen wird, so erhält man trotz eingebauter Erdschlußspule einen Stehlichtbogen. Derartige Versager, die durch richtig eingesetzte Kondensatorbatterien (Bild 160b) oder durch Oberwellenkurzschluß-kreise nach Bild 185 D, 190 und 191 auch gebessert werden können, sind nur selten beobachtet worden.

Die wichtigste Folgeerscheinung des Vorhandenseins von Netz-oberwellen ergibt sich für die Kondensatoren, zumal diese Oberwellen-verbraucher bereits bei Anschluß an eine starre, verzerrte Netzspannung zusätzliche Oberwellenströme aufnehmen müssen. Handelt es sich je-doch um ihren Einsatz in einem schwachen Netz mit entfernten Ober-wellenerregern, so kann außerdem in ungünstigsten Fällen Spannungs-resonanz auftreten, die dann nicht nur den Kondensatoren selbst, sondern auch den beteiligten Netzgliedern schaden kann.

c. Verlustlose Schwingungskreise. Die Verzerrung der verketteten Netzspannung wirkt auf alle Netzkapazitäten und damit auch auf die Starkstromkondensatoren stärker ein als auf sämtliche übrigen Netz-geräte. Der Kondensator ist in seiner Blindleistungsaufnahme bei kon-stanter Kapazität nur spannungs- und frequenzabhängig. Im Gegensatz zu dem mit steigender Frequenz anwachsenden induktiven Blindwiderstand X_{Ln} nimmt die Kondensatorreaktanz mit wachsender Frequenz ab:

$$X_{C_n} = X_{C_1}/n = 1/n\,\omega_1\,C \quad\ldots\ldots\ldots \quad (73)$$

Es ist also beim Kondensator bereits bei geringem Oberwellengehalt der Netzspannungskurve mit starker Oberwellenstromaufnahme zu rechnen, d. h. er ist verhältnismäßig stark oberwellenabhängig. Enthält die Netzspannung außer der Grundwelle U_1 noch beispielsweise eine 5. Harmonische von 20% der Grundwellenspannung, so steigt der Effektivstrom auf 141% des Grundwellensollwertes an. Hierdurch wird einerseits der Kondensator dielektrisch um 10...15% über den zulässigen Wert hinaus überbeansprucht, andererseits erschweren die Oberwellenparasiten durch Erhöhung der Stromwärmeverluste in den Zuleitungen die eigentliche Entlastungsaufgabe des Kondensators; schließlich geben sie Anlaß zu evtl. Störungsmöglichkeiten und behindern dadurch sein tariflich und betriebstechnisch einwandfreies Arbeiten.

Es ist nur in den seltensten Fällen zulässig — z. B. bei direktem galvanischem Anschluß an die Sammelschiene eines unendlich großen Kraftwerkes mit vernachlässigbar niedriger Ständerstreureaktanz —, den Kondensator in der vorstehenden Weise losgelöst von den übrigen Netzgliedern für sich allein zu betrachten. Bei keinem in ein Netz einzubauenden Gerät ist es so wichtig, von Fall zu Fall zu wissen, welcher Art und Größe die parallel und vor allem vor den Kondensatoren liegenden Verbraucher- bzw. Netzimpedanzen sind, da durch das Zusammenwirken von Kapazität und Induktivität stets ein Schwingungskreis gebildet wird. Wird dieser durch eine von einem Oberwellenerreger erzeugte Oberfrequenz angestoßen, so ergibt sich je nach der Art des Schwingungskreises und nach der Größe der Übereinstimmung der induktiven und kapazitiven Blindwiderstände für die betreffende Oberwellentaktgeberfrequenz Strom- bzw. Spannungsresonanz in mehr oder weniger vollkommener Art. Die Gesetzmäßigkeiten des Zusammenarbeitens des Kondensators mit den Parallelreaktanzen bzw. Reihenreaktanzen und schließlich mit den Parallel- und Reihenreaktanzen sollen näher untersucht werden.

Es sei zunächst daran erinnert, daß man sich die Oberwellenerreger aus der Hintereinanderschaltung eines Grundwellenstromerzeugers mit der Klemmenspannung U_1 und eines bzw. mehrerer Oberwellengeneratoren mit den Spannungen U_3, U_5, $U_7 \ldots U_n$ zusammengesetzt denken kann; hierbei wird die Wirkleistung lediglich von dem Grundwellengenerator erzeugt, während die von den Oberwellengeneratoren gelieferten Ströme in dieser Beziehung Parasiten sind. Diese Betrachtungsweise gilt streng genommen nur für Generatoren und Motoren (Bild 165 A). Bei dem Umspanner (Bild 165 B) als wichtigstem Oberwellenerreger hat man es mit einer Hintereinanderschaltung von nur Oberwellengeneratoren zu tun, wobei ihm die Grundwellenspannung vom Netz zugeführt wird. Hierbei kann man den Umspanner entweder als Konstantspannungserzeuger mit hoher Oberwelleneigenreaktanz und vernachlässigbar geringer vorgeschalteter Primär- und Sekundärstreureaktanz (Bild 165 C) oder als Konstantstromerzeuger mit unendlich hoher Eigenreaktanz und kleiner Parallelreaktanz (Bild 165 D) auffassen[1]).

Parallelschwingungskreis. Es sei, wie in Bild 165 A, angenommen, daß ein Oberwellenerreger die Grundspannung U_1 und die Oberwellenspannung U_n erzeuge. Er arbeite gemäß Bild 166 auf eine Sammelschiene, an die eine feste induktive Grundwellenreaktanz X_{L1} (leerlaufender Asynchronmotor od. dgl.) und eine Kondensatorregelbatterie mit veränderlicher kapazitiver Grundwellenreaktanz X_{C1} angeschlossen seien. Für diese verlustlos angenommenen Parallelreaktanzen ergibt sich folgende Parallelersatzreaktanz für die $n$te Oberwelle:

$$X_{\mathrm{Ers}_n} = 1 / \left(\frac{1}{X_{L_n}'} - \frac{1}{X_{C_n}} \right) = \frac{X_{C_n} X_{L_n}'}{X_{C_n} - X_{L_n}'}$$

$$= \frac{\omega_n L'}{1 - \omega_n^2 L' C} \quad \cdot \cdot (74)$$

Diese Parallelersatzreaktanz kann kapazitiven oder induktiven Charakter annehmen, je nachdem, ob bei der $n$ten Oberwelle der kapazitive Widerstand kleiner oder größer als der induktive Widerstand ist. Im übrigen ergeben sich je nach

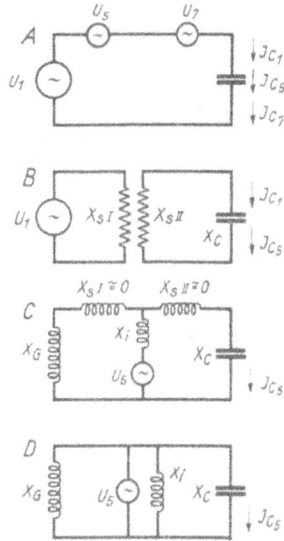

Bild 165. Ersatzschaltbild einer kapazitiv belasteten Maschine mit nicht sinusförmiger Spannung (A) sowie eines kapazitiv belasteten Umspanners (B) letzterer als Konstantspannungsgenerator (C) bzw. als Konstantstromgenerator (D) aufgefaßt.

der Größe der Kapazitäten 3 ausgezeichnete Betriebsfälle. Für unendlich große Kondensatorleistung ($X_{C_n} = 0$ und $X_{\mathrm{Ers}_n} = 0$) wirkt die Batterie als Kurzschluß, was mit Rücksicht auf die Vernichtung der Oberwellenspannung sehr erwünscht wäre, jedoch technisch und wirtschaftlich undiskutabel ist (Bild 166 a). Bei abgeschalteter Batterie ($X_{C_n} = \infty$ und $X_{\mathrm{Ers}_n} = X_{L_n}'$) bleibt lediglich die induktive Last wirksam (Bild 166 b).

Der wichtigste Fall ist derjenige der Reaktanzgleichheit ($X_{L_n}' = X_{C_n}$). Hierfür wird nach Gl. (74)

$$X_{\mathrm{Ers}_n} = \infty \quad \text{sowie} \quad J_{\mathrm{Ges}_n} = U_n / X_{\mathrm{Ers}_n} = 0$$

(Bild 166 c); es kann also trotz bestehender Oberwellenspannung von

---

[1]) In Bild 165 u. ff. entspricht die Pfeilrichtung der Kondensatorströme entweder dem Charakter des Kondensators als Blindleistungserzeuger für Kompensationszwecke oder demjenigen als Oberwellenstromverbraucher.

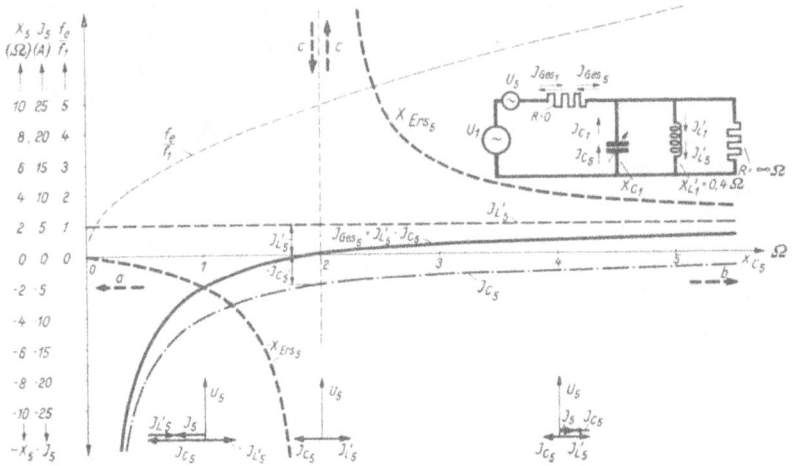

Bild 166. Ersatzschaltbild, kurvenmäßige und vektorielle Darstellung eines verlustlosen Parallel-schwingungskreises mit veränderlicher Kapazität.

dem Stromerzeuger aus kein Strom $n$facher Frequenz geliefert werden, da der Parallelstromkreis dem Stromfluß $n$facher Frequenz einen unendlichen Widerstand und damit eine Stromsperre entgegensetzt. Man bezeichnet diesen Parallelstromkreis mit diesem charakteristischen Reaktanzverhältnis deswegen mit »Sperrkreis«. Das Nichtfließen des Generatorstromes J_n schließt aber nicht aus, daß im Innern des Sperrkreises ein Strom $n$ter Ordnungszahl pendelt, weswegen dieser Kreis auch »Stromresonanzkreis« genannt wird. Da an den Klemmen der Parallelreaktanz die Spannung U_n liegt, so beträgt der von dem Kondensator aufgenommene Strom $J_{Cn} = U_n/X_{Cn}$ und der von der Induktivität aufgenommene Strom $J_{Ln}' = U_n/X_{Ln}'$. Da außerdem $X_{Cn} = X_{Ln}'$ sein sollte, so wird auch $J_{Cn} = J_{Ln}'$. Beide Ströme kompensieren sich also bei der $n$ten Frequenz der Größe und Phasenlage nach vollkommen (Stromresonanz), so daß die Zuleitung entlastet ist. Dieses wird bei der Grundfrequenz bei der Blindstromkompensation bis auf $\cos \varphi = 1$ in hohem Maße technisch und wirtschaftlich ausgenutzt, während man bei höheren Frequenzen — abgesehen von der Sperr- und Schutzwirkung z. B. für Kondensatoren nach Bild 185 C — an einer Entlastung der Speiseleitung von Oberwellenströmen ebenfalls interessiert ist.

Die zu dem Parallelschwingungskreis gehörige Eigenfrequenz f_e errechnet sich hierbei wie folgt:

$$X_{Ln}' = X_{Cn} \quad \text{oder} \quad (2\pi n f_1) L' = 1/(2\pi n f_1) C$$

$$\left.\begin{aligned} f_e &= \frac{1}{2\pi}\sqrt{\frac{1}{L'C}} = \frac{1}{2\pi}\frac{f_1}{f_1}\sqrt{\frac{1}{L'C}} = f_1\sqrt{\frac{1}{\omega_1 L' \omega_1 C}} \\ f_e &= f_1\sqrt{X_{C_1}/X_{L_1}'} \end{aligned}\right\} \quad . . (75)$$

Die vorstehenden 3 charakteristischen Betriebszustände sowie die Zwischenwerte sind in Bild 166 kurvenmäßig und vektoriell für ein Netz mit vorherrschender 5. Harmonischer wiedergegeben. Über die Größe und Phasenlage der Ersatzreaktanz X_{Ers_5} wurde bereits das Erforderliche gesagt. Der nach außen allein auftretende Gesamtstrom des Oberwellenerregers J_{Ges_5} erscheint in jedem Augenblick als Differenz des induktiven Stromes J_{L_5}' und des Kondensatorstromes J_{C_5}', also $J_{\mathrm{Ges}_5} = J_{L_5}' - J_{C_5}$; man erkennt, daß mit wachsender kapazitiver Reaktanz X_{C_5}, d. h. mit sinkender Kondensatorleistung, der anfänglich kurzschlußartige kapazitive Gesamtstrom (Gebiet der Überkompensation im Sprachgebrauch der Grundwelle) stark abnimmt, bei Reaktanzgleichheit infolge vollkommenen Ausgleiches der Blindströme im Stromresonanzkreis durch die Nullinie hindurchläuft (vollkommene Kompensation), um schließlich asymptotisch dem Wert des Drosselstromes J_{L_5}' zuzustreben (Unterkompensation). Gleichzeitig steigt die Eigenfrequenz f_e des Stromresonanzkreises von Null ausgehend ständig an, erreicht bei Reaktanzgleichheit den Wert der Resonanzfrequenz ($f_e = 5 f_1$) und steigt anschließend mit wachsender kapazitiver Reaktanz weiter an. Man ersieht hieraus, daß jeder Parallelschaltung von Kapazität und Induktivität eine bestimmte Eigenfrequenz im Schwingungskreis zugeordnet ist. Stimmt diese mit der aufgedrückten Oberwellenerregerfrequenz überein, so erhält man Reaktanzgleichheit und damit Stromresonanz.

Ein ähnlicher Kurvenverlauf würde sich auch für gleichbleibende Grundwellen-Blindwiderstände bei veränderlicher Oberwellen-Kreisfrequenz ω_n ergeben.

Reihenschwingungskreis. Bei der Untersuchung möge ein Oberwellenerreger mit den Spannungen U_1 und U_n über eine von mehreren Netzumspannern und Leitungen herrührende Reiheninduktivität L eine Kondensatorregelbatterie C speisen (Bild 167). Für die Reihenschaltung der verlustlos angenommenen Reihenreaktanzen ergibt sich für die $n$te Oberwelle folgende Reihenersatzreaktanz:

$$X_{\mathrm{Ers}_n} = X_{L_n} - X_{C_n} = n\,\omega_1\,L - 1/n\,\omega_1\,C \ . \ . \ . \ . \ . \ (76)$$

Auch hier kann die Reihenersatzreaktanz und damit der Gesamtstrom wie im Falle der Parallelreaktanzen einen kapazitiven oder induktiven Charakter annehmen, je nachdem ob der kapazitive oder induktive Widerstand bei der $n$ten Harmonischen überwiegt. Die drei charakteristischen Hauptfälle sind hierbei folgende: Bei unendlich großer Kondensatorleistung ($X_{Cn} = 0$ und $X_{\mathrm{Ers}n} = X_{Ln} - 0 = X_{Ln}$) wird der Kondensator an seiner vollen kurzschlußbedingten Stromaufnahme nur durch die Vorschaltreaktanz X_{Ln} gehindert (Bild 167a); das sich gleichzeitig ergebende Kurzschließen der Oberwellenspannung ist vom Standpunkt des Netzes erwünscht, wenn auch wirtschaftlich nicht durchführ-

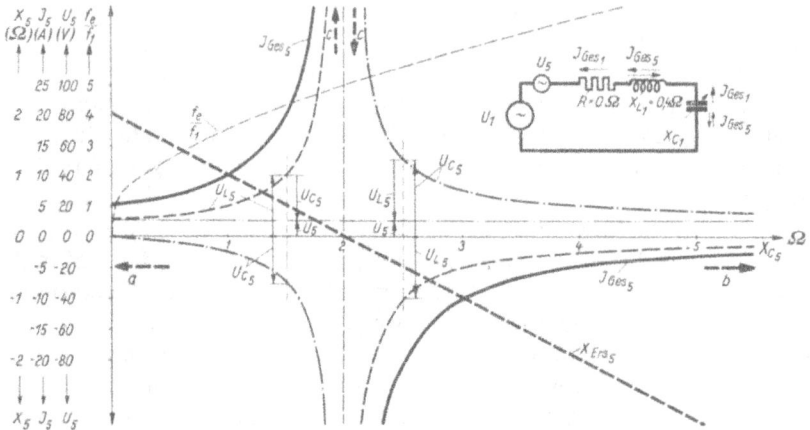

Bild 167. Ersatzschaltbild, kurvenmäßige und vektorielle Darstellung eines verlustlosen Reihenschwingungskreises mit veränderlicher Kapazität.

bar. Bei abgeschalteter Batterie ($X_{Cn} = \infty$ und $X_{Ersn} = \infty$) fließ
überhaupt kein Strom in der Reihenschaltung (Bild 167b).

Der wichtigste Fall ist auch hier derjenige der Reaktanzgleichheit
($X_{Cn} = X_{Ln}$). Nach Gl. (76) wird der Reihenschwingungskreis für die
$n$te Oberwelle reaktanzlos, da $X_{Ersn} = X_{Ln} - X_{Ln} = 0$ ist (Bild 167c).
Im verlustlos angenommenen Stromkreis stellt sich demnach ein unendlich großer Gesamtstrom $J_{Gesn} = U_n/X_{Ersn} = U_n/0 = \infty$ ein, der
an den Klemmen der induktiven und kapazitiven Blindwiderstände
ebenfalls unendlich hohe Überspannungen hervorruft. Man bezeichnet
diesen Stromkreis mit derartig abgestimmten Reihenreaktanzen mit
»Spannungsresonanzkreis« oder »Saugkreis«. Spannungsresonanz tritt
also dann ein, wenn ein durch einen Oberwellenerreger angestoßener
Reihen-Schwingungskreis gleich große induktive und kapazitive Ober-
wellen-Reihenblindwiderstände aufweist und hierdurch resonanzbedingte
erhebliche Strom- und Spannungsüberlastungen erfährt. Zu erwähnen ist
noch, daß der Oberwellenerreger im Spannungsresonanzfall auf die
Ersatzreaktanz $X_{Ersn} = 0$, also auf einen regelrechten Oberwellenkurzschluß arbeitet; auf diese sehr wichtige kurzschließende Wirkung des
Spannungsresonanzkreises müssen wir, ihrer Bedeutung entsprechend,
später eingehend zurückkommen.

In Bild 167 sind diese drei wichtigsten Betriebszustände sowie ihre
Zwischenwerte für ein Netz mit ausgeprägter 5. Harmonischer dargestellt. Man erkennt — von $J_{Ges_5} = J_{L_5}$ aus beginnend — das starke
Ansteigen des Gesamtstromes sowie den durch ihn bedingten Spannungsfall U_{L_5} bzw. U_{C_5}. Im Resonanzfall weisen letztere entgegengesetzt
gleich große Höchstwerte auf. Nach Durcheilen der Resonanzlage
klingen diese bei kapazitivem Charakter der Reihenschaltung langsam
ab, bis bei $X_{C_5} = \infty$ der Strom und die Spannungen dem Wert 0 zu-

streben. Die Höhe der Überlastungen im verlustlosen Stromkreis hängt davon ab, wieweit die vom Oberwellenerreger dem Netz aufgedrückte 5. Harmonische mit der Eigenfrequenz des Reihenschwingungskreises f_e übereinstimmt. Es ist festzustellen, daß in Reihenschwingungskreisen die Reihenreaktanzen und ihre Strombahnen bei der Grundwelle und vor allem bei den Oberwellen in Resonanz und Resonanznähe stark überbeansprucht werden, während die vorher behandelte Stromresonanz sowohl bei der Grundwelle als auch bei der Oberwelle zur Entlastung der Zuleitungen betrug. Man muß daher die zu erwartenden Betriebsbedingungen genau vorher festlegen, wenn man sich vor Überraschungen schützen will. In den anschließenden Abschnitten wird noch näher behandelt werden, daß die — an sich vorher errechenbaren — erheblichen Überlastungen des Spannungsresonanzkreises ganz wesentlich durch den Ohmschen Reihenwiderstand des Netzes sowie durch die dämpfend wirkende Ohmsche Netzlast auf ein erträgliches Maß herabgedrückt werden; auch braucht man kaum jemals mit starrem Oberwellenerreger zu rechnen.

Ein ähnlicher Kurvenverlauf wie in Bild 167 würde sich auch für veränderliche Oberwellen-Kreisfrequenz bei gleichbleibendem induktivem und kapazitivem Grundwellen-Blindwiderstand ergeben.

Die zu dem Reihenreaktanzstromkreis gehörende Eigenfrequenz f_e dieses Kreises[1]) läßt sich aus der Spannungsresonanzbedingung $X_{Ln} = X_{Cn}$ analog wie bei Gl. (75) ableiten zu:

$$f_e = f_1 \sqrt{X_{C_1}/X_{L_1}} \quad . \quad . \quad . \quad . \quad . \quad . \quad . \quad (77)$$

Es handelt sich um die gleiche Beziehung, wie sie sich in Gl. (24) beim Schalten von Kondensatoren ergab. Stimmt die Eigenfrequenz des Reihen-Schwingungskreises[1]) mit der von dem Oberwellenerzeuger dem Netz aufgedrückten Taktgeberfrequenz überein, so ist die Eigenfrequenz identisch mit der Resonanzfrequenz des Kreises. Will man sich über die Größenordnung dieser für die Beurteilung der Netzverhältnisse außerordentlich aufschlußreichen Kenngröße an Hand der praktisch geläufigen Netzdaten Übersicht verschaffen, so erweitert man Gl. (77) wie folgt:

$$\frac{f_e}{f_1} = \sqrt{\frac{X_{C_1}}{X_{L_1}} \frac{J_{C_1}}{J_1} \frac{J_1}{J_{C_1}}} = \sqrt{\frac{U_{C_1}}{U_{bL_1}} \frac{J_1}{J_{C_1}}} \cong \sqrt{\frac{U_1}{U_{bL_1}} \frac{N_1}{N_{C_1}}} \cong \sqrt{\frac{100^0/_0}{u_k{}^0/_0 \sin \varphi_k} \frac{N_1}{N_{C_1}}} \quad (78)$$

Legt man $U_{bL_1} = 5...10...15\%$ als induktiven Spannungsfall, den der Vollastgrundwellenstrom J_1 an der Reiheninduktivität zwischen dem

---

[1]) Da die Oberwellenerreger außer im Kraftwerk vor allem in den verschiedenartigsten Netzstellen ihren Sitz haben können und außer dem jeweils betrachteten Kondensator praktisch stets noch weitere Kapazitäten im Netz vorhanden sind, so braucht die Eigenfrequenz des jeweils untersuchten Reihenschwingungskreises (nachstehend kurz mit »Kreiseigenfrequenz« bezeichnet) nicht ohne weiteres mit der durch die Gesamtkapazität des Netzes bedingten »Netzeigenfrequenz« identisch zu sein.

Oberwellenerreger[1]) und der Kondensatorsammelschiene hervorruft, zugrunde, so erhält man für Kompensationsleistungen $N_{C1} = 5...20...100\%$ — bezogen auf die über die Leitung oder über den direkt vorgeschalteten Umspanner fließende Vollastleistung N_1 — Eigenfrequenzen[1]) im Bereich zwischen der 15...2fachen Ordnungszahl der Grundwelle. Hierbei ist die Eigenkapazität der Kabel und Freileitungen noch vernachlässigt. Dieses Ergebnis läßt sich auch aus Bild 168 ablesen, welche die Aus-

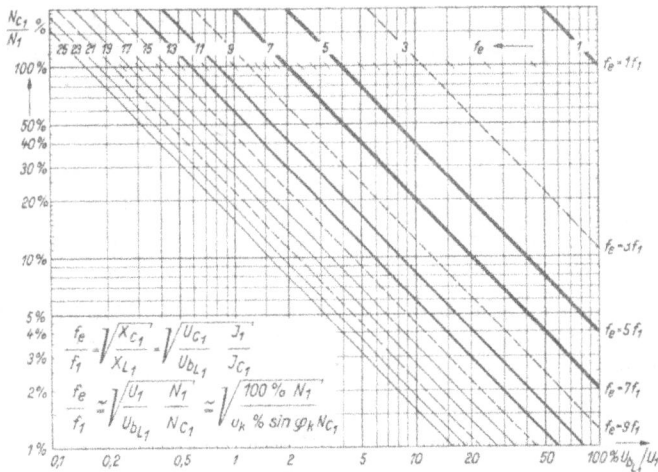

Bild 168. Oberwellenresonanz bei verschieden starkem Kondensatoreinsatz und veränderlichem induktiven Blindspannungsfall.

wertung der Gl. (78) darstellt. Es lassen sich nunmehr folgende Schlußfolgerungen ziehen:

1. Vergrößerung der Kondensatorleistung N_{C1} wirkt eigenfrequenzerniedrigend.
2. Vergrößerung der Vorschaltinduktivität X_{L1} wirkt im gleichen Sinne.
3. Erhält man für eine bestimmte Kondensatorleistung Resonanznähe oder Spannungsresonanz mit einer höheren Harmonischen, so muß man die Eigenfrequenz des betrachteten Reihenschwingungskreises in das Gebiet einer geradzahligen[2]) Ordnungszahl durch eine Maßnahme nach Punkt 1 oder 2 oder einer ihrer später zu behandelnden Abarten verstimmen.
4. Man wird hierbei außerdem möglichst niedrige[1]) Ordnungszahlen anstreben, um einerseits die Kondensatorüberlastungen nach Gl. (82...86) möglichst herabzudrücken sowie um andererseits in einem neutralen Gebiet zu arbeiten, welches gegen Induktivitätsänderung — hervorgerufen durch geänderten Netzschaltzustand — verhält-

---

[1]) Siehe Fußnote S. 241.
[2]) Siehe Schulze, E., VDE-Fachberichte 7 (1935). S. 21.

nismäßig unempfindlich ist. Hierbei wird man die Eigenfrequenz unterhalb derjenigen Oberwelle verstimmen, welche der wichtigste und im allgemeinen nächstgelegene Oberwellenerreger aufweist, bzw. welche — bei unklarem Oberwellensitz — in der Netzspannungskurve besonders stark hervortritt, also meist unterhalb der 5. Harmonischen.

5. Die Größe der erforderlichen Kondensatorzusatzleistung oder Vorschaltdrossel läßt sich sofort aus dem Bild 168 oder aus Gl. (78) ablesen.

6. Die durch Spannungsresonanz bewirkte Spannungsverzerrung greift meist nicht über die nächste Umgebung hinaus, zumal wenn der letzte Abspanner den größten Teil der wirksamen Netzreaktanz ausmacht oder selbst als Oberwellenerreger in Betracht kommt.

7. Spannungsresonanz mit der Grundfrequenz ist in normalen Netzen selbst bei rein kapazitiver Last ($N_{C1} = N_1$) glücklicherweise völlig ausgeschlossen. (Seltene Ausnahme s. z. B. S. 219.)

Reihenparallelschwingungskreis. Im tatsächlichen Netzbetrieb wird man weder reine Parallelreaktanzen noch reine Reihenreaktanzen, sondern im allgemeinen Reihen-Parallel-Reaktanzstromkreise nach Bild 169 antreffen. Im verlustlosen Stromkreis nimmt die Reihenersatzreaktanz folgenden Wert an:

$$X_{Ers_n} = X_{L_n} + \frac{X_{L_n}' X_{C_n}}{X_{C_n} - X_{L_n}'} = \omega_n \cdot L + \frac{\omega_n \cdot L'}{1 - \omega_n^2 \cdot L' C'} \quad . \quad . \quad (79)$$

Analog zu den bisherigen Fällen ergeben sich 4 charakteristische Betriebszustände. Bei unendlich großer Kondensatorleistung ($X_{Cn} = 0$

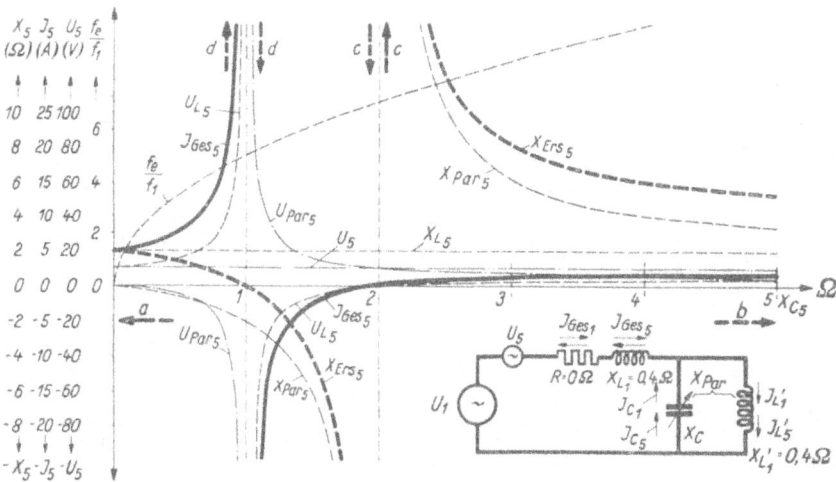

Bild 169. Ersatzschaltbild und kurvenmäßige Darstellung eines verlustlosen Reihen-Parallelschwingungskreises mit veränderlicher Kapazität.

16*

und $X_{\text{Ers}n} = X_{Ln}$) wird deren Stromaufnahme durch die Reiheninduktivität X_{Ln} begrenzt (Bild 169a). Bei abgeschalteter Batterie ($X_{Cn} = \infty$ und $X_{\text{Ers}n} = X_{Ln} + X_{Ln}'$) wird die induktive Stromaufnahme des Gesamtstromkreises noch niedriger als im Falle a (Bild 169b). Schließlich erhält man wieder Stromresonanz für $X_{Cn} = X_{Ln}'$ mit oberwellenstromsperrender Wirkung (Bild 169c) sowie Spannungsresonanz für $X_{Ln} + X_{Ln}' X_{Cn}/(X_{Cn} - X_{Ln}') = 0$ mit den bekannten Strom- und Spannungsüberlastungen (Bild 169d). Von Interesse ist lediglich die Ermittlung der Eigenfrequenz des Reihenparallel-Schwingungskreises. Auf Grund der Gl. (79) wird bei Spannungsresonanz:

$$X_{\text{Ers}n} = X_{Ln} + \frac{X_{Ln}' X_{Cn}}{X_{Cn} - X_{Ln}'} = 0$$

$$X_{L_1} f_e/f_1 = - \frac{(X_{L_1}' f_e/f_1)(X_{C_1} f_1/f_e)}{(X_{C_1} f_1/f_e) - (X_{L_1}' f_e/f_1)}$$

$$X_{L_1} X_{C_1} - X_{L_1} X_{L_1}' (f_e/f_1)^2 = - X_{L_1}' X_{C_1}$$

$$f_e/f_1 = \sqrt{\frac{X_{L_1}' X_{C_1}}{X_{L_1} X_{L_1}'} + \frac{X_{L_1} X_{C_1}}{X_{L_1} X_{L_1}'}} = \sqrt{\frac{X_{C_1}}{X_{L_1}} + \frac{X_{C_1}}{X_{L_1}}}. \quad (80)$$

Die Eigenfrequenz dieses Schwingungskreises liegt also stets höher als diejenige des Parallel- oder Reihenschwingungskreises allein. Dieses Ergebnis läßt sich auch leicht einsehen, wenn man bedenkt, daß z. B. beim Reihenschwingungskreis die Kapazität durch eine hinzukommende Parallelinduktivität teilkompensiert, d. h. in ihrer äußeren Wirkung verringert wird. Verkleinerte Kondensatorleistung hat aber nach Gl. (78) Erhöhung der Eigenfrequenz zur Folge. Das Ergebnis der Gl. (80) ist auch bei induktivem Charakter der Parallelersatzreaktanz des vorliegenden Schwingungskreises festzustellen, d. h. für

$$X_{\text{Ers}n} = X_{Ln} - X_{Ln}' X_{Cn}/(X_{Ln}' - X_{Cn}) = 0.$$

d. Kondensatoren- und Netzschutz. Aus der Ableitung der Gesetzmäßigkeiten für einfache und gemischte Schwingungskreise geht hervor, daß beim Anschluß von Kondensatoren unter ungünstigen Netzverhältnissen die Gefahr einer mehr oder weniger vollkommenen Spannungsresonanz besteht. Es ist daher die Beantwortung der Frage von großem Interesse, auf welche Weise derartige resonanzbedingte Überströme und Überspannungen für Netz und Kondensatoren vermieden werden können.

Die Lösung dieses Problemes läßt sich sehr einfach aus der Betrachtung der Gl. (80) herleiten. Hiernach gibt es 3 Wege, um die Kreiseigenfrequenz unterhalb der Störfrequenz des Netzes zu verlagern. Eigenfrequenzverringernd wirkt sowohl Herabsetzung von X_{C_1}, d. h. Vergrößerung der Kondensatorleistung, ferner Erhöhung der Reihenreaktanz X_{L_1} auf natürliche oder künstliche Weise — z. B. durch Vorschalten einer Reihendrosselspule oder Veränderung des Netzschaltzustandes — sowie schließlich Erhöhung der Grundwellenreaktanz X_{L1}', was auf Abschalten von Parallellast hinausläuft. Bevor auf diese drei wichtigen Schutzmaßnahmen näher einzugehen ist, soll der vorbehandelte Schwingungskreis nochmals unter dem Gesichtspunkt des Vorhandenseins von Ohmschem Reihenwiderstand zwischen Oberwellenerreger und Kondensator betrachtet werden. Es genügt hierbei, auf den Reihenschwingungskreis zurückzugreifen.

Ohmsche Reihenwiderstände. Um klare und übersichtliche Verhältnisse zu erhalten, wurde bisher stets Verlustlosigkeit der Netzzuleitung des Kondensators ($R = 0$) angenommen. Glücklicherweise werden die Strom- und Spannungsüberlastungen in dem vor allem interessierenden Spannungsresonanzfall bereits durch die natürlichen Ohmschen Leitungswiderstände und vor allem durch die später zu behandelnde Parallellast des Netzes außerordentlich stark gemildert. Die Impedanz des Reihenschwingungskreises nimmt durch das Hinzukommen des Ohmschen Reihenwiderstandes R folgende Form an:

$$Z = \sqrt{R^2 + X_{\mathrm{Ers}_n}^2} = \sqrt{R^2 + (X_{L_n} - X_{C_n})^2} \quad \ldots \ldots \quad (81)$$

Die an der Reiheninduktivität sowie an der Reihenkapazität sich ausbildenden Spannungsfälle sind ganz allgemein:

$$U_{L_n} = J_{\mathrm{Ges}_n} X_{L_n} = U_n X_{L_n} / \sqrt{R^2 + X_{\mathrm{Ers}_n}^2} \quad \ldots \ldots \quad (82)$$

$$U_{C_n} = J_{\mathrm{Ges}_n} X_{C_n} = U_n / (X_{C_n} \sqrt{R^2 + X_{\mathrm{Ers}_n}^2}) \quad \ldots \quad (82\,a)$$

Im Sonderfall der Spannungsresonanz, d. h. des Oberwellenkurzschlusses, wird unter Beachtung der mit X_{L1} bzw. mit $1/X_{C1}$ erweiterten Gl. (77):

$$U_{L_n} = U_n X_{L_n} / R = U_n \sqrt{X_{C_1} X_{L_1}} / R \quad \ldots \ldots \ldots \quad (83)$$

und

$$U_{C_n} = U_n / (R X_{C_n}) = U_n \sqrt{X_{C_1} X_{L_1}} / R \quad \ldots \ldots \quad (83\,a)$$

wobei

$$Z = R_S = \sqrt{X_{C_1} X_{L_1}} = \sqrt{L/C} = X_{L_1} \sqrt{X_{C_1}/X_{L_1}} = X_{L_1} f_e/f_1 \quad (84)$$

und

$$V = R_S/R = X_{L_1} f_e/(f_1 R)^1) \quad \ldots \ldots \ldots \quad (85)$$

Gl. (84) stellt den Wert des Schwingungs- oder Wellenwiderstandes, Gl. (85) den des Verstärkungsfaktors des Reihenresonanzkreises dar. Man kann Gl. (83) und (83a) unter Benutzung der Gl. (77) den praktischen Bedürfnissen besser anpassen:

$$\left. \begin{aligned} U_{C_n} = U_{L_n} &= U_n \sqrt{X_{L_1} X_{C_1}} / R = U_n \sqrt{X_{L_1} X_{L_1} (f_e/f_1)^2} / R \\ &= U_n \frac{X_{L_1}}{R} \frac{f_e}{f_1} \frac{J_1}{J_1} = \frac{f_e}{f_1} \frac{U_{L_1}}{U_{R_1}} U_n \end{aligned} \right\} \quad \cdot \cdot \quad (86)$$

---

1) Unter f_e ist hier die Eigenfrequenz des verlustlosen Schwingungskreises zu verstehen. Die tatsächliche Eigenfrequenz des gedämpften Schwingungskreises ist gemäß Gl. (23) etwas geringer. R, X_{L_1}, U_{L_n} und U_{C_n} sind auch hier wieder lediglich Schwingungskreis-, nicht Netz-Werte (!)

Aus diesen Beziehungen geht hervor, daß die sich im ausgesprochenen Resonanzzustand an den Gliedern des Reihenschwingungskreises einstellenden Überspannungen um so größer sind, je höher die Oberwellenerregerspannung U_n sowie der Verstärkungsfaktor sind, bzw. je höher außer U_n auch die Eigenfrequenz f_e, die induktive Reihenreaktanz X_{L1} bzw. der bei der Betriebsstromstärke J_1 auftretende Grundwellenspannungsfall U_{L1} sind und je kleiner der Ohmsche Reihenwiderstand R bzw. der dazugehörige Spannungsfall U_{R1} sind. Daß die Überspannungen vor allem durch Entfernung aus der Resonanzlage und durch Verstimmung in Gebiete niedriger, gerader Ordnungszahlen herabgedrückt werden können, sahen wir bereits.

Es ist jedoch interessant, an Hand der nachstehenden Überlegungen feststellen zu können, daß gerade in der ausgesprochenen Resonanzlage die natürlichen Ohmschen Reihenwiderstände der Netze eine starke Dämpfung der Kondensatorüberströme und -überspannungen bewirken, selbst wenn Leerlaufzustand herrscht, d. h. wenn die stärker dämpfende Parallellast im Netz fehlt. Zur überschlägigen Ermittlung der resonanzbedingten Überlastungen des Kondensators wird man davon ausgehen, daß in mittleren Hochspannungs-Freileitungsnetzen der Ohmsche Reihenwiderstand $R = a X_{L1} = (0{,}2...1) X_{L1}$ und in entsprechenden Kabelnetzen $R = a X_{L1} = (1...5) X_{L1}$ beträgt. Bezieht man die Kondensatorüberspannung der Gl. (86) auf die Grundwellenspannung U_1, so wird im Spannungsresonanzfall:

$$\frac{U_{C_n}}{U_1} = \frac{U_n}{U_1} \cdot \frac{X_{L1}}{a X_{L1}} \cdot \frac{f_e}{f_1} = \frac{U_n}{U_1} \frac{1}{a} \frac{f_e}{f_1} \quad \ldots \ldots \quad (86a)$$

Weiterhin wird hierbei der Gesamtstrom $J_{Ges_n} = U_n/R$. Bezieht man diesen auf den Kondensatorgrundwellenstrom $J_{C1} = U_1/X_{C1}$, so wird:

$$\frac{J_{Ges_n}}{J_{C_n}} = \frac{U_n}{U_1} \cdot \frac{X_{C1}}{R} = \frac{U_n}{U_1} \frac{X_{C1}}{a X_{L1}} = \frac{U_n}{U_1} \frac{1}{a} \left(\frac{f_e}{f_1}\right)^2 \quad \ldots \quad (86b)$$

Der prozentuale Resonanzüberstrom des Kondensators ist also um das f_e/f_1-fache größer als die zugehörige prozentuale Resonanzüberspannung. Ist in einem Netz z. B. eine 5. Harmonische mit $U_5 = 0{,}10 \, U_1$ vorhanden, so wird bei Spannungsresonanz mit dieser Oberwelle ($f_e/f_1 = 5$) im Freileitungsnetz die Kondensatorklemmenspannung $U_{C5} = 2{,}5...0{,}5 \, U_1$ und der Kondensatorstrom $J_{Ges5} = 12{,}5...2{,}5 \, J_{C1}$; im Kabelnetz ergibt sich unter sonst gleichen Bedingungen $U_{C5} = 0{,}5...0{,}1 \, U_1$ und $J_{Ges5} = 2{,}5... 0{,}5 \, J_{C1}$ (vgl. Bild 170). Zu ähnlichen Schlußfolgerungen gelangt man, wenn man unter Benutzung der Gl. (86) davon ausgeht, daß im Netz zwischen dem als starr angenommenen Oberwellenerreger und der Kondensatorsammelschiene ein Ohmscher Grundwellenspannungsfall $U_{R1} = 1...4\%$ und ein induktiver Spannungsfall $U_{L1} = 5...15\%$ auftritt.

Die Strom- und Spannungsüberlastungen des Spannungsresonanzkreises sind also durch den natürlichen Schutz der Netze schon ganz

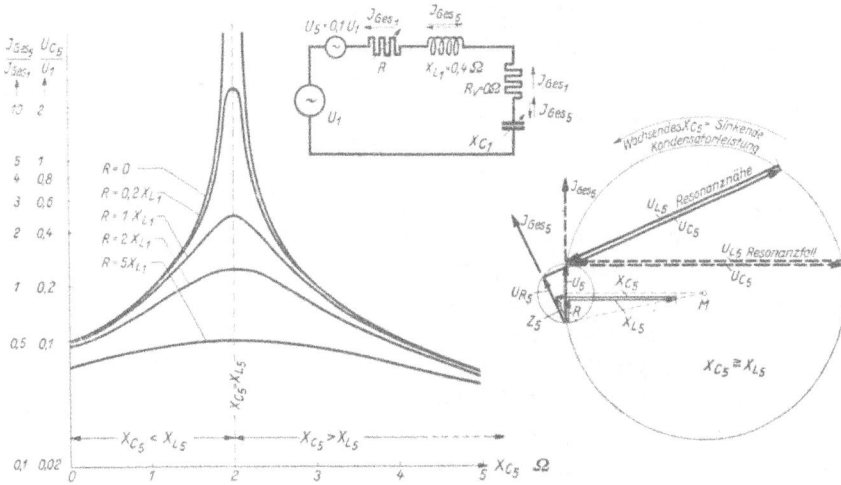

Bild 170. Dämpfung des Kondensator-Oberwellenstromes durch Ohmschen Netzwiderstand beim Fehlen dämpfender Netzlast.

außerordentlich gedämpft. Bedenkt man weiterhin, daß nur in Resonanz und Resonanznähe derartige Überbeanspruchungen möglich sind, sowie daß außerdem die Ohmsche Parallellast des Netzes eine wirksamere Dämpfung und die induktive Parallellast eine Verstimmung der Netzeigenfrequenz verursacht, ferner daß die Oberwellenerreger keine starre Oberwellenspannung zu erzeugen vermögen, so erklärt sich das jahrelange verhältnismäßig ungestörte Arbeiten der vielen Tausenden von Kondensatoranlagen in aller Welt. Man kann annehmen, daß bei vielen Anlagen durch Änderung des Schaltzustandes des Netzes, des Kondensatoreneinsatzes od. dgl. oft genug die Resonanzbedingungen mehr oder weniger scharf erfüllt sind. Trotzdem lehren die Erfahrungen sowie die vorstehenden Untersuchungen, daß die Resonanzzustände glücklicherweise nur höchst selten bösartige Formen für Kondensator und Netz annehmen. Schließlich ist noch darauf hinzuweisen, daß in Kabelnetzen ($R = 1...5$ X_{L1}) eine verhältnismäßig stärkere Dämpfung als in Freileitungsnetzen zu erwarten ist. Dies stimmt auch mit der bekannten Tatsache überein, daß reine Kabelnetze selten stark verzerrte Netzspannungen aufweisen.

Andererseits ist festzustellen, daß gerade dort, wo der natürliche Wirkwiderstand R der Netze die Strom- und Spannungsüberlastung nicht ausreichend mildert, die Vorschaltung künstlicher Ohmscher Widerstände R_v unter Umständen die erforderliche Entlastung bringen kann. Da man hierbei den niedrigen Eigenverbrauch als größten Vorzug der Kondensatorkompensation nicht gefährden darf, kann man R_v höchstens für 1 % Leistungsverlust — bezogen auf Kondensatornennleistung — bemessen; es ergibt sich daher $R_v = 0,01\ X_{C1}$. Betrug für $R = 0,2...1...5\ X_{L1}$ im Resonanzzustand der Kondensatorüberstrom das

12,5...2,5...0,5fache von J_{C1}, so wird durch R_v eine weitere Dämpfung auf das 5,5...2,0...0,475fache von J_{C1} erzielt. Die künstlichen Dämpfungswiderstände sind also um so wirksamer, je niedriger die natürliche Dämpfung, d. h. je starrer das Netz ist. Man darf aber niemals übersehen, daß sie nur in Resonanz und Resonanznähe einigermaßen vorteilhaft sind. Für die Oberwellendämpfung haben sie daher nur ausnahmsweise praktisch Verwendung gefunden, und zwar z. B. in kleinen Gleichrichteranlagen, in denen z. B. der Kondensatorstrom 5. und 7. Ordnung merklich herabgesetzt werden konnte.

Es ist noch zu erwähnen, daß sich auch für den verlustbehafteten Reihenparallelstromkreis leicht nachweisen läßt, daß sinngemäß dieselben Gleichungen (86...86b) gelten, allerdings ist hierbei für f_e/f_1 der richtige Wert, nämlich der der Gl. (80) einzusetzen.

Induktive Reihenwiderstände. Durch den Ohmschen Reihenwiderstand wird in Resonanz und Resonanznähe eine Erhöhung der Gesamtimpedanz des Reihenschwingungskreises und damit eine fühlbare Dämpfung der Überströme und Überspannungen bei praktisch unveränderten Reaktanz- und Eigenfrequenzverhältnissen erzielt. Diese Vergrößerung der Reihenimpedanz kann auch durch Vorschalten einer Drosselspule vor den Kondensator, d. h. durch Herabsetzung der Kreiseigenfrequenz f_e in einen ungefährlichen Frequenzbereich erzielt werden. Die Drosselspule arbeitet also im Gegensatz zu dem Ohmschen Vorwiderstand am besten in Resonanzferne; sie ist außerdem unverhältnismäßig viel wirksamer und wirtschaftlicher, so daß sie stets eine große praktische Bedeutung gehabt hat.

Die Wirkungsweise[1]) der Vorschaltdrossel läßt sich am einfachsten an Hand des Bildes 171 erläutern. Es soll das Netz des Bildes 68 zugrunde gelegt werden, welches bei Speisung der Verbraucher über die Doppelleitung und die beiden 6-MVA-Umspanner eine auf 6 kV bezogene induktive Reihenreaktanz zwischen Generator und Verbrauchersammelschiene von $X_{L1} = 0,45\ \Omega$ je Phase und einen Ohmschen Reihenwiderstand von $R = 0,0915\ \Omega$ je Phase aufweist, während bei Betrieb mit nur einer 50-kV-Leitung und eines Abspanners $X_{L1} = 0,74\ \Omega$ je Phase beträgt. Durch — beispielsweise stark übersättigte — Aufspanner in der 6-kV-Zentrale weise die Spannungskurve außer der Grundwelle noch eine 5. Oberwelle von 10% und eine 7. Oberwelle von 6% auf. Durch Einbau einer 1000-kVar-Kondensatorbatterie mit $X_{C1} = 36\ \Omega$/Ph ergibt sich je nach Schaltzustand des Netzes bei Leerlauf und Schwachlast entsprechend Gl. (77) eine Eigenfrequenz von $f_e = 7$ bzw. $8{,}95\,f_1$, d. h. man läuft Gefahr, mit der 7. Harmonischen in Spannungsresonanz zu geraten. Die in diesem Reaktanzbereich auftretenden Oberwellen und Effektivströme des Kondensators sind in Bild 171 dargestellt.

---

[1]) Vgl. Bornitz, E., Diskussionsbeitrag VDE-Fachberichte 9 (1937), S. 17.

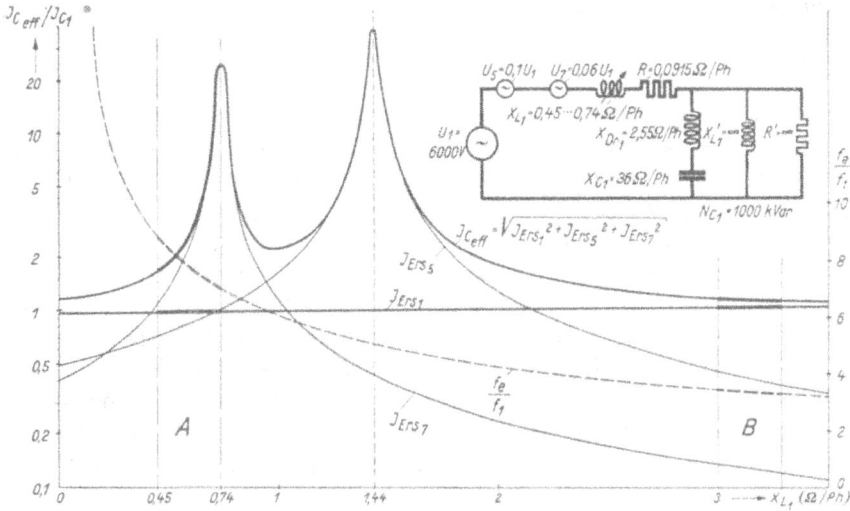

Bild 171. Dämpfung des Kondensator-Oberwellenstromes und Herabsetzung der Kreiseigenfrequenz durch Vorschalten einer Reihendrosselspule beim Fehlen dämpfender Netzlast.

Die Vorschaltreaktanz X_{Dr1} muß nun so groß gewählt werden, daß einerseits Resonanz sowohl mit der 7. als auch mit der 5. Harmonischen bei allen Netzschalt- und Lastzuständen[1]) mit Sicherheit vermieden wird (d. h. $X_{Ers5} = X_{L5} - X_{C5}$ muß stark induktiven Charakter annehmen), sowie daß andererseits die dann noch verbleibende Oberwellenüberlastung in erträglichen Grenzen bleibt. Man wird also schon im Normalbetrieb eine Verstimmung in einen Eigenfrequenzbereich möglichst niedriger und gerader Ordnungszahl, also z. B. $f_e = 4\ldots2\,f_1$ anstreben, d. h. also eine Verstimmung in ein ähnliches Frequenzgebiet, welches man auch bei den Kolbenkraft- und Gasmaschinen als dem mechanischen Analogon durch Erhöhung der Schwungmassen zu erreichen sucht, um eine Resonanz und damit Kipp- und Pendelerscheinungen zu vermeiden. Außerdem wird man berücksichtigen, daß die üblichen Kondensatoren einen Effektivstrom

$$J_{C_{eff}} = \sqrt{J_{Ers_1}{}^2 + J_{Ers_3}{}^2 + J_{Ers_5}{}^2 + \ldots + J_{Ers_n}{}^2} < 1,3\,J_{C_1}$$

gerade noch ohne schädliche Erwärmung aushalten, wobei sich die 30proz. Überlastung entweder allein auf Oberwellenströme oder aber auf 10proz. Spannungsüberlastung und außerdem auf Oberwellenströme beziehen darf. Im Falle des Bildes 171 stellt sich bei einer Gesamtreaktanz von $X_{L1} = 3\ \Omega/\text{Ph}$ ein $J_{C_{eff}} = 1,20\,J_{C_1}$ bei einer Eigenfrequenz von $f_e = 3,45\,f_1$ ein, d. h. nach Abzug der Kreisreaktanz $X_{L1} = 0,45$

---

[1]) Mit Rücksicht auf die im Belastungsfall eintretende geringe Erhöhung der Eigenfrequenz f_e ist die Kreiseigenfrequenz unterhalb derjenigen Frequenz zu verstimmen, die in der Spannungskurve besonders stark auftritt (s. a. S. 262).

verbleibt für die Drosselreaktanz $X_{\mathrm{Dr1}} = 2,55\ \Omega/\mathrm{Ph}$[1]). Denn es ist in Erweiterung der Gl. (77):

$$f_e = f_1 \sqrt{X_{C1}/(X_{L1} + X_{\mathrm{Dr1}})} \ \ldots \ldots \ldots \ldots (87)$$

Durch die Reihendrossel wird nun nicht nur die beabsichtigte Verlagerung des Arbeitens aus dem Resonanzgebiet A in ein resonanzfernes Gebiet B erzielt, sondern es stellt sich infolge Verringerung der kapazitiven Grundwellenreaktanz ($X_{\mathrm{Ers1}} = X_{C1} - X_{L1}$) bei gleichbleibender Netzspannung U_1 zugleich auch eine Erhöhung des Kondensatorstromes J_{Ers1} und der Kondensatorklemmenspannung $U_{C1} = J_{\mathrm{Ers1}}$ $X_{C1} \sqrt{3} = U_1 + U_{b_{L_1}}$ ein (vgl. auch Bild 7 und 171 B). Aus Gründen der Sicherheit sowie mit Rücksicht auf die Netzspannungsschwankungen wird man daher bei Drosselspulen mit mehr als 5% Reaktanzspannung die Kondensatoren nicht mehr für die Netzspannung U_1, sondern für $U_{C1} = U_1 + U_{b_{L_1}}$ bemessen. In diesem Sonderfall ist jedoch zu berücksichtigen, daß entsprechend Kap. I auch die induktive Blindleistung

Bild 172. Vorschaltdrosselspulen — zur Herabsetzung der Kreiseigenfrequenz, Netzkurzschlußleistung und Dämpfung des Parallelschaltstromstoßes — sowie Druckgasschalter in einer in 12 Stufen regelbaren 23,4-MVar-Kondensatoranlage.

der Reihendrossel mitkompensiert werden muß ($N_{C'1} = N_{C1} + N_{b_{Dr}}$), wenn nach außen die gleichhohe Kompensationsleistung wirksam sein soll. Bei Einbau einer Drosselspule für z. B. 10% Reaktanzspannung ist also der Kondensator für $U_{C1} = 1,1\ U_1$ und $N_{C'1} = 1,1\ N_{C1}$ auszulegen.

---

[1]) Die Größe der erforderlichen Drosselspulenreaktanz X_{Dr1} läßt sich auch überschläglich aus Bild 168 abgreifen. Zur Herabsetzung der Kreiseigenfrequenz auf $f_e = 3,45\ f_1$ ist für das Netz des Bildes 171 nach Bild 168 ein prozentualer Blindfall $U_{b_{L1}}/U_1 = 9\%$ erforderlich. Die zugehörige induktive Gesamtreaktanz beträgt also $X_{L1} = 0,09\ U_1/J_{\mathrm{Ers1}} = 0,09 \cdot 3470/104 = 3\ \Omega/\mathrm{Ph}$. Da die Kreisreaktanz X_{L1} $= 0,45\ \Omega/\mathrm{Ph}$ ausmachte, so verbleibt für die Vorschaltdrossel $X_{\mathrm{Dr1}} = 2,55\ \Omega/\mathrm{Ph}$ $= 7,6\%$ Reaktanzspannung. Aus Bild 168 geht auch hervor, daß man bei Unkenntnis der wirksamen Kreisreaktanz X_{L1} und Vorhandensein der 5. Harmonischen als niedrigster ausgeprägter Oberwellenspannung mehr als 5% Vorschaltreaktanz wählen muß, um unter allen Umständen in ein Gebiet unterhalb der 5. Harmonischen zu verstimmen.

In Bild 172 ist u. a. die Ansicht einer derartigen Kondensator-Vorschaltdrosselspule für 6% Reaktanzspannung wiedergegeben (vgl. Kap. I), die zusammen mit 11 weiteren Spulen in einer 12-Phasen-Großgleichrichteranlage zur Herabsetzung der Eigenfrequenz einer 23,4-MVar-Kondensatoranlage auf $f_e = 3,9\, f_1$ dient. Es mußte hier damit gerechnet werden, daß bei Speisung vom Höchstspannungsnetz eine 5. und 7. Spannungsoberwelle der Anlage aufgedrückt wird, sowie daß bei Ausfall eines Gleichrichtergefäßes eine 5. und 7. Stromoberwelle mit ihren spannungverzerrenden Wirkungen in die Anlage gelangen. Die Kondensatorströme wurden bei Betrieb mit den Drosselspulen als praktisch sinusförmig festgestellt. Die Drosselspulen haben gleichzeitig die Dämpfung des Parallelschaltstromstoßes beim Regeln der Batteriegruppen unter Spannung nach Bild 93 D sowie die Herabsetzung der Ausschaltleistung im Kurzschlußfalle zwecks Verwendung kleinerer Schaltertypen zu bewirken. Die hohe Anzahl von Drosselspulen erklärt sich nicht nur aus der Notwendigkeit eines feinstufigen Regelns unter Last entsprechend dem Gleichrichterbetrieb, sondern auch aus der Tatsache, daß die Verstimmung in Gebiete niedriger Ordnungszahlen um so wirksamer ist, je stärker die Gesamtbatterie unter Vorschaltung von Drosselspulen unterteilt ist.

Das Wählen einer unbewußt falschen Reaktanzspannung war vor 10...15 Jahren im In- und Auslande oft in solchen Anlagen von verhängnisvollen Folgen, in denen wo man trotz verzerrter Spannungskurve zwecks Erzielung einer wirtschaftlichen Anschlußspannung vor die Kondensatoren Spar- oder Zweiwicklungsumspanner schaltete, deren Durchgangsleistung etwa gleich der Kondensatorleistung war. Hätte man die 1000-kVar-Kondensatorbatterie des Bildes 171 beispielsweise über einen 6/0,5-kV-Umspanner gleicher Leistung mit einer Grundwellenreaktanz von $1\, \Omega/\mathrm{Ph} = 3\%$ Kurzschlußstreuspannung angeschlossen, so wäre man bei Speisung über die Doppelleitung und die beiden 6-MVA-Umspanner ziemlich genau in Resonanz mit der in der Netzspannung vorhandenen 5. Harmonischen geraten. Die Folge derartiger Bemessungsfehler waren nur zu oft Zerstörung der Umspanner im Eisen und Kupfer, während die Kondensatoren die Überlast meist aushielten. Derartige Umspanner, die ihrem Wesen nach stets ohne dämpfende Parallellast arbeiten, müssen daher stets entsprechend Bild 171 eine besonders bemessene reichliche Kurzschlußspannung zur Herabsetzung der Eigenfrequenz in neutrale Zonen, ferner reichlichen Wicklungsquerschnitt sowie eine niedrige Eisensättigung erhalten. Da die Streuflüsse der höheren Harmonischen das Eisen stark erwärmen, sind konstruktive Maßnahmen derart zu treffen, daß diese sich nur in Luft, nicht aber auch im aktiven Eisen, in Kesselwandungen usw schließen können.

In diesem Zusammenhang ist zu erwähnen, daß der Umspanner neben der früher behandelten Eigenschaft als Oberwellenerreger auch

noch den vorstehend geschilderten Charakter einer gesättigten Vorschaltdrossel mit einigermaßen konstanter induktiver Reaktanz aufweist.

Aus dem Beispiel des Bildes 171 geht zur Genüge hervor, daß die
Höhe der wirksamen Kreisreaktanz X_{L1} zur Vorausbestimmung der zu erwartenden Eigenfrequenz f_e bereits bei der Planung bekannt sein muß,
da sie für den späteren ungestörten Betrieb von ausschlaggebender Bedeutung werden kann. Die Vorausberechnung von X_{L1} ist nun in man-
chen vielseitig gespeisten und vermaschten Netzen nicht ohne weiteres

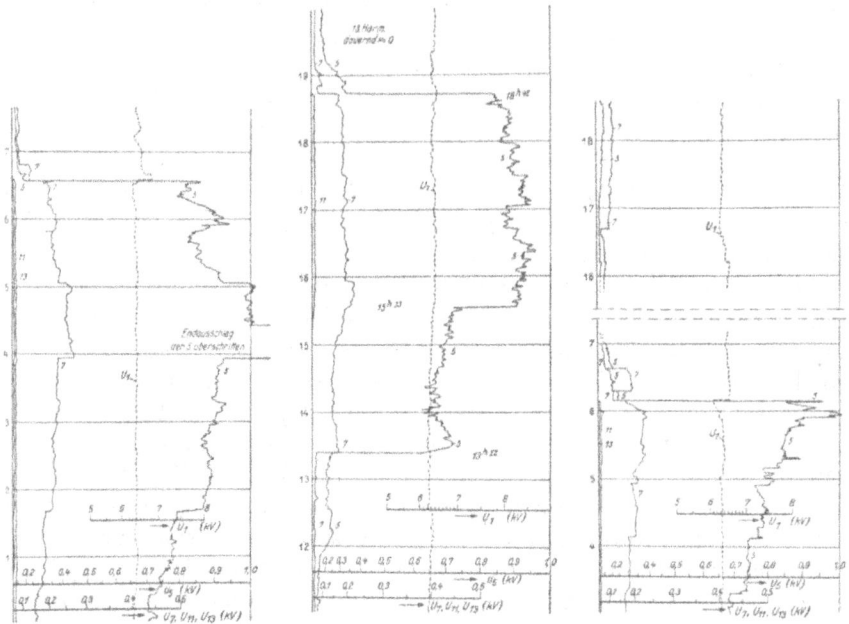

Bild 173. Änderung des Oberwellengehaltes eines 6-kV-Kabelnetzes bei verändertem Netzschaltzustand.

möglich. In solchen Fällen kann man aus bereits vorliegenden Oberwellen-
Registrierstreifen Rückschlüsse ziehen, welche Kreis- oder Netzeigenfrequenz vor Anschluß der Kondensatoren vorliegt. So zeigen die schroffen
Spannungssprünge der 5. Harmonischen bzw. die gegenseitigen Über-
schneidungen der Spannungswerte der 5. und 7. Harmonischen in Bild
173[1]), daß die Netzeigenfrequenz je nach Netzschaltzustand in der Nähe
der 5. bzw. im Bereich zwischen den beiden Oberwellen liegt. Weiterhin
kann man nach einem Vorschlag von H. Schulze[2]) mittels zweier Ver-

[1]) Hueter, E., ETZ 54 (1933), S. 749.
[2]) Schulze, H., ETZ (60 (1939), S. 624, sowie Elektrotechn. u. Masch.-Bau 57
(1939), S. 410.

suchskondensatoren und eines Oszillographen oder registrierenden Ober-
wellenmeßgerätes[1]) wenigstens einigermaßen über die Lage der Kreiseigenfrequenz bei diesen Kondensatorleistungen unterrichten. Ergibt
das Einschalten des zweiten — möglichst größeren — Kondensators
ein Ansteigen der Oberwellenströme[2]) und des Effektivstromes des ersten
Kondensators, so bewegt man sich ähnlich Bild 171 in Richtung auf
diese oszillographisch analysierbaren Oberwellen (meist 7. und 5. Harmonische) zu. Befindet man sich zwischen 2 Oberwellen nahe derjenigen höherer Ordnungszahl, so sinkt der Strom der Oberwelle höherer
Ordnungszahl sowie auch der Effektivstrom, während der Strom der
Oberwelle niedrigerer Ordnungszahl steigt. Sinken dagegen sämtliche
Oberwellenströme und der Effektivstrom, so entfernt man sich von der
niedrigsten in der Spannungskurve enthaltenen Oberwelle. Man kann
so ziemlich genau aus der zu schätzenden Eigenfrequenz f_e sowie aus dem
X_{C1} der Gesamtleistung beider Versuchskondensatoren nach Gl. (77)
die gesuchte Kreisreaktanz X_{L1} ermitteln Die Vorausberechnung der
für die zukünftige Hauptbatterie in Betracht kommenden niedriger
werdenden Eigenfrequenz f_e und des auf Grund der Oberwellenspannung
zu erwartenden Effektivstromes bereitet dann keinerlei Schwierigkeiten
mehr. Voraussetzung für die Richtigkeit des Verfahrens ist auch hier
wieder, daß die Messung zu Zeiten der wichtigsten Netzschaltzustände
(veränderliche Netzreaktanz X_{L1}) und Belastungszustände (veränderliche Parallelreaktanz X_{L1}' in Gl. (80) durchgeführt wird. In Netzen
mit nur einer einzigen Oberwelle, meist der 5. Oberwelle, genügt der
Vergleich der Effektivströme am Strommesser. Durch oszillographische
Aufnahmen des Einschaltstromstoßes beim Schalten im Spannungsscheitelwert kann die Höhe der Kreiseigenfrequenz übrigens auch mittels
nur eines einzigen Versuchskondensators festgestellt werden (vgl.
Bild 70).

Einfluß des Netzschaltzustandes. Die Beispiele der Bilder 171
und 173 bestätigen die bekannte Tatsache, daß die Eigenfrequenz und
damit indirekt die Höhe des Oberwellengehaltes unserer Netze in sehr
entscheidendem Maße von dem Schalt-, Speise- und Kupplungszustand
der Netze abhängen. Wenn aber die Oberwellenspannung durch Änderung des Netzschaltzustandes mehr oder weniger zufällig infolge wachsender Übereinstimmung zwischen Oberwelle und Kreiseigenfrequenz zu
immer höheren Werten angeregt werden kann, so muß sich auch umgekehrt bei planmäßigem, durch fortlaufende Oberwellenregistrierung

---

[1]) Zu dem gleichen Ergebnis kann man sinngemäß auch in bestehenden Kondensatorregelanlagen mittels schreibender Oberwellenspannungsmesser kommen, wie
dieses Bild 176 beweist.

[2]) Die Kondensatoroberwellenströme geben als Differentialkurve der Netzspannung im Oszillogramm deutlicher als die Spannungskurve selbst das Ansteigen
der Oberwelle wieder.

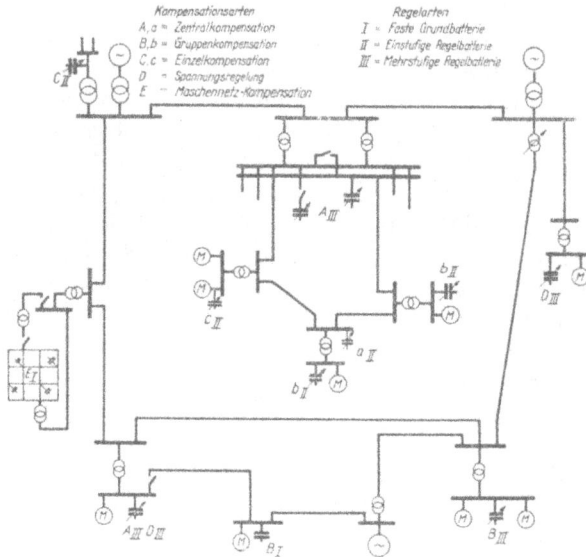

Bild 174. Änderung des Netzschaltzustandes zur Vermeidung der Resonanzlagen. Erhöhung der wirksamen Reiheninduktivität und Ohmschen Reihenwiderstände durch:
1. Entkupplung und Entmaschung der Netze, 3. Einseitige Speisung,
2. Öffnung der Netzringe, 4. Dezentralisierten Kondensatoreinsatz.

überwachten Einsatz der Netzglieder sowie der Kondensatoren eine Verstimmung in oberwellenresonanzfreie Frequenzzonen und damit eine glättende Wirkung erzielen lassen[1]. Nun hat man gerade in der besonders gefährdeten Netzschwachlastzeit eine gewisse Schaltfreiheit, die man entsprechend Bild 174 zur vorübergehenden Entkupplung und Entmaschung von Netzen, zur einseitigen Speisung unter Abschaltung überflüssiger Doppelleitungen und Umspanner, zur Öffnung von Ringen usw. benutzen kann. Durch diese Maßnahmen[2], die denjenigen zur Herabsetzung der Netzkurzschlußleistung weitgehend parallel laufen, wird die wirksame Netzreaktanz X_{L1} sowie auch der dämpfend wirkende Ohmsche Reihenwiderstand R wesentlich erhöht; hierdurch kann die Kreiseigenfrequenz für eine bestimmte Kondensatorleistung auf einen vorher nach Gl. (77) errechenbaren Wert herabgedrückt sowie das Netz und

---

[1] S. a. Hueter, E., ETZ 54 (1933), S. 750; Halbach, K., ETZ 56 (1935), S. 1046 u. Schulze, H., VDE-Fachberichte 7 (1935), S. 21 sowie E & M 54 (1936), S. 445 u. ETZ 57 (1936), S. 1305.

[2] Bei allen diesen Maßnahmen ist selbstverständlich stets der Sitz des bzw. der Oberwellenerreger entscheidend. Liegt im Extremfall ein Kondensator z. B. unmittelbar parallel zu einem Stromrichter, so kann eine resonanzfreie Eigenfrequenzverstimmung nicht durch Änderung der Netzreaktanz erfolgen; man muß dann zur Erhöhung der wirksamen Kreisreaktanz X_{La} auf die Kondensator-Vorschaltdrosselspulen gemäß Gl. (87) zurückgreifen oder aber einen Spannungsresonanzkreis (Bild 185...191) zum Kurzschließen der Oberwellen wählen.

die Kondensatoren entlastet werden, ohne daß die früher in solchen
Fällen übliche völlige Abschaltung der Kondensatoren erforderlich
würde.

Der Erfolg einer derartigen oberwellenglättenden Schaltungs-
änderung ist aus den Oszillogrammen des Bildes 175 zu ersehen. Er
wurde in einem mitteldeutschen 10-kV-Netz dadurch erzielt, daß im
Netzschwachlastbetrieb eine Ringleitung vorübergehend als Stichleitung betrieben wurde, wobei sie am geöffneten Ende mit einem für
den Netzschwachlastbetrieb ausreichenden Teil der Zentralregelbatterie
belastet wurde (vgl. Bild 174)[1]). Hierdurch konnte die Kreis- und Netzeigenfrequenz im Schwachlastgebiet und auch im Starklastgebiet unterhalb der störenden 5. Harmonischen verstimmt werden. Die gleiche glät-

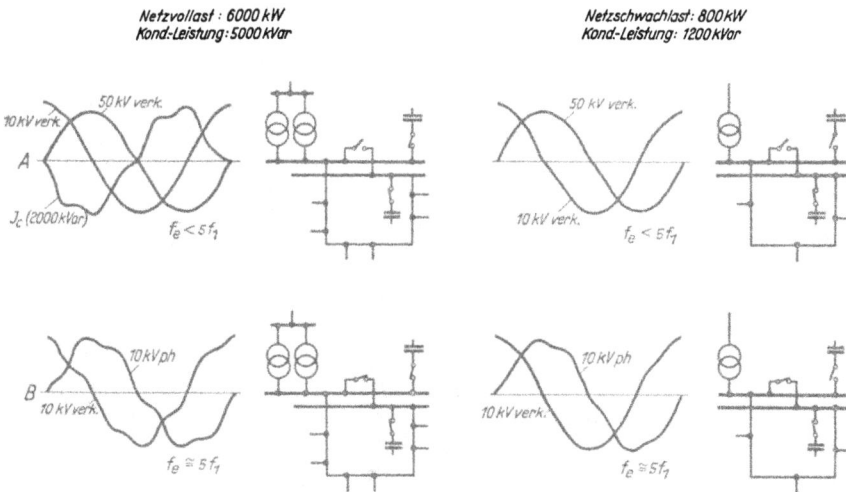

Bild 175. Betrieb eines Mittelspannungsnetzes bei Vollast und Schwachlast bei resonanzfreier (A)
und bei unzureichender (B) Verstimmung der Kreis- und Netzeigenfrequenz. Oberwellenglättung
durch richtigen Kondensatoreinsatz und Netzschaltzustand.

tende Wirkung wurde in anderen Netzen stets ohne besondere Anlagekosten mit betriebsmäßig vorhandenen Mitteln erzielt. Diese Möglichkeit einer nachträglichen Verbesserung der Oberwellenverhältnisse ist
für den praktischen Betrieb dort um so wichtiger, wo man eine verschärfte
Spannungskurvenverzerrung durch die Kondensatoren von vornherein
nicht erwarten kann bzw. wo sie nur vorübergehend auftritt.

Weiterhin wirkt sich eine möglichst weit verteilte Aufstellung der
Kondensatoren in Blindlastschwerpunkten der Netze als dauernd eingeschaltete Grundbatterie wegen der vor jeden einzelnen Kondensator

---

[1]) Der Sammelschienen-Kupplungsschalter wird bei Kurzschluß selbsttätig
geschlossen, so daß die Vorteile des Ringbetriebes für den gesunden Teil sofort wieder
voll zur Geltung kommen. (Näheres s. S. 255, Fußnote [1])).

liegenden Umspanner- und Leitungsinduktivität eigenfrequenzerniedrigend und oberwellenentlastend aus. Eine starke Dezentralisierung der Kondensatoren (Bild 174) entspricht gleichzeitig auch dem Grundsatz der Kompensation des Blindstromes am Ort seines Entstehens.

Umgekehrt kann auch eine starke Vermaschung, Kupplung, mehrseitige Speisung der Netze und alle übrigen die wirksame Netzreaktanz verringernden sowie die Ladeleistung der Netze erhöhenden Maßnahmen zur Verstimmung der Kreiseigenfrequenz in eine neutrale Zone oberhalb der 5. und 7. Harmonischen führen. Gleichzeitig ist mit einer entsprechenden Erhöhung der dämpfend wirkenden Gesamtlast zu rechnen.

e. Einfluß der Netzparallellast und Oberwellenergiebigkeit.

Einfluß der Parallellast. Bei den bisherigen Untersuchungen der Wirkung der Ohmschen und induktiven Reihenwiderstände wurde der Einfluß der Netzlast absichtlich noch nicht berücksichtigt.

Am einfachsten ist die Wirkung der kapazitiven Parallellast zu überblicken. Wir brauchen lediglich auf die Gl. (77) und (78) sowie ihre Erläuterungen zurückzugreifen. Aus diesen geht hervor, daß eine veränderte Kondensatorleistung eine Änderung der Kreiseigenfrequenz und damit indirekt des Oberwellengehaltes[1]) der Netze zur Folge hat. Vergrößerung der Kondensatorbatterie wirkt eigenfrequenzerniedrigend, Abschaltung von Kondensatoren dagegen eigenfrequenzerhöhend[1]). Man wird auch häufig sowohl die Kondensatorleistung, als auch gleichzeitig — wie oben beschrieben — die Speisewege des Netzes ändern. Der richtige Netz- und Kondensatoreinsatz sind oft sogar die einzigen Mittel, um in Netzen mit starker Spannungsverzerrung bei allen Belastungszuständen zu erträglichen Betriebs- und Erdschlußverhältnissen (vgl. Bild 160b) zu gelangen. So zeigt Bild 175, daß in einem ausgedehnten mitteldeutschen Mittelspannungsnetz sowohl bei Vollast- als auch bei Schwachlastbetrieb durch richtige Wahl der Kondensatorleistung sowie durch Änderung der Netzschaltung eine ausreichende Oberwellenglättung erreicht wurde.

Den Einfluß veränderten Kondensatoreinsatzes und Netzschaltzustandes auf den Oberwellengehalt eines Netzes erkennt man auch aus Bild 176. Es handelt sich hier um den nur teilweise wiedergegebenen Registrierstreifen eines süddeutschen Mittelspannungsnetzes, welches entweder dreiseitig (A) oder zweiseitig (B) oder einseitig (C) gespeist werden kann. Aus der Oberwellenspannung U_5 des Registrierstreifens ergibt sich sehr deutlich, daß beispielsweise bei dreiseitiger Speisung (A) und einem Einsatz von 4 Kondensatoren (4 K) resonanzbedingte Über-

---

[1]) Hierbei kann die oberwellenbedingte Reglung der Kondensatorleistung nach einem Vorschlag von Schleicher selbsttätig durch spannungs- und stromempfindliche Oberwellenrelais erfolgen (DRP. 621 719).

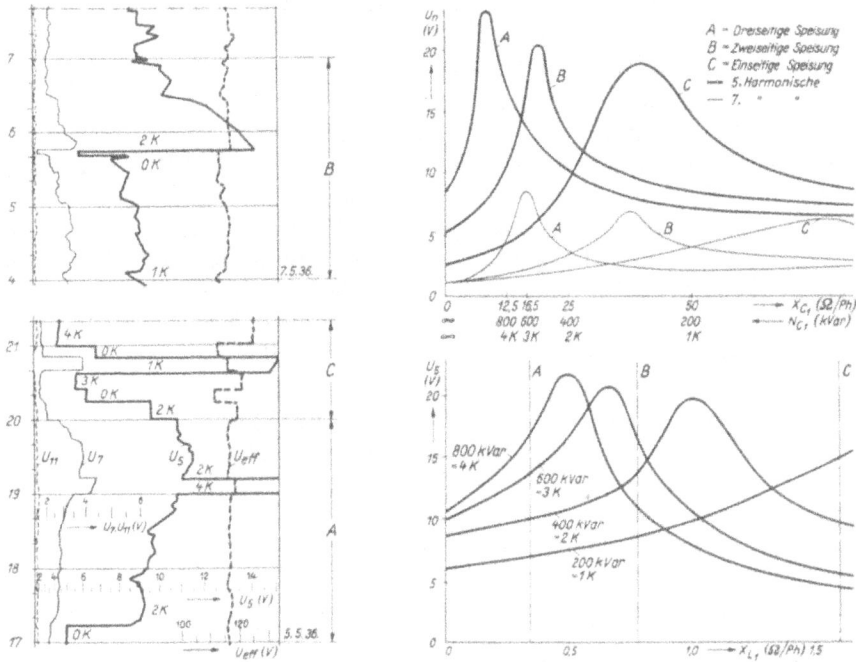

Bild 176. Einfluß des Kondensatoreinsatzes sowie des Netzschaltzustandes auf den Oberwellengehalt eines Mittelspannungsnetzes.

spannungen auftreten, welche umgekehrt bei einseitiger Speisung (C)
über eine lange 10-kV-Freileitung und Beibehaltung von 800 kVar
völlig harmlos verliefen[1]). Wertet man den Registrierstreifen aus, so sieht
man aus den rechten, unteren Kurvenzügen, daß man bei Betrieb mit
4 Kondensatoren = 800 kVar und dreiseitiger Speisung (A), also bei
niedriger wirksamer Netzreaktanz X_{L1}, fast in Resonanz mit der 5. Harmonischen war, daß man sich jedoch bei einseitiger Speisung (C) und
entsprechend hoher Reiheninduktivität X_{L1} in ein Gebiet weit unterhalb der 5. Harmonischen entfernen kann. In gleicher Weise kann
man das Verhalten der Teilkondensatorbatterien für 600, 400 und 200
kVar verfolgen. Es ergeben sich für dieses — glücklicherweise seltene
— Ausnahmenetz einige charakteristische Netzschaltzustände (A, B),
bei denen es nicht ratsam ist, mit vollem Kondensatoreinsatz zu arbeiten.
Anderseits ist bei einem bestimmten Schaltzustand (C) ein möglichst
großer Kondensatoreinsatz zur Verstimmung der Kreis- und praktisch
auch Netzeigenfrequenz in neutrale Gebiete unbedingt erforderlich.
Sofern man nicht den Netzschaltzustand einigermaßen nach dem last-
bedingten Kompensationsbedarf richten kann, kann hier nur durch Vor-

---

[1]) Der Registrierstreifen zeigt übrigens auch das Ansteigen der Grundwellenspannung U_1 des Netzes sowie die dämpfende Wirkung der Tageslast.

schaltdrosselspulen oder durch dezentralisierte Aufstellung der Kondensatoren im Netz eine wirksame Abhilfe zur Aufrechterhaltung eines geordneten Betriebes geschaffen werden.

Wenn man weiterhin den Einfluß der parallelen Ohmschen und induktiven Netzlast auf die Höhe der Oberwellenspannung überprüft, so kann man schon aus den Kurven der Bilder 175 und 176 eine gewisse dämpfende Wirkung herleiten. Untersucht man den Einfluß der Netzlast genauer, so findet man, daß die gesamte Netzlast einschl. der Stromerzeuger, die alle als Oberwellenverbraucher aufzufassen sind, nicht nur eigenfrequenzerhöhend (vgl. Gl. (80)), sondern vor allem auch auf die Höhe der Überströme und Überspannungen selbst bei ausgesprochener Spannungsresonanz stark oberwellenmildernd wirken.

Die stärkste Dämpfung übt die Ohmsche Netzlast aus. An der Umwandlung der Energie der Oberwellenerreger in Wärme können sich nur rein Ohmsche Widerstände, wie z. B. die Lichtlast des Netzes, Widerstandsöfen, Heizgeräte· usw. beteiligen, während die im Netz verteilten zu den Kondensatoren parallel angeordneten induktiven Oberwellenverbraucher, insbesondere die Synchron- und Asynchronmotoren, auf Grund ihrer Wicklungs-Wirkwiderstände ebenfalls eine Energieumwandlung — neben der Kreis- und Netzeigenfrequenzerhöhung — verursachen.

Um zunächst den Einfluß der Ohmschen Netzlast auf die Höhe der Spannungsüberlastung der Kondensatoren klarzustellen, sei nochmals auf das Netz des Bildes 171 zurückgegriffen. Es war dort eine Reihenreaktanz $X_{L1} = 0,74 \ \Omega/\text{Ph}$ und ein Ohmscher Reihenwiderstand $R \cong 0,20$ Ω/Ph für die Übertragungsanlage errechnet worden. Nimmt man an, daß außer der Grundwellenspannung $U_1 = 6 \text{ kV}$ noch eine starre Oberwellenspannung $U_5 = 0,1 \ U_1 = 345 \text{ V/Ph}$ am Anfang der Übertragungsanlage herrscht, so ergibt sich bei Anwendung der symbolischen Rechnungsweise folgender Oberwellenstrom:

$$J_5 = U_5/Z_{\text{Ges}_5} = U_5 \bigg/ \left(j \ X_{L_5} + R_5 + \frac{R_5' \cdot (- j \ X_{C_5})}{R_5' - j \ X_{C_5}} \right) \quad . \quad . \quad . \quad (88)$$

und

$$U_5' = J_5 \cdot Z_5' = J_5 \cdot \frac{R_5' \ (- j \ X_{C_5})}{R_5' - j \ X_{C_5}} \quad . \quad . \quad . \quad . \quad . \quad . \quad . \quad (89)$$

So wird z. B. für eine Kondensatorleistung von $N_{C1} = 1950 \text{ kVar}$ ($X_{C1} = - j \ 18,5$ bzw. $X_{C5} = - j \ 3,7 \ \Omega/\text{Ph}$) und eine Ohmsche Parallellast von 2000 kW ($R_1' = R_5' = U_1^2/N_{s1} = 6000^2/2000 \cdot 10^3 = 18 \ \Omega/\text{Ph}$) die Gesamtimpedanz $Z_{\text{Ges}_5} = j \ 3,7 + 0,20 + 0,73 - j \ 3,55 = 0,93 + j \ 0,15$ $= 0,94 \ \Omega/\text{Ph}$, sowie $J_5 = 345/0,94 = 367 \text{ A}$ und $U_5' = 367 \cdot 3,61 = 1320 \text{ V} = 0,38 \ U_1$.

Die vollständige Auswertung der Gl. (88) und (89) sowie der Eigenfrequenzgleichung (77) ist in Bild 177 A wiedergegeben. Hieraus geht

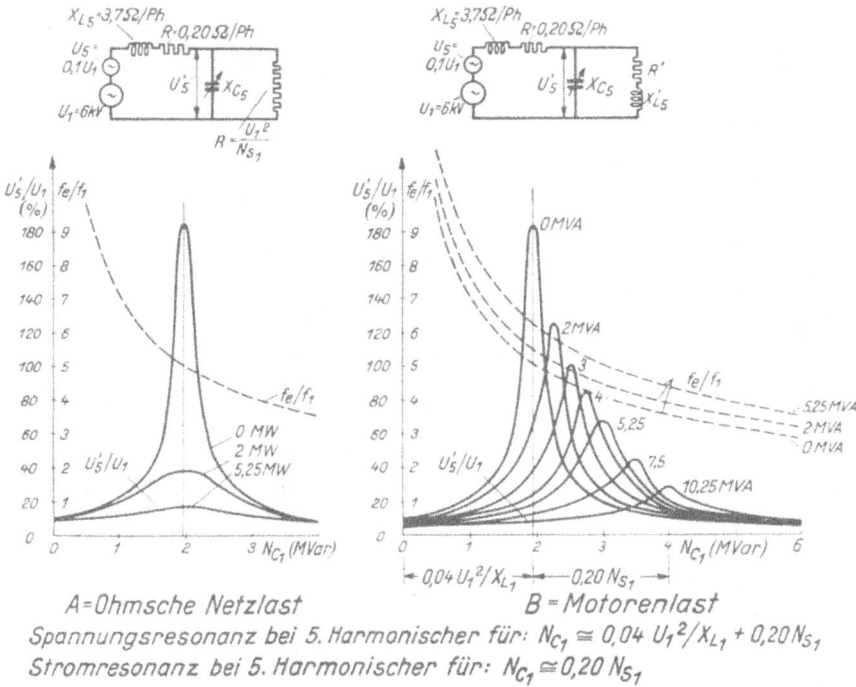

A = Ohmsche Netzlast   B = Motorenlast

Spannungsresonanz bei 5. Harmonischer für: $N_{C_1} \cong 0{,}04\, U_1^2/X_{L_1} + 0{,}20\, N_{S_1}$

Stromresonanz bei 5. Harmonischer für: $N_{C_1} \cong 0{,}20\, N_{S_1}$

Bild 177. Dämpfender und verstimmender Einfluß der Ohmschen (A) und Motorennetzlast (B) auf die Resonanzüberspannungen bei starrem Oberwellenerreger.

Spannungsresonanz bei 5. Harmonischer für: $N_{C_1} \cong 0{,}04\ U_1^2/X_{L_1} + 0{,}20\ N_{S_1}$

Stromresonanz bei 5. Harmonischer für: $N_{C_1} \cong 0{,}20\ N_{S_1}$

der außerordentlich dämpfende Einfluß der Ohmschen Netzlast hervor. Beim Vergleich mit Bild 170 erkennt man die erheblich größere Wirkung der Ohmschen Parallellast gegenüber derjenigen des Ohmschen Reihenwiderstandes.

Untersucht man weiterhin den Einfluß einer zu einer Kondensatorbatterie parallel geschalteten induktiven Belastung, herrührend von Asynchronmotoren, Öfen und anderen Induktionsgeräten, so läßt sich dieses Problem zurückführen auf den bereits behandelten Fall des Reihenparallelschwingungskreises. Die parallele, induktive Netzlast wirkt also nach Gl. (80) eigenfrequenzerhöhend. Als Oberwellenlast ist hierbei für den Asynchronmotor als den wichtigsten Blindleistungsverbraucher der Netze in erster Annäherung die aus dem Kurzschlußversuch bekannte Kurzschluß-Reihenimpedanz Z_k' der Asynchronmaschine anzusprechen, die unabhängig von dem eigentlichen Belastungszustand des Motors ist und bei einem z. B. 5,5fachen Kurzschlußstrom 18% der Grundwellen-Netzlastimpedanz des Motors be-

17*

trägt, also:

$$Z_k' = 0{,}18\,Z_1 = 0{,}18\,U_1{}^2/N_{s_1}. \quad \ldots \ldots \ldots \quad (90)$$

Die durch die Wicklungsverluste bedingte Wirkkomponente R' sowie die Blindkomponente X_{L1}' dieser Reihenimpedanz Z_k wird bei einem Kurzschluß-cos $\varphi_k =$ z. B. 0,40...0,50:

$$R' = Z_k'\cos\varphi_k = 0{,}18 \cdot 0{,}45\,Z_1 = 0{,}08\,U_1{}^2/N_{s_1} \quad \ldots \quad (90\,\mathrm{a})$$

$$X_{L_1}' = Z_k'\sin\varphi_k = 0{,}18 \cdot 0{,}90\,Z_1 = 0{,}16\,U_1{}^2/N_{s_1} \quad \ldots \quad (90\,\mathrm{b})$$

Diese Reihenwiderstände sind für die Ermittlung der Eigenfrequenz in einen Parallelersatzkreis umzuwandeln:

$$R'' = Z_k'^2/R' = Z_k'/\cos\varphi_k = 0{,}40\,U_1{}^2/N_{s_1} \quad \ldots \ldots \quad (91)$$

$$X_{L_1}'' = Z_k'^2/X_{L_1}' = Z_k'/\sin\varphi_k = 0{,}20\,U_1{}^2/N_{s_1}. \quad \ldots \quad (91\,\mathrm{a})$$

Überprüft man auf Grund dieser ermittelten Motorreaktanzen die Oberwellen-Spannungsüberlastung des Reihen-Parallelschwingungskreises bei Resonanz und Resonanzferne, so wird man zunächst für den Spannungsresonanzkreis diejenige Kondensatorleistung $N_{C1} = U_1{}^2/X_{C1}$ sowie diejenige Motornennleistung $N_{s1} = 0{,}20\,U_1{}^2/X_{L1}''$ ermitteln, für die die Kreiseigenfrequenz f_e mit der in Bild 177 B erwähnten 5. Harmonischen übereinstimmen. Bei Spannungsresonanz galt aber im verlustlos angenommenen Schwingungskreis die Gl. (80), d. h. es wird bei Vernachlässigung der Verluste in erster Annäherung:

$$\left(\frac{f_e}{f_1}\right)^2 = \frac{X_{C_1}}{X_{L_1}} + \frac{X_{C_1}}{X_{L_1}''} = \frac{U_1{}^2}{N_{C_1}\,X_{L_1}} + \frac{U_1{}^2\,N_{s_1}}{N_{C_1} \cdot 0{,}20\,U_1{}^2} = \frac{U_1{}^2}{N_{C_1}}\left(\frac{1}{X_{L_1}} + \frac{N_{s_1}}{0{,}20\,U_1{}^2}\right)$$

$$\ldots \quad (92)$$

$$N_{C_1} \cong U_1{}^2\,(f_1/f_e)^2/X_{L_1} + 5\,N_{s_1}\,(f_1/f_e)^2 \quad \ldots \ldots \quad (92\,\mathrm{a})$$

oder

$$N_{s_1} \cong 0{,}20\,N_{C_1}\,(f_e/f_1)^2 - 0{,}20\,U_1{}^2/X_{L_1} \quad \ldots \ldots \quad (92\,\mathrm{b})$$

Bei Resonanz mit der 5. Harmonischen wird demnach:

$$N_{C_1} \cong 0{,}04\,U_1{}^2/X_{L_1} + 0{,}20\,N_{s_1} \cong N_{C_{1a}} + N_{C_{1b}} \quad \ldots \ldots \quad (93)$$

$$N_{s_1} \cong 5\,N_{C_1} - 0{,}20\,U_1{}^2/X_{L_1}. \quad \ldots \ldots \ldots \quad (94)$$

Von besonderem Interesse ist hierbei die nähere Betrachtung der Gl. (93). Das erste, lediglich von den Kreiskonstanten[1]) X_{L1} und U_1 abhängige Glied dieser Gleichung für N_{C1a} sagt aus, daß bei abgeschalteter Netzlast ($N_{s1} = 0$) Spannungsresonanz mit der 5. Harmonischen bei einer Kondensatorleistung $N_{C1a} = 0{,}04\,U_1{}^2/X_{L1}$ eintritt. Dies ist bei Zugrundelegung der Verhältnisse des Netzes Bild 171 für $N_{C1a} \cong 0{,}04 \cdot 6000^2/0{,}74 \cong 1950$ kVar der Fall (vgl. auch Bild 177 A und B). Durch das Hinzukommen von Motorlast N_{s1} muß die Kondensatorleistung um den Betrag $N_{C1b} = 0{,}20\,N_{s1}$ vergrößert werden, wenn die

---

[1]) Im allgemeinen Fall stellt X_{L1} nicht die Reaktanz des Netzes sondern lediglich des betrachteten Schwingungskreises dar. (Vgl. S. 241 u. 245.)

Bedingung für Spannungsresonanz mit der 5. Netzoberwelle wieder erfüllt sein soll. Es wird also offenbar durch die Parallelinduktivität der Motorenlast ein erheblicher Teil der Wirkung der Kondensatorkapazität aufgehoben, ähnlich wie durch die gleiche induktive Parallellast die Kreiseigenfrequenz nach Gl. (80) erhöht wird (s. Bild 177 B).

Untersucht man auch das zweite, netzlastabhängige Glied N_{C1b} der Gl. (93), so findet man, daß dieses nichts weiter als den beim Auftreten einer Stromresonanz erforderlichen Kondensatorleistungsanteil darstellt. Stromresonanz ist stets an Reaktanzgleichheit einer Kapazität X_{C5}'' sowie einer parallelen Motorinduktivität X_{L5}'' gebunden; es ist nun

$$X_{C_{5b}} = \frac{1}{5} \cdot \frac{U_1^2}{N_{C_{1b}}}$$

bzw. gemäß Gl. (91 a)

$$X_{L_s}'' = 5 \cdot 0{,}20 \, U_1^2 / N_{s_1};$$

somit bei Reaktanzgleichheit:

$$0{,}20 \, U_1^2 / N_{C_{1b}} = U_1^2 / N_{s_1}$$

oder

$$N_{C_{1b}} = 0{,}20 \, N_{s_1} \quad \ldots \ldots \ldots \ldots \quad (95)$$

Durch diesen Kondensatorleistungsanteil wird gerade der induktive Blindleistungsbedarf der Motorreaktanz X_{L5}'' voll gedeckt (Kompensation auf $\cos \varphi = 1$ bei der 5. Harmonischen).

Zusammenfassend kann man also über die Gl. (93) folgendes aussagen: Zur Erzielung einer Spannungsresonanz ist eine von den Kreiskonstanten abhängige »freie« Kondensatorleistung $N_{C1a} = 0{,}04 \, U_1^2 / X_{L1}$ sowie eine weitere von der Netzlast abhängige Kondensatorleistung $N_{C1b} = 0{,}20 \, N_{s1}$ erforderlich. Weiterhin kann man feststellen, daß zu jeder Kondensatorleistung eine bestimmte Motorleistung gehört, bei welcher Spannungsresonanz mit der gleichen Störfrequenz des Netzes eintritt. Man kann auch umgekehrt sagen, daß bei konstanter Kondensatorleistung damit gerechnet werden muß, daß unter dem Einfluß wachsender Motorenlast die Resonanzfrequenz des Netzes durchlaufen wird, sofern man sich vorher im Leerlauf-[1]) und Schwachlastzustand des Netzes wenig unterhalb derselben befand. Entscheidend ist hierbei jedoch die nachstehende noch zu beweisende Tatsache, daß die Höhe der Überlastungen in Resonanz und Resonanzferne mit wachsendem Motoreinsatz glücklicherweise infolge der dämpfenden Wirkung der Wicklungswiderstände immer geringer wird.

Rechnet man nun wieder das Netz des Bildes 171 bzw. 177 B bei veränderlichem Motor- und Kondensatoreinsatz im einzelnen auf Span-

---

[1]) Es ist ausdrücklich zu vermerken, daß bei »Leerlauf« im üblichen Sinne, bei dem die oder ein Teil der Motoren leer mitlaufen, für N_{s_1} keineswegs der Wert 0 gesetzt werden kann, da die Motorwicklungsimpedanz Z_k' (Gl. (90)) mildernd und verstimmend wirkt.

nungsüberlastung und Änderung der Kreiseigenfrequenz hin durch, so erhält man die Kurvenschar des Bildes 177 B. Beträgt z. B. die Kondensatorleistung $N_{C1} = 3$ MVar ($X_{C1} = -j\,12$ bzw. $X_{C5} = -j\,2,4$ Ω/Ph), so stellt sich für die 5. Harmonische gemäß Gl. (94) für eine eingeschaltete Motornennscheinleistung von $N_{s1} = 5,25$ MVA Spannungsresonanz ein. Diese Motorleistung entspricht nach Gl. (90) einer Grundwellen-Reihenimpedanz $Z_k' = 0,18\,U_1^2/N_{s1} = 1,234\,\Omega$/Ph, wobei R_1' $= R_5' = 0,555\,\Omega$/Ph und $X_{L1}' = j\,1,11\,\Omega$/Ph bzw. $X_{L5}' = +\,j\,5,55$ Ω/Ph sind. Es wird demnach

$$
\begin{aligned}
J_5 &= U_5/Z_{\mathrm{Ges}_5} = U_5\bigg/\!\left(R + j\,X_{L_5} + \frac{(R_5' + j\,X_{L_5}')(-j\,X_{C_5})}{(R_5' + j\,X_{L_5}') + (-j\,X_{C_5})}\right) \\
&= 345\bigg/\!\left(0,20 + j\,3,7 + \frac{(0,555 + j\,5,55)(-j\,2,4)}{(0,555 + j\,5,55) + (-j\,2,4)}\right) = 455\,\mathrm{A}
\end{aligned}
\right\} \quad (96)
$$

$$U_5' = J_5 \cdot Z_5' = 455 \cdot 4,25 = 2300\,\mathrm{V/Ph} = 0,67\,U_1 \quad\ldots\ldots\ldots (97)$$

Hatte man also in diesem Netz beispielsweise bei völlig abgeschalteter Netzbelastung ($N_{s1} = 0$) und $N_{C1} = 1,95$ MVar eine Resonanzüberspannung von 180% für die 5. Harmonische erhalten, so beträgt diese bei 5,25 MVA nur noch etwa 14%, während sie bei einer Kondensatorleistung von 3 MVar auf 67% von U_1 ansteigt. Man kann demnach sowohl eine eigenfrequenzverstimmende, als auch eine oberwellendämpfende Wirkung der induktiven und Ohmschen Komponenten der Motorwicklungsimpedanzen beobachten.

Betrachtet man die Gl. (80) und die Kurven für die Kreiseigenfrequenz in Bild 177 B näher, so sieht man, daß die Eigenfrequenz um so stärker erhöht wird, je größer die Motorparallellast (kleines X_{L1}'') sowie vor allem je kleiner die vorgeschaltete Kreisreaktanz X_{L1}, d. h. je starrer das Netz ist. Es kann also auch unter dem Einfluß induktiver Parallellast die Resonanzfrequenz des Netzes durchlaufen werden, soweit dieses nicht durch induktive Vorwiderstände bzw. durch Änderung des Netzschaltzustandes verhindert wird. Die Kurven $U_5'/U_1 = f(N_{C1})$ lassen weiterhin erkennen, daß man aus der Resonanzlage entweder durch wachsenden Motor- bzw. verringerten Kondensatoreinsatz (Eigenfrequenzerhöhung), oder aber durch verringerten Motor- bzw. vergrößerten Kondensatoreinsatz (Eigenfrequenzherabsetzung) herauskommen kann. Glücklicherweise wird mit wachsendem Motoreinsatz auch die dämpfende Wirkung der zugehörigen Wirkverluste immer stärker, so daß die resonanzbedingten Überlastungen viel mehr als beim reinen Reihenresonanzkreis gemildert werden. Bilden die Kondensatoren und Motorblindwiderstände einen Stromresonanzkreis, so ergibt sich wieder die Sperrwirkung für die Oberwellenströme vom Netz her, während der Parallelschwingungskreis selbst einen Pendelstrom $J_n = U_n'/X_{Cn} = U_n/X_{Ln}''$ führt.

Will man in stark oberwellenhaltigen Netzen auch bei veränderlicher Motorenlast Spannungsresonanz mit einer höheren Harmonischen mit Sicherheit vermeiden, so bringt auch hier die Vorschaltdrosselspule Abhilfe. Bei Behandlung des Bildes 171 ergab sich für das dortige Netz bei abgeschalteter 6-kV-Motoranlage sowie für $N_{C1} = 1$ MVar und $X_{L1} = 0,74$ Ω/Ph eine Eigenfrequenz von

$$f_e = \sqrt{X_{C_1}/X_{L_1}} \, f_1 = \sqrt{36/0,74} \, f_1 = 7 \, f_1,$$

welche durch eine Vorschaltdrosselspule von $X_{Dr1} = 2,55$ Ω/Ph auf

$$f_e = \sqrt{36/(2,55 + 0,74)} \, f_1 = 3,31 \, f_1$$

verstimmt würde. Schaltet man parallel zu der Drosselspulen-Kondensatoranordnung Motorbelastung, so kann man die Eigenfrequenz analog zu Gl. (80) wie folgt ermitteln:

$$\frac{f_e}{f_1} = \sqrt{\frac{X_{C_1}}{X_{L_1} + X_{Dr_1}} + \frac{X_{C_1}}{X_{L_1}'' + X_{Dr_1}}} \quad \ldots \ldots \text{(98)}$$

Beträgt $N_{s1} = 1$ bzw. 2 bzw. 5,25 MVA, so wird unter Berücksichtigung der Gl. (91a) für X_{L1}'' die Kreiseigenfrequenz auf das 3,83- bzw. 4,1- bzw. 4,49fache der Grundfrequenz f_1 erhöht.

Oberwellenergiebigkeit. Bisher wurde zur Erzielung übersichtlicher Verhältnisse stillschweigend die Annahme getroffen, daß der Oberwellenerreger für das Netz eine starre Spannung $U_5 = 0,10 \, U_1$ zu liefern vermag. Genau so wie die Kraftwerksgeneratoren nicht unendlich große Grundwellen-Kurzschlußströme hergeben können, sind auch die als Oberwellenerreger in Betracht kommenden Umspanner, Gleichrichter, Maschinen usw. nicht in der Lage, resonanzbedingte Überströme in jeder beliebigen Höhe zu erzeugen. Bedenkt man, daß zur Erzielung der Überspannung von 180% bei $N_{s1} = 0$ MVA und $N_{C1} = 1,95$ MVar in Bild 177 ein Strom der 5. Harmonischen von etwa 1700 A (bei 6 kV Grundwellenspannung) notwendig ist, während im Netz angeordnete Umspanner für insgesamt 100 MVA überhaupt nur einen Oberwellenstrom von $J_5 = 100$ A zu erzeugen vermögen, so erkennt man schon, daß im praktischen Netzbetrieb der Höhe der möglichen Oberwellenüberlastung durch die Ergiebigkeit der Oberwellenerreger eine entscheidende Grenze gesetzt ist; im vorliegenden Falle würde man höchstens mit 10,5% Resonanzüberspannung zu rechnen haben.

Unter Berücksichtigung dieser Tatsache kann man an Hand des Bildes 177 folgendes Ergebnis feststellen:

1. Die Oberwellenerreger der Netze können niemals als starre Erreger betrachtet werden. Hierdurch werden die praktisch auftretenden Oberwellenüberlastungen gegenüber den theoretischen Werten ganz beträchtlich begrenzt.

2. Neben den Ohmschen Reihenwiderständen und Ohmschen Netzparallelwiderständen wirken die Wicklungswirkwiderstände der

Asynchronmotoren als der im Netz am weitesten verbreiteten und daher wichtigsten Oberwellenverbraucher stark oberwellendämpfend.

3. Hieraus erklärt sich restlos die allgemein bekannte Tatsache, daß bei geringem Motoreinsatz (Schwachlast) die Oberwellenspannung infolge Fehlens dämpfend wirkender Maschinenwicklungen und sonstiger Ohmscher Oberwellenbelastung stark ansteigt, so daß z. B. für die 5. Harmonische — in Ausnahmefällen — Beträge von 10...20%, ja sogar von 25% der Grundwellenspannung und darüber erreicht werden können, während bei Starklast erheblich geringere Spannungsverzerrungen auftreten.

4. Vergrößerter Motoreinsatz bewirkt Erhöhung der Kreiseigenfrequenz und hierbei unter Umständen das Durchlaufen der Resonanzfrequenzen des Netzes; die Motorwicklungswiderstände dämpfen jedoch zugleich die Spannungsresonanzüberlastungen infolge Umwandlung der Oberwellenenergie in Wärmeenergie mit wachsendem Motoreinsatz immer stärker.

5. Die durch die induktive Parallellast bedingte Spannungsresonanz hat um so geringere Folgen, je mehr man durch Änderung des Netzschaltzustandes oder allgemein durch Reiheninduktivitäten dafür gesorgt hat, daß die Kreiseigenfrequenz bei alleinigem Kondensatorbetrieb, d. h. bei abgeschalteter Motorlast, in Gebiete niedriger, gerader Ordnungszahl verstimmt ist.

6. Notfalls ist zur Erzielung eines stabilen resonanzfreien Betriebes die Vorschaltung einer Drosselspule gemäß Gl. (98) zu erwägen; die Anwendung dieser Maßnahme hat sich bisher jedoch nur selten (vgl. Bild 172) als erforderlich herausgestellt.

Abschließend sei als Beleg für die vorstehenden Ermittlungen noch auf die Registrierkurven des Bildes 178 hingewiesen. Es handelt sich hier um eine kleine Industrieanlage in einem ländlichen Versorgungsnetz mit starker 5. Harmonischer, in welchem ein 50-kVar-Kondensator für Versuchszwecke öfters zu- und abgeschaltet wurde. Bei ausgeschaltetem Kondensator ist morgens bei starker Last die Oberwellenspannung U_5 geringer als in der Mittagspause oder nachts bei geringem Motoreinsatz (vgl. Kurven U_5' für $N_C = 0$ in Bild 177 B). Umgekehrt bewegt man sich beim Einschalten des Kondensators in Richtung auf die Resonanzlagen zu (50 kVar des vorliegenden Netzes entspricht etwa 500...1000 kVar des Netzes des Bildes 177 B); hierbei sind die Resonanzüberspannungen um so größer, je weniger dämpfende Netzlast parallel zum Kondensator liegt[1]). Man kann also auch hier wieder eine lastbedingte Änderung der Höhe der Oberwellenspannungen beobachten.

---

[1]) Kleine Abweichungen zwischen dem Sollwert nach Kurve 177 B und den Meßwerten des Bildes 178 erklären sich aus Änderungen des Netzschaltzustandes des speisenden Mittelspannungsnetzes usw.

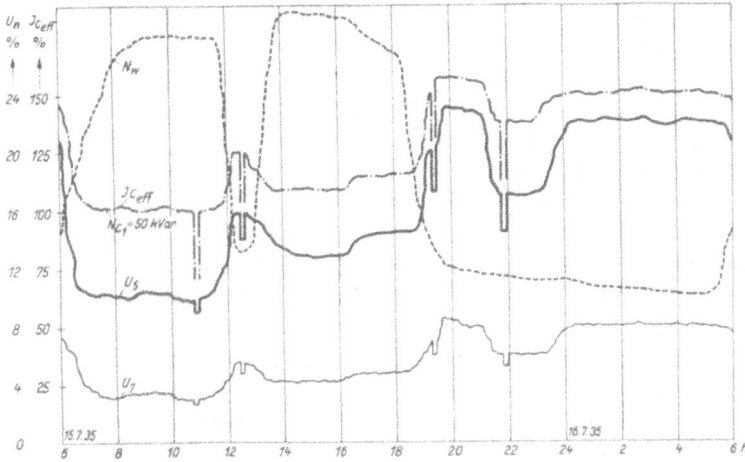

Bild 178. Dämpfender Einfluß der Netzlast auf den ungewöhnlich hohen Oberwellengehalt eines ländlichen Mittelspannungsnetzes.

Bei dem Netz des Bildes 178 handelt es sich um ein ausgesprochen ländliches Netz mit geringer Netzlast (Haupterntezeit), so daß hier im Gegensatz zu gut belasteten Industrienetzen verhältnismäßig hohe Oberwellenwerte auftreten. In den wirklastarmen Nachtzeiten könnte daher ein geordneter Betrieb der Kondensatoren bei einem Effektivstrom von 140...150% des Grundwellenstromes nicht durchgeführt werden, so daß der Kondensator nachts abgeschaltet werden müßte. In solchen Netzen mit stark verzerrter Spannungskurve wird man häufiges Ansprechen der Kondensatorschalter sowie der zugehörigen Sicherungen und außerdem Übererwärmung der Kabel, Endverschlüsse usw. zu erwarten haben; hierauf ist bei der Auslegung der Anlage von vornherein zu achten.

Wenn auch das Anschwellen der Oberwellen vor allem an wirklastarme Betriebszustände gebunden ist, d. h. genauer an Zeiten mit geringem Motoreinsatz, so haben die Betriebsleiter dann doch wenigstens die erforderliche Bewegungsfreiheit zur Vornahme von Netzschaltzustands-Änderungen. Andererseits treten die Oberwellen in Vollastzeiten, wo auf Vermaschung und die volle Kondensatorleistung nicht ohne weiteres verzichtet werden kann, infolge der dämpfenden Parallellast stark zurück.

Umspanner als Oberwellenerreger bei gemischter Belastung[1]). Es interessiert nun, ob und wieweit Abweichungen gegenüber den bisherigen Ergebnissen zu erwarten sind, wenn an Stelle der bisher angenommenen Oberwellenerreger Netzumspanner als Erreger in Betracht kommen. Es wurde bereits darauf hingewiesen, daß die Umspanner die wichtigsten Oberwellenerreger der Netze darstellen.

---

[1]) Vgl. auch Hueter, E., ETZ 54 (1933), S. 747.

Legt man bei den Umspannern die Betrachtungsweise eines Ober-
wellenkonstantspannungs-Generators nach Bild 165 C zugrunde, so
kann man zunächst seine innere Oberwelleneigenreaktanz X_{in} aus der
Leerlaufspannung und dem Kurzschlußstrom für die betreffende Oberwelle errechnen. Hierbei erzeugt der Transformator nach Bild 161 bei
der zu untersuchenden n. Oberwelle die Leerlaufspannung U_{on} bei seiner
Speisung mit sinusförmigem Strom, d. h. dann, wenn das vorgeschaltete,
speisende Netz einen Stromresonanzkreis mit sperrender Wirkung für
die betreffende n. Harmonische darstellt. Für die vor allem interessierende 5. Oberwelle kann man heute mit einer mittleren Leerlaufspannung von etwa 20% der Grundwellen-Nennspannung rechnen, also
$U_{o5} = 0,20 \, U_1$. Den Oberwellen-Kurzschlußstrom des Umspanners erhält man andererseits bei seiner Speisung mit rein sinusförmiger Spannung (vgl. Bild 162), also dann, wenn das speisende Netz einen Spannungsresonanzkreis mit kurzschließender Wirkung für die betreffende
Oberwelle bildet. Der Kurzschlußstrom beträgt für die 5. Harmonische
im Mittel etwa 25% des Grundwellen-Magnetisierungsstromes; hierbei
kann letzterer nach Bild 3 z. B. für 1000...5000-kVA-Umspanner mit
4%, für größere Umspanner mit 3...2% des Umspannernennstromes
eingesetzt werden. Man erhält also im ersten Falle einen Oberwellen-
Kurzschlußstrom von $J_{k5} = 0,01 \, J_1$. Die innere Umspannereigenreaktanz wird demnach je Phase für die 5. Harmonische:

$$X_{i_5} = U_{o_5}/J_{k_5} = 0,20 \, U_1/0,01 \, J_1 = 20 \, Z_1 = 20 \, U_1{}^2/N_{s_{1r}} \quad \text{. . (99)}$$

Sie wird somit gleich dem 20fachen Betrag der Grundwellen-Nennlast-
impedanz des Umspanners. Für die 7. Harmonische wird analog X_{i_7}
$= 20 \, Z_1 = 20 \, U_1{}^2/N_{s_{1r}}$, da die zugeordneten Leerlaufspannungen und
Kurzschlußströme nur etwa den dritten Teil der entsprechenden Werte
für die 5. Oberwelle ausmachen.

Ermittelt man nun auch für den induktiv-kapazitiv belasteten
Umspanner ähnlich wie bisher für den allgemeinen Oberwellenerreger
diejenigen Lastbedingungen, die zur Spannungsresonanz mit z. B. der
vom Umspanner erzeugten 5. Harmonischen führen, so ist die Eigenfrequenzgleichung Gl. (80) des Reihen-Parallelschwingungskreises in geeigneter Art umzuformen: hierbei ist für die Kondensatorreaktanz
$X_{C1} = U_1{}^2/N_{C1}$, ferner für die Motor-Parallelreaktanz gemäß Gl. (91a)
$X_{L1}'' = 0,20 \, U_1{}^2/N_{s1}$ sowie für die Umspannereigenreaktanz nach
Gl. (99) $X_{i1} = 4 \, U_1{}^2/N_{s1_r}$ zu setzen. Es wird also bei Vernachlässigung
der Verluste in erster Annäherung:

$$\left(\frac{f_e}{f_1}\right)^2 = \frac{X_{C_1}}{X_{i_1}} + \frac{X_{C_1}}{X_{L_1}''} = \frac{U_1{}^2}{N_{C_1}}\left(\frac{N_{s_{1r}}}{4\,U_1{}^2} + \frac{N_{s_{1M}}}{0,20\,U_1{}^2}\right) \quad \text{. . (100)}$$

oder

$$N_{C_1} \cong 0,01 \, N_{s_{1r}} + 0,20 \, N_{s_{1M}} = N_{C_{1a}} + N_{C_{1b}} \quad \text{. . . . . (101)}$$

$$N_{s_{1M}} \cong 5 \, N_{C_1} - 0,05 \, N_{s_{1r}} \quad \text{. . . . . (102)}$$

Entsprechend dem ersten, lediglich von den Konstanten des oberwellenerregenden Umspanners abhängigen Glied der Gl. (101) ist bei abgeschalteter Motorlast ($N_{s1_M} = 0$) Spannungsresonanz mit der 5. Harmonischen bei einer »freien« Kondensatorleistung von $N_{C1a} = 1\%$ der Umspannernennleistung zu erwarten, wenn es sich um Umspanner für 1000...5000 kVA handelt; bei Umspannern bis etwa 20 MVA beträgt sie etwa 0,8%, bei noch größeren Umspannern verringert sie sich auf etwa 0,5% N_{s1_r}. Das zweite Glied der Gl. (101) ist identisch mit dem früheren in Gl. (93) gefundenen netzlastabhängigen Kondensatorleistungsanteil N_{C1b}, der für die Kompensation der induktiven Motorleistung erforderlich wird:

$$N_{C1b} = 0,20\, N_{s1_M} \quad \ldots \quad \ldots \quad \ldots \quad (95)$$

Die Gl. (101) und (95) stimmen dem Betrage nach bis auf 1% bzw. 0,8...0,5% der Umspannernennleistung überein. Diese »freie« Kondensatorleistung ist beim Umspanner als Oberwellenerreger wegen seiner hohen Eigenreaktanz X_i sehr viel kleiner als diejenige im allgemeinen Fall der Gl. (93). Der aus Motorinduktivität X_{L1}'' und der — aus Gl. (95) sich ergebenden — Kondensatorkapazität X_{C1b} bestehende Stromresonanzkreis braucht daher nur ein wenig überkompensiert zu sein, d. h. einen nur leicht kapazitiven Charakter anzunehmen, während im allgemeinen Fall der Gl. (93) eine starke Überkompensation für den Spannungsresonanzkreis erforderlich war.

Man hat demnach beim Umspanner als Oberwellenerreger etwa bei der gleichen Kondensatorleistung (X_{C5}) äußere Spannungsresonanz zwischen der Umspannereigenreaktanz X_i und der — aus ein wenig überkompensierter Motorreaktanz (X_{L5}'') und Parallelkondensator (X_{C5})

gebildeten — Netzersatzreaktanz $\dfrac{j\,X_{L5}'' \cdot (-\,j\,X_{C5})}{j\,X_{L5}'' + (-\,j\,X_{C5})}$ sowie zugleich

innere Stromresonanz zwischen der Kondensatorreaktanz X_{C5} und der parallelen Motorreaktanz X_{L5} zu erwarten.

Im übrigen ergeben sich ähnliche Kurven wie im allgemeinen Oberwellenerregerfall des Bildes 177 B. Auch hier ist wieder zu berücksichtigen, daß die Oberwellenergiebigkeit der Umspanner nicht unbegrenzt ist.

Es ist auch möglich, z. B. gemäß Bild 179 den Einfluß der Ladeleistung der Mittel- und Höchstspannungsnetze zu berücksichtigen, da sich hierdurch die wirksame kapazitive Leistung N_{C1} um den Betrag der Ladeleistung erhöht[1]).

---

[1]) Näheres hierüber sowie über das Gesamtproblem s. a. Hueter, ETZ 54 (1933), S. 747; Baudisch und Rambold, Siemens-Z. 17 (1937), S. 461; VDE-Fachberichte 1 (1928), S. 40; Wiss. Veröff. Siemens-Werk 7 (1928), H. 2, S. 1.

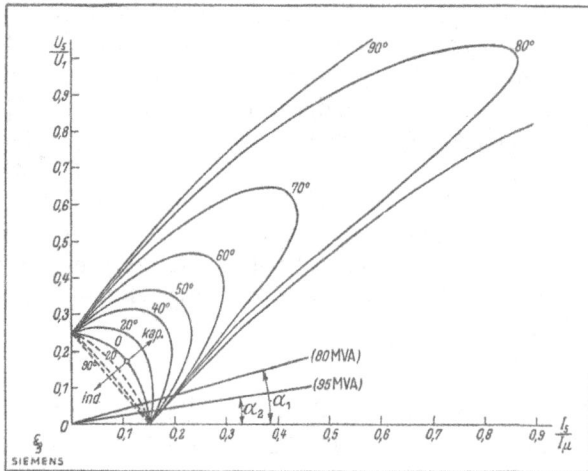

Bild 179. Der Umspanner als Oberwellenerreger bei gemischter Belastung, Umspanner als Konstantstromgenerator nach Bild 165 D aufgefaßt.

f. Oberwellenentlastung der Netze.
Die bisher behandelten Mittel beeinflußten den Oberwellengehalt der Netzspannung der Amplitude nach bzw. verstimmten die Kreiseigenfrequenz sowie in vielen Fällen zugleich auch die Netzeigenfrequenz und milderten damit die Wirkung der Spannungsoberwellen. Es können jedoch hierdurch niemals die Oberwellenspannung bzw. die für die Verzerrung der Netzspannung mit verantwortlichen Oberwellenströme beseitigt werden. Es ist nun zu untersuchen, durch welche Maßnahmen auch die Oberwellenerreger selbst kompensiert werden können, so daß die Ursache der Verzerrung der Netzspannungskurve usw. beseitigt wird.

Entwicklungstendenz in Europa und Übersee[1]). Will man auf dem Gebiet der Netzoberwellenentlastung die Entwicklungsrichtung in den einzelnen Ländern kennzeichnen, so kann man in großen Zügen etwa folgendes feststellen: In Deutschland sowie im europäischen Ausland sucht man in wachsendem Maße durch Bau und Einsatz oberwellenfreier Umspanner die Netze oberwellenrein zu gestalten. Sobald insbesondere die Umspanner in Zukunft mit oberwellenfreier Wicklung ausgerüstet sein werden, wird eine der Hauptursachen für die früher geschilderten Gefahren der Oberwellen für die Netze restlos entfallen[2]). Die Höhe der Spannungsverzerrung wird herabgesetzt und gleichzeitig werden die Zuleitungen zu den Umspannern, Gleichrichtern, Kondensatoren usw. von den zusätzlichen Oberwellenstromwärmeverlusten entlastet, da dann die Oberwellenströme nur noch in geringem Maße in die

---

[1]) Bornitz, E., Elektrotechn. u. Masch.-Bau 59 (1941), S. 325 sowie Elektrizitätswirtsch. 41 (1942), August 1942.

[2]) Petersen, W., ETZ 57 (1936), S. 887.

Netze eindringen. Weiterhin richtet man sein Augenmerk darauf, daß die Großstromrichteranlagen als ebenfalls wichtige Oberwellenerreger mit möglichst hoher Phasenzahl ausgerüstet werden oder Spannungsresonanzkreise zum Kurzschließen der von ihnen gelieferten Oberwellenströme 5., 7., 11., 13. usw. Ordnungszahl parallelgeschaltet erhalten; diese Resonanzkreise werden meist gleichzeitig zur tariflichen Grundwellenkompensation mit benützt. Ähnliche Spannungsresonanzkreise werden auch parallel zu den Petersen-Erdschlußspulen angeordnet.

In Japan rüstet man dagegen einen sehr hohen Prozentsatz sämtlicher Hochspannungskondensatoranlagen, die zur Netzverstärkung und Spannungsreglung eingesetzt werden (vgl. S. 91, 184, 196...198 und 281) gleichzeitig als Spannungsresonanzkreise zum Kurzschließen der in der Netzspannungskurve vorwiegend enthaltenen 5. Harmonischen aus. Die Amerikaner dagegen bevorzugen eine Stromresonanzkreis-Anordnung, die aus einem Hauptkondensator und einem parallel dazu geschalteten, induktiv verstimmten Spannungsresonanzkreis besteht.

In Deutschland wird also der Oberwellenerreger unmittelbar an seinem Entstehungsort unschädlich gemacht und damit das Gesamtnetz gereinigt; die Japaner dagegen saugen sozusagen die Oberwellen aus den Netzen ab, wobei sie eine Belastung der zwischen den Oberwellenerregern und den Kurzschlußkreisen liegenden Netzteile in Kauf nehmen müssen, während die Amerikaner lediglich verhindern, daß die in den Netzen enthaltenen Spannungsoberwellen durch die Kondensatoren verschärft werden.

Es sind nun im einzelnen die verschiedenen Möglichkeiten der Oberwellenentlastung der Netze zu behandeln.

Umspanner. Bei den Umspannern wurde vor etwa 20 Jahren von Prof. Petersen beim Bau des Bayernwerkes eine Herabsetzung der Eisensättigung auf 13000...14000 Gauß empfohlen. Da hierdurch jedoch nur eine Verringerung der Effektivwerte der Grund- und Oberwellen-Magnetisierungsströme, nicht aber eine grundlegende Beseitigung der Stromoberwellen erzielt wurde, suchte man das Eindringen der noch verbleibenden Magnetisierungsströme 5., 7., 11., 13. . . . Ordnungszahlen in das Netz durch ähnliche Lösungen zu unterbinden, wie dies mit der 3., 9. . . . Stromoberwelle bereits durch die Dreieckswicklung erreicht war. Betrachtet man zunächst nochmals den Magnetisierungsstrom eines in Stern/Stern geschalteten Manteltransformators ohne tertiäre Dreieckwicklung, so konnte sich bei dem Vorhandensein eines freien, magnetischen Rückschlusses eine 3. Oberwelle im Fluß Φ_3 ausbilden, die einen gequetschten Fluß sowie eine spitze Phasenspannung zur Folge hatte. Das Oszillogramm sowie die harmonische Analyse des Magnetisierungsstromes bestätigen dies in Bild 180 A; sie ergeben im übrigen einen völlig ähnlichen Verlauf wie in Bild 161, lediglich mit dem Unterschied, daß der Umspanner zusätzlich noch einen Magnetisierungsstrom

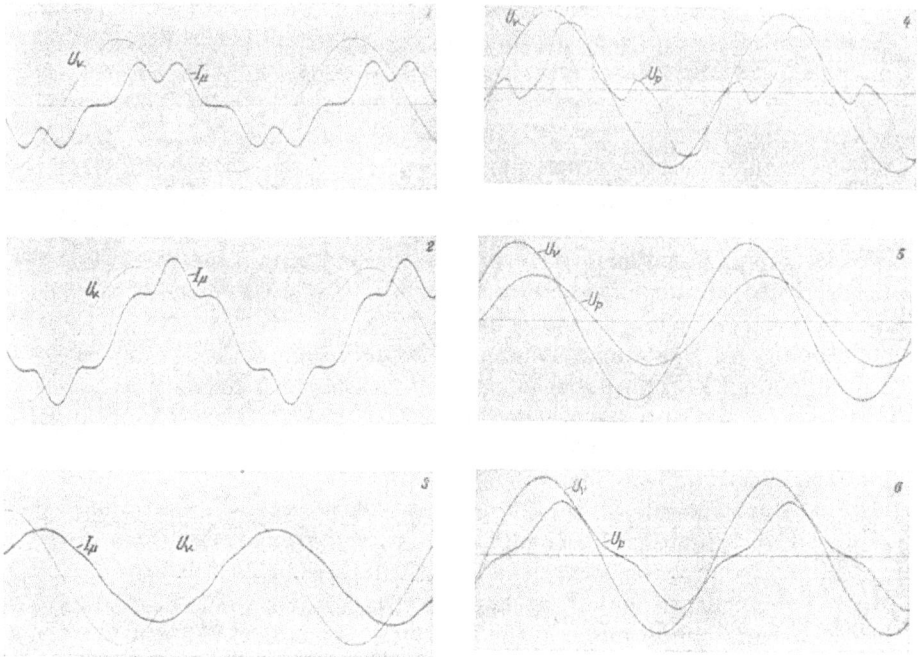

Bild 180. Magnetisierungsstrom Phasen- und verkettete Spannung eines Stern-Stern-Umspanners

A = Bei magnetischem Rückschluß (Bild 1 u. 4).
B = Bei magnetischem Rückschluß und geschlossener, tertiärer Dreieckwicklung (Bild 2 und 5).
C = Bei nicht vollkommenem, magnetischen Rückschluß und einer über eine Drosselspule geschlossenen, tertiären Dreieckwicklung nach Hueter-Buch (Bild 3 u. 6).

5. Ordnungszahl J_{m5} aufnimmt, dessen Vorhandensein sich natürlich auch im Fluß und in der Phasenspannung ausprägt. Wichtig hierbei ist, daß der Strom J_{m5} in dem gleichen Augenblick einen negativen Höchstwert aufweist, in dem der Grundwellenstrom einen positiven Scheitelwert durchläuft (»M-förmiger« Magnetisierungsstrom). Sah man nun bei sonst gleichem Mantelumspanner eine in sich kurzgeschlossene tertiäre Dreieckwicklung vor, so lieferte letztere bei gleichzeitiger Unterdrückung des Flusses dreifacher Ordnungszahl einen nur in ihr fließenden kurzschlußartigen Magnetisierungsstrom dreifacher Grundfrequenz J_{m3}, wodurch sinusförmiger Fluß und sinusförmige Phasenspannung sichergestellt wurden. Die Oszillogramme und Analysen des Bildes 180 B ergeben jetzt, daß die im äußeren Magnetisierungsstrom noch enthaltene 5. Harmonische im gleichen Augenblick wie die Grundwelle einen positiven Scheitelwert aufweist (»W-förmiger« Magnetisierungsstrom).

Stellt man alles auf die Wechselwirkung zwischen dem Fluß dreifacher Frequenz Φ_3 und dem Magnetisierungsstrom J_{m5} ab, so war im ersten Fall — sozusagen bei geöffneter tertiärer Dreieckwicklung — bei

voll entwickeltem Fluß Φ_3 und unterbrochenem J_{m3} eine negative
5. Harmonische J_{m5} im Magnetisierungsstrom (Bild 181, Punkt P_1),
im 2. Falle dagegen bei kurzgeschlossener Dreieckwicklung bei unter-
drücktem Φ_3 und bei einem Höchstwert von J_{m3} ein positiver Höchstwert
von J_{m5} (Punkt P_2) anzutreffen. Aus diesen Tatsachen schlossen Buch
und Hueter bereits 1930[1]), daß durch
Steuerung des Flusses Φ_3 eine planmäßige Beeinflussung der Oberwellenströme 5. und auch höherer Ordnungszahlen möglich sein müsse.
Schließt man nun bei Mantel- und
Fünfschenkelumspannern die geöff-
nete Dreieckverbindung über eine
passende Drosselspule bzw. sieht
man beim Kernumspanner einen
verkümmerten, magnetischen Rück-
schlußschenkel vor, so läßt sich bei

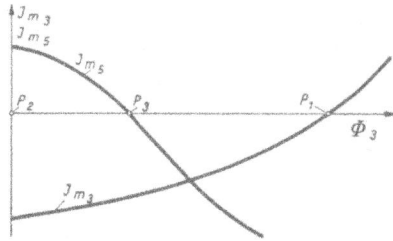

Bild 181. Fünfte und dritte Harmonische des
Magnetisierungsstromes in Abhängigkeit vom
Fluß dreifacher Frequenz.

einem bestimmten Wert für Φ_3 und J_{m3} eine innere Kompensation von
J_{m5} tatsächlich erzwingen (Bild 181, Punkt P_3). Das zu dieser Schaltung gehörige Oszillogramm Bild 180 C bestätigt die erwartete angenäher-
te Sinusform von äußerem Magnetisierungsstrom und verketteter Spannung; auf die gleichzeitige, sehr erwünschte Verringerung des Betrages
der Grundwelle des Magnetisierungsstromes bei steigerbarer Sättigung
soll nur kurz hingewiesen werden[1]). Diese Tatsache ist um so erfreu-
licher, als die vorliegende Schaltung insbesondere für kleinere und mittlere Umspanner der örtlichen Verteilungsnetze mit ihrem verhältnismäßig hohen Blindleistungsbedarf (vgl. Bild 4) in Betracht kommt.

Da das vorstehende Kompensationsverfahren nur auf Stern/Stern-
sowie auf Zickzack-Umspanner ohne freien magnetischen Rückschluß
anwendbar ist, suchte man auch für die übrigen Schaltgruppen nach
entsprechenden Maßnahmen. Nach einem Vorschlage von Biermanns
und Krämer[2]) wird hierzu eine magnetische Reihenschaltung der in
Stern geschalteten Transformatorschenkel sowie der in Dreieck geschalteten Joche zu Hilfe genommen.

Bildet man das Joch eines Dreischenkelumspanners nach Bild 182 A
zu einem magnetischen Dreieck mit einer in sich kurzgeschlossenen Dreieckwicklung aus, so wird der Fluß dreifacher Frequenz Φ_3 unterbunden.
Dies ist erforderlich, da er sonst den obigen Hueter-Buch-Effekt verursachen würde, der hier jedoch durch Erzeugung eines negativen
Magnetisierungsstromes J_{m5} das AW-Gleichgewicht stören würde. Die

---

[1]) DRP. 588170 sowie Buch, R. und Hueter, E., ETZ 56 (1935), S. 933; Petersen, W., ETZ 57 (1936), S. 887 sowie Biermanns, J., ETZ 58 (1937), S. 622.
[2]) Biermanns, J., ETZ 58 (1937), S. 622; Krämer, W., Cigre 1937, Bericht 116
sowie VDE-Fachberichte 9 (1937), S. 52 und ETZ 59 (1938), S. 929.

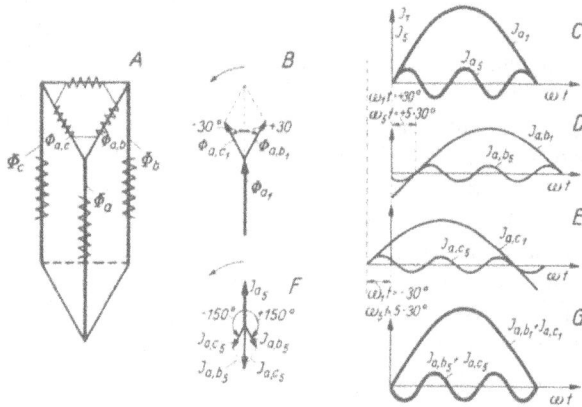

Bild 182. Magnetische Sterndreieckschaltung von Schenkel und Joch zur Oberwellenstrom
Kompensation von Umspannern nach Biermanns und Krämer.

vom Netz für die Erregung der Umspannerschenkel zu liefernden Ströme
J_{m1} und J_{m5} weisen nach Bild 162 und 180 B positiven Charakter auf;
dies ist in Bild 182 C für den mittleren Schenkel a nochmals dargestellt.
Der zugehörige Grundwellenfluß Φ_{a1} spaltet sich nun bei seinem Über-
tritt in die anliegenden Joche nach Bild 182 B in zwei symmetrische
Komponenten, von denen der Grundwellenjochfluß $\Phi_{a,\,b1}$ um $+30^0$
gegenüber dem Schenkelfluß Φ_{a1} nacheilt, während $\Phi_{a,\,c1}$ gegenüber
Φ_{a1} um -30^0 voreilt. Die diese Jochflüsse erzeugenden AW bzw. die
Joch-Magnetisierungsströme der Grundwelle weisen die analoge Nach-
und Voreilung um 30^0 auf (Bild 182 D und E). Für die gemeinsam mit
ihnen verschobenen 5. Harmonischen des Joch-Magnetisierungsstromes
$J_{a,\,b5}$ ergibt sich naturgemäß eine Nacheilung von $5 \cdot 30^0 = +150^0$,
für $J_{a,\,c5}$ eine Voreilung von $5 \cdot 30^0 = -150^0$. Addiert man schließlich
den AW-Bedarf 5 facher Frequenz dieser beiden Joche geometrisch, so ergibt
sich nach Bild 182 F und G ein resultierender negativer Jochstrom, der
um 180^0 gegenüber dem zugeordneten Schenkel-Magnetisierungsbedarf
J_{a5} verschoben ist. Durch den Kunstgriff der magnetischen Dreieckschaltung des Joches zwingt man also den Schenkelfluß zu einer Phasen-
änderung um $\pm 30^0$ und erzielt so bei richtiger Bemessung eine innere
Belieferung der Schenkel durch die zugehörigen Joche mit Magnetisierungsstrom 5 facher Frequenz, ohne daß das Netz in Anspruch genommen wird. Gleichzeitig wird auch die 7., 17., 19. usw. Stromoberwelle in ähnlicher Art kompensiert, so daß abgesehen von den vernachlässigbar kleinen Oberwellen 11., 13., 23., 25. . . . Ordnungszahlen eine
praktische vollständige Oberwellenkompensation erfolgt.

Die tatsächliche Ausbildung des magnetischen Jochdreiecks kann nun
in sehr mannigfacher Art durchgeführt werden. Bild 183 zeigt hierfür
einige Beispiele. Die magnetische Dreieckschaltung läßt sich beim Kern-

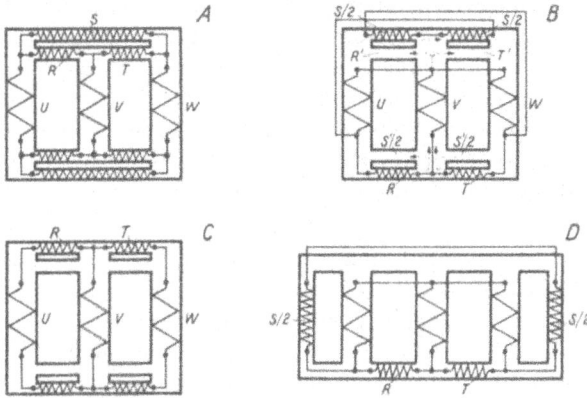

Bild 183. Drei- und Fünfschenkel-Umspanner mit Oberwellen-Kompensationswicklung nach Biermanns und Krämer.
A = Kernumspanner mit geschlitzten Jochen.
B = Unterbrochener Jochschlitz über dem Mittelschenkel, Verwendung einer einzigen Dreieckwicklung.
C = »V-Schaltung« der Kompensationswicklungen.
D = Fünfschenkel-Umspanner mit einer einzigen Dreieckwicklung.

umspanner durch eine einfache Schlitzung der oberen und unteren Joche nach Bild 183 A erzielen, wobei die in Dreieck geschalteten Jochwicklungen bei hoher Induktion zwecks Unterdrückung der Jochstreuung an die Schenkel- oder an Hilfswicklungen angeschlossen werden. Zur Vereinfachung genügt es auch, auf den Jochen eine einzige Dreieckwicklung nach Bild 183 B aufzubringen; hierbei werden 2 Seiten des Wicklungsdreiecks auf die äußeren Jochteile des unteren Joches sowie die dritte Seite auf die Jochteile des oberen Joches gelegt. Man kann auch auf den unteren und oberen Jochen je eine Wicklung in V-Schaltung nach Bild 183 C anordnen. Beim Fünfschenkelumspanner, der bereits eine verkappte magnetische Sterndreieckschaltung besitzt, braucht selbst bei Induktion bis 16000 Gauß nur eine einzige Dreieckwicklung auf den beiden Rückschlußschenkeln und auf dem unteren Joch untergebracht zu werden (Bild 183 D). Diese Oberwellen-

Bild 184. Oberwellenfreier Umspanner für 30 MVA, 104/23,5 kV, nach Bild 183.

Kompensationsschaltungen, die für Umspanner sämtlicher Leistungen und Schaltungen anwendbar sind (Bild 184), gestatten genau so wie das Verfahren nach Hueter und Buch eine Heraufsetzung der Induktion auf 15000...16000 Gauß, also eine wesentlich bessere Werkstoffausnutzung bei gleichzeitiger Selbstreinigung des äußeren Magnetisierungsstromes. In Zukunft wird demnach nicht mehr die Höhe der Sättigung, sondern die Höhe des Grundwellen- und vor allem der Oberwellen-Magnetisierungsströme allein von ausschlaggebender Bedeutung sein.

Schließlich ist noch auf die bekannte Tatsache hinzuweisen, daß man die auf Seite 232 erwähnten Restbeträge der durch drei teilbaren Umspanner-Oberwellenmagnetisierungsströme sowie vor allem diejenigen von Umspannern ohne Dreieckwicklung durch möglichst gleichmäßig zyklisch vertauschten Anschluß der 3 Umspannerphasen $U\,V\,W$ an die 3 Netzphasen $R\,S\,T$ gegenseitig annähernd aufheben kann[1]). Weiterhin können durch elektrische, primärseitige Parallelschaltung eines in Stern und eines in Dreieck geschalteten Umspanners gleicher Größe die Magnetisierungsströme 5. und 7. Ordnungszahl der Größe und Phase nach kompensiert werden (vgl. Bild 182, das sinngemäß auch für die elektrische Sterndreieckschaltung gilt). Der elektrisch in Stern geschaltete Umspanner weist einen positiven, der elektrisch in Dreieck geschaltete Umspanner einen um 180° verschobenen Magnetisierungsstrom 5 facher Frequenz auf. Da in ausgedehnten Netzen der Bedarf an Magnetisierungsleistung sehr hoch ist, so kann man durch Phasenmischung und durch Wahl bestimmter Schaltgruppen beim Betrieb vorhandener und vor allem neu zu beschaffender Umspanner eine Symmetrisierung erzwingen. Man kann so durch systematische Planung und Betriebführung ohne finanziellen und betrieblichen Mehraufwand für die Oberwellenreinheit der Netze Sorge tragen[1]).

Neben den bisher geschilderten gibt es noch zahlreiche weitere Verfahren, deren Erwähnung jedoch zu weit führen würde. Soweit es sich um Oberwellenstromerreger wie Umspanner, Gleichrichter, Umrichter, Lichtbogenöfen usw. handelt, kann man die Oberwellenströme, wie nachstehend beschrieben, auch durch parallel geschaltete Spannungsresonanzkreise kurzschließen lassen. Man hat auch hochgesättigte Drosselspulen hierfür vorgeschlagen[1]); hierbei hat man stets das Vorzeichen der zu kompensierenden Oberwelle zu beachten.

Gleichrichterschaltungen. Wie bereits früher erwähnt, stellen die Glas- und Eisengleichrichter Oberwellenstromerreger dar. Sie liefern bekanntlich Oberwellenströme von der Ordnung $n = z\,p \pm 1$, wobei z eine ganze Zahl (z. B. 1, 2, 3 ...) und p die Phasenzahl des Gleichrichters (z. B. 3, 6, 12, 24, 36) darstellen. Da hierbei die Größe

---

[1]) S. a. Hueter, E., ETZ 54 (1933), S. 747; Scharstein, ETZ 58 (1937), S. 729 und ETZ 60 (1939), S. 409; Lennox, J. Amer. Inst. electr. Engrs. 45 (1926), S. 755.

der Oberwellenströme mit wachsender Ordnungszahl n etwa nach dem Gesetz $J_n = J_1/n$ unabhängig von der Gleichrichterschaltung sinkt, so weist z. B. der 6-Phasen-Gleichrichter Oberwellenströme von etwa den Beträgen $J_5 = 20\% \ J_1$, $J_7 = 14,2\% \ J_1$, sowie $J_{11} = 9,1\% \ J_1$ usw. auf. Im praktischen Betrieb werden diese Werte durch die vorgeschalteten Reaktanzen noch weiter herabgesetzt. Aus all diesen Gründen ist schon bei mittleren Anlagen die 6phasige Schaltung üblich. In Großanlagen wird die einzelne Gleichrichtergruppe 12phasig ausgeführt. Sofern es die Netzverhältnisse erfordern, kann man die Phasenzahl der Gesamtgleichrichteranlage künstlich weiter erhöhen. Hierzu müssen die sekundären Spannungsvektoren (Anodenspannungen) zusammenarbeitender Gleichrichterumspanner gegeneinander so geschwenkt werden, daß sich das gewünschte Viel-Phasensystem ergibt. So läßt man z. B. drei 12phasige Gruppen zusammen 36phasig arbeiten. Die Phasenschwenkung erfolgt durch äußere Zusammenschaltung der Gleichrichterumspanner oder bei hoher Phasenzahl durch — selbst nachträglich noch vorschaltbare — Schwenkumspanner. Hierdurch ergibt sich bei gleicher Phasenbelastung und Gitteraussteuerung eine beachtliche Oberwellenentlastung der Netze (der 36-Phasengleichrichter führt im ungestörten Betrieb nur von der 35. Oberwelle beginnend verschwindend niedrige Oberwellenströme von z. B. $J_{35} = 2,85\% \ J_1$). Eine hohe Phasenzahl ist auch deswegen zweckmäßig, weil heutzutage die Anschlußleistung von Großgleichrichteranlagen einen beträchtlichen Daueranteil der Gesamtlast der Netze ausmacht. Ähnliche Verhältnisse gelten auch für die neuerdings auf dem Markt erschienenen mechanischen Kontaktumformer.

Oberwellenkurzschluß. Durch die bisher geschilderten Verfahren wurden zwei der Hauptursachen der Netzspannungsverzerrung durch Kompensation der Oberwellenströme an ihrem Entstehungsort beseitigt. Darüber hinaus wäre es naturgemäß sehr erwünscht, wenn auch die durch die Oberwellenstrom- oder Oberwellenspannungserzeuger hervorgerufenen höheren Harmonischen selbst unabhängig von der inneren oder äußeren Schaltung der eigentlichen Oberwellenerreger an oder außerhalb ihres Entstehungsortes gänzlich unterdrückt werden können. Dieses ist durch Einbau einer Kurzschlußstelle möglich, die so beschaffen sein muß, daß sie nur für die n. Oberwelle einen Kurzschluß darstellt, nicht aber auch für die Grundwelle.

Man hat zu diesem Zweck z. B. in der Gleichrichteranlage des Bildes 185 A einen Dreiwicklungsumspanner mit der Hauptwicklung unmittelbar an die von Oberwellenströmen zu reinigende Leitung gelegt, die Zusatzwicklung mit einer rein sinusförmigen, von Sperrkreisen oder von einem Generator gelieferten Spannung gespeist, während die 3. Wicklung nicht vom Grundwellenstrom, sondern nur von dem Differenzfluß durchflossen wird, der von dem Fluß der oberwellenbehafteten und oberwellenreinen Wicklung herrührt. Da die 3. Wicklung in sich kurzgeschlossen ist, schließt sie die Differenzoberwellenspannung der beiden ersten Wicklungen kurz und verhindert so das Eindringen der Oberwellenströme in das Netz. Diese Anordnung ist jedoch verhältnismäßig teuer.

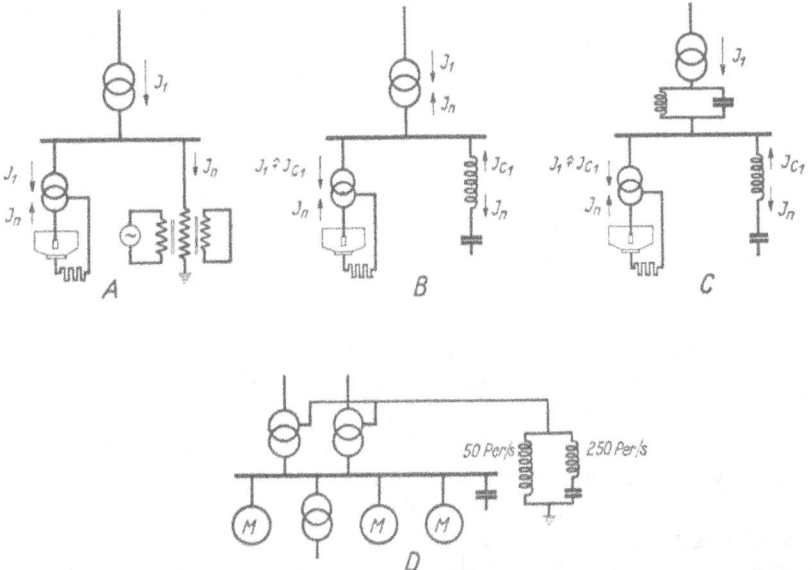

Bild 185. Kurzschließen von Oberwellenerregern durch Dreiwicklungsumspanner mit Kurzschluß-wicklung (A), durch Spannungsresonanzkreis ohne (B) und mit Netzabriegelung durch Sperr-kreise (C) sowie durch Spannungsresonanzkreise zur Kompensierung des Oberwellenerdschluß-stromes (D).

Weiter sahen wir bereits bei der Diskussion der Schwingungskreise, daß bei unendlich großer Kapazität oder Induktivität ein direkter Kurz-schluß für die Oberwellen entsteht. Dasselbe Ziel kann man auf wesent-lich wirtschaftlichere Art durch jeden auf die Störfrequenz abgestimmten Spannungsresonanzkreis erreichen, sofern dieser die Bedingung erfüllt:

$$X_{\mathrm{Ers}_n} = X_{L_n} - X_{C_n} = 0 \ \ldots \ldots \ldots \ (103)$$

Von dieser sehr einfachen Schaltungsmaßnahme[1]) wird in Deutsch-land in lebenswichtigen Anlagen, die keinerlei nachteilige Beeinflussung durch Oberwellen vertragen, häufig Gebrauch gemacht. Stellt Bild 185 *B* beispielsweise einen Gleichrichter als Oberwellenquelle dar, so kann man den vom Gleichrichter verursachten Oberwellenstrom ohne weiteres durch einen parallel geschalteten Spannungsresonanzkreis kurzschließen lassen. Der Resonanzkreis wird hierbei nicht mit einem sehr beträcht-lichen Kurzschlußstrom, sondern bei sinusförmiger Netzspannung nur mit dem Oberwellenstrom des Gleichrichters beansprucht. Sind da-gegen in der Netzspannungskurve bereits vor dem Einbau des Gleich-richters eine 5. und 7. Spannungsoberwelle enthalten, so stellen die z. B. für die 5. und 7. Harmonische abgestimmten Spannungsresonanzkreise natürlich auch für diese Netzoberwellen eine Kurzschlußstelle dar. Um eine unfeststellbare Überlastung der Resonanzkreise zu vermeiden, muß man den Einfluß der Netzoberwellen notfalls durch Schutzdrosselspulen, hohe Kurzschlußstreuspannung der Übergabeumspanner oder besser durch Sperrkreise (Bild 185 C) abriegeln[1]).

Dieses Abriegeln ist auch noch für den Fall notwendig, daß man über den Charakter und die Höhe der Netzreaktanz zwischen der Oberwellenkurzschlußstelle und dem Netz nichts Genaues ermitteln kann. Handelt es sich um ein starres Netz mit verschwindend geringem Oberwellenwiderstand, so zieht auch dieses als Parallelweg zu dem Kurzschlußkreis einen Teil des Oberwellenstromes auf sich; dieses ist mit Rücksicht auf eine angestrebte Oberwellenentlastung des Netzes unbedingt zu vermeiden.

In den Fällen, in denen eine vollständige Beseitigung der Oberwellenspannung nicht unbedingt erforderlich ist, kann man bei gleichzeitigem Auftreten zweier benachbarter Störfrequenzen u. U. auch mit einem einzigen gemeinsamen Resonanzkreis auskommen.[1])[2]) Dieser wird dann für einen zwischen den beiden Störfrequenzen liegenden Frequenzwert ausgelegt. Hierbei ist jedoch darauf zu achten, daß der bei der tieferen Störfrequenz einen kapazitiven Charakter aufweisende Spannungsresonanzkreis nicht zufällig mit der Netzreaktanz bei dieser niedrigen Störfrequenz einen Stromresonanzkreis bildet, da dann dem Oberwellenerreger die Lieferung des Oberwellen-Kurzschlußstromes sowohl in Richtung auf den Spannungsresonanzkreis als auch zum Netz hin gesperrt wird. Dieses würde zu erheblichen Spannungsverzerrungen führen.

Für die Auslegung des Resonanzkreises ist es von Bedeutung, daß die Resonanzbedingungen sowohl durch große als auch durch kleine Reaktanzwerte X_{Ln} und X_{Cn} erfüllt werden können. Bei Wahl großer Blindwiderstände benötigt man zwar nur eine kleine Kondensatorgrundwellenleistung, muß dabei aber den Kondensator für eine hohe Resonanzüberspannung auslegen. Bei kleineren Blindwiderständen erhält man bei großer Kondensatorleistung nur geringe Oberwellenbeanspruchung, also eine verhältnismäßig billigere Gesamtanordnung. Sie wird sofort auch absolut billiger, wenn die große Kondensatorgrundwellenleistung gleichzeitig mit zur cos φ-Verbesserung der Anlage aus tariflichen oder betriebstechnischen Gründen herangezogen werden, kann. Durch eine Phasenschieber-Kondensatorbatterie kann also ohne besonders großen Mehraufwand die Oberwellenentlastung des Netzes gleich mit durchgeführt werden[1]).

---

[1]) Geise, H., Elektrische Bahnen 13 (19 37), S. 208, VDE-Fachberichte 1 (1928) S. 36 u. Cigre 1939, Bericht 115; Lebrecht, L., AEG-Mitt. (1938), S. 489 u. (1942), H. 5…8; Bornitz, E., Elektrotechn. u. Masch.-Bau 59 (1941), S. 333.

[2]) Nur bei übersehbarer paralleler Netzreaktanz und nur bei höheren Frequenzen ist der unvermeidliche Verstimmungsgrad noch tragbar (vgl. 600-Hz-Kreis, S. 278.

So zeigt Bild 186 die Oszillogramme einer aus 3 gleich großen Sechsphasen-Gleichrichtern für insgesamt 14000 kVA Drehstrom-Anschlußleistung bestehenden Anlage, in welcher 2 Gleichrichter in Zwölfphasen- und der dritte Gleichrichter in Sechsphasenschaltung arbeiten; die Anlage ist durch Kondensatoren, die gleichzeitig zu Spannungsresonanzkreisen ausgebildet sind, kompensiert. Die Oszillogramme von Bild 186 geben in der oberen Reihe die in dieser Gleichrichteranlage auftretenden Gesamtspannungen bzw. Gesamtströme wieder, während jeweils darunter

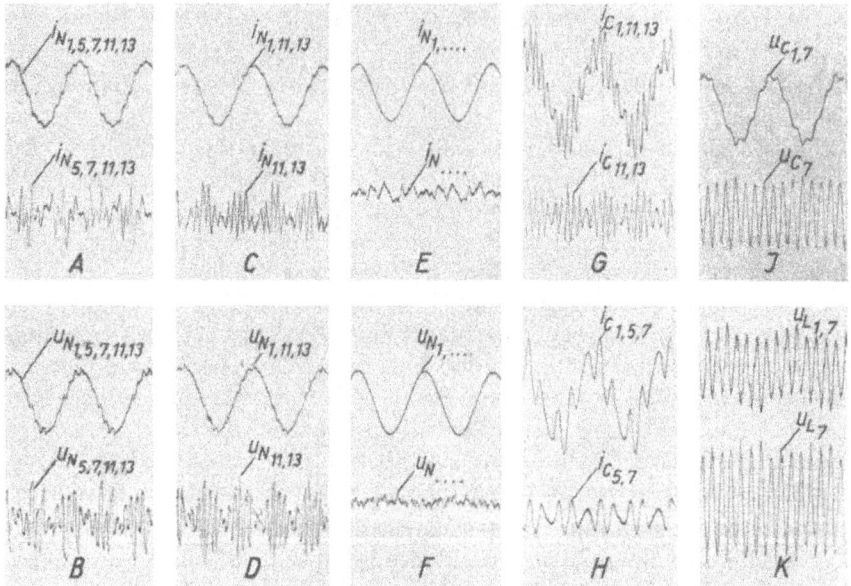

Bild 186. Oszillogramme einer Sechs- und Zwölfphasen-Gleichrichteranlage für 14000 kVA, 3,5 kV und parallel geschalteter Oberwellenkurzschlußkreise mit kapazitiver Grundwellenleistung von 2700 kVar bei 3,75 kV.

die in diesen Meßgrößen enthaltenen Oberwellen — bei unterdrückter Grundwelle — aufgezeichnet sind[1]).

In den Oszillogrammen 186A und B sind die bei gleichzeitigem Zwölfphasen- und Sechsphasenbetrieb auftretenden Oberwellen 5., 7., 11. und 13. Ordnungszahl in den Netzströmen i_ν sowie in der Netzspannung u_ν zu finden.

Schaltet man nun zur Oberwellenentlastung der Netzzuleitungen Spannungsresonanzkreise parallel zu den Gleichrichtern, wobei zur Kompensation der 13. und 11. Harmonischen ein auf $n = 12$ abgestimmter Spannungsresonanzkreis mit einer Grundwellenkondensatorleistung von 1350 kVar sowie zum Kurzschluß der Oberwellen 7. und 5. Ordnungszahl Resonanzkreise von 450 und 900 kVar vorgesehen sind, so erhält

---

[1]) S. auch Lebrecht, L., AEG-Mitt. (1942), H. 5...8.

man die Oszillogramme von Bild 186C...K. Bild 187 gibt einen Teil der Oberwellenkurzschlußkreise (Kondensatoren mit vorgeschalteten eisenlosen Drosselspulen) wieder.

Setzt man zunächst nur die 250- und 350-Hz-Kreise ein, so nehmen diese die Oberwellenströme der Gleich-richter 5. und 7. Ordnungszahl auf, während diejenigen 11. und 13. Ord-nungszahl nach wie vor auf das Netz einwirken. Dementsprechend enthält der Gesamtzuleitungsstrom zur Gleich-richter- und Kondensatoranlage (Bild 187C) im wesentlichen nur die für Zwölfphasengleichrichter üblichen Ober-wellenverzerrungen; diese machen sich bei dem im vorliegenden Falle verhält-nismäßig schwachen Netzanschluß (Speisung nur durch einen 16-MVA-Stromerzeuger über kurze Zuleitungen) auch in der Sammelschienenspannung (Bild 186D) bemerkbar. Demgegen-über zeigen Bild E und F die durch das Einschalten aller 3 Resonanzkreise erzielte Gesamtwirkung. Man erkennt, daß nunmehr alle Oberwellenströme der Gleichrichter praktisch kurz-

Bild 187. Spannungsresonanzkreise für 250 Hz (vorn) sowie für 600 Hz (hinten) zur Glättung der Netzspannung in der Gleichrichteranlage Bild 186 (AEG, 1941).

geschlossen sind, so daß der Netzstrom (E) von Oberwellenströmen bis auf kleine Reste 5. und 7. Ordnungszahl völlig entlastet ist. Ähnlich ist auch die Sammelschienenspannung F fast oberwellenfrei geworden. Es sind nur noch Harmonische höherer Ordnungszahl und geringerer Amplitude vorhanden, die von den Resonanzkreisen nicht erfaßt werden konnten. Die in dem 600-Hz-Kreis fließenden Oberwellenkurz-schlußströme 11. und 13. Ordnungszahl sind in Bild 186G sowie die in der gemeinsamen Zuleitung zu den 250- und 350-Hz-Kreisen fließenden Kurzschlußströme 5. und 7. Ordnungszahl sind in den Oszillogrammen Bild 186H wiedergegeben[1]. In Bild 186J und K findet man die Gesamt-spannung (oben) sowie die Oberwellenspannung (unten), die an dem Kondensator (J) bzw. an der Spule (K) des 350-Hz-Kreises auftreten.

Man erkennt also, daß die Oberwellenströme bei voll eingeschalteten Spannungsresonanzkreisen nicht ins Netz dringen und somit an der Gleichrichtersammelschiene und an den vorgeschalteten Netzreaktanzen keine Oberwellenspannungen verursachen können. Die Kondensatoren und Drosselspulen werden jedoch nicht nur mit den Strömen und Span-

[1]) In den Oszillogrammen Bild 186E...K sind 3 Resonanzkreise eingeschaltet.

nungen von der Grundwellenfrequenz, sondern auch mit den den jeweiligen Resonanzkreisen eigentümlichen Resonanzfrequenzen beansprucht. Hierfür sind sie von vornherein ausgelegt.

In Bild 188 sind noch einige Ein- und Parallelschaltoszillogramme der eben behandelten Resonanzkreise wiedergegeben, welche im Hinblick auf die Untersuchungen der Schaltvorgänge in Kapitel VII, 1, allgemeineres Interesse beanspruchen. Bild 188A zeigt das Einschalten lediglich des 600-Hz-Kreises etwa im Höchstwert der Netzspannung, wobei das Netz nur mit der Zwölfphasengleichrichteranlage belastet ist. Der Ausgleichsvorgang schwingt mit einer Eigenfrequenz von $f_e \cong 7 f_1$ innerhalb etwa einer Netzperiode aus[1]). Man erhält einen Bild 70 und 71 ähnelnden Verlauf. Bei voll eingeschalteter Zwölfphasen- und Sechsphasen-Gleichrichteranlage ergibt sich beim Einschalten des 250-Hz-Kreises das Oszillogramm 188B mit einer Eigenschwingungszahl von $f_e \cong 4 f_1$.

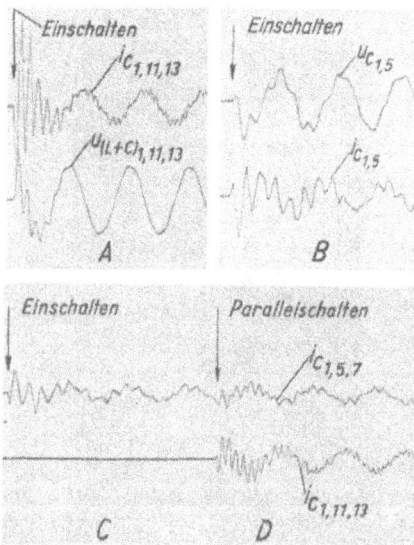

Bild 188. Einschalten eines 600-Hz- (A), eines 250-Hz- (B), eines 250- und 350-Hz- (C) Spannungsresonanzkreises sowie das Parallelschalten letzteren mit einem 600-Hz-Kreis (D).

Schließlich sieht man im Bild 188C bei vollbelasteter Zwölf- und Sechsphasen-Gleichrichteranlage das Einschalten des mittels gemeinsamen Schalters geschalteten 250- und 350-Hz-Kreises mit einer Eigenfrequenz von $f_e \cong 5 f_1$, während Bild 188D das anschließende Parallelschalten des 600-Hz-Kreises zu den beiden erstgenannten Resonanz kreisen darstellt. Der Parallelschaltvorgang spielt sich mit einer wesentlich höheren Eigenfrequenz von $f_e \cong 9 f_1$ als in den Fällen A...C ab, wie dieses in Kapitel VII, Gl. (34), bereits erläutert wurde.

Diese Möglichkeit des einfachen Kurzschließens der Oberwellenspannung durch Spannungsresonanzkreise wäre für die restlose Oberwellenstrom- und Oberwellenspannungsbereinigung der Netze außerordentlich günstig; da jedoch die Größe des sich entwickelnden Oberwellenkurzschlußstromes genau so wie beim Grundwellenkurzschluß u. a. von der Impedanz des Kurzschlußpfades sowie vor allem von der Höhe und Starrheit der Oberwellenerzeugerspannung abhängt, muß man in

---

[1]) Bei starrem Netz wäre eine Netzeigenfrequenz von fast 600 Hz zu erwarten; infolge der Wirkung der Stromerzeuger und Leitungsreaktanz ist sie entsprechend Gl. (87) beträchtlich geringer.

ausgedehnten Mittelspannungsnetzen und in kleinen Höchstspannungsnetzen mit entsprechend hohen Strom- und Spannungsüberlastungen
der Einzelglieder des Kurzschlußkreises rechnen. Führt man daher die
Oberwellenkompensation nur in kleinem Umfang durch, so empfiehlt
es sich, nur solche Netze oder Einsatzstellen zu wählen, in denen die
Höhe der Oberwellenkurzschlußströme niedrig und genau vorher erfaß-
bar ist, und wo die anfallende Grundwellen-Phasenschieberleistung aus
tariflichen Gründen oder mit Rücksicht auf die Netzverstärkung usw.
erwünscht ist.

Wenn man die Oberwellenbeanspruchung durch Wahl kleiner
Blindwiderstände herabdrücken will, so ergeben sich außerordentlich
große Grundwellenkondensatorleistungen. In diesem Zusammenhang ist
es von Interesse, daß die in Japan zur Spannungsreglung und Netzverstärkung eingesetzten größeren Kondensatoranlagen in der Regel gleichzeitig als Oberwellenkurzschlußkreise zur Glättung der Spannungskurven der Mittel- und Höchstspannungsnetze ausgebildet werden[1]).

In Bild 66 und 142 sind einige der zahlreichen japanischen Kondensatoranlagen dargestellt. Da es sich hier um größte Anlagen für 5...50
MVar, neuerdings sogar für 100 MVar handelt (s. S. 184, 196...198),
so ist der je Kondensator selbst bei Teilabschaltung der mehrstufigen
Regelbatterie verbleibende Oberwellenanteil verhältnismäßig niedrig.
Bei dem dortigen Großeinsatz ist also eine Überbeanspruchung des Dielektrikums kaum zu befürchten.

In Bild 189 sind die Oszillogramme einer derartigen, über Ohmsche
Vorstufenwiderstände eingeschalteten Kondensatoranlage für 66 kV
und 2500 kVar wiedergegeben; diese dient zusammen mit weiteren Kondensatoren für insgesamt 25 MVar gleichzeitig zum Kurzschließen der
in der Netzspannungskurve vorhandenen 5. Harmonischen. In Bild
189 A findet man zunächst die bei überbrückter Drosselspule in der
Spannung u_N des 66-kV-Netzes, in dem eigentlichen Kondensatorstrom
i_C sowie in dem kompensierten Netzstrom i_N enthaltenen Oberwellen
5. und 7. Ordnungszahl wieder. Hebt man dagegen die Überbrückung
der Drosselspule auf, so erhält man in Bild 189 B die erwartete Oberwellen kurzschließende Wirkung des Spannungsresonanzkreises. Die
Netzspannung ist geglättet. Dafür enthalten der Kondensatorstrom i_C
sowie die an der Drosselspule herrschende Spannung u_L außer der,
Grundwelle in verstärktem Maße die 5. Harmonische; ähnliches gilt für
den Netzstrom i_N.

Es ist noch zu erwähnen, daß ausgedehnte Höchstspannungsnetze
für Spannungen von 110...220 kV und darüber infolge ihrer erheb-

---

[1]) Bekku, S., Cigre 1939, Bericht 123. Weiteres s. a. Kitagawa u. Tanaka
Electrotechnical Journal, Journal of the Institut of Electrical Engineers of Japan
(1937), S. 89.

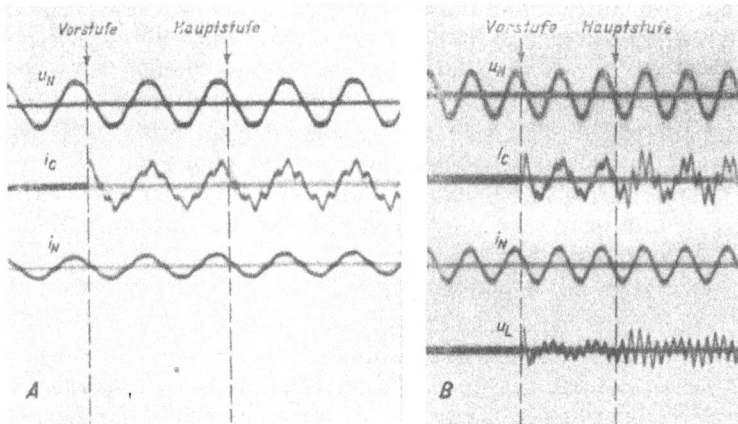

Bild 189. Einschalt-Oszillogramme einer Kondensatoranlage in einem japanischen 66-kV-Netz bei überbrückter (A), wahlweise bei vorgeschalteter Drosselspule beim Kurzschließen der 5. Netzharmonischen (B).

lichen natürlichen Netzladeleistung eine praktisch sehr große, verteilte Kapazität mit oberwellenkurzschließender Wirkung darstellen, so daß in derartigen Netzen Spannungsverzerrungen weit seltener vorkommen als in Mittelspannungsnetzen.

Das gleiche Prinzip wie bei den Kompensationsschaltungen Bild 184 *B* und *C* liegt auch bei der Kompensation der höheren Harmonischen von Erdschlußströmen vor[1]). In Bild 184 *D* ist eine der gebräuchlichsten derartigen Schaltungen dargestellt. Parallel zur Petersen-Erdschlußspule, deren Kompensationsfähigkeit sich bekanntlich nur auf die Grundwellenerdschlußströme erstreckt, liegt eine Induktivität in Reihenschaltung mit einer Kapazität. Zur Kompensation einer bestimmten Netzoberwelle wird dieser 2. Kreis so abgestimmt, daß er für die Grundwelle einen möglichst hohen Widerstand, für die betr. Oberwelle einen induktiven Widerstand passender Größe darstellt. Da im übrigen für die höheren Harmonischen die Nullreaktanz vorhandener Leistungsum-

Bild 190. Spannungsresonanzkreis zur Kompensation des Oberwellen-Erdschlußstromes 5. Ordnungszahl in einem 50-kV-Netz, angeschlossen über einen besonderen Nullpunktumspanner.

[1]) Piloty, H., VDE-Fachberichte 1 (1926), S. 31 u. 2 (1928), S. 43; ETZ 47 (1926), S. 1479.

spanner, die für den Anschluß der Grundwellenkompensation verwendet werden, verhältnismäßig groß werden kann, ist es zweckmäßig, für den Anschluß der Einrichtung zur Oberwellenkompensation einen getrennten Nullpunkt in Form einer Zickzack-Drosselspule (entgegen Bild 184 D) zu verwenden (vgl. Bild 190). Die Nullreaktanz der Zickzack-Drossel muß bei der Auslegung der Oberwellenkompensation auf alle Fälle berücksichtigt werden. So beträgt in Bild 191[1]) der unkompensierte Grundwellen-Erdschlußstrom eines Mittelspannungsnetzes 33 Amp. Nach Einbau einer Erdschlußspule konnte der Erdschlußstrom nur bis auf einen Reststrom $I_r = 15{,}6$ A eff. gesenkt werden (vgl. Bild 191a), da starke Oberwellen in der Nullpunktspannung U_o enthalten waren. Um eine voll befriedigende Entlastung der Netzerdschlußstellen zu erzielen, mußte ein Oberwellenkurzschlußkreis parallel zur Erdschlußspule angeordnet werden; hierauf sank der Reststrom gemäß Bild 191b auf 4 A eff. wobei sich gleichzeitig eine Glättung der Nullpunktspannung einstellte.

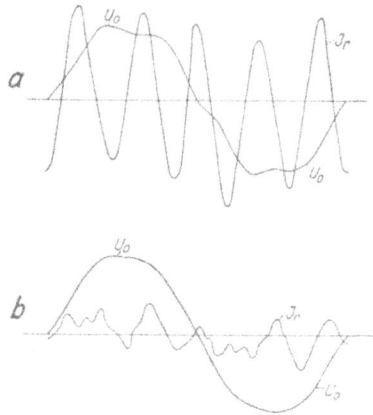

Bild 191. Nullpunktspannung U_0 und Erdschlußreststrom J_r ohne (a) und mit (b) Oberwellenkompensation.

Würde man entsprechend Bild 185 B die Drehstromnetzspannung — anstatt nur die Erdschlußspannung — von Oberwellen befreien, oder aber durch richtigen Kondensatoreinsatz im Drehstromnetz für eine ausreichende Verstimmung der Netzeigenfrequenz sorgen (Bild 160b), so könnte man auf die Sonderschaltung Bild 184 D bzw. 190 verzichten.

Oberwellenkompensation in Kondensatoranlagen. In Netzen mit verzerrter Spannungskurve ist es zuweilen unerwünscht, daß durch die Kondensatoren zusätzliche Spannungsverzerrungen im Netz entstehen. Zur Erreichung dieses Zieles braucht man nur den Grundgedanken der Oberwellenkompensation von elektrisch oder magnetisch in Stern und in Dreieck geschalteten Umspannern in sinngemäßer Form auf die Kondensatoren anzuwenden, d. h. man bildet aus den Kondensatoren einen Sperrkreis.

Legt man einen Kondensator an eine Netzspannung mit z. B. ausgeprägter 5. Harmonischer, so nimmt er außer dem Grundwellenstrom noch einen Strom $J_{C5} = U_5/X_{C5}$ auf. Dieser voreilende Strom kann offenbar an Ort und Stelle sofort kompensiert werden, wenn man dem Kondensator als dem ersten Glied des anzustrebenden Stromresonanzkreises einen Verbraucher parallel schaltet, der bei der gleichen Spannung U_5 einen gleich großen, aber um 180^0 geschwenkten, also nacheilenden Strom aufnimmt. Diese Aufgabe erfüllen beispielsweise Strom-

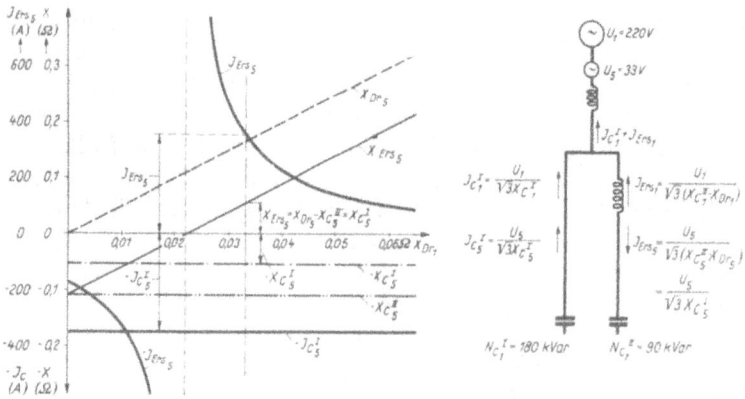

Bild 192. Oberwellenstromentlastung der Zuleitung von Kondensatoren durch induktiv wirkenden Spannungsresonanzkreis.

erzeuger, Drosselspulen, der Magnetisierungsstrom eines in Stern geschalteten Kernumspanners usw. Am einfachsten und auch wirtschaftlichsten legt man jedoch einen Spannungsresonanzkreis nach Bild 192 zum Kondensator parallel. Zu diesem Zweck unterteilt man den Gesamtkondensator in 2 Kondensatoren C^{I} und C^{II}. Der Resonanzkreis wird so ausgebildet, daß er bei der Grundfrequenz praktisch als reine Kapazität wirkt, bei der 5. Harmonischen jedoch bereits den erforderlichen induktiven Stromcharakter aufweist. Der induktiv verstimmte Spannungsresonanzkreis bietet also dem Kondensator C^{I} den Kapazitätsstrom 5 facher Frequenz dar, den dieser sonst aus dem Netz anfordern würde. Der aus Spannungsresonanzkreis und Kondensator C^{I} gebildete Sperrkreis verhindert somit trotz bestehender Oberwellenspannung U_5 die Belieferung von C^{I} mit Netzstrom 5 facher Grundfrequenz und damit eine sich hierdurch evtl. einstellende Verschärfung des Oberwellengehaltes der Netzspannungskurve[1]). Es liegt eine Netz-Oberwellenentlastung vor.

Soll der nacheilende Strom des Spannungsresonanzkreises den voreilenden Strom des Kondensators C^{I} gerade kompensieren, so ist nach Bild 192 folgende Bedingung zu erfüllen:

$$X_{Dr_5} - X_{C^{II}_5} = X_{C^{I}_5}; \quad \text{d. h. } X_{Dr_5} = X_{C^{I}_5} + X_{C^{II}_5} \quad \dots \quad (104)$$

Eine einfache Überlegung sowie das ausgewertete Bild 193 zeigen weiterhin, daß — ähnlich wie im Falle des Parallelschaltens ungleich großer Kondensatoren — der kleinere Kondensator C^{II} verhältnismäßig stärker im Oberwellenstrom [vgl. Kurve $J_{\mathrm{Ers}_5}/J_{C^{II}_5} = f(N_{C^{II}_1})$] sowie in der Grundwellen- und Oberwellenspannung überlastet wird als der größere, sofern ihm die — dann sehr kleine und billig ausfallende — Drosselspule vorgeschaltet wird. Wichtig ist, daß sich wesentlich gün-

---

[1]) Bornitz, E., Elektrotechn. u. Masch.-Bau 59 (1941), S. 333.

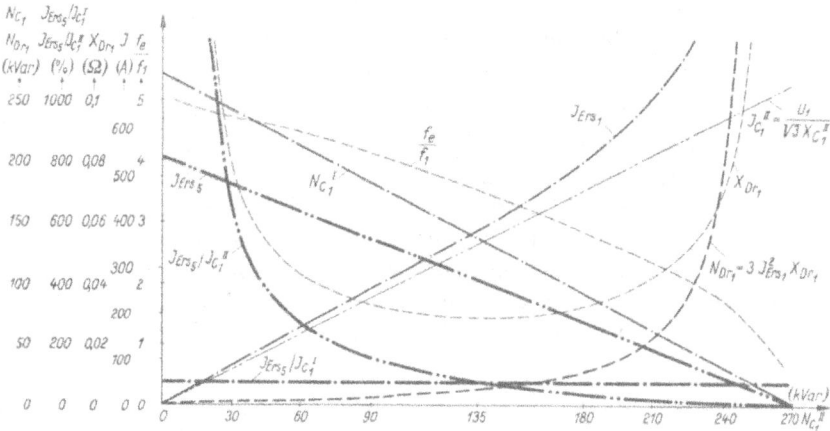

Bild 193. Oberwellenbeanspruchung des Stromresonanzkreises (Bild 192) bei verschieden starkem Kondensatoreinsatz.

stigere Verhältnisse durch Vergrößerung des Kondensators C^{II} auf Kosten des Kondensators C^{I} ergeben, wobei man dem Kondensator C^{II} die dann größer ausfallende Drossel vorgeschaltet läßt. Eine einigermaßen gleichmäßige Beanspruchung beider Teilkondensatoren herrscht bei noch wirtschaftlicher Drosselleistung N_{Dr_1} im Falle gleich großer Kondensatorleistung $N_C{}^{I} = N_C{}^{II}$. Der induktiv verstimmte Spannungsresonanzkreis weist stets Eigenfrequenzen unterhalb der jeweiligen Störfrequenz auf, während der gesamte Sperrkreis naturgemäß stets auf die Störfrequenz abgestimmt ist. Stören mehrere Oberwellen, so sind entsprechend viele Sperrkreise vorzusehen. Der Sperrkreis wird als Einheit geschaltet.

Derartige Kondensatoranlagen sind in Amerika[1]) mehrfach mit Erfolg ausgeführt worden. In Japan hat man — wie bereits erwähnt — in solchen Fällen in großem Ausmaße parallel zu den Kondensatoren unverstimmte Spannungsresonanzkreise geschaltet, die die Oberwellenspannung an den Sammelschienen kurzschließen und somit die Netzspannung bereinigen. Der Wert des sich einstellenden Oberwellenstromes ist hierbei gegeben durch die Höhe der Oberwellenspannung vor Einbau des Resonanzkreises, dividiert durch die Oberwellenimpedanz der Leiterbahn zwischen Oberwellenerreger und Oberwellenkurzschlußstelle.

5. Meß-, Überwachungs- und Schutzeinrichtungen

Die Meß-, Überwachungs- und Schutzeinrichtungen müssen u. a. sowohl dem Schutz des Netzes gegen evtl. unerwünschte Wirkungen der Kondensatoren, als auch dem Schutz der Kondensatoren selbst gegen äußere und innere Einflüsse gerecht werden. In allen Fällen sind die

---

[1]) Stacy, USA.-Patent 2166827; vgl. auch Moser, DRP. 642888.

stationären Betriebszustände im Hinblick auf die Schutzmaßnahmen zu untersuchen. Hierbei soll — soweit möglich — auf frühere Ausführungen sowie vor allem auf das Bild 194 verwiesen werden.

Meß- und Überwachungseinrichtungen. In Kondensatoranlagen von einigen 100 kVar ab aufwärts dürfte es sich empfehlen, bei der Planung der Schaltanlagen außer den noch zu behandelnden Schutzeinrichtungen auch einige der nachstehenden Meß- und Überwachungsgeräte vorzusehen. Das Mindeste ist eine einphasige, besser jedoch dreiphasige Stromüberwachung der Kondensatorenbatterien sowie eine in der Gesamtanlage meist sowieso vorhandene Strom-, Spannungs-, Blindleistungs- bzw. cos φ-Messung. Wirkleistungsmesser, Wirk- und Blind-

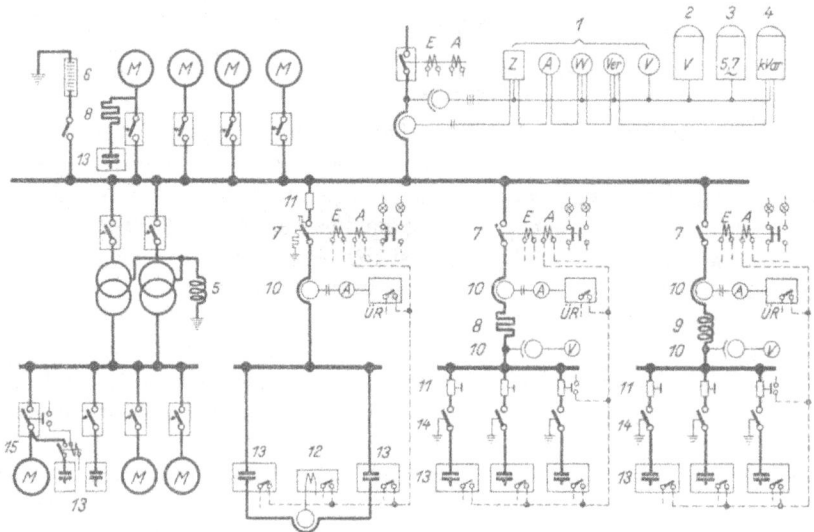

Bild 194. Meß-, Schutz- und Überwachungseinrichtungen verschiedener Ausführungsform gegen innere und äußere Störungen.

 1 = Strom-, Spannungs-, Leistungsmesser usw.
 2 = Überspannungsrelais (Bild 109, 135, 155), Störungsschreiber.
 3 = Oberwellenrelais mit Hupe und Zeitrelais zum Abschalten der Kondensatoren zwecks resonanzfreier Verstimmung (vgl. Bild 195).
 4 = Blindleistungsrelais zur selbsttätigen Kondensatorreglung mit Netzüber- und Unterspannungsüberwachung (Bild 107...122).
 5 = Erdschlußstromkompensationsspule (Bild 157).
 6 = Überspannungsableiter (Bild 157).
 7 = Kondensatorfernschalter.
 8 = Dämpfungswiderstände (Bild 94).
 9 = Drosselspule für Oberwellenkurzschluß (Bild 66, 142 u. 188) oder Eigenfrequenzverstimmung (Bild 172).
10 = Stromwandler, Strommesser und therm.-magnetisches Überstromzeitrelais mit Sättigungswandler (Gruppenschutz); Entladewandler und Spannungsmesser.
11 = Hochleistungssicherungen mit Energiekennzeichen und Kontaktvorrichtung (Einzelschutz) (Bild 172).
12 = Nullpunktvergleichsschutz (Bild 58, 62 u. 101).
13 = Kondensator mit Temperatur- (Bild 57, 145), Buchholz- (Bild 51, 52), Photozellen- (Bild 65, 141) oder Überdruckrelais (Bild 38, 66, 67, 94, 99, 105, 130, 142, 148, 150, 172, 187) (Einzelschutz).
14 = Trennschalter mit Erdungskontakten.
15 = Überkompensierter Drehstrommotor.

verbrauchszähler[1]) sind ebenfalls in jeder Anlage für die Messung des Gesamtbetriebes erforderlich. Als Überwachungseinrichtungen kommen für die Kondensatoren die als Anzeigeinstrumente ausbildbaren Kontaktthermometer usw. sowie bei hermetisch abgeschlossenen Kondensatoren auch Kontaktmanometer oder lichtelektrische Relais in Betracht. In größeren Anlagen ist neben schreibenden Spannungs-, Wirk- und Blindleistungs- oder cos φ-Messern ein Störungsanzeiger außerordentlich vorteilhaft, da man an Hand der Registrierstreifen nachträglich wertvolle Aufschlüsse über Ursache und Verlauf von Störungen erhalten kann. Schließlich ist in diesem Zusammenhang noch auf die in Bild 107...122 behandelten selbsttätigen Steuer- und Regeleinrichtungen hinzuweisen, welche gleichzeitig zur Netzspannungsreglung und Überwachung herangezogen werden können.

Netzschutz. Zu den vorbeugenden Maßnahmen eines Netzes gegen unerwünschte Folgeerscheinungen der Kondensatorkompensation gehören u. a.[2]) auch die zuweilen bereits in den Anschlußbedingungen der Strom liefernden Werke aufgeführten Forderungen nach hand- oder selbsttätiger Abschaltung der Kondensatoren in Schwachlastzeiten, nachts und feiertags. Es sollen hierdurch eine Überkompensation (Bild 106, Mitte) sowie die hiermit verbundenen spannungssteigernden (Bild 127, 135, 139 B, 151 und 155), sowie verluststeigernden Wirkungen (Bild 132) vermieden werden. Desgleichen wird zuweilen die Oberwellenverstimmung durch eines der in Kap. X, 4 behandelten Mittel gefordert.

Mit Rücksicht auf die zusätzliche Stromaufnahme der Kondensatoren durch Oberwellen[3]), erhöhte Betriebsspannung[3]) und Kapazitäts-Plustoleranz wird man die Kondensatorzuleitungen mindestens für das 1,3...1,5fache des Kondensatornennstromes auslegen. Ähnliches gilt für die Schalterwärmeauslöser sowie für die Sicherungen, wobei letztere außerdem die Schaltstromstöße ungefährdet vertragen müssen. Weiterhin ist bei der Auslegung der Stromwandler, Primärauslöser usw. auf die durch die Ausgleichströme beim Schalten und Parallelschalten bedingten Überspannungen zu achten. Derartige Stromwicklungen müssen mindestens die volle Netzspannung wanderwellenartig an ihren Klemmen aushalten, wenn sie nicht durch parallel liegende spannungsabhängige Widerstände hinreichend geschützt sind. Im übrigen ist stets von der

---

[1]) Über die — oft nur vorgetäuschte — Beeinflussung von Zählern in belasteten und leerlaufenden Anlagen nach Anschluß von Kondensatoren s. a. Meyer-Oldenburg, H., ETZ 62 (1941), S. 172.

[2]) Gelegentlich beobachtete Drehfeldumkehr bzw. Stillstand von Asynchronmotoren in kondensatorkompensierten Anlagen bei mehrpoliger Sicherungszerstörung behandelt Meyer-Oldenburg, H., ETZ 62 (1941), S. 172.

[3]) Für in Deutschland hergestellte Kondensatoren ist eine um 30% über Kondensatornennstrom liegende Gesamtstromaufnahme zulässig, die durch Kapazitäts-Plustoleranz noch um max. 10% erhöht werden kann

Lieferfirma das kapazitive und Kurzschluß-Ausschaltvermögen des gewählten Kondensatorschalters zu gewährleisten. Die früher stark gefürchteten stoßartigen Entladungen der Kondensatoren im Netzkurzschlußfall haben bisher in keiner Anlage zur nachträglichen Vorschaltung Ohmscher oder induktiver Dämpfungseinrichtungen gezwungen. Eine derartige Maßnahme ist lediglich dann zu erwägen, wenn man hierdurch schwachen vorgeschalteten Netzschaltern die Schaltarbeit im ein- oder zweipoligen Erdkurzschluß erleichtern muß (vgl. hierzu Kap. X, S. 226).

Äußerer Kondensatorenschutz. Die Planung der Sicherheitseinrichtungen muß sich sowohl auf den Schutz des Netzes als auch vor allem auf den des eigentlichen Kondensators erstrecken, da dieser jederzeit durch seinen Einbau in den Gesamtverband des Netzes von diesem aus ungewöhnlichen Arbeitsbedingungen ausgesetzt werden kann. Für den Netzkurzschlußfall sind Dämpfungseinrichtungen zur Sicherstellung des Netz- und Kondensatorbetriebes erst bei Leistungen von 5...10 MVar ab aufwärts erforderlich; derartige Ohmsche bzw. induktive Dämpfungswiderstände sind jedoch bei solchen Leistungen ohnehin mit Rücksicht auf das Parallelschalten einzubauen (Bild 93), da sie die beim Ausgleichvorgang freiwerdende Wärme auf sich zu ziehen und somit die Sicherungsdrähte der einzelnen Wickel zu entlasten haben. Die Wickelsicherungen sind unter allen Umständen von den Konstrukteuren so reichlich zu bemessen, daß sie auch bei fehlendem Dämpfungswiderstand bei einem in nächster Nähe des Kondensators stattfindenden Kurzschluß durch ihren Entladestromstoß nicht zerstört werden. Über die erforderlichen Eigenschaften der Schalter wurde im Kap. VII; 3 bereits das wichtigste vermerkt. Es wurde auch erwähnt, daß durch geringfügige Unterbrechungen[1] in den Kondensatorzuleitungen (Wackelkontakte an Trenn- bzw. Leistungsschaltern) oder im Kondensator selbst außerordentlich schädliche Thomsonsche Schwingungsüberspannungen ausgelöst werden können, die zu ungewöhnlich großen hochfrequenten Kondensatorstromaufnahmen sowie zu Zerstörungen des Kondensator-Dielektrikums führen können.

Die Schutzmaßnahmen gegen eine Gefährdung der Kondensatoren gegen Selbsterregungs- sowie Wanderwellen-Überspannungen und gegen Netzerdschlüsse wurden eingehend erörtert. Es ist noch zu bemerken, daß ebenso wie das Netz auch der Kondensator bei ungewöhnlich hohem Oberwellengehalt der Netzspannungskurve gegen Überlastungen durch Oberwellenkurzschluß- oder Verstimmungskreise oder durch Schalthandlungen geschützt werden muß. Zur Einleitung dieser Schaltmaßnahmen kann man sich entweder eines thermischen Überstromrelais oder eines Oberwellenrelais bedienen. Zweckmäßig läßt man durch

---

[1] Hochhäusler, P., ETZ 59 (1938), S. 457.

letzteres den eingetretenen Überlastungszustand zunächst signalisieren, so daß das Bedienungspersonal Zeit hat, durch Zu- oder Abschaltung von Kondensatoren od. dgl. nach Möglichkeit eine Verstimmung der Netzeigenfrequenz herbeizuführen. Sollten diese Maßnahmen nicht den gewünschten Erfolg bringen oder die Signalisierung unbeachtet geblieben sein, so kann ein parallelerregtes Langzeitrelais nach Ablauf einer gewissen Zeit eine selbsttätige Abschaltung der Kondensatoren[1]) bewirken (Bild 195). Gegen unzulässige Erhöhung der Betriebsspannung kann man sich entweder durch Spannungs- relais oder aber indirekt ebenfalls durch thermische Relais schützen.

Innerer Überlastungsschutz. Tritt in den Sammelschienen bzw. in den Schaltverbindungen im Kondensa- torinnern ein Phasenkurzschluß auf, so wird der Kondensator durch die vorgeschalteten — meist nur zwei- phasigen — magnetischen Kurz- schlußschutzrelais mit unabhängiger oder zumindest begrenzt abhängiger Charakteristik bzw. durch kurz- schlußfeste träge Sicherungen un- verzüglich abgeschaltet. Man kann hierzu auch den wesentlich empfind- licheren Nullpunktvergleichschutz[2]) heranziehen, welcher außerdem eine beginnende Zerstörung rechtzeitig offenbart bzw. verhindert (s. a. Bild 58, 62 u. 101).

Der Überlastungsschutz des Di- elektrikums kann sich beim Konden- sator, welcher im Gegensatz zu allen elektrischen Maschinen, Umspan- nern usw. von keinem nachgeschal- teten Verbraucher abhängig ist, nur

Bild 195. Oberwellenmeldung nach Stauch in einer 7500-kVar-Kondensatoranlage (Teil- ansicht), eingesetzt zur Zentralkompensation eines 15-kV-Netzes (AEG, 1937).

auf Spannungs- bzw. Frequenzüberwachung erstrecken. Man wird hier- bei neben der reinen Spannungsüberwachung vor allem die Folge- erscheinungen heranziehen, wie z. B. erhöhte Stromaufnahme, Strom- unsymmetrie, ungewöhnliche Wärmeentwicklung, Gasentwicklung oder bei völlig geschlossenen Kondensatoren unzulässige Druckentwicklung. Die vorerwähnten Überwachungs- und Schutzmaßnahmen erfassen

---

[1]) Nach einem Vorschlag von B. Stauch.
[2]) Stauch, B., ETZ 57 (1937), S. 207.

gleichzeitig auch beginnende oder eingetretene Fehler im Dielektrikum selbst. Naturgemäß wird man beim Bau der Kondensatoren sämtliche im Kap. VI erwähnten Gesichtspunkte zur Ausbildung eines einwandfreien, nicht alternden oder von außen beeinflußbaren Dielektrikums berücksichtigen. Für die Bewahrung eines ausgezeichneten dielektrischen Zustandes wird man durch Anordnung von Ausdehnungsgefäßen (Bild 50...59 usw.) bzw. durch völlig hermetischen Abschluß der Kondensatoren (Bild 60, 61, 64, 65, 94, 105, 130, 141, 142, 148, 150 und 172) den sonst unvermeidlichen Atmungsvorgang sowie die hiermit verbundene Feuchtigkeitsanreicherung und die chemische Zersetzung verhindern[1]). Darüber hinaus sorgen zweiphasige thermische Relais für einen einwandfreien elektrischen Überlastungsschutz der Kondensatorgruppen. Der Überwachung[1]) der einzelnen Kondensatoren dienen außerdem die auf Gasentwicklung und damit auf beginnende Fehler ansprechende Buchholz-Relais, die auf Übertemperatur ansprechenden Kontaktthermometer bzw. Bewag-Schutzeinrichtungen, die Druckwächter mit Maximal- und Minimalkontakt (Bild 38, 66, 94, 105, 148, 150 und 172) sowie schließlich die lichtelektrischen Schutzeinrichtungen (Bild 65 und 141).

Ist ein innerer Wickeldurchschlag eingetreten, so sprechen die Sicherungsdrähte der einzelnen Wickel an, ohne den Gesamtkondensator in Mitleidenschaft zu ziehen. Die amerikanische Kondensatortechnik (Bild 63) verzichtet auf diesen Vorteil und nimmt die Zerstörung des gesamten Kondensators in Kauf.

Bedienungsschutz. Bei der Planung der Kondensatoranlagen ist selbstverständlich auch auf die Sicherheit der Bedienenden sorgfältigst Rücksicht zu nehmen. Da in Niederspannungsanlagen bei Verwendung von Hebelschaltern anstatt von Schutzschaltern schon öfters schwere Unfälle vorgekommen sind, soll nochmals auf die Ausführung des Kap. VII, 3 hingewiesen werden. Bei Hochspannung dürfen nur Leistungsschalter mit Schnellschaltwerk und ausreichendem kapazitiven Schaltvermögen benützt werden. Im übrigen ist entsprechend den »Leitsätzen für elektrische Kondensatoren in Starkstromanlagen« LEK 0560/1932 für eine unlösbare Verbindung zwischen Kondensator und Entladeorgan zu sorgen, wie dieses auch in den Schaltbildern Bild 92 und 93 zum Ausdruck kommt. Sind Schaltgeräte zwischengeschaltet, so müssen diese eine selbsttätige Entladung und Erdung gewährleisten. Vor dem Berühren der Klemmen muß aus zusätzlicher Sicherheit geerdet werden. Bei der Bemessung der Hochspannungs-Entladewiderstände ist anzustreben, daß die Restspannung gemäß Bild 83 innerhalb von 10 s auf den ungefährlichen Betrag von 36 V herabsinkt. In diesem Zusammenhang soll nochmals auf die Gefährdung durch

---

[1]) Schwenkhagen, H., ETZ 59 (1938), S. 599; Imhof, A., Bull. schweiz. elektrotechn. Ver. 25 (1934), S. 463.

Selbsterregungsüberspannung entsprechend Bild 151...156 hingewiesen werden. Schließlich ist noch die vorteilhafte Verwendung von unbrennbarem Clophen anstatt des bisher allgemein verwendeten, als Zusatzdielektrikum dienenden Kondensatoröles zu erwähnen. Explosionen bzw. Ölbrände sind bei Kondensatoren im Gegensatz zu Transformatoren, Ölschaltern, Massewandlern usw. bisher nirgends aufgetreten bzw. durch Kondensatoren selbst verursacht worden.

XI. Schrifttum

A. Bücher

Bauer, Fr., Der Kondensator in der Starkstromtechnik. J. Springer, Berlin 1934.

Bölte, K. und Küchler, R., Transformatoren mit Stufenregelung unter Last. R. Oldenbourg, München und Berlin 1938.

Brock, Fr., Gestehungskosten und Verkaufspreise elektrischer Arbeit. J. Springer, Wien und Berlin 1930.

Buchhold, Th., Elektrische Kraftwerke und Netze. J. Springer, Berlin 1938.

Meiners, G., Die Technik selbsttätiger Steuerungen und Anlagen. R. Oldenbourg, München und Berlin 1938.

Nissel, H., Der Einfluß des $\cos \varphi$ auf die Tarifgestaltung der Elektrizitätswerke. J. Springer, Berlin 1928.

Rüdenberg, R., Elektrische Hochleistungsübertragung auf weite Entfernung. J. Springer, Berlin 1932.

Rüdenberg, R., Elektrische Schaltvorgänge. 3. Aufl. J. Springer, Berlin 1933.

Schneider, R., Elektrische Energiewirtschaft. J. Springer, Berlin 1936.

Siegel, G. und Nissel, H., Die Elektrizitätstarife. J. Springer, Berlin 1935.

Sonderversammlung der Vereinigung der Elektrizitätswerke am 11. 11. 1921 in der T. H. Charlottenburg mit dem Thema Cosinus φ ($\cos \varphi$-Tagung).

B. Zeitschriftenaufsätze

Altbürger, P., Phasenschieber-Kondensatoren in Überlandnetzen. ETZ 58 (1937), S. 1121 und S. 1169.

Baudisch, K. und Rambold, W., Starkstrom-Kondensatoren in Einheitsbauweise und ihre Anwendung in Mittel- und Höchstspannungsnetzen. Siemens-Z. 17 (1937), S. 461.

Bekku, S., L'Emploi des Condensateurs au Japon. Cigre 1939, Bericht 123.

Biermanns, J., Fortschritte im Transformatorenbau. ETZ 58 (1937), S. 622 und S. 687.

Bölsterli, A., Select capacitors to meet power-factor clauses. Electr. Wld., N. Y. 103 (1934), S. 375.

Bölsterli, A., Erhöhung der übertragbaren Nutzleistung in Verteilleitungen durch örtliche Blindleistungslieferung. Bull. schweiz. elektrotechn. Ver. 27 (1936), S. 653.

Bornitz, E., Spannungsreglung in Industrienetzen. AEG-Mitt. (1936), S. 146.

Bornitz, E., Die wirtschaftliche Abgrenzung der Starkstrom-Kondensatoren gegenüber umlaufenden Phasenschiebern. AEG-Mitt. (1936), S. 294; ETZ 58 (1937), S. 184.

Bornitz, E., Diskussionsbeitrag zu VDE-Fachberichte 9 (1937), S. 17.

Bornitz, E., Starkstrom-Großkondensatoren. AEG-Mitt. (1938), S. 108; Helios, Lpz. 46 (1940), S. 483.

Bornitz, E., Starkstrom-Kondensatoren. Elektrizitätswirtsch. 38 (1939), S. 55.

Bornitz, E., Kondensator-kompensierte Asynchronmaschinen. Helios, Lpz. 45 (1939), S. 659.

Bornitz, E., Die Bedeutung des Starkstrom-Kondensators in der Energiewirtschaft der Netze und Industrieanlagen, sowie sein Verhalten im Netz. Elektrotechn. u. Masch.-Bau 59 (1941), S. 325.

Bornitz, E., Maßnahmen beim Ausbau von Industrienetzen zur Erzielung größtmöglicher Betriebssicherheit und Wirtschaftlichkeit. Elektrizitätswirtsch. 41 (1942), S. 104 u. S. 131.

Bornitz, E., Der Einfluß der Oberwellen und des Oberwellenschutzes auf die Betriebssicherheit der Kondensatoranlagen und Netze. Elektrizitätswirtsch. 41 (1942), September 1942.

Bornitz, E., Spannungsregelung- und Lastausgleich durch Regelumspanner und Regelkondensatoren beim Allein- und Verbundbetrieb der Netze. Elektrotechn. u. Masch.-Bau 60 (1942), November 1942.

Buch, R. und Hueter, E., Über Transformatoren mit annähernd sinusförmigem Magnetisierungsstrom. ETZ 56 (1935), S. 933.

Courtin, E., Elektrische Regelfragen in Industrie-Kraftanlagen und -netzen. ETZ 58 (1937), S. 1025.

Courtin, E., Neuzeitliche elektrische Anlagen im Kalibergbau unter Tage. Elektr. i. Bergbau 16 (1941), S. 54.

Courtin, E., Der Einfluß von Großmotoren auf Industrienetze. Elektrotechn. u. Masch.-Bau 60 (1942), Ende 1942.

Douglass, F., Capacitors release system capacity. Electr. Wld., N. Y. 106 (1936), S. 3899; ETZ 58 (1937), S. 484.

Driller, A., Der Leistungsfaktor in der Elektrowärme. VDE-Fachberichte 9 (1937), S. 109.

Gamble, G., Shunt capacitors on distribution circuits. Gen. Elektr. Rev. 39 (1936), S. 466.

Geise, H., Die Oberwellen der Umrichteranlage Basel und die Maßnahmen zu ihrer Verminderung. Elektrische Bahnen 13 (1937), S. 208; VDE-Fachberichte 1 (1928), S. 36 u. Cigre 1939, Bericht 115.

Grünewald, H., Das Schalten von Hochspannungs-Phasenschieber-Kondensatoren großer Leistung nach Netzversuchen. VDE-Fachberichte 7 (1935), S. 25.

Hafner, H., Der durch Kondensatoren selbsterregte Drehstrom-Asynchrongenerator. Bull. schweiz. elektrotechn. Ver. 26 (1935), S. 89.

v. Halácsy, E., Leistungsfaktorverbesserungs-Kondensatoren für kleinste Kupferverluste. ETZ 61 (1940), S. 53.

Hastie, Static condensers and their use for power-factor improvement. Min. electr. Engr. (1937), S. 307.

Hauser, A., Leistungsfaktor-Verbesserung im Hochspannungsnetzbetrieb der Nordostschweiz. Kraftwerke A.-G. in Baden (NOK). Bull. schweiz. elektrotechn. Ver. 29 (1938), S. 73; ETZ 59 (1938), S. 556.

Hochhäusler, P., Der Phasenschieber-Kondensator unter dem Einfluß stationärer und nicht stationärer Überspannungen in Versorgungsnetzen. ETZ 59 (1938), S. 457.

Hoehn, E., Application of automatic shunt capacitors. Electr. Wld., N. Y. 108 (1937), S. 682; ETZ 59 (1938), S. 122.

Hürbin, M., Statische Kondensatoren zur Verbesserung des Leistungsfaktors in ihrer Rückwirkung auf das Netz. Bull. schweiz. elektrotechn. Ver. 20 (1929), S. 652.

Hueter, E., Über Oberwellen in Hochspannungsnetzen. Elektrizitätswirtsch. 30 (1931), S. 185.

Hueter, E., Transformatoren als Oberwellenerzeuger. ETZ 54 (1933), S. 747.

Imhof, A., Statische Starkstromkondensatoren. Bull. schweiz. elektrotechn. Ver. 25 (1934), S. 463.

Jacobsson, F., Leistungsfaktor-Verbesserung mittels Kondensatoren. ETZ 52 (1931), S. 1517.

Jansen, B., Das Zusammenarbeiten von Energiefluß-Steuerung, Spannungsreglung und Netzschutz im vermaschten Mittelspannungs-Freileitungsnetz. Elektrizitätswirtsch. 36 (1937), S. 443.

Jansen, B., Spannungs- und Leistungsreglung in vermaschten Mittelspannungsnetzen. Elektrizitätswirtsch. 36 (1937), S. 828.

Kann, H., Kondensatoren für Starkstrom. Elektrotechn. u. Masch.-Bau 59 (1941), S. 491.

Kesseldorfer, W., Die Bekämpfung der Blindleistung durch Phasenschieber-Kondensatoren und Blindleistungsregler. Helios Lpz. 46 (1940), S. 545 und S. 582.

Kitagawa, K. u. Tanaka, J., Improvement of Voltage Wave Form by Static Condensers for Power-Factor Improvement. Electrotechnical Journal, Journal of the Institut of Electrical Engineers of Japan (1937), S. 89.

Krämer, W., Magnetische Ursachen der Stromoberwellen und deren Beseitigung. Cigre 1937, Bericht 116; VDE-Fachberichte 9 (1937), S. 52; ETZ 59 (1938), S. 929.

Kübler, E., Stromrichterbelastung von Generatoren und Drehstromnetzen in vektorieller Darstellung. Wiss. Veröff. Siemens-Werk 18 (1939), S. 50; Elektrotechn. u. Masch.-Bau 54 (1936), S. 37 und S. 52 sowie 55 (1937), S. 457.

Lebrecht, L., Anlauf synchroner und asynchroner Phasenschieber. AEG-Mitt. (1931), S. 366.

Lebrecht, L., Zur Frage der Stromrichterbelastung der Hochspannungsnetze. VDE-Fachberichte 7 (1935), S. 85; ETZ 56 (1935), Š. 957 und S. 987.

Lebrecht, L., Spannungsresonanzkreise zur Beseitigung von Stromrichter-Rückwirkungen in Drehstromnetzen. AEG-Mitt. (1938), S. 489 u. (1942), H. 5...8.

Lebrecht, L., Netzrückwirkungen bei stromrichtergespeisten Walzwerksantrieben. Elektrotechn. u. Masch.-Bau 60, (1942), Ende 1942.

Marbury, R., Capacitors for distribution circuits. Electr. J. 34 (1937), S. 103.

Meyer-Oldenburg, H., Betrieb mit Phasenschieber-Kondensatoren in Industrieanlagen. ETZ 62 (1941), S. 169.

Nauk, G., Über den physikalischen Aufbau von Kondensatoren. ETZ 56 (1935), S. 371 und S. 539.

Niethammer, F., Selbsterregung von Asynchronmotoren und anderen Maschinen. Elektrotechn. u. Masch.-Bau 52 (1934), S. 61.

Pearce, C., Power-factor correction in industrial plants. Electr. J. 35 (1938), S. 69.

Pelsener, P., Sur quelques phénomènes anormaux causés par des condensateurs statiques reliés à des réseaux de distribution d'énergie électrique. Rev. gén. Electr. 47 (1940), S. 75; ETZ 61 (1941), S. 336.

Petersen, W., Bedeutung von Forschung und Entwicklung für die Elektrotechnik. ETZ 57 (1936), S. 887.

Pugno-Vanoni, E., Note sul Collaudo e Sull'Esercizio dei Condensatori Statici di Rifasamento. Elettrotecnica 19 (1932), N. 22...24.

Quigstad, J., Fase kompensering med statiske kondensatorer. Elektrotekn. T. 50 (1937), S. 25.

Rambold, W., Höchstspannungs-Kondensatoren und ihre Anwendung in Großkraftübertragungen. VDE-Fachberichte 9 (1937), S. 14.

Rambold, W., Starkstromkondensatoren in Einheitsbauweise für hohe Betriebsspannungen. Z. VDI 82 (1938), S. 813.

Roser, H., Wirtschaftlichkeit der Blindstromkompensation durch Phasenschieber-kondensatoren. ETZ 62 (1941), S. 449.

Roser, H., Das Blindstromproblem im Verbundbetrieb. ETZ 63 (1942), S. 250.

Schäfer, F. A., Niederspannungs-Kondensatoren mit geschichteter Papierisolation. Arch. Elektrotechn. 23 (1929), S. 351.

Schäfer, F. A., Diskussionsbeitrag zu VDE-Fachberichte 9 (1937), S. 19.

Schönholzer, E., Die Verbesserung kleiner Netzleistungsfaktoren und Regulierung der Fernleitungsspannung durch Synchron- und Asynchronmaschinen. Bull. schweiz. elektrotechn. Ver. 19 (1928), S. 77.

Schulze, H., Eine Phasenschieber-Kondensatoranlage für 5000 BkW bei der Kraftwerk Sachsen-Thüringen A.-G. ETZ 56 (1935), S. 501.

Schulze, H., Über das Verhalten von Hochspannungs-Phasenschieber-Kondensatoren großer Leistung in ausgedehnten Mittelspannungsnetzen. VDE-Fachberichte 7 (1935). S. 21.

Schulze, H., Die Wellenglättung schwach belasteter Mittelspannungsnetze durch Phasenschieber-Kondensatoren. Elektrotechn. u. Masch.-Bau 54 (1936), S. 445; ETZ 57 (1936), S. 1305.

Schulze, H., Netzverstärkung durch Kondensatoren. ETZ 58 (1937), S. 709.

Schulze, H., L'amélioration du facteur de puissance à l'aide de condensateurs. Rev. gén. Electr. 45 (1939), S. 131; ETZ 60 (1939), S. 624.

Schulze, H., Die Verbesserung des Leistungsfaktors durch Kondensatoren. Elektrotechn. u. Masch.-Bau 57 (1939), S. 406.

Schulze, H., Die Verbesserung des Leistungsfaktors durch Kondensatoren. Cigre 1939, Bericht 308.

v. Sothen, C., The application of capacitors for power-factor correction in industrial plants. Electr. Engng. 57 (1938), S. 505.

Stauch, B., Aufbau und Wirtschaftlichkeit von Kondensatorenanlagen zur Leistungsfaktorverbesserung. ETZ 57 (1936), S. 207.

Stauch, B., Jeran, F. und August, G., Kraftwerke im Verbundbetrieb. Z. VDI 85 (1941), S. 713.

Stehelin, J., Der Großkondensator zu Phasenverschiebungszwecken und seine Anwendung in Hochspannungsnetzen. Bull. schweiz. elektrotechn. Ver. 22 (1931), S. 509; Cigre 1933, Bericht 76; Haefely-Mitt. No. 3 (1934), S. 22.

Schwarz, St., Wirtschaftlichkeit von Phasen-Kompensations-Anlagen mit besonderer Berücksichtigung der statischen Kondensatoren. Elektrotechn. u. Masch.-Bau 50 (1932), S. 151.

Schwenkhagen, H., Betriebserfahrungen mit Kondensatoren in Starkstromanlagen. ETZ 59 (1938), S. 599.

Unger, E., Blindstrom-Kompensierung in Leitungsnetzen. ETZ 54 (1933), S. 672.

Vogt, H., Netzverstärkung durch Blindstrombekämpfung. Elektrizitätswirtsch. 41 (1942), S. 126 u. S. 179.

Wanger, W., Probleme der Drehstrom-Energieübertragung bei sehr großen Leistungen und Distanzen. Bull. schweiz. elektrotechn. Verein 33 (1942), S. 115.

Werdenberg, W., Betriebserfahrungen mit statischen Kondensatoren. Bull. schweiz. elektrotechn. Ver. 25 (1934), S. 10.

Willing, W. und Kulenkampff, J. H., Zur Blindleistungsfrage. ETZ 61 (1940). S. 1179.

Wright, Sh., Applying shunt capacitors to distribution systems. Electr. J. 34 (1937), S. 195; ETZ 58 (1937), S. 1143.

Zwilling, Z., Der Einfluß der Kondensatoren auf Erweiterungsmöglichkeit und Strompreisgestaltung von Abspanneranlagen. Elektrotechn. u. Masch.-Bau 57 (1939), S. 17; ETZ 60 (1939), S. 697.

XII. Sachverzeichnis.

XIII. Im Text gebrauchte Abkürzungen.

A. C. E. C.	= Ateliers de Constructions Électriques de Charleroi, Charleroi.
A E G	= Allgemeine Elektricitäts-Gesellschaft, Berlin.
ALS-THOM	= Société Générale de Constructions Électriques et Mechaniques ALS-THOM, Paris.
ASEA	= A.B. Liljeholmens Kabelfabrik, Stockholm.
Dielektra	= Dielektra A.G., früher Meirowsky & Co. A.G., Porz (Rhein).
EVU	= Elektrizitäts-Versorgungs-Unternehmen.
GE	= General Electric Co., Schenectady, N.Y. (USA).
Haefely	= Emil Haefely & Cie A.G., Basel.
Heliowatt-Werke	= Heliowatt-Werke Elektrizitäts-Aktiengesellschaft, Berlin-Charlottenburg.
Hydrawerk	= Hydrawerk Aktiengesellschaft, Berlin.
Passoni & Villa	= Soc. An. Passoni & Villa, Milano.
Philips	= N.V. Philips' Gloeilampenfabrieken, Eindhoven.
Scherb & Schwer	= Scherb & Schwer K. G., vorm. Jaroslaw, Berlin-Weissensee.
SSW	= Siemens-Schuckert-Werke Aktiengesellschaft, Berlin.
Sieverts	= Sieverts Kabelverk, Sundbyberg.
Sumitomo	= Sumitomo Elektric Industries, Ltd., Osaka (Japan).
Trévoux	= Société Anonyme des Condensateurs de Trévoux, Saint-Ouen (Seine).
VDE	= Verband Deutscher Elektrotechniker, Berlin-Charlottenburg

Elementare Elektrizitätslehre

Von **Dr. Georg Heussel**

Teil   I: **Grundbegriffe — Ohmsches Gesetz.** 91 Seiten, 140 Abb. 1932. Brosch. RM. 3.—

Teil II: **Das elektrische Feld.** 187 Seiten, 233 Abb. 1933. Brosch. RM. 4.80

Teil III: **Das magnetische Feld.** 239 Seiten, 247 Abb. 1936. Brosch. RM. 6.50

Das Werk stellt den — nach der Kritik wohlgelungenen — Versuch dar, eine elementare Elekrizitätslehre auf Grund der Pohlschen Theorie zu schaffen.

Elektrostatische Generatoren

Von **Dr. Ulrich Neubert**

Institut für Motorenforschung der Luftfahrtforschungsanstalt
Hermann Göring, Braunschweig

149 Seiten. Gr.-8⁰. 1942. In Halbleinen geb. RM. 8.—

Die fortschreitende Entwicklung der Kernphysik verlangt Spannungen von der Größenordnung einiger Millionen Volt. Die heute vorliegenden Erkenntnisse dieses Gebietes, die sich in den verschiedensten physikalisch-technischen Zeitschriften verstreut finden, sind hier zusammengefaßt. **Zum erstenmal wird eine Systematik der elektrostatischen Erzeugungsmethoden von Elektrizität gegeben.**

Lehrbuch der Elektrotechnik

Von **Prof. Dr.-Ing. Günther Oberdorfer**

Bd. I: Die wissenschaftlichen Grundlagen der Elektrotechnik. 2. Auflage. 460 Seiten. 272 Abbildungen. Gr.-8⁰. 1941. In Leinen RM. 19.50

Bd. II: Rechenverfahren und allgemeine Theorien der Elektrotechnik. 2. Auflage. 381 Seiten, 128 Abbildungen. Gr.-8⁰. 1941. In Leinen RM. 18.50

„Jedem, der sich mit theoretischen Problemen der Elektrotechnik zu beschäftigen hat, und besonders auch Studierenden der Elektrotechnik, gleich welcher Fachgruppe, ist dieses Buch in Verbindung mit dem ersten Bande zu empfehlen."

Frankfurter Zeitung.

Schutz gegen Berührungsspannungen

Von **Ing. W. Schrank** VDI

Schutzmaßnahmen gegen elektrische Unfälle durch Berührungsspannungen in Niederspannungsanlagen

256 Seiten, mit 214 Abb. Gr.-8⁰. 1942. In Halbleinen RM. 14.—

Im vorliegenden Buch sind die Erfahrungen einer mehr als zehnjährigen Praxis auf dem Gebiete des Berührungsspannungsschutzes niedergelegt. Es ist sowohl für den planenden und ausführenden Ingenieur als auch für den Abnahme- und Revisionsbeamten elektrischer Niederspannungsanlagen geschrieben.

(Zu beziehen durch die Buchhandlungen)

R. OLDENBOURG · MÜNCHEN 1 UND BERLIN

www.ingramcontent.com/pod-product-compliance
Lightning Source LLC
Chambersburg PA
CBHW081531190326
41458CB00015B/5516